Ralf Zoll · Ekkehard Lippert · Tjarck Rössler (Hrsg.)

Bundeswehr und Gesellschaft

Studienbücher zur Sozialwissenschaft Band 34

Ralf Zoll · Ekkehard Lippert · Tjarck Rössler (Hrsg.)

Bundeswehr und Gesellschaft

Ein Wörterbuch

Westdeutscher Verlag

CIP-Kurztitelaufnahme der Deutschen Bibliothek

Bundeswehr und Gesellschaft: e. Wörterbuch / Ralf
Zoll ... (Hrsg.). — 1. Aufl. — Opladen: Westdeutscher
Verlag, 1977.

(Studienbücher zur Sozialwissenschaft; Bd. 34)
ISBN 3-531-21419-5

Nachdruck 1978

© 1977 Westdeutscher Verlag GmbH, Opladen
Umschlaggestaltung: studio für visuelle kommunikation, Düsseldorf
Satz: H. E. Henniger, Wiesbaden
Druck: E. Hunold, Braunschweig
Buchbinderei: W. Langelüddecke, Braunschweig

ISBN 3-531-21419-5

Vorwort der Herausgeber

Wer sich mit der einschlägigen Literatur zum breiten Thema „Bundeswehr und Gesellschaft" befaßt, stößt allenthalben auf Klagen, welche eine *unzureichende Behandlung der Problematik von Sicherheitspolitik und Streitkräften* bemängeln. Die Klagen betreffen mehrere Betrachtungsebenen. Einmal lassen sich erhebliche Defizite dahingehend feststellen, wie und in welchem Umfang Sicherheitspolitik und Militärstrategien oder Militärdoktrinen Gegenstand einer allgemeinen öffentlichen Diskussion sind. Zum anderen gibt es in der Bundesrepublik eine Beschäftigung der Sozialwissenschaften mit dem Militär allenfalls in Anfängen; mit anderen Worten, auch in den dafür zuständigen Wissenschaften werden Fragestellungen zum Problemkreis Bundeswehr und Gesellschaft nur selten behandelt. Diese Mängel schlagen sich drittens auch in einer quantitativ wie qualitativ unzulänglichen Form von Lehr- und Lernmitteln der politischen Bildung zum Thema Sicherheitspolitik und Streitkräfte nieder.

Konkreter Anlaß für die Arbeit an einem Wörterbuch „Bundeswehr und Gesellschaft" bildeten die Erfahrungen der Herausgeber im Rahmen ihrer Tätigkeit im Sozialwissenschaftlichen Institut der Bundeswehr (SOWI), was freilich nicht bedeutet, daß das Wörterbuch ein Produkt des Instituts oder gar der Bundeswehr ist. Diese Erfahrungen beziehen sich einmal auf die Ergebnisse verschiedener empirischer Untersuchungen, welche die theoretisch oder qualitativ empirisch benannten Defizite quantitativ und für den jeweiligen Gegenstand oder die jeweilige Zielgruppe auch repräsentativ bestätigten. Zum anderen erhält das SOWI jährlich mehrere hundert Anfragen nach Informationsmaterial zu den verschiedenen Einzelaspekten der generellen Thematik, meist verbunden eben mit dem Hinweis auf bislang vergebliches Suchen.

Auf diesem Hintergrund verbinden die Herausgeber mit dem Wörterbuch „Bundeswehr und Gesellschaft" die *Absicht*, eine erste, breite Informationsmöglichkeit zu schaffen. Wegen des weitreichenden Informationsdefizits richtet sich die Veröffentlichung auch nicht an eine bestimmte, enger definierte *Zielgruppe*. Adressaten des Wörterbuchs sind vielmehr alle, welche im weiteren Sinne zu den Lehrenden und Lernenden im Bereich der politischen Bildung gehören.

Die Formalien für das Buch waren durch die Reihe, in der es erscheint und dort vor allem durch das vorher veröffentlichte „Wörterbuch zur politischen Ökonomie" weitgehend vorgegeben. Begrenzungen inhaltlicher Art resultieren einmal durch den limitierten Umfang wie durch die bereits angeführten Defizite in der wissenschaftlichen Behandlung der Thematik. Dem *Ansatz* des Wörterbuchs „Bundeswehr und Gesellschaft" liegt kein durchgängiges theoretisches Konzept über das Verhältnis von Militär und Gesellschaft zugrunde. Gewählt wurde vielmehr ein breiter thematischer Ansatz, welcher von einem umfassenden Gesellschaftsbegriff ausgeht, politische bzw. politikwissenschaftliche Fragestellungen besonders berücksichtigt und trotz einer Einschränkung des Themas auf Bundeswehr (und nicht Militär) und Gesellschaft auch internationale Aspekte mit einbezieht.

Die *Stichworte für das Wörterbuch* wurden in einem dreistufigen Verfahren gewonnen. Erstens erfolgte eine Auflistung aller etwas übergreifenden Fragestellungen und gängiger Begriffe anhand der einschlägigen, auch ausländischen Literatur. Dieser Katalog von Fragestellungen und Begriffen wurde zweitens mit Experten aus der Bundeswehr bzw. dem Verteidigungsministerium und aus der Wissenschaft eingehend diskutiert und revidiert. Und schließlich erfolgte drittens eine Festlegung des Umfangs für die jeweiligen Stichworte unter Berücksichtigung des zur Verfügung stehenden Gesamtumfangs. Wenn auch die Länge der einzelnen Stichworte mit den erwähnten Experten diskutiert wurde, so drückt sich in der endgültigen seitenmäßigen Gewichtung letztlich doch noch am ehesten die subjektive Sicht der Herausgeber aus, trotz allen Bemühens um eine Verobjektivierung.

Wie bei den Stichworten, so glauben die Herausgeber auch bei den *Autoren* eine im guten Sinne pluralistische Auswahl getroffen zu haben. Unter Pluralismus verstehen wir hier die Berücksichtigung verschiedener wesentlicher Positionen und nicht das Ausklammern der konfliktträchtigen Thematiken. Wer den einen oder anderen „bekannten Namen" aus dem hier einschlägigen Bereich vermissen mag, möge bitte berücksichtigen, daß die relativ kurze Terminierung für die Abgabe der Manuskripte zwar viele, aber nicht alle ausgewiesenen Fachleute auf den jeweiligen Gebieten erreichen ließ. An dieser Stelle ist es uns ein Bedürfnis, allen Autoren sehr herzlich zu danken, die sich im Interesse der Sache den erläuterten Bedingungen unterwarfen und die schnelle Realisierung des Wörterbuchs ermöglichten. Der Dank gilt im besonderen denjenigen, die in letzter Minute für den einen oder anderen Ausfall einsprangen.

Das Wörterbuch „Bundeswehr und Gesellschaft" weist nach dem Vorwort folgenden *Aufbau* auf:

Verzeichnis der Stichworte in alphabetischer Reihenfolge mit Angabe der Seitenzahl;

Verzeichnis der Autoren und der von ihnen abgehandelten Stichworte in alphabetischer Reihenfolge;

Verzeichnis der Abkürzungen, zum Teil mit inhaltlicher Erläuterung;

die abgehandelten Stichworte in alphabetischer Reihenfolge. Vor dem jeweiligen Text stehen Querverweise auf andere im vorliegenden Zusammenhang wesentliche Stichworte. Erscheinen andere Stichworte im Text selbst, so sind sie mit *kursiver* Schrift und einem Pfeil versehen. Überschneidungen inhaltlicher Art zwischen den Stichworten sind im Interesse einer möglichst abgerundeten Darstellung der einzelnen Fragestellungen erhalten geblieben. Am Ende der Einzelbeiträge finden sich Hinweise auf die im jeweiligen Zusammenhang wichtigste Literatur;

am Schluß des Bandes stehen

ein *Personenregister;*

ein *Sachregister.*

München, im Mai 1977

Verzeichnis der Stichworte

Verzeichnis der Autoren

Anker, Ingrid: M. A., Wissenschaftliche Rätin, Sozialwissenschaftliches Institut der Bundeswehr, München. Stichwort: Bundeswehr und Schule

Bahr, Egon: Bundesminister a. D., Bundesgeschäftsführer der Sozialdemokratischen Partei Deutschlands, Bonn. Stichwort: Entspannung

Bald, Detlef: Dr., Wissenschaftlicher Direktor, Sozialwissenschaftliches Institut der Bundeswehr, München. Stichworte: Ausbildung/Bildung – historische Entwicklung; Rekrutierung

Barlet, Heinz: Dr., Vizepräsident des Bundesamtes für Wehrtechnik und Beschaffung, Koblenz. Stichwort: Wehrtechnik

Bastian, Hans-Dieter: Prof. Dr., Pädagogische Hochschule Rheinland, Bonn-Duisdorf. Stichworte: Militärseelsorge; Werte/Normen

Baudissin, Wolf Graf von: Generalleutnant a. D., Direktor des Instituts für Friedensforschung und Sicherheitspolitik, Hamburg. Stichwort: Kooperative Rüstungssteuerung

Bielfeldt, Carola: Dr., Dipl.-Volkswirtin, Hessische Stiftung für Friedens- und Konfliktforschung. Stichwort: Militär und Ökonomie – gesamtwirtschaftliche Aspekte

Bredow, Wilfried Freiherr von: Prof. Dr., Universität Marburg. Stichworte: Abrüstung; Abrüstungskonferenzen; Befehl und Gehorsam; Militarismus; zivile Verteidigung

Ebert, Theodor: Prof. Dr., Freie Universität Berlin. Stichwort: Soziale Verteidigung

Ellwein, Thomas: Prof. Dr., Universität Konstanz. Stichworte: Ausbildung/Bildung – funktionale Ausrichtung des Bildungssystems; Beruf „Soldat"; Bundeswehr und Verfassung

Engelhardt, Ernst-Otto: Oberst i. G., Bundesministerium der Verteidigung, Informations- und Pressestab, Bonn. Stichwort: Öffentlichkeitsarbeit

Flach, Hermann: Dipl.-Psychologe, Oberregierungsrat, Streitkräfteamt/Dezernat Wehrpsychologie, Bonn. Stichwort: Wehrdevianz (Zusammen mit K. Puzicha)

Fleckenstein, Bernhard: Dipl.-Soziologe, Oberregierungsrat, Bundesministerium der Verteidigung, Bonn. Stichwort: Wehrpflicht

Friedeburg, Ludwig von: Prof. Dr., Staatsminister a. D., Institut für Sozialforschung, Universität Frankfurt/M. Stichwort: Militärsoziologie

Fuhr, Eberhard: Oberstleutnant i. G., Bundesministerium der Verteidigung, Bonn. Stichwort: Militärische Landesverteidigung

Harenberg, Karl-Heinz: Dr., Norddeutscher Rundfunk, Hamburg. Stichwort: Mitbestimmung

Klein, Paul: Dr., Dipl.-Psychologe, Wissenschaftlicher Oberrat, Sozialwissenschaftliches Institut der Bundeswehr, München. Stichwort: Unteroffiziere

Köllner, Lutz: Dr., Dipl.-Volkswirt, Wissenschaftlicher Direktor, Sozialwissenschaftliches Institut der Bundeswehr, München. Stichwort: Rüstung

Korte, Hans-Joachim: Dr., Ministerialdirigent, Bundesministerium der Verteidigung, Bonn. Stichwort: Kriegsdienst-/Wehrdienstverweigerung

Kuhlmann, Jürgen: Dipl.-Kaufmann, Oberstleutnant, Wissenschaftlicher Mitarbeiter, Sozialwissenschaftliches Institut der Bundeswehr, München. Stichwort: Militär und Ökonomie — betriebswirtschaftliche Aspekte

Laabs, Herbert: Ministerialdirektor i. R., Bonn. Stichworte: Berufsförderung; Fürsorge/Betreuung

Lange, Peter: Oberstleutnant, Bundesministerium der Verteidigung, Informations- und Pressestab, Bonn, Stichworte: Freizeit; Soldaten und Politik

Liebau, Wulf-Eberhard: Dr., M. A., Presse- und Informationsamt der Bundesregierung, Bonn. Stichwort: Interessenvertretung der Soldaten — durch die ÖTV

Linnenkamp, Hilmar: Dr., Bundesministerium der Verteidigung, Planungsstab, Bonn. Stichwort: Wehrstruktur (zusammen mit W. Tolksdorf)

Lippert, Ekkehard: Dipl.-Psychologe, Wissenschaftlicher Oberrat, Sozialwissenschaftliches Institut der Bundeswehr, München. Stichworte: Sozialisation; Sozialpsychologie (zusammen mit K. Puzicha)

Maizière, Ulrich de: General a. D., Generalinspekteur der Bundeswehr 1966—1972, Bonn. Stichwort: Auftrag und Struktur der Bundeswehr

Markus, Werner: Dipl.-Politologe, Regierungsrat, Bundesministerium der Verteidigung. Bonn. Stichwort: Ausbildung/Bildung — formaler Aufbau des Bildungssystems

Medick, Monika: Dr., Wissenschaftliche Mitarbeiterin, Universität Trier. Stichwort: Militärisch-Industrieller Komplex

Meier-Dörnberg, Wilhelm: Oberstleutnant, Militärgeschichtliches Forschungsamt, Freiburg. Stichwort: Planung und Aufbau der Bundeswehr

Möllemann, Jürgen W.: MdB, F.D.P.-Fraktion, Bonn. Stichwort: Verteidigungspolitik/Sicherheitspolitik — aus der Sicht der F.D.P.

Mosen, Wido: Dipl.-Soziologe, Bayer-Werke, Leverkusen. Stichwort: Soldat und Technik

Munk, Eberhard: Dr.-Ing., Ministerialrat, Bundesministerium der Verteidigung, Bonn. Stichwort: Führungssysteme

Neuberger, Oswald: Prof. Dr., Hochschule der Bundeswehr, München. Stichwort: Führung/Führungsstil

Neumann, Paul: MdB, SPD-Fraktion, Bonn. Stichwort: Verteidigungspolitik/Sicherheitspolitik — aus der Sicht der SPD

Nicklas, Hans: Prof. Dr., Hessische Stiftung für Friedens- und Konfliktforschung und Universität Frankfurt/M. Stichwort: Feindbild

Opitz, Eckart: Prof. Dr., Hochschule der Bundeswehr, Hamburg. Stichwort: Militärgeschichte

Potyka, Christian: Dr., Süddeutsche Zeitung, München. Stichworte: Bundeswehr und Öffentlichkeit; Weißbuch

Puzicha, Klaus: Dr., Dipl.-Psychologe, Regierungsdirektor, Streitkräfteamt/Dezernat Wehrpsychologie, Bonn. Stichworte: Sozialpsychologie (zusammen mit E. Lippert); Wehrdevianz (zusammen mit K.-H. Flach)

Radbruch, Hans-Eberhard: Regierungsdirektor, NATO-Defence College, Rom. Stichwort: Militärbürokratie

Rattinger, Hans: Dr., Seminar für Wissenschaftliche Politik, Universität Freiburg/Br. Stichwort: Militärdoktrinen

Rauch, Martin: Dipl.-Psychologe, Ministerialrat, Bundesministerium der Verteidigung, Bonn. Stichwort: Wehrpsychologie

Reindl, Helmut: Regierungsdirektor, Leiter der Arbeitsgruppe „Rechtsunterricht in der Bw", München. Stichwort: Wehrrecht

Reinfried, Hubert: Dr., Präsident der Bundesakademie für Wehrverwaltung und Wehrtechnik, Mannheim. Stichwort: Bundeswehrverwaltung

Rössler, Tjarck: M. A., Major, Wissenschaftlicher Mitarbeiter, Sozialwissenschaftliches Institut der Bundeswehr, München. Stichworte: Innere Führung; Militärhilfe

Scheffer, Wilfried: Oberstleutnant, Braunschweig. Stichwort: NATO (Nordatlantikpakt)

Schneider, Siegfried: Dr., Wissenschaftlicher Oberrat, Sozialwissenschaftliches Institut der Bundeswehr, München. Stichwort: Widerstand

Schössler, Dietmar: Dr., Dipl.-Soziologe, Seminar für Sozialwissenschaften, Universität Mannheim. Stichwort: Militärische Elite

Schubert, Klaus von: Prof. Dr., Hochschule der Bundeswehr, München. Stichwort: Militär und Wissenschaft; Sicherheitspolitik

Schubert, Peter von: Dipl.-Politologe, Oberregierungsrat, Amt des Wehrbeauftragten des Deutschen Bundestages, Bonn. Stichwort: Wehrbeauftragter

Schulte, Bernd: Dr., Wissenschaftlicher Mitarbeiter, Hochschule der Bundeswehr, Hamburg. Stichwort: Bundeswehr und Sport

Schultheiß, Franklin: Dipl.-Sozialwirt, Direktor der Bundeszentrale für politische Bildung, Bonn. Stichwort: Politische Bildung in der Bundeswehr

Senghaas, Dieter: Prof. Dr., Hessische Stiftung für Friedens- und Konfliktforschung und Universität Frankfurt/M. Stichwort: Friedensforschung

Seuberlich, Hans-Erich: Oberst, Streitkräfteamt, Bonn. Stichwort: Personalstruktur

Sonntag, Philipp: Dr., Wissenschaftlicher Mitarbeiter, Max-Planck-Institut zur Erforschung der Lebensbedingungen der wissenschaftlich-technischen Welt, Starnberg. Stichwort: Krieg (Kriegsbilder, Kriegsfolgen)

Strube, Franz: Stellvertreter des Bundesbeauftragten für den zivilen Ersatzdienst, Bonn. Stichwort: Zivildienst

Tolksdorf, Wilhelm: Oberstleutnant i. G., Bundesministerium der Verteidigung, Planungsstab, Bonn. Stichwort: Wehrstruktur (zusammen mit H. Linnenkamp)

Volland, Heinz: Oberst, Vorsitzender des Deutschen Bundeswehr-Verbandes e.V., Bonn. Stichwort: Interessenvertretung der Soldaten — durch den DBwV

Wagemann, Eberhard: Dr., Generalmajor a. D., Hamburg. Stichwort: Bundeswehr und Tradition

Walde, Thomas: Dr., Chef vom Dienst „STERN", Hamburg. Stichwort: Militärisches Nachrichtenwesen

Witt, Dieter: Dr. Akademischer Rat, Universität München. Stichwort: Infrastruktur

Wörner, Manfred: Dr., MdB, CDU/CSU-Fraktion, Bonn. Stichwort: Verteidigungspolitik/Sicherheitspolitik — aus der Sicht der CDU/CSU

Woller, Rudolf: Präsident des Verbandes der Reservisten der Deutschen Bundeswehr e. V., Bonn. Stichwort: Reservisten

Zoll, Ralf: Prof. Dr., Dipl.-Soziologe, Direktor des Sozialwissenschaftlichen Instituts der Bundeswehr, München.

Abkürzungsverzeichnis

ABC-Waffen	Atomare, Biologische (Bakteriologische), Chemische Waffen
ABM	Anti-Ballistic Missiles; Raketenabwehr-Rakete
AFCENT	Allied Forces Central Europe: Alliierte Streitkräfte in Mitteleuropa
AGARD	Advisory Group for Aerospace Research and Development; Beratungsgruppe für Luft- und Raumfahrtforschung
ASBw	Amt für Sicherheit der Bundeswehr
AWACS	Airborne Warning and Control Systems: fliegendes Frühwarnsystem
BBG	Bundesbeamtengesetz
BDH	Bundesdisziplinarhof
Befh	Befehlshaber
BGBl	Bundesgesetzblatt
BGS	Bundesgrenzschutz
BMVg	Bundesministerium der Verteidigung (vormals: BMVtdg)
BND	Bundesnachrichtendienst
BPA	Bundespresseamt
BPersVG	Bundespersonalvertretungsgesetz
BWB	Bundesamt für Wehrtechnik und Beschaffung
BVerwG	Bundesverwaltungsgericht
Bw	Bundeswehr
BWL	Betriebswirtschaftslehre
BWV	Bundeswehrverwaltung
BWVA	Bundeswehrverwaltungsamt
CCIS	Command, Control and Information Systems
CIA	Central Intelligence Agency; USA
Cruise Missiles	Marschflugkörper

DBwV	Deutscher Bundeswehr-Verband
Div	Division
EPG	Europäische Programmgruppe
EUROGROUP	Europäische Teilgruppe der NATO-Mitgliedsländer
EVG	Europäische Verteidigungsgemeinschaft
G	Gesetz
GA	Genfer Abkommen
GG	Grundgesetz
ICBM	Inter-Continental Ballistic Missiles; strategische Inter-kontinentalraketen
IP-Stab	Informations- und Pressestab des BMVg
Kdo	Kommando
Kpz	Kampfpanzer
KSZE	Konferenz über Sicherheit und Zusammenarbeit in Europa
KWEA	Kreiswehrersatzamt
Lw	Luftwaffe
MAD	Militärischer Abschirmdienst
MBFR	Mutual and Balanced Force Reductions; Abrüstungs-konferenz in Wien
MGFA	Militärgeschichtliches Forschungsamt
mil	militärisch
MIRV	Multiple Independently Targeted Re-Entry Vehicles; nukleare Mehrfachsprengköpfe, die auf verschiedene Ziele programmiert sind
MIS	Management Information Systems
Mob	Mobilmachung
MRCA	Multi-Role Combat Aircraft; Planungsbezeichnung für Panavia 200 „Tornado"
NADIS	Nachrichtendienstliches Informationssystem
NPG	Nukleare Planungsgruppe
NVA	Nationale Volksarmee
NZWehrr	Neue Zeitung für Wehrrecht
PR	Public Relations
SACEUR	Supreme Allied Commander Europe; Oberbefehls-haber der NATO-Truppen, Europa
SALT	Strategic Arms Limitation Talks
SG	Soldatengesetz
SHAPE	Supreme Headquarters Allied Powers Europe; Haupt-quartier des Oberbefehlshabers der NATO-Truppen, Europa

SKA	Streitkräfteamt
SLBM	Submarine Launched Ballistic Missiles; U-Boot-gestützte Raketen
SNBw	Schule für Nachrichtenwesen der Bundeswehr
SOWI	Sozialwissenschaftliches Institut der Bundeswehr
StOV	Standortverwaltung
TSK	Teilstreitkraft
VdRBw	Verband der Reservisten der Deutschen Bundeswehr e. V.
VMBl	Ministerialblatt
VMWG	Vertrauensmännerwahlgesetz
VO	Verordnung
WBeauftrG	Wehrbeauftragtengesetz
WBK	Wehrbereichskommando
WBO	Wehrbeschwerdeordnung
WDO	Wehrdisziplinarordnung
WEU	Westeuropäische Union
WPflG	Wehrpflichtgesetz
ZDv	Zentrale Dienstvorschrift
ZMilDBw	Zentrale militärische Dienststelle der Bundeswehr

Abrüstung

→ Abrüstungskonferenzen, Entspannung, Friedensforschung, Kooperative Rüstungssteuerung, Krieg, Militär und Ökonomie (gesamtw. Aspekte), Rüstung, Sicherheitspolitik.

1. BEGRIFF. – Unter Abrüstung versteht man alle Prozesse, die eine Begrenzung, Verminderung oder Einstellung von Aufrüstung umfassen und zum Ergebnis haben, daß die militärische Stärke, die Ausgaben für *→ Rüstung* und für Rüstungsforschung reduziert werden sowie Anreize zum weiteren Aufrüsten (z. B. als „Wettrüsten") vermindert werden. Obwohl der Begriff in der Sprache von Politikern und Diplomaten häufig auftaucht und obwohl Verhandlungen und Konferenzen, die Abrüstung zum Thema hatten, in den letzten achtzig Jahren kaum noch zählbar sind, sind Abrüstungsprozesse in diesem Zeitraum selten geblieben. Abrüstung gehört zu jenen feierlich beschworenen Zielen der Staaten, dem sie wegen der Struktur der Staatenwelt und oft auch wegen ihrer inneren Verhältnisse anscheinend nicht näher kommen können.

2. FORMEN DER ABRÜSTUNG. – In der wissenschaftlichen Literatur ist der Inhalt von Abrüstung nicht einvernehmlich geklärt. Nicht zuletzt liegt das an dem normativen Charakter, der dem Begriff Abrüstung mit unterschiedlichen Vorzeichen unterlegt wird. Eine beschreibende Untersuchung muß nicht die politische Opportunität von Abrüstung, vielmehr ihre verschiedenen Formen und möglichen Konsequenzen in den Blick nehmen.
2.1. *Allgemeine und vollständige Abrüstung.* Im Jahre 1962 legten die USA und die UdSSR Vertragsentwürfe für eine allgemeine und vollständige Abrüstung vor. Diese Zielvorstellung wird von vielen Experten als utopisch und unbrauchbar angesehen – sie verweisen dabei auf die Vielfältigkeit des gegenwärtigen internationalen Systems,

das in einen Weltstaat transponiert werden müßte, um ohne Rüstung friedlich existieren zu können. Andere, insbesondere viele Friedensforscher, betonen, daß alle Teilmaßnahmen der Abrüstung sich an dieser letzten Zielvorstellung ausrichten und daran messen lassen müssen, wieviel sie zur allgemeinen und vollständigen Abrüstung beitragen.

2.2. *Rüstungskontrolle.* Das Konzept der Rüstungskontrolle (Arms Control), in den USA um das Jahr 1960 entwickelt, will erstens die Möglichkeit eines Überraschungskrieges und eines → *Krieges* als Folge von technischen Irrtümern verhindern. Es will zweitens die Rüstungsprozesse der Weltmächte und ihrer Verbündeten in ihrem Tempo verlangsamen und technologische Durchbrüche der einen oder anderen Seite vermeiden. Im deutschen Sprachraum ist dafür auch der Begriff der → *kooperativen Rüstungssteuerung* verwendet worden. Seit Beginn der sechziger Jahre ist das ,,nukleare Gleichgewicht" der Weltmächte sicherndes Fundament einer Reihe von Rüstungskontrollabkommen, deren Bedeutung nicht selten weniger im militärischen als im politischen Bereich liegt (z. B. Antarktis-Vertrag). In den siebziger Jahren sind insbesondere die Strategic Arms Limitations Talks (SALT) zwischen den USA und der UdSSR sowie für Europa die Mutual Balanced Force Reduction-(MBFR)Verhandlungen wichtige Rüstungskontroll-Verhandlungen.

3. VORBEHALTE GEGEN ABRÜSTUNG. – Wie das positive Echo der Öffentlichkeit fast aller Länder auf die Forderung nach Abrüstung zeigt, ist diese außerordentlich populär. Auf der anderen Seite hat es schon seit Beginn des Anwachsens der Popularität von Abrüstungsforderungen warnende Stimmen und Vorbehalte gegeben. Damit sind nicht jene gemeint, die Aufrüstung und den Gebrauch von militärischen Apparaten als politisches Drohinstrument und für expansionistische Kriege propagiert haben. Auch wer Frieden und Sicherheit als Normen staatlicher Politik akzeptiert, findet Argumente, die nicht Abrüstung, sondern Aufrüstung als das bessere Mittel zu ihrer Verwirklichung begründen. Diese Argumente laufen darauf hinaus, daß Abrüstung in der gegenwärtigen Weltsituation entweder die aktuelle Hierarchie der Staatenwelt verewigt oder ein unvorhersehbares Chaos zur Folge hat, daß Abrüstung also keineswegs eine Art ,,internationale Gerechtigkeit" zeitigen wird. Außerdem würde in einer abgerüsteten, aber sonst nicht geänderten Welt, einigen wenigen Staaten die Rückkehr zu bewaffneten Konflikten eher möglich sein als anderen. In diesen Vorbehalten, die sich in erster Linie gegen die

allgemeine und vollständige Abrüstung richten, steckt ein allgemein-
gültiges Element, das in der politischen Beurteilung von Abrüstungsverhandlungen oft übersehen wird. Deren Schwierigkeit liegt weniger in den propagandistischen Nebenabsichten, die Regierungen mit
Abrüstungsvorschlägen verbinden. Die Crux dieser Verhandlungen
liegt darin, daß jeder Staat seine Sicherheit anders definiert (und im
gegenwärtigen internationalen System auch gute Gründe dafür hat).
Die verschiedenen Sicherheitsbedürfnisse auf ein und denselben Nenner zu bringen, bildet den Kern aller Probleme bei den deshalb so
langwierigen Abrüstungsverhandlungen.

4. VORBEHALTE GEGEN RÜSTUNGSKONTROLLE. − Jüngere Untersuchungen versuchen die These zu erhärten, daß Rüstungsprozesse
nicht nur (oder sogar nur wenig) von außenpolitischen Sicherheitsbedürfnissen, sondern in der Hauptsache von innergesellschaftlich
wirksamen Kräften gesteuert werden. Da dies gegenwärtig für die
Weltmächte in gleichem Maße zutrifft, gelten ihre Rüstungskontroll-
verhandlungen nicht dem Ziel der Abrüstung. Stattdessen geht es
ihnen darum, obsolet gewordene Teile der Streitkräfte unter dem
Vorzeichen von Abrüstung öffentlichkeitswirksam abzubauen, zugleich jedoch interessantere Teile der Streitkräfte (vor allem die
hochtechnisierten) weiter auszubauen. Verhandlungen über Rüstungskontrolle eignen sich hervorragend dazu, eine Umrüstung zu
verschleiern. Obwohl diese u. a. von Senghaas vertretene Auffassung
viele Ungereimtheiten aufweist, läßt sich die Tatsache nicht abstrei-
ten, daß der Rüstungswettlauf der Weltmächte und ihrer Verbündeten in den siebziger Jahren an Tempo zugenommen hat − trotz der
erfolgreich abgeschlossenen Rüstungskontroll-Vereinbarungen.

5. ABRÜSTUNG ALS POLITISCHE NORM. −Es ist frappierend zu sehen,
wie weit auf dem Gebiet der Abrüstung politische Rhetorik und
Realität auseinanderklaffen. Pazifisten, aber auch in ihrer Weltanschauung nicht auf Gewaltlosigkeit festgelegte Befürworter von Abrüstung proklamieren diese als eine politische Norm von höchster
Priorität. Frieden und Sicherheit müssen in dieser Sicht anders definiert werden, als es nach den Kategorien herkömmlicher Machtpolitik getan wird. Der Satz „Wenn Du den Frieden willst, bereite den
Krieg vor" stimmt spätestens seit dem Anbruch des Nuklearzeitalters
nicht mehr. Seitdem die Menschheit die Fähigkeit zur kollektiven
Selbstvernichtung erreicht hat, sind kriegerische Konflikte allgemein,
insbesondere aber dann, wenn Atommächte involviert sind, ein Spiel

mit dem kollektiven Selbstmord. Die Geschichte zeigt, daß, wer sich auf den Krieg vorbereitet, es auch mit → *Krieg* zu tun bekommt. Das Mittel des Krieges, jedenfalls das des Nuklearkrieges, kann aber nicht mehr Teil einer rationalen Politik sein. Von Bertha von Suttner bis Bertrand Russell reicht die umfangreiche Liste prominenter Befürworter von Abrüstung. Daß sich diese Norm trotz ihrer abstrakten Unabweisbarkeit nicht in die internationale Politik einführen ließ, deutet auf schwer überwindbare Defizite der Organisationsstruktur der Staatenwelt hin.

6. SOZIALE UND ÖKONOMISCHE FOLGEN VON ABRÜSTUNG. – Wegen des Problems der unterschiedlich definierten Sicherheitsbedürfnisse spielt die Abrüstungsfrage auch im Ost-West-Konflikt eine dominierende Rolle. Daß kapitalistische Staaten aus ökonomischen Gründen nicht abrüsten können, ist eine von marxistischen Wissenschaftlern und Politikern häufig vertretene These. Daß die UdSSR und ihre Verbündeten einen hohen Rüstungsstand aus innenpolitischen Gründen benötigen, ist oftmals im Westen behauptet worden. Demgegenüber unterstreichen neuere Veröffentlichungen, die z. T. von der UNO angeregt worden sind, die positiven Folgen von Abrüstungsprozessen in kapitalistisch und sozialistisch organisierten Gesellschaften. Zwar lassen sich Umverteilungen vom Rüstungssektor in die Zivilwirtschaft nicht einfach nach dem Modell „1 Phantom = 1 Krankenhaus" vornehmen. Die vor allem in den USA sorgfältig ins Detail gehende Forschung zur Konversion von Rüstungs- in Zivilindustrie kann jedoch genügend Belege dafür beibringen, daß Abrüstung sich durchaus system-stabilisierend auswirkt. Nicht erst die wissenschaftliche Katastrophen-Literatur im Gefolge des ersten Berichts an den Club of Rome hat aber die Aufmerksamkeit auf den Tatbestand gelenkt, daß in den Industriegesellschaften, mehr noch in den in „abgeleitete" Wettrüstungs-Prozesse verstrickten Ländern der Dritten Welt soziale und wirtschaftliche Probleme zu bewältigen sind, die ein weiteres Ansteigen der Weltausgaben für Rüstung unvertretbar erscheinen lassen.

Weil Abrüstung kein technisch-administratives Problem ist, sondern längerfristig nur erreichbar wird, wenn Änderungen in der Struktur des internationalen Systems erfolgen, weil Rüstungskontrolle gegenwärtig Rüstungsprozesse nur steuern, nicht aber verlangsamen oder gar zum Stillstand bringen kann, haben Skeptiker prognostiziert, ein nächster Weltkrieg sei für die nächsten zwanzig Jahre wahrscheinlicher als Frieden und Sicherheit. Dieser Skepsis läßt sich mit wissenschaftlichen Argumenten nichts entgegensetzen.

LITERATURHINWEISE

Bredow, W. v. (Hrsg.), Ökonomische und soziale Folgen der Abrüstung. Texte aus West- und Osteuropa, Köln 1974.

Forndran, E., Rüstungskontrolle, Friedenssicherung zwischen Abschreckung und Abrüstung, Düsseldorf 1970.

SIPRI Yearbook of World Armaments and Disarmament, Stockholm 1969 ff.

Zwischen Frieden und Krieg: Die Forderung nach Abrüstung. Erklärung einer Studiengruppe der International Peace Research Association, in: Friedensanalysen 2, Frankfurt/M. 1976.

WILFRIED VON BREDOW

Abrüstungskonferenzen

→ *Abrüstung, Entspannung, Feindbild, Friedensforschung, Kooperative Rüstungssteuerung, Krieg, Militärdoktrinen, Rüstung, Sicherheitspolitik.*

1. GESCHICHTE DER ABRÜSTUNGSKONFERENZEN. – Praktisch seit dem Zeitpunkt, von dem an bewaffnet ausgetragene Konflikte in der Menschheitsgeschichte eine Rolle zu spielen beginnen, gibt es auch „Abrüstungskonferenzen", d. h. politische Verhandlungen der potentiellen oder aktuellen Gegner mit dem Ziel der Minderung des → *Rüstungs*niveaus oder mit der Absicht, die Anwendung bestimmter Waffen in einem Konflikt auszuschließen, bestimmte Regionen zu entmilitarisieren oder nach einem Friedensschluß die Möglichkeiten erneut ausbrechender Konflikte möglichst auszuschalten. Ob man diesen weiten Begriff von „Abrüstungskonferenz" vorzieht oder ihn auf die Bezeichnung von diplomatischen Verhandlungen der neuesten Zeit beschränken will: die Erfolge von Abrüstungskonferenzen sind als außerordentlich gering einzuschätzen. Rares Beispiel für eine auf lange Sicht erfolgreiche Abrüstungskonferenz sind die Vereinbarungen zwischen Monroe und Castlereagh über die Schiffahrt auf den nordamerikanischen Binnenseen von 1817, die später zur Entmilitarisierung der kanadisch-amerikanischen Grenze im Vertrag von Washington (1871) führten. In Europa fanden sowohl in den Jahren vor Ausbruch des Ersten als auch vor der Entfesselung des Zweiten Weltkriegs zahlreiche Abrüstungskonferenzen statt; auch die Zeit nach 1945 bis zur Gegenwart hat viele Abrüstungskonferenzen erlebt.

1.1. *Die Haager Friedenskonferenz von 1899.* Die erste große, intentional weltweite Abrüstungskonferenz tagte vom Mai bis Juli 1899 in Den Haag. Impulse für die Konferenz gingen von pazifistischen Bewegungen aus, für die Bertha von Suttners Buch „Die Waffen nieder" (1889) von großer Bedeutung wurde. Pazifistische Ideen wurden in den sozialistischen Parteien gepflegt; sie waren jedoch auch im Bürgertum und in Rußland auch in Teilen des Adels verbreitet. Im Wilhelminischen Deutschland galten derartige Vorstellungen als subversiv. Die Haager Friedenskonferenz brachte zwar Fortschritte in Einzelfragen, jedoch keinen Durchbruch in der weltweiten Abrüstung.

1.2. *Abrüstungskonferenzen zwischen den beiden Weltkriegen.* Die Schrecken des Ersten Weltkriegs verstärkten die Bemühungen der Regierungen, Rüstungsbeschränkungen zu einem konstitutiven Merkmal des internationalen Systems der Nachkriegszeit zu machen. Eine Bestimmung der *Völkerbunds*-Satzung lautet: „Die Bundesmitglieder bekennen sich zu dem Grundsatz, daß die Aufrechterhaltung des Friedens eine Herabsetzung der nationalen Rüstungen auf das Mindestmaß erfordert, das mit der nationalen Sicherheit und mit der Erzwingung internationaler Verpflichtungen durch gemeinsames Vorgehen vereinbar ist." (Art. 8, Abs. 1) Der Völkerbund, ein erster hoffnungsfroh unternommener Versuch, den Frieden durch ein Bündnis *kollektiver Sicherheit* zu erhalten, konnte diese Funktion nicht erfüllen, weil die Staatenstruktur nach 1918 von zahlreichen Staaten nicht akzeptiert wurde (den „Habenichtsen", unter ihnen Deutschland), weil die USA ihm nicht beitraten und weil der sich herauskristallisierende Ost-West-Konflikt sowie der sich anbahnende Entkolonisierungs-Prozeß in diesem Bündnis nach den Vorstellungen des 19. Jahrhunderts keinen Platz hatten. Die erfolgreicheren Bemühungen um → *Abrüstung* fanden in der Zwischenkriegszeit außerhalb des Völkerbundes statt, z. B. der Briand-Kellogg-Pakt von 1928, in dem der → *Krieg* als Mittel der nationalen Politik geächtet und Mittel friedlicher Streitbeilegung empfohlen wurden. Abrüstungsbemühungen zu Beginn der dreißiger Jahre scheiterten nicht zuletzt an der Haltung des Deutschen Reiches, das im Oktober 1933 die laufende Abrüstungskonferenz des Völkerbundes verließ und zu einer Politik offener Aufrüstung überging.

1.3. *Abrüstungsbemühungen nach 1945.* Obwohl auch unmittelbar nach dem Ende des Zweiten Weltkriegs die Friedenssehnsucht der Völker ein gewichtiger politischer Faktor war und die Demobilisierungen der Alliierten den Weg für Abrüstungsverhandlungen im Rahmen der Nachfolge-Organisation des Völkerbundes, der Organisa-

tion der *Vereinten Nationen* (UNO) zu ebnen schienen, wurden alle
Abrüstungsbemühungen von den Auswirkungen des „Kalten Kriegs"
überschattet. Die zahlreichen Konferenzen in den vierziger und
fünfziger Jahren, auf denen es auch um Abrüstung ging, verliefen wie
das Hornberger Schießen. Erst mit Erreichen des *„nuklearen Patts"*
der Weltmächte ist die Chance für erfolgreich verlaufende Abrüstungsverhandlungen wieder größer geworden. Man unterscheidet
heute drei Ebenen, auf denen solche Bemühungen angesiedelt sein
können. Auf der globalen Ebene finden Abrüstungskonferenzen vor
allem im Rahmen der UNO statt: die Verhandlungen des Genfer
Abrüstungsausschusses (CCD) sowie über humanitäres Völkerrecht.
Zwischen den Weltmächten geht es in der Hauptsache um die Begrenzung des strategischen Wettrüstens (SALT). Für Europa sind
gegenwärtig die Wiener Verhandlungen über einen Truppenabbau in
Europa (MBFR) von primärer Bedeutung; die Sicherheitskonferenz
von Helsinki (KSZE) stellt den Rahmen des guten Willens dar, bringt
aber keinen originären Beitrag zur Abrüstung. Durchschlagende Erfolge kann keine dieser Abrüstungskonferenzen bis jetzt aufweisen.

2. KONSTELLATION DER ABRÜSTUNGSDIPLOMATIE. – Chronologien
der Abrüstungskonferenzen, Synopsen der ihnen zugrunde liegenden
Vorschläge und Pläne sowie schließlich die Suche nach den „Schuldi-
gen", denen man das Scheitern dieser Pläne anlasten kann, bleiben
letztlich uninteressant, weil dadurch keine Anwort auf die Frage
gefunden werden kann, wie es kommt, daß trotz weltweiter Popularität der Abrüstungsforderung und trotz der unbeschreiblichen
Schrecknisse, die ein moderner Krieg für die von ihm betroffenen
Menschen mit sich bringt, Abrüstungskonferenzen so wenig erfolgreich bleiben. Dieser Frage ist in der wissenschaftlichen Literatur zu
selten nachgegangen worden. So lassen sich nur Ansätze für umfassende Antworten finden. Die Methode dazu muß sich einer verglei-
chenden Analyse verschiedener Abrüstungskonferenzen bedienen
und dabei die Sicherheits-Perzeptionen der beteiligten Regierungen
und die unterschiedlichen Konsequenzen von vorgeschlagenen Ab-
rüstungsmaßnahmen für die Konferenz-Teilnehmer in den Blick
nehmen.

2.1. *Beispiel: Der Baruch-Plan.* Auf der Sitzung der von der UNO
eingerichteten Atomenergie-Kommission machte der US-Delegierte
Bernhard Baruch am 15.6.1946 den Vorschlag, eine internationale
Atomenergiebehörde einzurichten, die die alleinige Kontrolle über
alle Atomenergie besitzen und diese vertragsgemäß nur zu friedlichen

Zwecken benutzen können sollte. Wenige Tage später machte der sowjetische Delegierte Andrej Gromyko einen Gegenvorschlag. Er sah die sofortige Abschaffung aller nuklearen Waffen vor. Den Baruch-Plan lehnte er ab. Wie sich in den anschließenden Verhandlungen herausstellte, waren der Status der internationalen Behörde, das Problem einer internationalen Inspektion und die Kombination von Maßnahmen atomarer und konventioneller Abrüstung zwischen den USA und der UdSSR umstritten. Jede Seite unterstellte dem Gegenüber, sich einseitige Vorteile verschaffen zu wollen. Die Verhandlungen scheiterten.

2.2. Rahmenbedingungen für erfolgreiche Abrüstungsverhandlungen. Gäbe es eine mit effektiver Autorität ausgestattete Überwachungs- und Kontrollbehörde, die ihre Entscheidungen gegenüber den betroffenen Staaten auch durchsetzen könnte, wären Abrüstungskonferenzen erheblich erfolgreicher. Unter den gegebenen Bedingungen des internationalen Systems muß Abrüstungsdiplomatie erreichen, daß die Sicherheits-Relation zwischen den betroffenen Parteien nicht verändert wird. Das Prinzip der „gleichen Sicherheit" läßt sich jedoch nicht objektivieren, sondern wird maßgeblich beeinflußt von der Sicherheits-Perzeption der jeweiligen Regierungen. In einer internationalen Situation, die durch Konflikte und Rivalitäten bestimmt ist, erscheinen erfolgreiche Abrüstungsverhandlungen deshalb höchst unwahrscheinlich. Aber auch in Zeiten der Entspannung und wachsender zwischenstaatlicher (in den Ost-West-Beziehungen: inter-systemarer) Kooperation reduziert sich das Sicherheitsbedürfnis eines Landes, repräsentiert durch seine Regierung, keineswegs automatisch. Von daher ergibt sich die Bedeutung von an sich wenig spektakulären „vertrauensbildenden Maßnahmen", wie sie in der Schlußakte der Konferenz über Sicherheit und Zusammenarbeit in Europa (KSZE) von August 1975 vorgesehen sind. Einfluß auf die Definition des nationalen Sicherheitsbedürfnisses hat in demokratisch verfaßten Gesellschaften auch die öffentliche Meinung. Da die Abrüstungsdiplomatie häufig aus demselben Expertenkreis rekrutiert wird, aus dem auch die Rüstungsexperten kommen, befürchten manche Beobachter, daß in konkreten Abrüstungsverhandlungen die beteiligten Diplomaten dazu neigen, von Positionen überhöhten Sicherheitsbedürfnisses aus zu argumentieren. Solche Verhandlungen dann nicht als „Null-Summen-Spiel", sondern unter Befriedigung des Sicherheitsbedürfnisses aller Parteien zu führen, ähnelt ein wenig der Quadratur des Kreises. Dennoch wird es, unabhängig von der wachsenden Dringlichkeit, Abrüstungsfortschritte zu erreichen, nicht zu erfolgreichen Abrüstungskonferenzen und stattdessen zu einer Wiederholung der Erfahrungen der letzten siebzig Jahre kommen, wenn es nicht gelingt, Instrumente zur Objektivierung der nationalen Sicherheitsbedürfnisse zu finden.

LITERATURHINWEISE

Iwan, J. H., Die Abrüstung. Die Bemühungen um Friedenssicherung durch Rüstungsbeschränkung und -kontrolle, München 1965.

Klein, F., Die Bemühungen um eine Rüstungsbeschränkung zwischen den beiden Weltkriegen, in: Studien zur Friedensforschung, Bd. 4, Stuttgart/München 1970.

Menzel, E., Die Bemühungen um die Abrüstung seit 1945: Mißerfolge und Teilerfolge, in: Studien zur Friedensforschung, Bd. 1, Stuttgart/München 1969.

Siegler, H. v., Dokumentation zur Abrüstung und Sicherheit (seit 1943), Bonn 1960 ff.

WILFRIED VON BREDOW

Auftrag und Struktur der Bundeswehr

→ *Ausbildung/Bildung, Bundeswehr und Verfassung, Bundeswehrverwaltung, Führungssysteme, Innere Führung, Militärbürokratie, Militärdoktrinen, NATO, Personalstruktur, Planung und Aufbau der Bundeswehr, Sicherheitspolitik, Verteidigungspolitik, Wehrbeauftragter, Wehrpflicht, Wehrstruktur, Weißbuch, Zivile Verteidigung.*

1. AUFTRAG DER BUNDESWEHR

1.1. Die *politische Aufgabe* der Bundeswehr. — Als ein Organ der Bundesexekutive, das der uneingeschränkten parlamentarischen Kontrolle untersteht, ist die Bundeswehr ein Instrument der → *Sicherheitspolitik* der Bundesrepublik Deutschland. Die der Bundeswehr zugewiesene politische Aufgabe definiert die Zentrale Dienstvorschrift 10/1 (Hilfen für die Innere Führung) in der Ziffer 102 wie folgt:

„a) Im Frieden trägt die Bundeswehr durch Abschreckung zur Sicherheit und *Friedenserhaltung* bei.

b) In Krisenzeiten und im *Spannungsfall* sichert die Einsatzbereitschaft der Bundeswehr die *Handlungsfreiheit* von Bundesregierung und Bundestag.

c) Im *Verteidigungsfall* wahrt die Bundeswehr, gemeinsam mit den Streitkräften der Bündnispartner, die Unversehrtheit des eigenen Gebietes oder stellt sie wieder her."

Die Aufgabe der Bundeswehr ist also nicht nur auf den Verteidigungsfall (Krieg) ausgerichtet. Gerade auch im Frieden wie im Spannungsfall hat die Bundeswehr wichtige politische Funktionen zu erfüllen.

Zwei Wesenselemente leiten sich aus der politischen Aufgabe ab: die Bundeswehr ist eine *Defensivstreitmacht* und steht in einem → *Bündnis.*

a) *Defensivstreitmacht* — Zum ersten Male in der deutschen Geschichte ist die Aufgabe der Streitkräfte bereits durch die Verfassung ausdrücklich auf Verteidigung begrenzt (Art. 87 a GG). „Handlungen, die geeignet sind und in der Absicht vorgenommen werden, das friedliche Zusammenleben der Völker zu stören, insbesondere die Führung eines Angriffskrieges vorzubereiten", sind als verfassungswidrig bezeichnet und unter Strafe gestellt (Art. 26 (1) GG).

Die Bundeswehr bedroht also niemanden, sie wäre dazu auch nicht in der Lage. Sie dient durch ihre Einsatzbereitschaft der Erhaltung des Friedens durch Abschreckung. Sie verschafft der politischen Führung Handlungsfreiheit und Bewegungsspielraum, damit diese sich nicht fremdem politischen Willen beugen muß.

Die Bundeswehr wird zur Verteidigung eingesetzt, wenn das Territorium der Bundesrepublik Deutschland mit Waffengewalt angegriffen wird. Sie muß daher für Kampfaufgaben ausgerüstet, ausgebildet und bereit sein, wenn die politische Führung ihren Einsatz befiehlt. Die ständige Einsatzbereitschaft der Bundeswehr — ausgerichtet auf die Abwehr eines eventuellen Angriffs — ist ein entscheidendes Mittel der Friedenserhaltung. Diese Zielsetzung läßt sich am einprägsamsten durch den Satz beschreiben: „Kämpfen können, um nicht zu müssen".

b) *Streitmacht in einem Bündnis* — Kein Staat europäischer Größenordnung kann mit seinem personellen und materiellen Potential Freiheit, Unabhängigkeit und Unversehrtheit allein aus nationaler Kraft behaupten. Die Bundesrepublik Deutschland hat sich, wie auch andere europäische Staaten, dem Nordatlantischen Bündnis angeschlossen und sieht ihre Sicherheit nur in ihm gewährleistet. Die Bundeswehr ist daher auch nicht als eine autarke, allen militärischen Möglichkeiten allein gerecht werdende Armee in einer national ausgerichteten Verteidigung anzusehen. Sie ist vielmehr ein Beitrag für die bündnisgemeinsame Abschreckung und Verteidigung in Mitteleuropa, der den nationalen Interessen gerecht wird, den Anstrengungen der Bündnispartner vergleichbar ist und zugleich in das Gesamtverteidigungskonzept des Bündnisses sinnvoll eingepaßt werden kann.

1.2. *Die militärischen Aufträge der Bundeswehr* — Die militärischen Aufträge für die Streitkräfte und ihre einzelnen Teile leiten sich aus der politischen Aufgabenstellung und der im Bündnis vereinbarten → *Strategie* ab.

Im Falle einer Aggression hat die Bundeswehr gemeinsam mit den in der Bundesrepublik Deutschland stationierten oder zur Verstärkung herangeführten verbündeten Streitkräften dem Angreifer so grenznah wie möglich (*Vorneverteidigung*) und unter Einsatz der der jeweiligen feindlichen Aktion angemessenen Mittel (*flexible response*) entgegenzutreten; sie hat das eigene Staatsgebiet kämpfend zu verteidigen und — soweit notwendig und möglich — den eingedrungenen Gegner wieder zurückzuwerfen.

Bei drückender Überlegenheit des Angreifers schafft der Verteidiger durch seinen Abwehrkampf die Voraussetzungen dafür, daß sich die politische Führung durch Androhung oder Einsatz zusätzlicher und stärkerer Mittel (z. B. Nuklearwaffen) für eine höhere Eskalation der Auseinandersetzung entscheiden oder andere Wege finden kann, den Konflikt mit politischen Mitteln zu beenden.

Die militärischen Aufträge für die Verbände der Bundeswehr im einzelnen sind in den gemeinsamen militärischen Verteidigungsplänen der integrierten → *NATO*-Kommandobehörden festgelegt, soweit es sich nicht um militärische Führungsaufgaben in nationaler Verantwortung handelt (s. Ziff. 2.2.4.). Sie unterliegen der militärischen Geheimhaltung.

1.3. *Der Einsatz der Bundeswehr im Innern* — Die Bundeswehr ist für die Erhaltung der äußeren Sicherheit der Bundesrepublik Deutschland konzipiert, ausgerüstet und ausgebildet. Doch weist ihr das Grundgesetz unter bestimmten Voraussetzungen auch Aufgaben im *Innern* zu. Hierzu gehören:

a) im *Frieden* die Hilfe bei Naturkatastrophen und besonders schweren Unglücksfällen (Art. 35 (2) (3) GG). Für derartige Aufgaben ist die Bundeswehr seit ihrem Bestehen schon wiederholt und erfolgreich eingesetzt worden (z. B. Hamburger Flutkatastrophe, Flächenbrand in Niedersachsen);

b) im *Spannungs- und Verteidigungsfall* der Schutz ziviler Objekte und Aufgaben der Verkehrsregelung, soweit dies zur Erfüllung des Verteidigungsauftrages oder zur Unterstützung polizeilicher Maßnahmen erforderlich ist (Art. 87 a (3) GG);

c) zur *Abwehr einer drohenden Gefahr für den Bestand* oder die freiheitlich-demokratische Grundordnung des Bundes oder eines Landes die Unterstützung der Polizei und des Bundesgrenzschutzes bei der Bekämpfung organisierter und militärisch bewaffneter Aufständischer, wenn das betreffende Land zur Bekämpfung der Gefahr nicht selbst bereit oder in der Lage ist und wenn die Kräfte von Polizei und Bundesgrenzschutz nicht ausreichen (Art. 87a (4) GG).

Der militärische Einsatz der Bundeswehr im Innern, den niemand wünschen kann, ist also durch das GG an außerordentlich restriktive Bedingungen gebunden. Politische Demonstrationen, Gewaltakte kleinerer oder größerer Gruppen sowie Streiks rechtfertigen den Einsatz nicht. Darin unterscheidet sich die verfassungsrechtliche Regelung der Bundesrepublik Deutschland von der vieler anderer parlamentarischer Demokratien, bei denen die Grenzen für den Einsatz der Streitkräfte im Innern weniger eng gezogen sind. Sind aber die in Art. 87 a (4) GG definierten Voraussetzungen erfüllt, dann befinden sich der Staat und seine verfassungsmäßige Ordnung in einer so ernsten Gefahr, daß zur Erhaltung ihres Bestandes auf die Hilfe der bewaffneten Macht nicht verzichtet werden kann.

1.4. *Ausschließung anderer Einsatzmöglichkeiten* — Zu anderen als im Grundgesetz ausdrücklich festgelegten Aufgaben darf die Bundeswehr nicht eingesetzt werden (Art. 87 a (2) GG).

2. STRUKTUR DER BUNDESWEHR

2.1. *Die organisatorische Struktur.* — Die Bundeswehr ist, wie andere Armeen auch, in die Teilstreitkräfte Heer, Luftwaffe und Marine gegliedert.

Jedoch darf die neue deutsche Streitmacht nicht als eine Summe von drei selbständigen, nebeneinander stehenden Teilstreitkräften angesehen werden. Sie ist vielmehr als eine „einheitliche Gesamtstreitmacht" mit weitgehend gemeinsamen Regelungen für alle ihre Teile aufgestellt. Einheitlich und zentral gesteuert sind z. B. → *Sicherheitspolitik*, Einsatzführung, Planung, innere Ordnung, Personal, → *Rüstung*, Haushalt und Verwaltung, Teile der → *Ausbildung* und Logistik u. a.m. Man hat dies als die „Bundeswehrlösung" bezeichnet.

Die Bundeswehr ist eine konventionelle Streitmacht. Sie besitzt keine Atomsprengköpfe in eigener Verfügungsgewalt, unterhält jedoch bei Heer und Luftwaffe Waffensysteme, mit denen Atomsprengköpfe verschossen werden können. Die Sprengköpfe selbst sind im Besitz und unter Kontrolle der US-Streitkräfte.

2.1.1. *Das Heer* — Das Heer (Friedensumfang rd. 340.000 Mann) trägt einen entscheidenden Anteil an der bündnisgemeinsamen Landkriegführung in Mitteleuropa. Es besteht aus dem Feldheer und dem Territorialheer.

Das *Feldheer* umfaßt unter drei Korpskommandos 12 Divisionen mit 36 Brigaden sowie Korps- und Divisionstruppen. Seine Standorte sind über die ganze Bundesrepublik verteilt, die Mehrzahl der Brigaden in der ostwärtigen Hälfte der Bundesrepublik. Diese mobilen Verbände des Feldheeres werden durch die *bodenständige Organisation* des Heeres unterstützt, die dem Heeresamt untersteht. Zu ihr gehören u. a. die verschiedenen Schulen und Lehrtruppen, die Stammdienststelle und das Materialamt des Heeres.

Die Kommandostruktur des *Territorialheeres* umfaßt drei Territorialkommandos, 6 Wehrbereichskommandos mit unterstellten Verteidigungsbezirks-, Verteidigungskreiskommandos und Standortältesten (bzw. Standortkommandanturen). Die Grenzen der Kommandos sind denen der zivilen Verwaltung angepaßt.

Den Kommandos der verschiedenen Ebenen sind Territorialtruppen unterstellt, wie Heimatschutzkommandos, Jägerbataillone, Sicherungskompanien, Pionier-, Feldjäger-, Fernmelde- und Versorgungstruppen. Sie sind im Frieden nur zum Teil präsent. Das Territorialheer nimmt seine Aufgaben für alle Teilstreitkräfte, teilweise auch für die in der Bundesrepublik Deutschland stationierten alliierten Verbände wahr (s. Ziff. 2.2.4.).

2.1.2. *Die Luftwaffe* — Der Luftwaffe (Friedensumfang 106.000 Mann) sind im Rahmen der gemeinsamen Verteidigung Aufgaben des taktischen Luftkrieges einschließlich der Luftverteidigung zugewiesen. Sie ist funktional gegliedert. Ihrem Führungsstab sind drei Kommandobehörden unmittelbar nachgeordnet:

— Das *Luftflottenkommando* faßt die fliegenden und bodengebundenen Einsatzverbände der Luftwaffe in 4 Divisionen zusammen.

— Das *Luftwaffenunterstützungskommando* verfügt über die logistischen Verbände und Dienststellen der Luftwaffe. Der Divisionsebene entsprechen hier die Luftwaffenunterstützungsgruppen Nord und Süd.

— Das *Luftwaffenamt* ist die Kommandobehörde für zentrale Luftwaffenaufgaben, sofern sie nicht im Luftwaffenunterstützungskommando wahrgenommen werden. Zu seinem Bereich gehören die Schulen und Ausbildungsregimenter, die Lufttransportgeschwader, Fernmeldeverbände, die Stammdienststelle der Luftwaffe sowie verschiedene kleinere selbständige Dienststellen.

2.1.3. *Die Marine* — Die Marine (Friedensumfang rd. 36.000 Mann) schützt im Zusammenwirken mit den verbündeten Seestreitkräften die

Seeflanken der Bundesrepublik Deutschland; ihr Schwerpunkt ist die Verteidigung der Ostseezugänge und die Sicherung der Seeverbindungen durch die Nordsee. Unter dem Führungsstab der Marine erfüllt sie ihre Aufgaben durch

— das *Flottenkommando*; ihm unterstehen alle See- und Seeluftstreitkräfte (Marineflieger) und die (in der Versorgungsflottille zusammengefaßten) schwimmenden Unterstützungseinheiten der Marine. Die schwimmende Flotte verfügt über Zerstörer, Fregatten, Schnellboote, U-Boote, Minensuchboote, Landungsboote, Troß- und Hilfsschiffe. Die Marineflieger sind mit Flugzeugen für Aufklärung, U-Boot-Jagd und Kampf über der See ausgestattet.

— das *Marineamt*, dem zentrale und fachliche Aufgaben der Ausbildung und Marinerüstung zugewiesen sind. Ihm unterstehen die Ausbildungseinrichtungen, einschließlich der Schulen und Schulschiffe, die Stammdienststelle, das Materialamt und Versuchseinrichtungen der Marine.

— das *Marineunterstützungskommando*; es umfaßt alle landgebundenen logistischen Verbände und Dienststellen der Marine; der Divisionsebene entspricht hier das Marineabschnittskommando Nordsee bzw. Ostsee.

2.1.4 *Zentrale militärische Dienstellen der Bundeswehr (ZMilDBw).—* Bestimmte militärische Aufgaben der Bundeswehr, die nicht teilstreitkraftgebunden sind, werden von zentralen militärischen Bundeswehrdienststellen (Friedensumfang rd. 7.000 Mann) im In- und Ausland wahrgenommen. Sie unterstehen dem Stellvertreter des Generalinspekteurs der Bundeswehr. Ihre Organisationselemente sind vielgestaltig. Zu ihnen gehören:

— Zentrale Ämter, wie Streitkräfteamt, Materialamt, Personalstammamt, Freiwilligenannahmestellen, Militärgeschichtliches Forschungsamt u. a.,

— Zentrale Schulen, wie Führungsakademie der Bundeswehr, Hochschulen der Bundeswehr, Schule der Bundeswehr für Innere Führung u. a.,

— das Sozialwissenschaftliche Institut der Bundeswehr,

— der militärische Abschirmdienst (MAD),

— deutsche militärische Dienststellen im Ausland.

Das BMVg hat Untersuchungen darüber eingeleitet, welche weiteren Aufgaben zentral zusammengefaßt werden können.

2.1.5. *Das Sanitäts- und Gesundheitswesen.—* Die Inspektion des Sanitäts- und Gesundheitswesens der Bundeswehr, den Führungsstäben der Teilstreitkräfte gleichgestellt, trägt die Verantwortung für das Sanitäts- und Gesundheitswesen der Bundeswehr in personeller, organisatorischer, materieller und fachlicher Hinsicht. Ihr unmittelbar unterstellt ist das *Sanitätsamt der Bundeswehr* mit den Bundeswehrkrankenhäusern, der Akademie für das Sanitäts- und Gesundheitswesen sowie verschiedenen Instituten und Untersuchungsstellen. Seit 1975 wird ein Modell für einen bundeswehrgemeinsamen raumdeckenden Sanitätsdienst erprobt.

2.1.6. *Der Verteidigungsumfang der Bundeswehr.* — Im Verteidigungsfall oder in Spannungszeiten wird die Bundeswehr durch personelle und materielle *Mobilmachung* auf einen Verteidigungsumfang von mehr als 1,2 Millionen vergrößert. Die organisatorische Struktur wird dadurch nicht verändert. Je nach den politischen Erfordernissen und Entscheidungen kann die Mobilmachung schrittweise oder in einem Zuge durchgeführt werden.

2.2. *Die Führungsstruktur der Bundeswehr und der Verteidigung.* —

2.2.1. *Befehls- und Kommandogewalt.* — Im Frieden hat der Bundesminister der Verteidigung die Befehls- und Kommandogewalt über die Streitkräfte (Art. 65 a GG). Er ist somit der Oberbefehlshaber der Streitkräfte mit allen damit verbundenen Rechten und Pflichten. Im Verteidigungsfall geht die Befehls- und Kommandogewalt auf den Bundeskanzler über (Art. 115b GG).

2.2.2. *Zweiteilung der Verantwortung für die Verteidigung.* — Planung und Führung der Verteidigung laufen dagegen nicht in einer verantwortlichen Spitze zusammen. Sie sind entsprechend den für das Nordatlantische Bündnis vereinbarten Regelungen auf die NATO und nationale Behörden aufgeteilt.

2.2.3. *Operative Planung und Führung.* — Die Bundesrepublik Deutschland hat — wie auch die meisten anderen Mitgliedstaaten des Bündnisses — auf eine nationale *operative Planung* der Verteidigung verzichtet und sie NATO-Kommandobehörden übertragen. Sie hat hierzu die Masse der Kampfverbände des Feldheeres, der Luftwaffe und der Marine diesen Kommandobehörden zur Verfügung gestellt (assigniert). Spätestens mit Beginn eines feindlichen Angriffs geht auch die *operative Führungsbefugnis* über die assignierten Verbände an die NATO-Befehlshaber über. Diese werden damit auch für die Führung des von ihnen geplanten Abwehrkampfes voll verantwortlich. Nur die in der europäischen Luftverteidigung eingesetzten Verbände und ihre Führungsorganisation werden bereits im Frieden von der NATO operativ geführt.

Die nationalen Interessen hinsichtlich der operativen Planung und Führung werden durch die politischen und militärischen Repräsentanten im NATO-Rat, beim Militärausschuß der NATO und bei SACEUR vertreten. Für die Erhaltung der personellen und materiellen Einsatzbereitschaft der assignierten Verbände (Logistik, Personalwesen) bleibt der Bundesminister der Verteidigung auch im Verteidigungsfall verantwortlich.

2.2.4. *Nationale Verteidigungsverantwortung.* – Die auf dem Boden der Bundesrepublik Deutschland operierenden NATO-Streitkräfte aller Nationen sind auf die Unterstützung durch deutsche Stellen angewiesen. Diese sollen den NATO-Truppen die Operationsfreiheit gewähren, d. h. sie von ortsgebundenen Aufgaben entlasten, wie Objektsicherung, Verkehrsführung, ortsfeste Fernmeldeverbindungen, Sperren, Wiederherstellung von Zerstörungen u.ä.m. Diese Aufgaben werden vornehmlich vom Territorialheer wahrgenommen, das unter nationaler Führung bleibt. Auch die Entscheidungen über die Nutzung nationaler Hilfsquellen und die Zivilverteidigung unterliegen deutscher Verantwortung.

LITERATURHINWEISE

Grundgesetz für die Bundesrepublik Deutschland (GG).
Weißbücher der Bundesregierung „Zur Sicherheit der Bundesrepublik Deutschland und zur Entwicklung der Bundeswehr" 1970, 1971/72, 1973/74, 1975/76.
Zentrale Dienstvorschrift 10/1 „Hilfen für die Innere Führung".

ULRICH DE MAIZIÈRE

Ausbildung/Bildung — historische Entwicklung

→ *Beruf „Soldat", Bundeswehr und Tradition, Militärgeschichte, Militärische Elite, Militär und Wissenschaft, Militarismus, Rekrutierung, Soldat und Technik, Werte/Normen.*

Ausbildung und Bildung, die in eigenständigen Einrichtungen innerhalb der militärischen Organisation als Unterrichtsangebot zur Verfügung stehen, sind ein Ausdruck der Neuzeit. Sie bilden ein Kriterium, moderne Armeen von ihren Vorgängern zu unterscheiden. Innerhalb der letzten zwei Jahrhunderte haben sie eine zunehmende Rolle gespielt. Es gibt dafür mehrere Ursachen.

1. URSACHEN. — Seit der Wende zum 19. Jahrhundert gewannen auf der einen Seite die Kräfte an Bedeutung, die als Ausdruck des Zeitalters der Aufklärung Bildungsideale und -traditionen begründeten und für das Militär durchsetzten. Die bildungsidealistischen Prinzipien zielten auf die Verwirklichung der beruflichen Chancengleichheit und des sozialen Aufstiegs, der freien Entwicklung der Persönlichkeit und ähnlicher Grundrechte, die in der Prägung der liberalbürgerlichen Entfaltung das Zeichen des bürgerlichen Einflusses und Aufstiegs bedeuten. Das Eindringen solcher Ideale ins Offizierkorps gefährdeten die alten, im 18. Jahrhundert bestimmten Standes- und Geburtsprivilegien des Adels, die auf überkommenen Rechten und nicht auf erwerbbaren, schulischen Qualifikationen gründeten.

Weitere Ursachen, die die Bedeutung der Bildungsleistungen für das Militär in den Vordergrund rückten, liegen in dem durch das Stichwort „industrielle Revolution" umschreibbaren Bereich der gesellschaftlichen, ökonomischen und auch politischen Veränderungen. Die sich gegenseitig bedingenden Faktoren haben im 19. Jahrhundert eine allgemeine Umwälzung bewirkt, welche die adlig-ständischen Ordnungselemente und Grundlagen auflösten und demgegenüber den Charakter der modernen bürgerlichen Gesellschaft herausbildeten. Das Militär unterlag den Strukturwandlungen des neuen Zeitalters. Die allgemeinen Entwicklungen der Technologie, der Kommunikation und Organisation sowie die verstärkte Einführung technischen Kriegsgeräts in den Armeen hatten zunehmend eine funktionale Spezialisierung und Arbeitsteilung zur Folge. Damit korrespondiert eine neue Auffassung des militärischen → *Berufs.* Diese Impulse beeinflußten die militärischen Leistungs- und Führungssysteme der Massenarmeen und leiteten die militärische Professionalisierung ein, als deren Folgen Ausbildung und Bildung notwendige Kriterien einer militärischen neuen Elite wurden.

Je ausgeprägter bildungshumanistische Einflüsse oder technisch-ökonomische Faktoren oder gesellschaftlich-demokratische Emanzipationsbestrebungen zu den verschiedenen Zeiten auf die politischen Entscheidungsprozesse einwirkten, desto stärker wurden jeweils die Anforderungen an das von der militärischen Organisation aufzubringende Ausbildungsprofil akzentuiert. Ausbildungskapazitäten und -inhalte unterlagen der politisch-militärischen Beschlußfassung; sie sind nicht allein Ausdruck der fachlichen, militärischen oder technischen Notwendigkeiten. Sie spiegeln den politischen Spielraum wider, der zu allen Zeiten dazu genutzt wurde, gesellschaftspolitisch bedeutsame und folgenreiche Maßnahmen festzulegen, um über die → *Rekrutierung* der längerdienenden Soldaten Einfluß zu gewinnen.

2. ENTWICKLUNGSPHASEN. — Die erste Hauptphase, von seiten der militärischen Organisation die bildungsqualifizierenden Erfordernisse anzuerkennen, steht im zeitlichen und inhaltlichen Zusammenhang mit den Erorberungskriegen Napoleons und den anschließenden Befreiungskriegen im ersten Jahrzehnt des 19. Jahrhunderts. Seit 1819 gibt es einen „Chef der militärischen Unterrichtsanstalten", dem später als Generalinspekteur des Militär-Erziehungs- und Bildungswesens in herausgehobener Funktion die „Allgemeine Kriegsschule", die „Divisionsschulen", die „Artillerie- und Ingenieurschule" sowie die Kadettenanstalten zugeordnet waren. Nach den Initiativen von Scharnhorst, seit 1802 in der „Militärischen Gesellschaft" in Berlin ein geistiges Zentrum zur Reform und Reorganisation gerade der militärischen Bildungs- und Erziehungsinstitutionen zu schaffen, kamen die weiteren Aktivitäten von Boyen und Clausewitz in den historisch berühmten Reformen zur Geltung. Gegenüber diesen systematischen und umfassenden Konzeptionen erhalten die seit dem 17. Jahrhundert erkennbaren Bemühungen, militärische Ausbildungsinstitutionen zu begründen, überwiegend den Charakter von Einzelmaßnahmen bzw. Versuchsmodellen.

Nach den lähmenden Erfahrungen der Zeit der Restauration setzt mit den fünfziger Jahren des 19. Jahrhunderts erneut eine Phase der Reorganisation und Reform des gesamten militäreigenen Bildungswesens ein. Im Anklang an die Tradition der ersten Phase erfährt das Ideal des ganzheitlich gebildeten soldatischen Führers der Scharnhorstzeit durch den preußischen General Peucker eine Wiederbelebung. Die Umbenennung der „Allgemeinen Kriegsschule" in „Kriegs-Akademie" im Jahre 1859 ist nur das äußere Zeichen der umfassenden Veränderungen für die gesamte Offiziersausbildung, die qualitativ und inhaltlich fundierter die Ausbildungskapazitäten weg von den Divisionen an mehrere Kriegsschulen konzentrierte. Die mit diesen Reformen verbundenen Impulse blieben nicht ohne Folgen für die Ausbildung der Reichs-Marine und die Ausbildungskonzepte der deutschen Staaten. Allein Bayern griff die damaligen, in Preußen auf dem Verordnungswege unterlaufenen Bemühungen konsequent auf, für die Offiziersanwärter den Nachweis der Abiturprüfung zu verlangen; dieses Niveau erreichten in Preußen kurz vor dem Ersten Weltkrieg erst zwei Drittel der Offiziersanwärter.

Nach den bezüglich der Bildungsqualifikation stabilisierend wirkenden und z. T. um Reformen bemühten Jahren der Weimarer Republik brachte die Zeit des Nationalsozialismus eine vor allem ideologisch begründete Reduktion der Ausbildungsziele. So verkümmerten die persönlichkeitsfördernden Elemente innerhalb der Ausbildungskonzepte. Etwa in der zweiten Hälfte der dreißiger Jahre setzte sich sogar die Tendenz durch, die allein militärisch orientierte Ausbildung mehr und mehr zu verkürzen — mit der Folge, allein militärisch-funktionale, taktisch handwerkliche Fähigkeiten zu entwickeln. Dies signalisiert den Tiefstand in der Bildungsgeschichte des deutschen Militärs.

3. NEUE TENDENZEN. — Wichtige Einschnitte in die breite Entfaltung allgemeiner Bildungsanstrengungen von technischer bis medizinischer Qualifikation im Kaiserreich, insbesondere nach der Jahrhundertwende, brachte die Weimarer Republik mit der zwangsweisen Einführung des 100.000-Mann-Heeres. Neben der Umstrukturierung der militärisch notwendigen Ausbildungseinrichtungen entsprechend dem neuen Heeresaufbau entwickelte sich ein bedeutsames Element des militärischen Bildungssystems, das wesentlich alle späteren Bildungsprogramme bis zur Bundeswehr mit beeinflußte: Der zivil anerkannte Bildungsabschluß. Er hatte Vorläufer in der 12 jährigen Dienstzeit der → Unteroffiziere des Kaiserreichs und wurde erforderlich, um dem im großen Maße in den zwanziger Jahren anfallenden Kontingent an Zeitsoldaten innerhalb der zeitlich begrenzten Militärdienstzeit durch verwendbare Qualifikationen den Übergang ins zivile Berufsleben zu ermöglichen. Das Konzept, militärisch erforderliche Spezialausbildung mit zivilen Bildungsabschlüssen — von Einzelnachweisen bis hin zu Gesellen- und Meisterprüfungen des Handwerks und neuerdings auch des Hochschuldiploms — zu verbinden, ist seit den zwanziger Jahren ein Kennzeichen des deutschen, militärischen Bildungssystems.

LITERATURHINWEISE

Bald, D., Der deutsche Generalstab 1859—1939, Reform und Restauration in Ausbildung und Bildung, Berichte des Sozialwissenschaftlichen Instituts der Bundeswehr, Heft 7, München 1977.
Bertram, J., Die Bildung des Offiziers. Dokumente aus vier Jahrhunderten, (Schriftenreihe Innere Führung, Reihe Bildung, Heft 5), Bonn 1969.
Messerschmidt, M., Einführung. Werden und Prägung des preußischen Offizierkorps — ein Rückblick, in: *Meier-Welcker*, H. (Hrsg.), Offiziere im Bild von Dokumenten aus drei Jahrhunderten, Stuttgart 1964.
Poten, B., Geschichte des Militär-Erziehungs- und Bildungswesens in den Landen der deutschen Zunge, 5 Bde., Berlin 1887—1897.
Rumschöttel, H., Das bayerische Offizierkorps 1866—1914, Berlin 1973.

DETLEF BALD

Ausbildung/Bildung — formaler Aufbau des Bildungssystems

→ *Auftrag und Struktur der Bundeswehr, Berufsförderung, Bundeswehr und Sport, Militär und Wissenschaft, Personalstruktur, Unteroffiziere.*

1. BEGRIFF. – Im Bereich der Bundeswehr werden unter Ausbildung alle Maßnahmen verstanden, die den Vorgesetzten und den Untergebenen zur Ausübung des soldatischen Berufes und zur Wahrnehmung der einzelnen militärischen Funktionen befähigen sollen. Die Bildung des Soldaten zielt darauf ab, ihm Sinn- und Zweckzusammenhang seines Tuns im übergeordneten Rahmen zu erschließen, ihn selbständig danach handeln zu lassen und ihn in die Lage zu versetzen, die sich daraus ergebenden Fragen beantworten zu können. Ausbildung und Bildung haben zwei Ziele: Der Soldat soll gefordert und gefördert werden — gefordert, um zur Einsatzbereitschaft der Streitkräfte beizutragen; gefördert als Honorierung seiner Leistungen, damit seine Fähigkeiten ihm, der Bundeswehr und der gesamten Volkswirtschaft zugutekommen.

2. VORGESCHICHTE UND KONZEPT DER NEUORDNUNG VON AUS-BILDUNG UND BILDUNG. — Im Jahre 1970 wurde im Bundesministerium der Verteidigung ein Auftrag zu einer umfassenden Neuordnung von Ausbildung und Bildung in den Streitkräften erteilt, die den Anforderungen an moderne, hochtechnisierte Streitkräfte besser gerecht werden sollte.
Der Auftrag erstreckte sich auf die Bereiche:
— Aus- und Fortbildung der Unteroffiziere und der Offiziere des militärfachlichen Dienstes
— Ausbildung zum Berufs- und längerdienenden Zeitoffizier (mindestens 12 Jahre)
— Aus- und Fortbildung der Stabsoffiziere.
Zur Erfüllung dieses Auftrages wurde eine Bildungskommission beim Bundesminister der Verteidigung berufen, die im Mai 1971 ein Gutachten zur „Neuordnung der Ausbildung und Bildung in der Bundeswehr" vorlegte. Auf Grund dieses Gutachtens wurde ein Konzept entwickelt, dem der Deutsche Bundestag 1974 zustimmte. Dieses Konzept ist seitdem verbindliche Arbeitsunterlage für die Verwirklichung der Neuordnung.
Eines der Hauptziele der Neuordnung ist die Integration von militärischer, fachlicher und allgemeinbildender Ausbildung. Eine optimale

Integration wird dadurch erreicht, daß diese Ausbildung in verwandten Ausbildungsreihen und Verwendungsbereichen an einem Ort und an einer Institution zusammengefaßt und durchgeführt wird. Es wird untergliedert in Aus- und Fortbildungsstufen A (Fortbildung des → *Unteroffiziers*/Maaten für die Dienstposten der Feldwebel/Bootsmänner), B (Fortbildung der Feldwebel/Bootsmänner für die Dienstposten der Offiziere des militärfachlichen Dienstes), C (Ausbildung der Offiziere des Truppendienstes zum Stabsoffizier und deren Fortbildung), D (Fortbildung der Stabsoffiziere für Schlüsselpositionen).

a) *Unteroffiziere und Offiziere des militärfachlichen Dienstes.* — Vor Eintritt in die Bundeswehr muß sich der Bewerber für eine Teilstreitkraft und eine Ausbildungsreihe entscheiden. Für die Anwärter der Laufbahnen der Unteroffiziere sind in der Regel der Hauptschulabschluß mit einer abgeschlossenen Berufsausbildung oder der mittlere Bildungsabschluß als Eintrittsvoraussetzung erforderlich. Es gibt Verpflichtungszeiten von 2, 4, 6, 8, 12 und 15 Jahren.

Beispiel des Werdegangs bei einer Verpflichtungszeit von 12 Jahren: Der Bewerber mit Hauptschulabschluß und nutzbarer Berufsausbildung erhält in den ersten zwölf Monaten die Ausbildung zum Unteroffizier und kann nach Abschluß des ersten Dienstjahres zum Unteroffizier befördert werden. Nach zweijähriger Verwendung in der Truppe beginnt — frühestens im vierten Dienstjahr — die allgemeine Ausbildung zum Feldwebel, die in der Regel drei Monate dauert. Die während der Feldwebelausbildung durchgeführte Eignungsfeststellung ist unter Berücksichtigung einer vorausgegangenen Berufseignungsuntersuchung entscheidend für die weitere Laufbahn des Unteroffiziers, sowohl im Hinblick auf seine Eignung für eine bestimmte Verwendung als auch bezüglich des Angebots eines Laufbahnwechsels, d. h.

— Übernahme als Berufssoldat

— Übernahme in die Ausbildung zum Offizier des militärfachlichen Dienstes

— Übernahme in die Ausbildung zum Offizier des Truppendienstes.

Feldwebel, die danach für Spitzenverwendungen in ihrer Laufbahn vorgesehen sind, erhalten eine Ausbildung auf Fachschulebene. Aufgrund des doppelt profilierten Bildungssystems an den Fachschulen der Streitkräfte — fachliche Ausbildung und allgemeinbildender Unterricht — kann innerhalb dieser Ausbildung auch die Fachschulbzw. Fachhochschulreife zusätzlich erworben werden.

Der für die Laufbahn der Offiziere des militärfachlichen Dienstes vorgesehene Feldwebel kann somit auf der Fachschule die hinsicht-

lich der Allgemeinbildung geforderten Zulassungsvoraussetzungen
seiner Laufbahn, nämlich den mittleren Bildungsabschluß, soweit er
ihn noch nicht besitzt, nachträglich erwerben.

An Fachschulen werden die Soldaten in zwei- bzw. dreijährigen Ausbildungsgängen zu folgenden Berufen ausgebildet:

— Staatl. geprüfter Maschinenbautechniker
— staatl. geprüfter Techniker für Kfz-Wesen
— staatl. geprüfter Spreng- und Sicherheitstechniker
— staatl. geprüfter Bautechniker
— staatl. geprüfter Techniker für Vermessungswesen
— staatl. geprüfter Elektrotechniker
— staatl. geprüfter Betriebswirt
— staatl. geprüfter Feinwerktechniker
— staatl. geprüfter Schiffsbetriebstechniker
— staatl. anerkannter Erzieher.

Alle Abschlußzeugnisse sind zivilberuflich voll verwertbar. Die Prüfungen werden von Vertretern der Kultusbehörden des jeweils zuständigen Bundeslandes abgenommen und damit staatlich anerkannt.

b) *Ausbildung zum Berufs- und längerdienenden Zeitoffizier* — Das
Konzept zur Neuordnung der Ausbildung und Bildung trägt für die
Offiziere des Truppendienstes ab Eintrittsdatum 1. Juli 1972 dem
internationalen Trend zum Offizier mit akademischer Ausbildung
Rechnung. Grundsätzlich können nur solche Offiziere als Zeitsoldaten zwölf Jahre und länger dienen oder als Berufssoldaten übernommen werden, die bei Diensteintritt die Hochschulreife besitzen
und das Studium an einer Hochschule der Bundeswehr (München
oder Hamburg) erfolgreich — d. h. mit bestandenem Diplom — abschließen. Ausnahmen bilden die Offiziere, die für bestimmte Spe-
zialfunktionen vorgesehen sind.

Die Gesamtausbildung der zukünftigen Berufsoffiziere und Offiziere
auf Zeit mit einer Verpflichtungszeit von mindestens zwölf Jahren
wurde auf fünf Jahre verlängert. In diesen fünfjährigen Ausbildungs-
zeitraum ist das dreijährige Studium eingebettet. Vor dem wissenschaftlichen Studium erhält der Soldat eine fünfzehnmonatige militärische Ausbildung in seiner Teilstreitkraft und an ihren Offizier-
und Truppenschulen zum militärischen Führer, deren Bestehen Voraussetzung für die Aufnahme des Studiums ist.

Bei der Auswahl der Fachrichtungen spielte der Bedarf der Streitkräfte die entscheidende Rolle.

Dabei wurden besonders solche Studiengänge eingerichtet, welche
Einheitsführer und Offiziere in vergleichbarer Dienststellung in die

Lage versetzen, ihren Dienst effektiver und umfassender zu leisten als bisher. Das Studium an Hochschulen der Bundeswehr ist in folgenden Fachrichtungen möglich: Pädagogik, Wirtschafts- und Organisationswissenschaften, Informatik, Elektrotechnik, Maschinenbau, Luft- und Raumfahrttechnik, Bauingenieurwesen und Vermessungswesen.

In den einzelnen Fachrichtungen wird gewöhnlich während des ersten Studienjahres ein Grundstudium und in den beiden anschließenden Studienjahren ein Studium in einer Vertiefungsrichtung (bei Pädagogik z. B. Erwachsenenbildung oder Sozialpädagogik) absolviert.

An den Hochschulen der Bundeswehr in Hamburg und München begann der Studienbetrieb am 1. Oktober 1973. Nach beendetem Aufbau studieren in Hamburg 2.100 und in München 2.500 Soldaten. Die ersten diplomierten Offiziere haben die Hochschulen im Herbst 1976 verlassen.

Nach Ende des Studiums beginnen die Soldaten nach Teilstreitkräften getrennt den dritten Abschnitt ihrer Ausbildung zum Offizier. Dieser Abschnitt ist infolge der Spezifika der Teilstreitkräfte unterschiedlich in Art und Dauer.

c) *Ausbildung der Offiziere des Truppendienstes zum Stabsoffizier, deren Fortbildung und Fortbildung der Stabsoffiziere für Schlüsselpositionen.* − (1) Im Rahmen einer *Fortbildungsstufe C* ist ein in sich abgestimmtes System verwendungsbezogener Lehrgänge geschaffen worden, das es ermöglicht, Stabsoffiziere bedarfsgerecht und soweit wie möglich den Neigungen des einzelnen entsprechend für die verschiedenen Verwendungen aus- und fortzubilden.

Dies geschieht in drei aufeinanderfolgenden Stufen: dem Grundlehrgang, den Verwendungslehrgängen und den Funktionslehrgängen.

Der *Grundlehrgang* muß von allen Berufsoffizieren des Truppendienstes durchlaufen werden, wenn sie − frühestens nach dem achten Offizierdienstjahr − zum Stabsoffizier heranstehen. Den Schwerpunkt des Lehrgangs bildet der Lehrstoff der Fachgruppen Sozialwissenschaft, Sicherheitspolitik und Streitkräfte sowie Betriebs- und Organisationswissenschaften.

In einem *Verwendungslehrgang* wird der angehende Stabsoffizier auf seinen vorgesehenen Verwendungsbereich vorbereitet. Die Verwendungslehrgänge sind nach den Führungsgrundgebieten S1−S6 gegliedert und dauern 3 Monate. Der Verwendungslehrgang für den Generalstabsdienst dauert 21 Monate.

Die *Funktionslehrgänge* bereiten ausgewählte Offiziere auf spezielle Aufgaben in ihren Teilstreitkräften, im zentralen militärischen oder im integrierten Bereich vor, für die die Ausbildung im Grund- und Verwendungslehrgang nicht ausreicht. Diese Lehrgänge dauern je nach Ausbildungsziel zwischen einer und sechs Wochen.

(2) Die letzte Stufe der Fortbildung der Stabsoffiziere (Stufe D) befindet sich noch in der Planungsphase und ist für Offiziere vorgesehen, die einmal in Schlüsselstellungen aufrücken sollen. Jedem geeigneten Stabsoffizier steht der Zugang offen.

Die Stufe D soll sowohl der Fortbildung dienen als auch eine Auswahl für die spätere Verwendung gewährleisten. Die Lehrinhalte beschränken sich dabei nicht nur auf rein militärische Themen, sondern schließen auch Fragen der Politik, Wirtschaft, Gesellschaft und Umwelt ein. Aus diesem Grunde ist auch vorgesehen, an den Lehrgängen nicht nur Soldaten, sondern auch zivile Spitzenkräfte teilnehmen zu lassen. Dadurch wird ein zusätzlicher Gewinn für alle Lehrgangsteilnehmer erwartet. Mit dem Beginn erster Lehrgänge ist Ende der 70er Jahre zu rechnen.

LITERATURHINWEISE

Bildungskommission beim Bundesminister der Verteidigung: Neuordnung der Ausbildung und Bildung in der Bundeswehr. Gutachten der Bildungskommission an den Bundesminister der Verteidigung, Bonn 1971.

Die Führungsakademie der Bundeswehr und die Fortbildungsstufe C. Schriftenreihe Innere Führung, Reihe Ausbildung und Bildung, Heft 19. Herausgegeben vom Bundesministerium der Verteidigung, Bonn 1975.

Link, Portner, Radbruch, Schwarzmeier, Taulien, Ausbildung und Bildung in den Streitkräften. Eine Information für Staatsbürger in Zivil und in Uniform über die beruflichen Möglichkeiten für Soldaten der Bundeswehr, Regensburg 1976.

Schwarzmeier, P., Die Ausbildung der längerdienenden Offiziere und der Berufsoffiziere, in: Truppenpraxis, H. 2, 3, 4/1977.

Weißbuch 1975/1976 Zur Sicherheit der Bundesrepublik Deutschland und zur Entwicklung der Bundeswehr. Herausgegeben vom Bundesminister der Verteidigung.

WERNER MARKUS

Ausbildung/Bildung — funktionale Ausrichtung des Bildungssystems

→ *Auftrag und Struktur der Bundeswehr, Befehl und Gehorsam, Beruf „Soldat", Bundeswehr und Tradition, Feindbild, Führung/Führungsstil, Innere Führung, Militärsoziologie, Militär und Wissenschaft, Militarismus, Personalstruktur, Politische Bildung in der Bundeswehr, Sozialisation, Wehrstruktur, Werte/Normen.*

1. PROBLEMÜBERSICHT. — Ausbildung (A) bestimmt neben Umfang und Qualität der Bewaffnung den Kampf-, also den Abschreckungswert der Streitkräfte. Als Aufgabe steht sie damit gleichrangig neben allen Maßnahmen, die zur Aufrechterhaltung der Einsatzbereitschaft dienen und die ständige Übung des in der A. Erworbenen einschließen. Da sich nach Maßgabe der zunehmenden Technisierung der Streitkräfte sowie der ständig sich verfeinernden Arbeitsteilung A. und Übung nicht mehr zwanglos miteinander vereinbaren und sich vielfach auch nicht in der gleichen Einheit durchführen lassen, ergibt sich stets neu die Notwendigkeit, den Stellenwert der A. näher zu bestimmen und ihn organisatorisch wie im Rahmen der Personalführung und -steuerung abzusichern.

A. läßt sich zum Zwecke der nachfolgenden Problemübersicht in zweierlei Hinsicht näher unterscheiden. Zum einen kann man inhaltlich die Grund-A., die waffentechnisch und/oder verwendungsbezogene (Spezial-)A. und diejenigen Teile der A., die intentional der → *politischen Bildung* und der Einsicht des Auszubildenden (mitdenkender Gehorsam) in Sinn und Bedingungen seines Tuns als Soldat dienen, nebeneinanderstellen. Das schließt nicht aus, daß die Grundsätze der „allgemeinen" A. und B. auch die Grund-A. und die verwendungsbezogene A. durchdringen sollen. Dieses Programm der → *Inneren Führung* bedarf freilich in besonderer Weise der organisatorischen und personellen Absicherung. Zum anderen hängt A. eng mit der → *Wehrstruktur* zusammen, weshalb es die A. der Wehrpflichtigen und der kurzfristig dienenden Zeitsoldaten auf der einen Seite und die A. der länger verpflichteten Zeit- und der Berufssoldaten auf der anderen gibt. In diesem Zusammenhang stellt sich die Frage des Zeitbedarfs von A.. Um seinetwillen bleiben immer mehr ausbildungsintensive Funktionen den Längerdienenden vorbehalten. Die Wehrpflichtigen und die → *Reservisten* nehmen in der Funktionshierarchie einen nachrangigen Platz ein. Die moderne Armee entzieht sich insoweit wegen ihrer Funktionsspezialisierung

und Technisierung den ursprünglichen Leitvorstellungen einer Wehrpflichtarmee.

2. INHALT UND ORGANISATION DER A. — Von den drei genannten Teilen der A. spielt in der jüngeren Entwicklung die Grund-A.
eine immer geringere Rolle. In ihr wird in der Hauptsache der
→ *Sozialisations*prozeß in der Bundeswehr eingeleitet und For-
mal-A. betrieben. Meist beansprucht man dafür die ersten drei Monate der Dienstzeit und trifft organisatorische Sonderregelungen.
Hinsichtlich der übrigen A. bezieht man trotz eines ausgedehnten
Schul- und Lehrgangswesens die Masse der Auszubildenden in den
zahlenmäßigen Umfang ein, wie er der für die → *NATO*-Zugehörig-
keit eingegangenen Verpflichtung entspricht. Insoweit stellt sich die
Bundeswehr als *Ausbildungsarmee* dar, die gleichzeitig mit der A. die
Einsatzbereitschaft sichern muß. Ohne die Möglichkeiten einer anderen Grundentscheidung hier zu diskutieren, muß auf die sich aus
diesem Zusammenhang ergebenden Probleme wie folgt hingewiesen
werden:
Idealtypisch könnte eine → *Wehrpflicht*- vorwiegend eine Ausbildungsarmee in dem Sinne sein, daß A. Priorität genießt und man
Einsatzbereitschaft durch den ständigen Rückgriff auf gut ausgebil-
dete Reservisten gewährleistet. Die einzelnen Einheiten der Armee
bestehen demzufolge praktisch nur aus einem durch ständiges Personal und Wehrpflichtige, die zumindest Hilfsfunktionen übernehmen können, gebildeten Rahmen, der im Spannungsfall durch Reservisten ausgefüllt wird. Den anderen Idealtypus bildet die stets sofort
einsatzbereite Armee, in der A. zu einem großen Teil in Sonder-
organisationen stattfindet, um beiden Hauptaufgaben je ihr Recht zu
geben. Die erwähnte Grundentscheidung bedeutet, daß die Bundeswehr keinem Idealtypus wirklich entspricht. Man gewährleistet vielmehr Einsatzbereitschaft und erreicht die geforderte zahlenmäßige
Präsenz mithilfe von Wehrpflichtigen und anderen Auszubildenden,
um im übrigen A. nach Maßgabe des (noch) Möglichen zu veranstal-
ten.
Im Blick auf die oben getroffenen Unterscheidungen von A. ergeben
sich daraus unmittelbare Folgerungen: so verliert die Grund-A. an
Gewicht und die (unmittelbar) verwendungsbezogene A. tritt in den
Vordergrund. Sie erscheint organisatorisch wie personell begünstigt
— organisatorisch, weil sie sich mit den Maßnahmen zur Aufrechterhaltung von Einsatzbereitschaft noch am ehesten vereinbaren läßt,
personell, weil im gesamten Unterführerbereich eine konsequente,

ihren eigenen Erfordernissen genügende A. fehlt, die meisten → *Unterführer* mithin selbst nur verwendungsbezogen, nicht aber als Ausbilder ausgebildet sind. Ihre Stärke liegt im Zweifel eher in der Weitergabe von selbst erworbenen Kenntnissen und Fähigkeiten als in der Steuerung erzieherischer Prozesse. Gemessen an den Idealtypen behindern sich insoweit die Funktionen A. und Einsatzbereitschaft, was im Zweifel zu einer Prioritätsentscheidung zugunsten der letzteren führt. Die Ausnahme bildet das technisch höherqualifizierte und das ausgesprochene Führungspersonal, für das ein neben dem Einsatzumfang bestehender Schülerpersonaletat bereitgestellt ist und dem man oft auch zeitlich außerordentlich aufwendige A.s- und Fortbildungsmöglichkeiten gibt, gipfelnd in der Generalstabsausbildung, für die Offiziere in den Dreißigern zwei volle Jahre aufwenden können. Die genannte Grundentscheidung trägt derart insgesamt zu einem klaren Nebeneinander von A. der Wehrpflichtigen und Kurzdiener und A. der übrigen Soldaten bei, begünstigt so Elitebildung und setzt für den Spannungs- und Ernstfall vorwiegend auf die präsenten Streitkräfte, die territoriale Verteidigung und die Betreuung der Reservisten haben demgegenüber geringere Bedeutung. Mit der Option verbindet sich weiter eine Gefährdung dessen, was man in der Bundeswehr unter Innerer Führung zusammenfaßt. Der besondere militärische Ausbildungsauftrag, organisatorisch begünstigt, wird vielfach neben, nicht also zugleich mit einem allgemeinen Ausbildungsauftrag gesehen, A. findet sich so gegen Erziehung gestellt (v. Ilsemann S. 37). Die vielfältigen legislativen (Soldatengesetz § 7), rhetorischen und auch organisatorischen (Schule für Innere Führung) Bemühungen gleichen nicht aus, daß die Organisation der Streitkräfte nur einen Teil der A. voll berücksichtigt, während andere Teile als eher zusätzlich erscheinen. Ein grundlegendes Ziel der 1970/71 konzipierten A.s-Reform bestand deshalb darin, Zeit für die A. der Ausbilder zu gewinnen, → *Innere Führung* unmittelbar in die Ausbildung einzubeziehen.

3. AUSBILDUNG UND VERWENDUNG. — Die hier diskutierte Option bewirkte weiter, daß verwendungsbezogene A. vielfach entsprechend einem unmittelbaren Personalbedarf, mithin kurzfristig und — im Blick auf die einzelne „Laufbahn" — weitgehend ungeplant stattfand. Dem entsprachen zahlreiche kurze A.s-Abschnitte mit definiertem Programm (v. a. Lehrgänge). Dies verband man mit der Hoffnung, auf solchem Wege auch den mittelfristigen Bedarf zu decken und Veränderungsprozessen gegenüber flexibel zu sein. Als Vorzug

galt es dabei, sich ausschließlich an streitkräfteinternen Gesichtspunkten und Bedürfnissen orientieren zu können. Die 1970/71 konzipierte *A.s-Reform* zielte demgegenüber auf eine auch A. — nun aber in längeren Abschnitten — einbeziehende *Personalplanung* ab. Eine längere und damit auch grundlegende A. soll in sog. Verwendungsreihen führen, innerhalb derer nach Maßgabe weiterer erfolgreicher A.s—Abschnitte Aufstieg möglich ist. Ein solches System bezieht sich ausschließlich auf längerdienende Zeit- und auf Berufssoldaten. Ersteren sollen innerhalb der A. und der Verwendungsreihe Angebote gemacht werden, die den Übergang in eine zivile Tätigkeit erleichtern. Als Beispiel können die Hochschulen der Bundeswehr dienen, an denen alle Offizieranwärter, die sich für 12 Jahre verpflichten, ein wissenschaftliches Studium absolvieren müssen.

Mit der A.s-Reform mußte eine stärkere Fundierung des Personalplanungssystems und eine Öffnung der bundeswehrinternen A. auf externe A.s-Gänge hin erfolgen, das letztere wieder das erstere verstärkend, da unmittelbare Bedarfsdeckung punktuellem und spezialisiertem Bedarf entsprechen kann, während längerfristige Personalplanung A. und Verwendung ebenfalls längerfristig aufeinander beziehen und insoweit Spezialisierung begrenzen muß. Der damit eingeleitete Prozeß wird vermutlich zu einer insgesamt breiteren Einsatzfähigkeit des längerdienenden Personals und zu einer Erleichterung des Übergangs in den nachfolgenden (zivilen) Beruf führen, er wird aber auch mit Sicherheit eine weitere Ausdifferenzierung des Berufsfeldes in einzelne Tätigkeitsbereiche mit sich bringen und damit neuartigen und vermehrten Koordinations- und Führungsbedarf. Die Streitkräfte stehen deshalb vor der Aufgabe, das durch stärkere Verwendungsorientierung noch mehr als bisher ausgeprägte Nebeneinander von Fachleuten und sog. Generalisten oder Führungskräften erträglich zu machen. M. E. verbietet das eine frühzeitige Auswahl des Führungspersonals im engeren Sinne.

4. AUSBILDUNG UND ERZIEHUNG. — Wie ausgeführt erfolgt in der Bundeswehr ein großer Teil der erforderlichen A.s-Arbeit in personellem und organisatorischem Zusammenhang mit der Sicherstellung der Einsatzfähigkeit. Dies privilegiert die verwendungsbezogene A. und beschwört die Gefahr übermäßiger Spezialisierung wie unzureichender Wahrnehmung der Erziehungsaufgabe, vor welche sich die Bundeswehr gestellt sieht. Ob der ersteren Gefahr durch die A.s-Reform und die stärkere Rücksichtnahme auf die Bedürfnisse des Zeitsoldaten zureichend begegnet wird, läßt sich noch nicht sagen. Die

zweite Gefahr verweist in den Themenbereich der Inneren Führung.
In Zusammenhang mit A. läßt sich „Erziehung" oder „Bildung"
jedoch so ansprechen:
In jedem A.s-System muß man ständig Kompromisse zwischen dem
Postulat einer möglichst grundlegenden oder allgemeinen A. und der
durch A. zu vermittelnden Fähigkeit finden, eine bestimmte Tätigkeit oder einen Beruf auszuüben. Alle mit der konkreten Ausübung
verbundene A. akzentuiert die unmittelbar erforderliche Qualifikation, ggf. auf Kosten ihrer Grundlagen. In vielen Fällen bedeutet das
die Auslieferung des so Qualifizierten an eine bestimmte Tätigkeit;
noch häufiger führt es zu fachlicher Enge samt ihren Folgen. Berücksichtigt man dagegen pädagogische Erfordernisse, erhalten die
Grundlagen ihr Gewicht und eröffnet sich die Möglichkeit, zureichend auf individuelle Lernprozesse einzugehen. Insofern muß die
Bundeswehr um der Qualität ihrer eigenen A. willen dem Erziehungsauftrag Rechnung tragen. Das entspricht auch den tatsächlichen Anforderungen, die auf allen Ebenen auf individuelle Leistung, verbunden mit der Fähigkeit zu flexibler Kooperation zielen, nicht also
auf Funktionieren in der Formation und nach ihren Gesetzen bzw.
nach Befehl. Indem Erziehung zuletzt das Individuum meint, geht es
in diesem Zusammenhang auch um dessen Motivation, um seine Einsicht in die Bedingungen und ggf. in die Notwendigkeit des eigenen
Tuns. Das beinhaltet mehr als nur das Bemühen, den Wehrpflichtigen
von der Notwendigkeit der Existenz von Streitkräften zu überzeu-
gen. Es beinhaltet auch mehr als eine den übergreifenden A.s-Zielen
entsprechende A.s-Methode, so wichtig diese sein und so oft es an ihr
mangels A. der Ausbilder fehlen mag. Wo immer sich A. auf den
Menschen bezieht, kann sie nicht allein an den Bedürfnissen der
ausbildenden Institution orientiert sein. Das verweist auf den Veränderungsprozeß, der sich in der Bundeswehr in Zusammenhang mit
A. vollzieht und vollziehen muß — in der ZDV 3/1 hieß es noch in
Nr. 1: „Die A. soll den Soldaten diejenigen Kenntnisse und Fertigkeiten vermitteln, welche sie benötigen, um ihre militärischen Aufgaben zu erfüllen." Im Blick auf die Innere Führung sei angemerkt,
daß dieser Veränderungsprozeß zwar vorwiegend pädagogischen
Postulaten entspricht, zugleich aber auch der Einbindung der Armee
in die demokratische Ordnung. Der „Staatsbürger in Uniform" soll
u. a. gewährleisten, daß sich die Armee nicht gegen den Staat
wendet.

LITERATURHINWEISE

Bundesminister der Verteidigung (Hrsg.), Neuordnung der Ausbildung und Bildung in der Bundeswehr (Kommissionsbericht), Bonn 1971.
Ilsemann, C. G. v., Die Bundeswehr in der Demokratie. Zeit der Inneren Führung, Hamburg 1971.
Liebau, W. E., Akademiker in Uniform. Hochschulreform in Militär und Gesellschaft, Hamburg/Heidelberg 1976.
Link, M., *Portner*, D. u.a., Ausbildung und Bildung in den Streitkräften, Regensburg 1976.

THOMAS ELLWEIN

Befehl und Gehorsam

→ *Ausbildung/Bildung, Führung/Führungsstil, Innere Führung, Militarismus, Mitbestimmung, Politische Bildung in der Bundeswehr, Soldat und Technik, Sozialisation, Wehrrecht, Werte/Normen, Widerstand.*

1. DISZIPLIN. — Von Helmuth von Moltke ist der Satz überliefert: „Autorität von oben und Gehorsam von unten; mit einem Worte, Disziplin ist die ganze Seele der Armee." Die Autorität von oben drückt sich in dem äußerlich sichtbaren Dienstrangabzeichen des Vorgesetzten aus. Der Vorgesetzte hat das Recht, Befehle zu erteilen; er trägt für seine Befehle die Verantwortung und ist verpflichtet, sie in der den Umständen angemessenen Weise auch durchzusetzen. Ein Befehl ist eine in mündlicher oder schriftlicher Form (in Ausnahmefällen auch als Körpergeste oder Signal) gegebene Anordnung mit genauen Anweisungen an den Angesprochenen und in der Erwartung, daß dieser sein Verhalten danach ausrichtet. In militärischen Organisationen ist der Untergebene verpflichtet, den ihm erteilten Befehl nach besten Kräften vollständig, gewissenhaft und unverzüglich auszuführen. (Das „Gesetz über die Rechtsstellung des Soldaten" von 1956 schreibt dies auch dem Soldaten der Bundeswehr vor, wobei Befehle zu nicht-dienstlichen Zwecken, ferner solche, die die Menschenwürde verletzen oder ein Verbrechen oder Vergehen beinhalten, ausgenommen werden). Wenn das „militärische Prinzip von Befehl und Gehorsam" (Weißbuch 1970, Ziff. 159) in einer Armee durchgehalten wird, herrscht in ihr Disziplin.

2. HIERARCHIE. — Der klassische Komplementärbegriff zu Disziplin ist der der Hierarchie. Er besagt, daß die Struktur einer Organisation gekennzeichnet ist durch eine strenge, formale, erkennbare
Abstufung der Dienstränge. Der Befehlsweg verläuft von oben nach
unten; der Informationsgrad über die Zwecke und Tätigkeit der
Organisation steigt von Stufe zu Stufe. Hierarchie und (oft mit har-
ten Maßnahmen erzwungene) Disziplin kennzeichneten die Armee
schon zu dem Zeitpunkt nicht mehr so eindeutig, zu dem Moltke
seinen Ausspruch prägte. Ihren Höhepunkt erlebten Hierarchie und
Disziplin als die Armee grundlegend strukturierende Kategorien im
Zeitalter des Absolutismus. Die im 17. und 18. Jahrhundert in Europa in → Kriegen praktizierte Lineartaktik verlangte von den Soldaten das Ausführen eingedrillter, oft komplizierter Bewegungen in
größeren Formationen unter Einwirkung des feindlichen Feuers. Der
einzelne Soldat agierte als „zum verläßlich auf Abruf arbeitender
Roboter" (Bigler, 192). Formalisierte Befehle, hier auch in der Form
von akustischen Signalen, und blinder Gehorsam gehörten zum
Wesen der Lineartaktik.

3. ERGÄNZUNG UND WANDEL MILITÄRISCHER FÜHRUNG. — Waren
unter solchen Bedingungen Befehl und Gehorsam funktionsfähige
Führungsmittel und Handlungsbestimmung, so mußte sich das im
Lauf der in den folgenden Jahrzehnten einsetzenden und bis heute
weiterwirkenden „industriellen Revolution" ändern. Es lassen sich grob
zwei Klassen von Faktoren unterscheiden, die dazu beitrugen.
3.1. *Gesellschaftlicher Wandel.* — Mit dem Aufkommen der auf Frei-
willigkeit und nationaler Begeisterung als Wehrmotivation basierenden Massenarmeen des 19. und 20. Jahrhunderts wandelten sich
auch Kriegsbild und Taktik. Die starren Linien wurden aufgelockert.
Gehorsam brauchte nicht länger als bewußtloser Reflex eingeübt zu
werden. Der auch politisch selbstbewußte Bürger faßte die → *Wehrpflicht* als ein Wehrrecht auf. In Deutschland sind die diesem Geist
entsprechenden (in der Folgezeit der Restauration allerdings wieder
weitgehend zurückgedrängten) Reformen mit den Namen Scharnhorst, Gneisenau und Boyen verbunden.
3.2. *Entwicklung der Waffentechnologie.* — Hand in Hand mit dem
sozialen Wandel entwickelten sich die Waffensysteme und mit ihnen
Strategie und Taktik. Die militärische Organisation differenzierte
sich immer mehr aus: zur „klassischen" Infanterie und Kavallerie
traten eine Vielzahl neuer Waffengattungen. Das Kriegshandwerk
wurde mehr und mehr zu einer Angelegenheit für Spezialisten. Diese

Entwicklung braucht im einzelnen hier nicht beschrieben zu werden. Ihre Konsequenzen für das „militärische Prinzip" Befehl und Gehorsam liegen auf der Hand: „Wenn die Streitkräfte erfolgreich sein wollen, müssen sie ihre → *Ausbildungs-* und Erziehungsmethoden ändern. Gefordert wird weniger ein Drill, der automatische Reaktionen auf Kampfgefahren auslöst, sondern ein Ausbildungsprogramm, das die Männer nicht allein lehren soll, sich auf die Befehle ihrer Vorgesetzten zu verlassen, sondern das ihr eigenes Urteilsvermögen schult, um den verschiedensten Gefahren selbständig begegnen zu können". (Janowitz/Little, 61).

4. ARMEE FÜR DIE DEMOKRATIE. — Nicht nur aus militär-internen, sondern auch aus gesamtgesellschaftlichen Aspekten heraus ist das Prinzip von Befehl und Gehorsam beim Aufbau der Bundeswehr zum Gegenstand heftiger Kontroversen geworden. Dabei ging es um die Frage, ob nicht die übertriebene Bereitschaft zum Gehorsam bei Mannschaften, Unterführern, insbesondere jedoch bei den Offizieren der Reichswehr mit dazu beigetragen habe, daß der Nationalsozialismus so widerstandslos Eingang in die Armee finden konnte. Ein Teil dieser Kontroversen betraf die Bedeutung des militär-internen → *Widerstands* gegen Hitler, wie er sich am 20. Juli 1944 manifestierte. Ein anderer bezog sich auf die Gegenwart — wie sollte die Bundeswehr beschaffen sein, um eine Wiederholung des Überschlagens von Befehl und Gehorsam auf die Zivilgesellschaft und in gegen das Völkerrecht gerichtete Handlungen zu verhindern? In den Debatten um diesen Punkt waren sich die Parteien einig, daß es nicht darum gehen könne, eine ‚demokratische Armee' zu schaffen. In den Worten des Bundestagsabgeordneten Erler (SPD): „Eine Armee muß auf den Ordnungsprinzipien von Befehl und Gehorsam beruhen — die demokratische Gesellschaft bildet ihren Willen auf andere Weise, nämlich durch Diskussion und Abstimmung. Worauf es ankommt, ist also nicht, eine diskutierende Armee zu schaffen, sondern dieser auf Befehl und Gehorsam beruhenden Armee den richtigen Ort in unserer demokratischen Gesellschaft anzuweisen". Dieses Konzept enthält neben einer Reihe parlamentarischer Kontrollmaßnahmen über die Bundeswehr auch das Leitbild des „Staatsbürgers in Uniform", eines Soldaten, der als Vorgesetzter seine Befehle einsehbar zu machen und als Untergebener aus Einsicht und mitdenkend zu gehorchen versteht.

5. ZEITGEMÄSSE MENSCHENFÜHRUNG. — Diesem in der Alltagspraxis nicht immer erreichten Leitbild liegen auch militär-interne Erfordernisse zugrunde. Der Einzug hochkomplexer → *Technik* in die Streitkräfte läßt diese zu einer arbeitsteiligen Organisation von auf Kooperation angewiesenen Spezialisten werden, denen nicht schlicht befohlen werden kann, weil der Vorgesetzte immer seltener die Voraussetzungen und Implikationen seiner Befehle zu überblicken vermag. „Wo die Technik in der Armee dominiert, gehört der subalterne Befehlsempfänger der Vergangenheit an. Das Befehls-Gehorsam-Dogma ist in traditioneller Form heute unpraktikabel". (Mosmann, 207). Die Soziologie hat ein ganzes Arsenal von Begriffen entwickelt, um den Wandel des →*Führungsstils* in den Streitkräften anschaulich zu machen. Vergleiche mit zivilen Organisationen (z. B. Industriebetrieben) lassen erkennen, daß sich in vielen Bereichen der Streitkräfte heute neben dem traditionellen autoritären Führungsstil andere, kooperativere Führungsstile durchgesetzt haben.

6. ÜBERLAGERUNG UNTERSCHIEDLICHER FÜHRUNGSSTILE. — Es läßt sich die Faustregel aufstellen, daß mit steigender Technisierung einer militärischen Einheit die Prinzipien Amtsautorität, Befehl/Gehorsam, Hierarchie tendenziell verdrängt und ersetzt werden von Prinzipien wie Personalautorität (Persönlichkeit), Kooperation, Teamgeist. Allerdings scheint es verfehlt zu sein, diese Faustregel so zu verstehen, als würden eines Tages die hergebrachten militärischen Kategorien vollends verschwunden sein. Bei dem zu beobachtenden Prozeß handelt es sich vielmehr um eine Überlagerung unterschiedlicher Führungsstile. Ein beträchtlicher Restposten an „Inkompatibilität" zwischen zivilem Betrieb und militärischer Organisation bleibt, nicht zuletzt wegen des obersten Zwecks der Streitkräfte. In modernen Armeen werden die Soldaten so erzogen, daß sie notfalls, in Stress-Situationen, auf die Prinzipien von Befehl und Gehorsam zurückgreifen können. Diese Widersprüchlichkeit ist ein Kennzeichen aller modernen Streitkräfte. *Allein* mit den Prinzipien von Befehl und Gehorsam würden sie unfähig zur Bewältigung der hochdifferenzierten und höchste kognitive Anforderungen an den einzelnen Soldaten stellenden Technik bleiben (Beispiel: Piloten der jüngsten Flugzeuggenerationen). *Allein* mit den Prinzipien von Kooperation und gegenseitiger Abstimmung würden sie mit großer Wahrscheinlichkeit in der kollektiven Ausnahmesituation, die den Krieg ausmachen, vor dem Organisationszweck versagen.

LITERATURHINWEISE

Baudissin, W. Graf v., Soldat für den Frieden. Entwürfe für eine zeitgemäße Bundeswehr, München 1969.
Bigler, R. R., Der einsame Soldat. Eine soziologische Deutung der militärischen Organisation, Frauenfeld 1968 (3. Aufl.).
Janowitz, M. und *Little* R. W., Militär und Gesellschaft, Boppard 1965.
Janowitz, M., The Professional Soldier. A Social and Political Portrait, New York 1968 (4. Aufl.).
Mosmann, H., Diskussion und Autorität. Führungsprobleme in modernen Streitkräften, in: *Fleckenstein,* B. (Hrsg.), Bundeswehr und Industriegesellschaft, Boppard 1971.

WILFRIED VON BREDOW

Beruf „Soldat"

→ *Ausbildung/Bildung, Befehl und Gehorsam, Bundeswehr und Tradition, Feindbild, Führung/Führungsstil, Interessenvertretung der Soldaten, Krieg, Militärgeschichte, Militärische Elite, Militärsoziologie, Militarismus, Rekrutierung, Soldaten und Politik, Soldat und Technik, Sozialisation, Unteroffiziere.*

Nach verbreiteter Auffassung gehört der Soldatenberuf zu den ältesten oder Urberufen schlechthin. Tatsächlich kann man aber frühere Entwicklungen und solche außerhalb des Abendlandes mit denen in der europäischen Neuzeit kaum vergleichen. Deshalb erscheint es angebracht, die heute gestellten Fragen vor dem geschichtlichen Hintergrund des Entstehens erst von Söldner- und dann von stehenden Heeren zu behandeln. Beides bedeutet zunächst meist den Verzicht auf eine allgemeine Landesverteidigung. Er ist politisch wie militärisch begründet, fügt aber das Kriegshandwerk in den Rahmen zunehmender innergesellschaftlicher Arbeitsteilung ein. Der Landsknecht oder Söldner erhält dabei in der lutherischen Überlieferung mit ihrer Ineinssetzung von Stand und Beruf seine „Würde" und ein eigenes Berufsethos. Dieses prägt zunehmend auch das Selbstverständnis der Soldaten in den stehenden Heeren, nachdem diese im Gefolge der französischen Revolution aus Zwangseinrichtungen zu nationalen Institutionen geworden waren. Als solche können sie dann — jedenfalls in Kontinentaleuropa — ein einigermaßen spannungsfreies Verhältnis zur Gesellschaft entwickeln, was auch einem spezifischen Berufsdenken Raum verschafft. Im 20. Jahrhundert gelangt dieses Berufsdenken unbeschadet seiner unterschiedlichen Ausprägung, ihrerseits weithin abhängig von den Unterschieden zwischen den politischen Kulturen, in wachsende Begründungsschwierigkeiten. Sie lassen sich, sieht man von der veränderten Einstellung zum Krieg in diesem Zusammenhang ab, in Kürze so ableiten:

1. Dem modernen Nationalstaat ebenso wie der rechtsstaatlichen Demokratie entspricht die *allgemeine → Wehrpflicht.* Sie knüpft als Idee an frühere Freiheitsrechte an, wird dem immer umfassenderen Rückgriff des → *Krieges* auf die gesamte Gesellschaft gerecht, wie er einen entarteten Höhepunkt in der Proklamation des „totalen Krieges" fand, und beantwortet die Frage nach dem zahlenmäßigen Umfang der Streitkräfte leichter, als das mit einem stehenden Heer möglich ist. Historisch und ideologisch steht die allgemeine Wehrpflicht in engem Zusammenhang mit der allgemeinen Volksbewaffnung. Daraus ergibt sich ein Spannungsverhältnis zwischen den Berufsmilitärs und den − unterschiedlich motivierten − Anhängern eines allgemeinen Wehrgedankens, das in Ländern mit starker militärischer Tradition in der Regel zugunsten der ersteren aufgelöst worden ist. Am prägnantesten läßt sich das an der preußischen Diskussion nach 1815 und an der aus ihr sich ergebenden Veränderung des Landwehrgedankens zeigen. Dennoch bleibt ein Rest jener Spannung. Der „Beruf" Soldat muß vor der Folie eines allgemeinen, wenn auch im Zweifel nur in der Wehrpflicht verankerten Soldatentums Profil gewinnen. Das kann zu Überprofilierung führen.

2. Das genannte Spannungsverhältnis wird ergänzt und verstärkt durch das Bedürfnis der modernen Wehrpflichtarmee nach dem *Soldaten auf Zeit.* Er muß untere und mittlere Führungspositionen ausfüllen, mit denen Wehrpflichtige überfordert wären, ohne daß sich schon lebenserfüllende Beschäftigungen ergeben. Man entlastet derart die Kernarmee von spezifischen Hierarchieproblemen, die nach Maßgabe eines sich entwickelnden Aufstiegsdenkens immer schwerer lösbar werden und entspricht dem Postulat der Jugendbindung bestimmter militärischer Führungs- wie technischer Positionen. Beide Problemlagen sind generell; in allen modernen Industriestaaten stützen sich die Streitkräfte in immer stärkerem Maße neben den Wehrpflichtigen auf den Berufs- und auf den Zeitsoldaten. Beide müssen vielfach vergleichbar ausgebildet werden; in der jeweiligen Altersgruppe ergeben sich zwischen beiden keine nennenswerten

Unterschiede; dennoch interessiert den Zeitsoldaten legitimerweise auch das künftige zivile Fortkommen. Je weniger es durch Berechtigungsscheine gesichert werden kann, desto mehr entwickeln sich Bedürfnisse, welche zwischen Militärdienst und künftiger ziviler Verwendung Brücken schlagen, mithin den ersteren auch an letzterer orientieren. Aus solcher Orientierung ergeben sich Einstellungs- und Interessenunterschiede zu den Berufssoldaten hin, die es neben der Vergleichbarkeit in → *Ausbildung* und Verwendung zu sehen gilt. Das führt zu der Frage, wie man spezifische Berufsvorstellungen beibehalten kann, ohne den Beruf mit einer lebenserfüllenden Vorstellung so zu verbinden, wie es z. B. eine deutsche Tradition nahelegt (Beruf — Berufung).

3. Sofern Vorstellungen vom Beruf „Soldat" sich in diesem Sinne auf ein ausschließendes Berufsethos und entsprechend auf ein lebensumfassendes ,Bild des Soldaten' beziehen, ergeben sich im Zusammenhang mit der zunehmenden Arbeitsteilung und Technisierung in den modernen Streitkräften weitere Begründungsschwierigkeiten. Auch abgesehen von der → *Wehrstruktur* gerät die Einheit des Soldatenberufes zu einer oft nur mühsam aufrechterhaltenen Fiktion. In der modernen Armee tritt quantitativ der Typus des unmittelbar am Kampf beteiligten Soldaten immer mehr zurück: technische Dienstleistungen, Versorgung, Organisation usw. beherrschen das Feld. Die Armee erscheint im Sinne Max Webers als bürokratische Organisation. Die Einheit des Berufes muß deshalb gegen eine weitgehende *Ausdifferenzierung des Berufsfeldes* aufrechterhalten werden, aus der sich mit unterschiedlichsten Funktionen im System der Streitkräfte auch unterschiedliche Berufsorientierungen, Ausbildungsbedürfnisse, Statuserwartungen usw. ergeben. Der ,Professionalisierung' des Soldatenberufes etwa im Sinne von M. Janowitz entspricht demgemäß insofern eine *Entprofessionalisierung,* als das allen Soldaten Gemeinsame hinter Funktionsspezifika zurücktreten kann, die eher Gemeinsamkeiten zwischen militärischen und zivilen Teilbereichen nahelegen. Das erschwert die Abhebung des militärischen Berufsfeldes von der übrigen Gesellschaft, worauf gelegentlich mit merkwürdigen Absonderungsriten und -praktiken reagiert wird.
Abgesehen von dem aus Ausbildung, Status und Funktion sich ergebenden Tatbestand Soldatenberuf und abgesehen von der im Gefolge der modernen Kriegsentwicklung einhergehenden weitreichenden Diskreditierung eben dieses Berufes, handelt es sich nach allem um einen nicht zureichend definierten Beruf. Für ihn müssen immer wieder neu Begründungsschwierigkeiten überwunden werden.

Einen derartigen Versuch stellte der → *Militarismus* als die militärische Überformung der Gesellschaft mit dem Ziele dar, bei allgemeiner Wehrpflicht der → *Militärelite* eine eindeutige Führungsrolle
zu sichern. Einen anderen Versuch kann man darin sehen, den Sol-
daten- als *Gesinnungsberuf* zu begreifen, um in der Gesinnung das
die unterschiedlichen Statusbedingungen und Funktionen ausglei-
chende Gemeinsame zu finden. Das akzentuiert neben dem Ausbil-
dungs- auch einen Erziehungsauftrag der Armee. Auch die Diskussion über die *Dichotomie von Militär und Gesellschaft,* bedingt durch
das Grundprinzip von → *Befehl und Gehorsam* hier und die demokratische Ordnung dort, oder über die *Integration der Streitkräfte* nicht
nur in die politische Ordnung, sondern auch in die Gesellschaft wird
im Blick auf den Beruf „Soldat" geführt.
Die Armeen in den westlichen Demokratien haben in der Regel keine
Schwierigkeiten, ihren Bedarf an Berufssoldaten zu decken. Ihre
Schwachstelle bilden die längerfristig dienenden Zeitsoldaten, deren
Dienstzeit eine vertiefte militärische Ausbildung lohnend erscheinen
läßt. Da die Bereitschaft zu längerer Verpflichtung von den Erwar-
tungen abhängen, die sich mit dem späteren Ausscheiden aus der
Armee verbinden, muß diese auf das Ausscheiden und damit auf die
Bedingungen der modernen Arbeitswelt Rücksicht nehmen. Dazu
muß man auf das Bild vom Berufssoldaten als dem „eigentlichen"
Soldaten verzichten, ohne an dessen Stelle die Idee einer militärischen Überformung der Gesellschaft treten zu lassen. Eine nüchterne
Vorstellung vom Beruf des Soldaten, die weniger auf die Einzigartig-
keit des Berufes abhebt und die zahlreichen Beziehungen und Ver-
gleichbarkeiten mit anderen Berufsfeldern berücksichtigt, wäre die
Konsequenz.

LITERATURHINWEISE

Baudissin, W. Graf v., Soldat für den Frieden. Entwürfe für eine zeitgemäße
    Bundeswehr, München 1969.
Bredow, W. v., Die unbewältigte Bundeswehr. Zur Perfektionierung eines
    Anachronismus, Frankfurt/M. 1973.
Janowitz, M., The Professional Soldier. A Social and Political Portrait, New
    York 1968 (4. Aufl.).
Karst, H., Das Bild des Soldaten. Boppard 1969 (3. Aufl.).

THOMAS ELLWEIN

Berufsförderung

→ *Ausbildung/Bildung, Fürsorge/Betreuung, Unteroffiziere.*

1. Das Soldatenversorgungsgesetz sieht für Soldaten auf Zeit neben Geldleistungen in Form von Übergangsgebührnissen und Übergangsbeihilfen eine *Berufsförderung* für das spätere Berufsleben als Kernstück der Versorgungsleistungen vor. Bei längerer Dienstzeit wird dadurch die Voraussetzung für einen beruflichen und sozialen Aufstieg ermöglicht. Mit Hilfe der Berufsförderung erhöht die Bundeswehr außerdem ihre Werbekraft bei der Gewinnung freiwillig längerdienender Soldaten, der Volkswirtschaft gibt sie qualifizierte Fachkräfte zurück.

1.1. Die Berufsförderung für Soldaten auf Zeit umfaßt:

a) den allgemeinberuflichen Unterricht an der Bundeswehrfachschule während der Wehrdienstzeit,

b) die Fachausbildung außerhalb der Bundeswehrfachschule an den einschlägigen zivilen Einrichtungen (in der Regel nach der Wehrdienstzeit),

c) die Eingliederung in das spätere Berufsleben.

Die Ansprüche der Soldaten auf Berufsförderung sind je nach Dauer der Verpflichtungszeit gestaffelt. So haben Soldaten mit einer Verpflichtungszeit von 8 bis 15 Jahren Anspruch auf allgemeinberuflichen Unterricht im letzten Jahr bzw. den letzten 1 ½ Jahren ihrer Dienstzeit. Der Anspruch auf Fachausbildung beträgt für Soldaten mit einer Verpflichtungszeit von 4 bis 15 Jahren zwischen einem halben Jahr und drei Jahren nach ihrer Dienstzeit.

Die Förderungsansprüche auf den Besuch des allgemeinberuflichen Unterrichts und auf die Fachausbildung können ganz oder teilweise ausgetauscht werden. Außerdem kann die Berufsförderung aus dienstlichen Gründen vorgezogen oder verlängert werden. Das ganze Programm ist damit so flexibel, daß auch berufliche Sonderwünsche der Zeitsoldaten weitgehend berücksichtigt werden können.

1.2. Die Durchführung des Berufsförderungsprogramms liegt in den Händen der Bundeswehrfachschulen (allgemeinberuflicher Unterricht) und des Berufsförderungsdienstes (Fachausbildung).

Der Unterricht an der Bundeswehrfachschule dient der allgemeinen und fachtheoretischen Weiterbildung der Soldaten auf Zeit und hat vorwiegend berufsbezogenen Charakter. Die Bundeswehrfachschule vermittelt — wie die Berufsaufbauschulen und Fachoberschulen — in der Mehrzahl ihrer Lehrgänge einen Bildungsstand, der für eine be-

stimmte Fachausbildung gefordert wird. Sie vermittelt aber auch —
wie die Realschulen und Kollegs — allgemeinbildende Abschlüsse.
Die Bundeswehrfachschule schafft somit eine wesentliche Voraussetzung für die erfolgreiche Durchführung einer anschließenden
Fachausbildung und bietet fachschulberechtigten Soldaten während
und nach ihrer Dienstzeit die Möglichkeit, an bundeswehreigenen
Bildungseinrichtungen alle Abschlüsse des 2. Bildungsweges (mittlere
Reife, Fachschulreife, Fachhochschulreife, allgemeine Hochschulreife) zu erwerben.

2. Der *Berufsförderungsdienst der Bundeswehr* bietet durch ein
weitgefächertes → *Aus- und Fortbildungs*angebot den Soldaten die
Möglichkeit zur beruflichen Qualifizierung und Neuorientierung und
damit zu Aufstieg und Sicherheit im Beruf. Diese Aufgaben werden
von 36 in Kreiswehrersatzämter eingegliederte Berufsförderungs-
dienste wahrgenommen.
2.1. Ausgangspunkt für alle berufsfördernden Maßnahmen ist die
Beratung der Soldaten durch den Berufsförderungsdienst der Bundeswehr. Zur Sicherstellung einer optimalen Förderung erfolgt sie
bereits im ersten Dienstjahr. Sie führt zu einem beruflichen Förde-
rungsplan, dessen Aufgabe eine Koordinierung von erlerntem Beruf,
Truppenausbildung, Truppenverwendung und Berufsförderung mit
dem Ziel einer optimalen Nutzung für den späteren Zivilberuf ist.
Als besondere Eingliederungshilfe haben Soldaten mit 12-jähriger
Verpflichtungszeit Anspruch auf den Eingliederungsschein oder den
Zulassungsschein. Beide Scheine vermitteln einen Anspruch auf Einstellung in den öffentlichen Dienst als Beamter oder Angestellter. Der
Eingliederungsschein gewährleistet zusätzlich eine Besitzstandswah-
rung in Höhe der letzten Dienstbezüge bis zu 10 Jahren.
2.2. Alle Soldaten, die infolge eines Gesundheitsschadens ihre frühere oder angestrebte zivilberufliche Tätigkeit nicht mehr ausüben
können, werden vom Berufsförderungsdienst besonders betreut.
Noch während ihrer Zugehörigkeit zur Bundeswehr werden die erforderlichen Anpassungs-, Umschulungs- oder Eingliederungsmaß-
nahmen vorbereitet und soweit möglich auch durchgeführt oder begonnen.

LITERATURHINWEISE

Buchstaller, W. u. a. (Hrsg. in Zusammenarbeit mit dem BMVg), Taschenbuch
    für Wehrfragen 1974/75, Frankfurt/M. 1975.
Hedde, K.-P. und E. *Fischer,* Betreuung und Fürsorge in der Bundeswehr,
    Hamburg 1969.

Rott, W., 3 Jahre Sozialabteilung im BMVg, in: Der Bundeswehrbeamte, H. 2/1975.

Scherer, W., Kommentar zum Soldatengesetz und zur Vorgesetztenverordnung, München 1976.

Weißbuch 1973/1974. Zur Sicherheit der Bundesrepublik Deutschland und zur Entwicklung der Bundeswehr, Bonn 1974.

Broschüre „Die Sozialabteilung im Bundesministerium der Verteidigung", hrsg. vom BMVg, Bonn 1975.

HERBERT LAABS

Bundeswehr und Öffentlichkeit

→ *Bundeswehr und Schule, Innere Führung, Militärdoktrinen, Militärisches Nachrichtenwesen, Militär und Wissenschaft, Öffentlichkeitsarbeit, Sicherheitspolitik, Soldaten und Politik, Weißbuch.*

Öffentlichkeit (Ö.) ist eine Voraussetzung für Kontrolle in einer funktionierenden Demokratie. Da bewaffnete Macht und Militärpolitik von dieser Kontrolle nicht ausgenommen sein können, stehen sie aufgrund ihrer Tendenz zum Sui-Generis-Anspruch in einem besonders intensiven Spannungsverhältnis zur Ö. Das Prinzip Ö. gegenüber Militär und militärischer Planung ist in der bundesrepublikanischen Wirklichkeit nicht voll realisiert. Im Idealfall würde Ö. die Wahrnehmbarkeit und das Begreifen von allen entscheidenden Aspekten der Streitkräfte wie der → *Sicherheitspolitik* durch einen unbegrenzten Kreis von Personen bedeuten. In der aktuellen Situation jedoch bleiben der Kreis und die wahrgenommenen Probleme nur begrenzt öffentlich.

1. Die URSACHEN für diese begrenzte und eher schrumpfende Ö. sind vielfältig und — wie Habermas ahnen läßt — nicht von der Entwicklung der Gesellschaft und deren Strukturwandel zu trennen. Im Besonderen kann die relativ begrenzte Ö. in militärpolitischen Fragen auch als Folge der tiefgreifenden Technisierung und Verwissenschaftlichung moderner Streitkräfte gelten. Die zunehmende Komplizierung der militärpolitischen Probleme wäre auf der anderen Seite nur durch eine äußerst umfangreiche Informationspolitik, eine potente Strategic Community als sicherheitspolitische „Gegenöffentlichkeit" sowie durch das Beharren des Bürgers auf Transparenz in diesem Bereich „auszugleichen". Dagegen ist die offizielle → *Öffentlichkeitsarbeit* von Regierung und Streitkräften von anderen Inter-

essen getragen: Wie alle Öffentlichkeitsarbeit will sie in erster Linie
die eigene Politik und die eigenen Bemühungen von ihrer besten
Seite zeigen. Aus dieser Perspektive wird Ö. in erster Linie als Forum
verstanden, auf dem man sich präsentiert. Zunächst reicht die Prä-
sentation vom sogenannten Auftreten des einzelnen Soldaten in der
Ö. bis zum Manövereinsatz geschlossener Großverbände; indirekte
Öffentlichkeitsarbeit dieser Art ist in ihrer Wirkung nicht zu unter-
schätzen. Direkte Öffentlichkeitsarbeit richtet sich darüber hinaus an
bestimmte Zielgruppen und ist Sache von Experten. Ihre konsequen-
teste Öffentlichkeitspolitik betreiben sie gegenüber den Medien, die
wiederum eine relativ konkrete und faßbare Sonderform von Ö. bilden: die „artikulierte" oder „veröffentlichte" Meinung. Die zweite,
zumindest annähernd meßbare Form von Ö. bildet die sogenannte
öffentliche Meinung, die in Umfragen „eingefangen" wird. Inhaltlich
hat sicherheitspolitische Ö. in der Bundesrepublik zwei Dimensionen: eine gesellschaftspolitisch orientierte und eine militärstrategisch
politische. Konkretisieren lassen sie sich, stark vereinfacht, einerseits
im Verhältnis von Gesellschaft und Streitkräften (Integration) sowie
andererseits in der Einschätzung des westlichen Bündnisses, insbesondere der → NATO-Strategie (Strategiediskussion).

2. FRAGEN DER VERTEIDIGUNGSSTRATEGIE spielen in der öffentlichen Diskussion der Bundesrepublik eine − gemessen an der exponierten Lage dieses Landes − erstaunlich geringe Rolle. Schon in der
Aufbauphase der Bundeswehr waren selbst und gerade offizielle Dis-
kussionsbeiträge des Verteidigungsministeriums zur Strategiediskussion von bescheidenem Format. Strategiediskussion wurde gelegentlich sogar unter überwiegend parteipolitischen Vorzeichen betrieben.
Ein Beispiel bietet die Generals-Denkschrift „Voraussetzungen einer
wirksamen Verteidigung" aus dem Jahre 1960. Ein zweites, erheblich spektaluläreres Exempel war die Spiegel-Affäre, die im Oktober
1962 durch einen militärpolitischen Artikel (mit dem Titel „Bedingt
abwehrbereit") ausgelöst worden war. Auch die in den sechziger
Jahren einsetzende Diskussion innerhalb der westlichen Allianz über
die neue NATO-Strategie der flexible response wurde in der Bundesrepublik nur verspätet und epigonenhaft nachvollzogen. Strategiediskussion blieb hierzulande von Einzelinteressen und kurzfristigen
Perspektiven bestimmt. Die Provokationen der kritischen → Friedensforschung schienen in der Folge die Haltung der etablierten Stra-
tegie-Theoretiker eher noch zu verfestigen. Solche Verkrampfung
konnte Anfang der siebziger Jahre nicht einmal durch eine im Ansatz

konservative Arbeit wie die Untersuchung „Kriegsfolgen und Kriegsverhütung" des Weizsäcker-Teams gelöst werden, obwohl es der
Studie an Publizität nicht fehlte. Ihre Ende 1976/Anfang '77 vor-
gelegten Fortsetzungen von Weizsäcker und seinem Mitarbeiter
Afheldt dürften — nach dem jetzigen Stand der Dinge — ähnlich
wirkungslos auf die praktische Politik bleiben. Und dies, obwohl die
NATO-interne Debatte über die Mängel der eigenen *Strategie* zu
immer neuen Studien und „Verbesserungsvorschlägen" von Militärs
führte, so zu der Überlegung, das politische Freigabeverfahren für
sogenannte kleine Atomwaffen zu verändern. Dieser Vorschlag
wurde allerdings zu einer Zeit veröffentlicht, als man sich hierzulande primär mit der Entlassung der Generäle Krupinski und Franke
beschäftigte.

3. PROBLEME DER GESELLSCHAFTSPOLITISCH ORIENTIERTEN DI-
MENSION überdecken offenbar in der Ö. der Bundesrepublik solche
der Strategiediskussion. Ein Grund dafür mag in der Stimmung der
Nachkriegszeit und dem damals fixierten Vorrang für die Integration
der Streitkräfte in die Demokratie liegen. Hinzu kommt, daß Fragen
der Integration oder der → *Inneren Führung* dem politisch interessierten Staatsbürger leichter verständlich erscheinen als das oft un-
durchsichtig und überkompliziert anmutende strategische Glasperlen-
spiel. Zur „Normalisierung" zwischen einst bundeswehrkritischen
Teilen der Ö. und den Streitkräften dürfte beigetragen haben, daß
sich die weit übertriebenen Befürchtungen gegenüber der bewaffneten Macht nicht erfüllt haben; nun kann das Stimmungspendel zu
einer ebenso übertriebenen Nachlässigkeit der Ö. gegenüber den
Streitkräften ausschlagen. In jedem Fall sind solche Meinungen eher
labil und leicht veränderlich. Vor Überinterpretationen punktueller
bundeswehr-freundlicher Umfragen ist deshalb zu warnen. So sagt
zum Beispiel die vom Verteidigungsministerium vorgelegte Repräsen-
tativerhebung aus dem Sommer 1976 — nach der mittlerweile 79
Prozent der Bevölkerung die Bundeswehr „in der heutigen Weltlage"
für „sehr wichtig" oder „wichtig" halten — noch wenig über das
Vertrauen des Bürgers in den (militärpolitischen) Sinn und Nutzen
der Streitkräfte. Fragen nach der Verteidigungsbereitschaft („unsere
Lebensform verteidigen" oder „vor allem Krieg vermeiden") des
Einzelnen sowie nach der Einschätzung der Leistungsfähigkeit der
NATO („könnten wir uns im Ernstfall verteidigen") ergeben ein sehr
nüchternes Bild — wie es sich etwa im Allensbacher Jahrbuch der
Demoskopie 1974—1976 widerspiegelt.

4. Obwohl auch jene RESULTATE weder in ihrer Tendenz noch in der Methodik vollkommen sind, zeigen sie, wie schwer der Begriff Ö. in seiner militärpolitischen Dimension in den Griff zu bekommen ist. Die systematische Analyse dieser Zusammenhänge steckt noch in den Anfängen. Vorliegende Untersuchungen sind in der Fragestellung zu unterschiedlich. Sie können bestenfalls als vorläufige Hinweise auf Einzelprobleme des Gesamtkomplexes Bundeswehr und Ö. gelten.

LITERATURHINWEISE

Brandt, G. und *Friedeburg*, L. v., Aufgaben der Militärpublizistik in der modernen Gesellschaft, Frankfurt/M. 1966.
Lippert, E. und *Puzicha*, K., Die Bundeswehr als Objekt von Meinungen und Einstellungen, in: Aus Politik und Zeitgeschichte, Beilage zur Wochenzeitung Das Parlament, B 37/75 (13.9.1975).
Potyka, Ch., Bundeswehr und Öffentlichkeit, in: Sicherheitspolitik heute, H. 1/1975.
Potyka, Ch., Die vernachlässigte Öffentlichkeit, in: *Schwarz*, K.-D. (Hrsg.), Sicherheitspolitik, Bad Honnef 1976.

Als allgemeine Einführung in das Problem einer sich wandelnden Öffentlichkeit gültig bleibt *Habermas*, J., Strukturwandel der Öffentlichkeit, Neuwied 1962. Einen Überblick zum Stand der Diskussion über eine „Rekonstruktion" der Öffentlichkeit bietet *Gronemeyer*, M., Motivation und politisches Handeln, Hamburg 1976

CHRISTIAN POTYKA

Bundeswehr und Schule

→ *Ausbildung/Bildung, Bundeswehr und Öffentlichkeit, Feindbild, Innere Führung, Kriegsdienst-/Wehrdienstverweigerung, Politische Bildung in der Bundeswehr.*

Das Verhältnis von Bundeswehr und Schule war jahrelang vorwiegend durch eine Tabuisierung der Behandlung militärischer Problematik im schulischen Unterricht in der Öffentlichkeit der Bundesrepublik Deutschland gekennzeichnet.

1. GESCHICHTE. — Aufgrund der Erfahrungen aus der jüngsten deutschen Geschichte war das Aussparen eines so brisanten Themas wie „Erziehung zum Wehrwillen" nicht verwunderlich. Die Aufgabe der Schule erfuhr während des Dritten Reiches eine Umwandlung zur Schulung und Einübung in nationalsozialistischer Weltanschauung.

Neben Rassenlehre und Erbkunde wurde „ein darwinistisch verstandenes Machtprinzip zu den zentralen Leitwerten für die Erziehung der deutschen Jugend" (B. Gebhardt, Handbuch der deutschen Geschichte, Band 4: Die Zeit der Weltkriege, Stuttgart 1965, S. 203). Der Lehrerbund stand ebenso wie die anderen der NSDAP angeschlossenen Verbände unter dem Führerprinzip, d. h. das kulturelle und erzieherische Leben wurde nationalsozialistisch bestimmt. Die faschistische Pädagogik hatte zum Ziel, „ein für den Kampf gestähltes und zum Kampf bereites Menschenmaterial zu formen, das für die imperialistischen Herrschaftsziele bereitstand". (H. J. Gamm in: Demokratische Erziehung 3/75).

2. „WEHRKUNDE" – DISKUSSION SEIT BEGINN DER 70er JAHRE. –
Ein Viertel Jahrhundert nach Ende des Zweiten Weltkrieges gab es jedoch im Rahmen der Wehrgerechtigkeitsdebatte als Folge zunehmender Wehrunwilligkeit und steigender Zahl von Anträgen auf → *Kriegsdienstverweigerung* in der Bundesrepublik Deutschland zahlreiche Anlässe, das Thema → „*Sicherheitspolitik* im Unterricht" ambivalent zu diskutieren. „Das . . . Problem, auf das ich ihre Aufmerksamkeit lenken möchte, ist die Tatsache, daß Fragen der Verteidigung im Rahmen der Friedenserziehung im Sozialkundeunterricht und in den Lehrbüchern in den einzelnen Ländern unterschiedlich, teilweise auch unzureichend behandelt werden. Das gilt auch für den → *Auftrag* und die Stellung der Bundeswehr in unserer Demokratie." (Bundeskanzler Brandt in einem Brief vom 19.11.70 an die Ministerpräsidentenkonferenz).

Ungeachtet dessen, daß keine Seite ein spezielles Fach „Wehrkunde" explizit forderte, verstärkten sich doch zum Teil in der Öffentlichkeit starke Befürchtungen in die Richtung, daß die Schulen militarisiert, die Lehrer als Handlanger des Militärs mißbraucht werden sollen.

3. EMPIRISCHE BEFUNDE. — Als Folge der „Wehrkunde"-Debatte bestehen mittlerweile in nahezu allen Bundesländern detailliertere Erlasse zur Behandlung der angesprochenen Problematik an Schulen. Weiterhin kam es zu den unterschiedlichsten Versuchen der Bestandsaufnahme, in welchem Umfang und mit welchen Medien dieser Unterricht erfolgt.

Die Ergebnisse einer vom Institut für angewandte Sozialwissenschaft (INFAS) durchgeführte Untersuchung über die „Einstellungen von Lehrern, Meistern und Jugendvertretern zur Bundeswehr und zu Verteidigungsproblemen" erbringen, daß 42 % der Lehrer sich selten oder gar nicht mit den Schülern über die Bundeswehr unterhalten. Dieselben Lehrer bezeichnen aber 59 % der Schüler als an diesem Thema interessiert. Lehrer, die dieses Thema gelegentlich bis häufig behandeln, tun dies zu 46 % im Unterricht, 31 % auch außerhalb. Wenn die gesellschaftliche Problematik der Bundeswehr zur Sprache gebracht wird, dann stehen Probleme des Wehrdienstes und der → *Kriegsdienstverweigerung* im Mittelpunkt des Unterrichtes.

Eine von der „Systemforschung" durchgeführte Studie „Abiturient 74 im Wehrdienst" erbrachte, daß 79 % der 1524 befragten Abiturienten über allgemeine Verteidigungsfragen im Unterricht hörten; 45 % wurden über das Problemgebiet „Sicherheitspolitik — Landesverteidigung — Bundeswehr" informiert, 70 % über den Bereich → *Kriegsdienstverweigerung.* Sicherheitspolitische Fragen werden nach Angaben der unterrichteten Gymnasiasten überwiegend im Sozialkundeunterricht (75 %), gefolgt vom Fach Geschichte (46 %), daneben auch noch in Deutsch (29 %) und Religion (20 %) behandelt.

Kaum Hilfe kann der Lehrer von der inhaltlichen Konzeption der Schul- und Lehrbücher erwarten. In den meisten zur Verwendung kommenden Geschichts- und Sozialkundebüchern wird man ein Stichwort Bundeswehr, → *Wehrpflicht* oder Kriegsdienstverweigerung vergeblich suchen. Sicherheitspolitische Inhalte streuen über die Thematik der Bücher insgesamt. So ist die Wehrpflicht in der Regel unter der Rubrik „Rechte und Pflichten des Bürgers", Kriegsdienstverweigerung im Rahmen eines Kapitels „Grundrechte" abgehandelt. Bei den Geschichtsbüchern fällt auf, daß sich die einzige und zugleich letzte Erwähnung der Bundeswehr auf den Zeitraum 1955/56 bezieht. Die Institution Bundeswehr wird auch in den meisten Sozialkundebüchern relativ kurz angeschnitten. In der Regel wird auf die Zuständigkeit des Bundes für die Landesverteidigung sowie den Verteidigungshaushalt innerhalb des Bundeshaushaltes eingegangen. Die Komplexe „Gesetzliche Verankerung", → *„Innere Führung"* sowie „Bundeswehr als Wirtschaftsfaktor bzw. als Arbeitsplatz" finden wenig Erwähnung. Zur Thematik „Bündnis und Machtpolitik" werden vorwiegend die beiden Militärbündnisse → *NATO* und Warschauer Pakt sehr formal (Mitgliedstaaten, Organisation) vorgestellt. → Rüstung und die damit zusammenhängenden Inhalte erhalten wenig Beachtung, dagegen findet sich häufiger als Warnung ein Abschnitt über die mögliche Selbstzerstörung bei künftigen → *Kriegen.* Entsprechend wird die UNO in fast allen Büchern in ihren Friedensbemühungen aufgeführt und auf die Notwendigkeit von Friedenspolitik eindringlich verwiesen. Ergänzend zu diesem Überblick von Inhalten von Geschichts- und Sozialkundebüchern läßt sich noch feststellen, daß, abgesehen vom vorherrschenden Freund-/→ *Feindbild*denken in den Kategorien Ost-West, die meisten Schulbücher sich durch reine Institutionenkunde auszeichnen, in der die Vermittlung formalen Wissens Vorrang hat, der gesellschaftliche Zusammenhang dagegen wenig Berücksichtigung findet. Schülern besonders „hautnahe" Lebensbereiche, wie z. B. die künftige Wehrdienstzeit, zu vermitteln, wird weitgehend vernachlässigt.

4. JUGENDOFFIZIERE. — Eine Möglichkeit, das Defizit an Informationen über Verteidigungsfragen im Schulunterricht zu vermindern, wird in der Beteiligung von Jugendoffizieren am Unterricht gesehen. Jugendoffiziere gibt es seit 1959. Deren besonderer Aufgabenbereich wurde unter anderem geschaffen, um Schüler über Fragen der → *Sicherheitspolitik* und Landesverteidigung zu unterrichten und um Personen, die als Multiplikatoren der → *Politischen Bildung* gelten, fachlich zu beraten und mit Sachunterlagen zu versorgen. Ausdrücklich wird offiziell betont, daß diese Jugendoffiziere sachlich informieren und nicht werben (wobei die Unmöglichkeit dieser Trennung zum Teil auch von Bundeswehrseite zugestanden wird).

5. NEUERE ANSÄTZE. — Abgesehen von einigen Lernzielkatalogen gibt es detailliertere Curricula für den sicherheitspolitischen Unterricht bisher kaum. Ausnahme und daher auch viel diskutiert ist die Unterrichtseinheit „Bundeswehr — ein Beitrag zum Frieden?" der Arbeitsgruppe Sozialkunde/Limburg.

6. KRITIK, ERFORDERNISSE. — Politischer Unterricht soll einen mündigen Schüler auf das staatsbürgerliche Leben vorbereiten. Das System Bundeswehr, Bündnisse und Außenpolitik, die Ursachen und Bedingungszusammenhänge von Spannungslagen und Konflikten sind ein bedeutender Teil gesellschaftlicher Realität. Ein Sozialkundeunterricht, der diese Realität ausklammert, wird dem Anspruch des Faches nicht gerecht.
Versteht man politische Bildung als Erziehung zum Frieden, so sind sicherheitspolitische Inhalte nur im Rahmen einer generellen Friedenserziehung zu vermitteln. „Friedenserziehung" und „Wehrerziehung" sind keine Gegensätze, vielmehr entsprechen sie sich bereits aufgrund des → *Auftrags* der Bundeswehr.

Notwendig ist auf jeden Fall die Behandlung folgender Problemkreise: Historischer Kontext der Entstehung von Gewalt und Kriegen; Ent- und Remilitarisierung in der Bundesrepublik Deutschland; Bundeswehr generell (Bundeswehr und Gesellschaft, Bundeswehr als Institution); Bündnissysteme; Internationale Beziehungen und Machtstrukturen; → *Rüstung* und → *Abrüstung*; Entspannungs- und Friedensbemühungen und vor allem → *Wehrpflicht* und → *Kriegsdienstverweigerung*. Ein noch ungelöstes Problem ist die Erstellung sachgemäßer Unterrichtsmittel. Hier liegt ein Engagement vor allem von offizieller Seite (Bw) und der soldatischen Interessenvertretung vor (etwa DBwV). Die hier zuständige → *Öffentlichkeit* sollte in der Lage sein, auch ohne eine spezielle Interessenbindung ein den übrigen Problembereichen der politischen Bildung vergleichbares Angebot an Unterrichtsmitteln bereit zu stellen.

LITERATURHINWEISE

Arbeitsgruppe Sozialkunde/Limburg, Bundeswehr – ein Beitrag zum Frieden? , in: Curriculum konkret, Heft 2/1975.

Huberti, F. H., Bundeswehr und Verteidigungspolitik – ihre Darstellung in Schulbüchern für Gymnasien, in: Wehrkunde, H.5/1972.

Institut für angewandte Sozialwissenschaft (INFAS), Einstellungen von Lehrern, Meistern und Jugendvertretern zur Bundeswehr und zu Verteidigungsproblemen, Tabellenband, Bonn-Bad Godesberg 1975.

Schierholz, H., Wehrbereitschaft – Ziel politischer Erziehung? Zur Analyse des Einflusses der Bundeswehr auf das Curriculum des politischen Unterrichts, Heidelberg 1972.

Warnke, R., *Mosmann*, H., Abiturienten 74 im Wehrdienst (I), Schule und Bundeswehr, (Schriftenreihe Innere Führung, Reihe: Ausbildung und Bildung, Wehrsoziologische Studien, Heft 21), Bonn 1976.

INGRID ANKER

Bundeswehr und Sport

→ *Ausbildung/Bildung, Freizeit, Fürsorge/Betreuung.*

1. VORBEMERKUNG. — Eingebunden in seine Epoche und deren Gesetzen unterworfen, spiegelt der zeitgenössische Sport die Differenzierung und Komplexität der heutigen Industriegesellschaft in Organisation, Diskussion und Erscheinungsformen. In der Spannung zwischen Individuum und Masse, zwischen Erziehung und Zerstreuung, Arbeit und Spiel, spontaner Reaktion und ausgefeilter Technik, körperlicher Ertüchtigung und psychischer Entwicklung, bleibt der Begriff oszillierend und vieldeutig.

1.1 *Wehrsport-Militärsport-Sportausbildung.* — Während unter Wehrsport zweck- und angewandter Sport im Sinne vormilitärischer Ausbildung verstanden wird, rückt der Begriff des Militärsports die sportliche Ertüchtigung des Soldaten während des Wehrdienstes unter pädagogischem Blickwinkel in den Vordergrund. In bewußter Abgrenzung gegen Tendenzen zum Wehrsport in der deutschen Sportgeschichte konzipierte das Amt Blank eine Sportausbildung, die unter dem Anspruch stand, „im Dienst betriebene Leibesübungen zu sein". Angesiedelt zwischen Freizeitsport und außerdienstlichem Sport, erfaßt der Dienstsport in der Bundeswehr Elemente freiwilliger sportlicher Betätigung, der mit dem Breitensport der Sport- und Turnvereine die möglichste Förderung aller, d. h. jedes einzelnen, zum Ziel hat (d. h. die Fähigkeit zur Körperbeherrschung und die Freude an der Bewegung und am Zusammenspiel). Die gesamtgesellschaftlichen Wirkungen des Militärsports gehen auf den ganzheitlichen Ansatz des Menschen als Leib-Geist-Seele-Einheit zurück. Der Sport als ein Ausgleichsfaktor in der Industriegesellschaft bleibt nicht nur ein Mittel zur körperlichen Gesunderhaltung, sondern bietet sich auch im sozialpsychologischen Raum als ein Mittel zu sinnvoller → *Freizeit*gestaltung an.

2. INTENTIONEN. — Bei den Vorarbeiten zu einer Sportausbildung der Bundeswehr stand ihr instrumentaler Charakter im Rahmen militärischer Ausbildung im Vordergrund der Überlegungen. Daß seit 1956 auch Grundsätze und Erkenntnisse moderner Sportpädagogik herangezogen wurden, zeigt sich in dem Bemühen, so militärisch wie nötig, so zivil wie möglich auszubilden. Mit den siebziger Jahren rückte zunehmend die Bedeutung eines sozial-integrativen → *Führungsstils* ins Blickfeld (Sozialstaatsentwicklung). Eine Methode, die die Auflockerungs- und Brückenfunktion des Sports in der Armee angesichts der Schwellen im Vorgesetztenverhältnis überwinden helfen sollte. Die Sportausbildung als Intensivbereich menschlich entkrampfter Begegnung, auch und gerade unter dem Blickwinkel des Miteinander und Füreinander in funktionaler Hinsicht, bot sich umso mehr an, als ein Zurücktreten der absoluten Disziplin und Ordnung hinter die Initiative des Individuums auch auf dem Sektor moderner Gefechtsführung unverzichtbar ist. Neben der Aufgabe, den Folgen sportlicher Abstinenz entgegenzuwirken und ein physisches Gleichgewicht wiederherzustellen, steht das Ziel, Körperbeherrschung und Einsatzbereitschaft des Soldaten zu heben.

3. GESCHICHTLICHE ENTWICKLUNG. — Der Sport in der Bundeswehr bleibt heute weder reine Sportbetätigung, noch ausschließliches
Mittel zur Heranbildung eines feldverwendungsfähigen Soldaten,
noch dient er ausschließlich der Förderung des nationalen Sports,
noch kann er ausschließlich als Fortsetzung des Arbeitsprozesses in
anderer Form aufgefaßt werden, auf den manipuliertes Leistungsstre-
ben durch die Hintertür Einfluß nähme. All diese Kräfte wirken
heute auf den Militärsport ein. Mitte des 19. Jahrhunderts über-
wogen die Interessen des Obrigkeitsstaates mit deren innen- wie
außenpolitischen Implikationen des Machterhalts und der Schlagkraft nach innen wie außen. Der Militärsport stand im Dienst der
praktischen Ausbildung für das Gefecht und sollte Zeit sparen
helfen. Erst 1926 (Schelle), mit der Forderung persönlicher
Höchstleistung jedes einzelnen, zeichneten sich erste Ansätze der
nach 1945 entwickelten Sportausbildung ab.

4. PROBLEME DER SPORTAUSBILDUNG. —
4.1. *Vorschriften* — Die neue ZDv 3/10, Sport in der Bundeswehr,
stellt den Militärsport in engster Verbindung mit dem → *Bildungssystem* vor. Über die sachbezogenen methodischen Informationen
hinaus werden übergeordnete Sinn- und Zweckzusammenhänge jenen
Soldaten vermittelt, die zu Sportleitern heranstehen. Daneben setzt
der Anwendungsbereich Grundlage und Maßstab aller Überlegungen
zu den Lehrinhalten. Sport sei mehr als bloße körperliche Ertüchtigung. Dessen gesundheitspolitische und Ausgleichsfunktion ließen
jedoch den Sport nicht zum alleinigen Mittel der Erziehung werden.
So gesehen, standen die Leitsätze der alten Vorschrift beziehungslos
neben der Sportpraxis. Weiter beherrschte die von Methodik und
Ausbildung der Sportleiter her sachbezogene Praxis die Überlegungen. Über methodische Hinweise hinaus wurde versucht, auf die
Frage nach dem Sinn des Sports Antworten zu entwickeln. Neben
der Begrenzung der Übungsvielfalt auf ein dem Truppendienst angemessenes Maß und dem Bemühen um eine Verbindung zum zivilen
Sport, scheint mit der neuen Vorschrift ein Ansatz zur Integration
des Militärsports in Schul- und öffentlichen Sport geschaffen.
4.2. *Sport an den Schulen der Bundeswehr.* — Die Funktion der
Sportausbildung an den Offizierschulen ist, den jungen Offizieren die
Befähigung zum Sportleiter zu vermitteln. Die methodische Unterweisung steht damit im Mittelpunkt der Lehrtätigkeit ziviler Ausbilder. Mit der Vorbereitung auf die Olympischen Spiele 1972 wurde
die Umorganisation der Sportschule in Sonthofen begonnen. Die

neue Sportschule der Bundeswehr in Warendorf führt neben ausge-
prägtem Leistungszentrumcharakter die Lehrgangsaufgabe Sont-
hofens weiter und pflegt in gesteigertem Maße die Verbindungen zu
den sportmedizinischen Einrichtungen der Universitäten, dem Deutschen Sportbund und damit dem Spitzensport.

4.3. *Truppenpraxis.* — Während der Aufbauphase der Bundeswehr
wurden die materiellen Voraussetzungen intensiver Sportausbildung
geschaffen. Die Bataillone beschicken Mannschaftsvergleichskämpfe
etwa im Fußball auf der Divisionsebene und zeigen sich seit der
Förderung von Leistungssportlern erfolgreich anläßlich internationaler Meisterschaften (CISM-Conseil International du Sport Militaire).
Über den Soldatensportwettkampf, an dem jeder Soldat bis zu seinem vierzigsten Lebensjahr teilnimmt, damit verbundene Leistungsnachweise jedes einzelnen Angehörigen in den Einheiten, das Lei-
stungsabzeichen oder das Sportabzeichen soll der Leistungswille des
Soldaten angeregt werden. Die Motivation des Soldaten im Truppenalltag ist nicht allein durch die Berücksichtigung der Eigengesetzlichkeit des Sports, seine Ausgleich, Freude und Entspannung bietenden
Elemente zu lösen.

5. POLITISCHE IMPLIKATIONEN. — Der Sport integriert überkommene Vorstellungen, Normen, Werte, die der wirtschaftlichen, ethischen, ästhetischen, pädagogischen und politischen Ordnung ent-
springen. Bezogen auf die Industriegesellschaft spiegelt er die ökonomische Praxis der liberalen Wettbewerbswirtschaft. Die Notwendigkeit von Konkurrenz, Leistungsfähigkeit, Hierarchien, Disziplin
und des Zusammenhalts in der Gruppe, machen diese zum Ausdruck
des gegenwärtigen gesellschaftlichen Bedingungsgefüges. Der Sport
bleibt damit nicht unpolitisch. Doch dient er einerseits nicht zur
Revolutionierung der Gesellschaftsordnung und ist andererseits nicht
zweckfrei zu verstehen. Jegliche Indienstnahme des Sports, d. h.
seine Korrumpierung und sein Mißbrauch, ist abzulehnen. Im Bun-
deswehrsport dominiert der militärische Auftrag. Körperertüchti-
gung, Persönlichkeitsprägung und soldatische Erziehung als Ziele
führen dazu, daß der Sport ein im militärischen Sinn zweckmäßiges
Mittel darstellt. Indem dieser die Gleichheit unterstreicht, bleibt als
eine nicht zu unterschätzende Funktion des Militärsports dessen
gemeinschaftsstärkende Wirkung.

6. LEIBESERZIEHUNG UND MILITÄRSPORT. — Das unterschiedliche
Erziehungsziel oder die Zweckfreiheit der Leibeserziehung wie die

Zweckbestimmung der Sportausbildung ziehen eine gewisse Trennungslinie zwischen Militärsport und Leibeserziehung. Das Bemühen der Bundeswehr, ihren militärischen Auftrag eingebunden in den gesellschaftlichen Rahmen als Bildungsauftrag zu begreifen, erscheint angesichts der Problemstellung als der allein gangbare Weg.

LITERATURHINWEISE

Gieseler, K. H. u. a. (Hrsg.), Der Sport in der Bundesrepublik Deutschland, Bonn 1972.
Krockow, Ch. Graf v., Sport und Industriegesellschaft, München 1974.
Reiter, R., Sport in der Bundeswehr, Herford/Bonn 1976.
Wagner, H., Humanismus—Militarismus—Leibeserziehung, München 1959.
Zentrale Dienstvorschrift ZDv 3/1, Sport in der Bundeswehr, Bonn 1972.

BERND SCHULTE

Bundeswehr und Tradition

→ *Ausbildung/Bildung, Beruf „Soldat", Innere Führung, Militärgeschichte, Werte/Normen.*

1. TRADITION UND FORTSCHRITT. — Tradition (lat. tradere = überliefern) bedeutet Überlieferung als Vorgang und als Überlieferungsgut. Tradition ist eine Voraussetzung der Entwicklung und des Überlebens des heranwachsenden Menschen. Sie ist Medium der Verständigung mit den Mitmenschen in der Sprache und damit der Persönlichkeitsbildung in der Unterscheidung von anderen und der Bestätigung durch andere. Der Mensch ohne Tradition ist eine wirklichkeitsfremde Konstruktion.

Der Vorgang der Tradition besteht aus dem Angebot der älteren Generation und der Nachfrage und Annahme der jüngeren. Tradition als Einheit von Angebot und Nachfrage umschließt also den Dialog zwischen den Generationen über die Brauchbarkeit früher bewährter Antworten für die Aufgaben der neuen Generation. Tradition als Vorgang ist daher kein Gegensatz zum Fortschritt, sondern schließt ihn ein. Dabei bedeutet Fortschritt zunächst nur Änderung in Anpassung an neu verstandene Aufgaben, nicht objektiv die bessere Lösung oder den vollkommeneren Zustand. Überlieferung erstreckt sich auf Fertigkeiten (Handwerk, Kunst), Umweltkenntnisse (Orientierung, Geschichte, Wissenschaft), Erfahrungen mit Menschen und den Bedingungen ihrer Existenz (Moral, Ethik, Religion und Recht). Überlieferung entlastet (A. Gehlen) und schafft die Voraussetzung für die Kontinuität der Kultur.

In allen Bereichen der Tradition und allen Lebensaltern gibt es Menschen, die sich enger an das Überlieferte anlehnen und andere, die sich freier bewegen. Die einseitige Beschränkung auf Bewahrung oder Verwerfung dagegen unterbricht Tradition durch Erstarrung oder Zerstörung. Sie mindern beide die optimale Auseinandersetzung mit den Aufgaben von Gegenwart und Zukunft. Andererseits führt der Vorgang der Tradition zu einer ständigen Änderung des Überlieferungsgutes. Denn nur das in ihren Augen Bewährte und Sinnvolle wird von der jüngeren Generation verstanden, angenommen, verwandelt und ihrerseits weitergegeben, vermehrt um von ihr selbst hinzugefügtes Traditionsgut: neue Erfahrungen oder Einsichten, neue → *Werte*, Orientierungssysteme oder Institutionen.

2. TRADITION IN STREITKRÄFTEN. – Tradition in Streitkräften dient der Orientierung, Erziehung und Verständigung, um Eigenschaften und Leistungen zu fördern, die zur Selbstbehauptung erforderlich sind.

Die Motivation von Kämpfern aus politischer Einsicht finden wir in den Aufgeboten von Bürgern und Bauern zur Verteidigung oder Befreiung der Heimat. Der Kampf ist für sie ein ihnen vom Feind aufgezwungenes „notwendiges Übel". Ihm gegenüber, der grundsätzlich als „Aggressor" empfunden wird, treten Kampfregeln zurück, die List, der Mut der Verzweiflung bei primitivster Bewaffnung geben solchen Aufgeboten ihren Erfolg (Kampf der Schweizer und der Flamen im ausgehenden Mittelalter). Unbedingter Wille zum Sieg bei Aufbietung aller Mittel zur völligen, auch moralischen Vernichtung des Feindes sind das Kennzeichen dieser Tradition, die auch im Selbstverständnis des Partisanen und Guerilla-Kämpfers fortlebt (Wagemann 1971). Sie ist oft gekennzeichnet durch Fanatismus.

Bei regulären Truppen, die als ständige Truppen allein durch Disziplin führbar werden, sind zur Leistung andere Motive notwendig. Sie wirken mehr oder weniger unabhängig vom wechselnden politischen Zweck und beeinflussen das Verhalten des einzelnen und der Truppe ständig. Kampf ist für den Berufssoldaten nicht eine negativ bewertete Ausnahmesituation, ein „notwendiges Übel", sondern Gelegenheit zur Bewährung; dafür benötigt er Vorbilder und Maßstäbe. Sie richten sich nach dem Geist von Führer und Truppe. Hier bestehen große Unterschiede zwischen tatarischen Reiterhorden und etwa der puritanischen Disziplin im Heer Gustav Adolfs, die bekanntlich nach seinem Tode verkam. Stets geht es dem einzelnen dabei um Anerkennung und Nutzen für die Bezugsgesamtheit, Führer und Truppe.

Mit der französischen Revolution entstanden die Nationalheere. In ihnen verbanden sich die Traditionen und Motivation der Aufgebote (im Preußen der Befreiungskriege: Jäger, Landwehr, Landsturm) mit denen der stehenden Heere. Diese Verbindung erhält sich im Zusammenwirken von Wehrpflichtigen und Vorgesetzten, die Berufssoldaten sind. Im 1. und 2. Weltkrieg verbanden sich bis heute in Vaterlandsliebe und soldatischem Bewährungsdrang bei Aktiven und Reservisten aller Dienstgrade die Traditionen der Berufssoldaten und des Aufgebotes zu den zweifellos hohen militärischen Leistungen der Volksheere im Zeitalter der Nationalkriege.

Möglich und notwendig wurde dieses Zusammenwirken beider Traditionen, weil der Auftrag der Heimatverteidigung innerhalb der Regeln des Kriegsvölkerrechts und mit den Mitteln moderner, technischer Massenheere nur mit Disziplin und Patriotismus lösbar war. Die Motivation des Bürgers als Soldat erforderte eine Identifizierung mit dem Staatszweck. Das Zeitalter des Nationalismus entwickelte und pflegte bewußt Tradition. Auch heute erfordert der politische Zweck der Streitkräfte im Rahmen eines wertbestimmten Verteidigungs-Bündnisses eine bestimmte Erziehung.

Historische Uniformen, Bezeichnungen, Symbole (Traditionsabzeichen, Fahnen, Wappen, Namen) sind Hilfsmittel, an Verpflichtungen zu erinnern. Sie müssen, um wirken zu können, interpretiert, verstanden und als Verpflichtung anerkannt werden. Auch dies erfordert Erziehung im Rahmen des Auftrages. Gegen falsche Erziehung und falsche Vorbilder hilft kein Verbot von Traditionen, sondern nur eine überlegene und klare Führung zu Zielen, die verstanden werden, weil sie der persönlichen, gesellschaftlichen und politischen Situation des Soldaten entsprechen.

Soldaten, die auf dieser Grundlage nach traditionellen Maßstäben handeln, handeln vorausschaubar und zuverlässig. In solchen traditionellen Bindungen gewinnt der Soldat als Mensch und Staatsbürger Maßstäbe und in der Orientierung an ihnen persönliche Freiheit. Der Staat aber gewinnt an Sicherheit gegenüber unvorhersehbarer und verantwortungslos handelnder Gewalt. Zu solcher sittlich gebundenen Freiheit im Gehorsam können nur Rechtsstaaten erziehen. Unser Staat hat diese Freiheit erstmals in der Geschichte durch Soldatengesetz und Traditionserlaß (Soldatengesetz § 11 und Erlaß „Bundeswehr und Tradition", Abs. 13 und 14) legalisiert.

3. DIE TRADITION DER BUNDESWEHR. — Die Bundeswehr entstand als Bündnisbeitrag, um der weiteren Expansion Rußlands in Mitteleuropa Einhalt zu gebieten. Ihr Auftrag ist, im Frieden durch Kampftüchtigkeit einen Abschreckungsbeitrag zu leisten zur Sicherung der Freiheit und im Verteidigungsfall den Angreifer zurückzuwerfen. Die Verfassung beschränkt den → *Auftrag* der Bundeswehr auf Verteidigung (Art. 87 a GG). Die Verteidigung der Freiheit verlangt Schutz der Freiheit auch in den Streitkräften.

Der neue Auftrag mußte also Konsequenzen für die Auswahl verpflichtender Traditionen und Vorbilder haben. Vor allem mußte unter Verwendung und Interpretation unstrittiger Symbole wie der Bundesfahne, des Reichsadlers und des Eisernen Kreuzes die Einbettung in die eigene politische Geschichte bewußt gemacht und politisch tragfähige Traditionen genannt werden, die die neue Truppe fortsetzen konnte.

Die anfangs lebhafte Diskussion über den Erlaß „Bundeswehr und Tradition" hat sich gelegt. Der Erlaß bot für die praktische Arbeit der Truppe eine hinreichende Grundlage.

Die Einwände gegen den Erlaß haben sich seit dem Oktober 1965 (Wagemann 1965) nicht vermehrt. Am häufigsten wurden 2 Einwände wiederholt: In den „Grundsätzen" „kontrastiere die sprachliche Gewichtigkeit eindrucksvoll mit der Schlichtheit der Gedanken" (Macioszek 1969). Die hier kritisierten Sätze im Absatz 6 des Erlasses sollten vor einer Verwechslung von Tradition und Heroen-Kult bewahren, oberflächliche Urteile vermeiden und gegenüber einer falsch glorifizierten Vergangenheit den Sinn für die vielen weniger plakatierten, weniger vom Glück des Erfolges begünstigten Leistungen und Menschen wecken und damit zu eigener Traditionsbildung ermutigen.

Auch die Feststellung, daß wir nicht frei in der Wahl unseres geschichtlichen Standortes sind, sondern uns unausweichlich bereits in Traditionen vorfinden, denen wir uns nicht beliebig entziehen können, war notwendig (Abs. 7), um die vorhandenen und wirksamen Bindungen bewußt zu machen.

Der zweite Einwand bemängelt das Fehlen einer verbindlichen Traditionskette. Der Erlaß gibt stattdessen Maßstäbe für die Auswahl. Ein gleichzeitiger Befehl (Fü B I 4 Az. 35-08-07 vom 18.10.65) gibt eine Anleitung für die Unterrichtung in der Truppe. Die Berichterstattung über Geschichte und Tradition ist seitdem in der „Information für die Truppe" ununterbrochen fortgesetzt worden. Damit steht reichhaltiges, anschauliches Material zur Auswahl für den Unterricht der Truppe zur Verfügung.

Mit der Vorstellung vom Staatsbürger in Uniform ist es unvereinbar, Vorbilder zu befehlen. Ein solches Verlangen verrät Mißtrauen in die Urteilsfähigkeit, verkennt aber auch die Wirkungsweise von Traditionen. Vorbilder müssen selbst gewählt bzw. angenommen sein, wenn sie Identifizierung und Verpflichtung mündiger Staatsbürger auslösen sollen.

Es gibt weder Vorbilder, die jeden in gleicher Weise und Intensität angehen und verpflichten, noch gibt es in jeder Hinsicht untadelige Vorbilder. Sollen für alle erwünschten Eigenschaften der Vielzahl politischer, militärischer und fachlicher Funktionen Traditionsketten festgelegt werden? Und wenn das denkbar, wenn auch kaum durchführbar wäre: Wie könnten sie gegen Mißbrauch und falsche Interpretation geschützt werden, wie sollten sie laufend dem jeweiligen Stand der in sich oft genug strittigen historischen Forschung und Bewertung angepaßt werden?

Stattdessen können Erziehungsziele eindeutig das Gewollte bezeichnen. Zugleich ermöglichen sie die verantwortliche aber auch überprüfbare Auswahl. Im Erlaß „Bundeswehr und Tradition" bestimmt der Bundesminister der Verteidigung „als gültige Überlieferungen der deutschen Wehrgeschichte": das Bekenntnis zur eigenen Geschichte (7), Vorurteilslosigkeit (8), Bewährung auch im Frieden (9), Überwindung des Nationalismus (10), Vaterlandsliebe (11), Gewissenhafte Pflichterfüllung (12), Treue, aber auch → *Widerstand* aus Verantwortung (13), Freiheit im Gehorsam (14), Entschlußfreude (15), Orientierung nicht nur an den Erfolgreichen (16), Politisches Mitdenken und Mitverantwortung (17), geistige Bildung (18), Bereitschaft zum Opfer für Freiheit und Recht (19).

Eine solche Aufzählung kann nicht vollständig sein. Aber die Beachtung dieser Tradition gibt der Bundeswehr ein Profil, das sie eindeutig von allen früheren deutschen Streitkräften unterscheidet und dem einzelnen Soldaten helfen kann, seinen → *Auftrag* besser zu verstehen.

LITERATURHINWEISE

Erlaß „Bundeswehr und Tradition", Fü B I 4 Az. 35-08-07 vom 1.7.65.
Macioszek, H.-G., Das Problem der Tradition in der Bundeswehr, Stiftung Europa Kolleg, Hamburg 1969.
Wagemann, E., Zum Erlaß „Bundeswehr und Tradition", in: Wehrkunde, H. 10/1965.
Wagemann, E., Soldat, ein Beruf wie jeder andere?, in: Wehrkunde, H. 1/1971.

EBERHARD WAGEMANN

Bundeswehr und Verfassung

→ *Auftrag und Struktur der Bundeswehr, Innere Führung, Militärisches Nachrichtenwesen, Sicherheitspolitik, Wehrbeauftragter, Wehrpflicht, Wehrrecht, Widerstand.*

1. ZUR FRAGESTELLUNG. — Das Verhältnis der Bundeswehr zur Verfassung bestimmt sich nach der Existenz und Tun der Bundeswehr ordnenden Wehrverfassung wie nach der Nutzung des damit gegebenen Rahmens durch die Beteiligten. Die Wehrverfassung spiegelt, obgleich zum Teil erst in Zusammenhang mit der Aufnahme der Notstandsgesetzgebung in das Grundgesetz (1968) beschlossen, die Gründungsbedingungen der Bundeswehr und die ihnen entsprechenden Erfahrungen und Machtverhältnisse wider. In der Hauptsache berücksichtigte man Erfahrungen aus der Weimarer Republik, in der die Reichswehr sich der politischen Führung teils entziehen, teils sie auch überformen konnte. Weiter spielte die uneingeschränkte Einbindung der Bundeswehr in die → *NATO* eine Rolle. In die Diskussion der Gründungsphase ging jedoch auch als allgemeine Erwägung ein, was in jeder Demokratie zu Konsequenzen führen muß, daß nämlich mit dem staatlichen Monopol auf legale physische Gewaltsamkeit i. S. Max Webers die Streitkräfte ein Machtgebilde darstellen, das sich nach außen wie nach innen ggf. der politischen Führung durch Parlament und Regierung entziehen kann, weil es sich nicht durch eine entsprechend organisierte Gegenmacht ausbalancieren läßt. Außerdem ergibt sich aus der → *Wehrpflicht* ein ,,besonderes Gewaltverhältnis'' eigener Art, das mit dem Artikel 1 des Grundgesetzes, der die Würde des Menschen dem staatlichen Tun vorordnet, in Widerspruch geraten kann. Das Grundgesetz versucht mit seiner Wehrverfassung eine Antwort auf derartige in der Geschichte der Demokratien wie in der deutschen Geschichte sich stellende Fragen. Sie soll hier kurz umrissen und dann auf zwei Schwerpunkte hin kritisch reflektiert werden. Abschließend folgt eine wertende Stellungnahme. Die sich aus der Eingliederung in die NATO ergebenden und zum Teil auch das Grundgesetz tangierenden Konsequenzen werden dabei nicht explizit. In Zusammenhang mit der Problematisierung des Primates der Politik ist jedoch auch von ihnen die Rede.

2. ZUR WEHRVERFASSUNG.— Schematisch betrachtet beschäftigen sich mit Ausnahme der Abschnitte über den Bundesrat und das Finanzwesen alle Teile des Grundgesetzes mit der Bundeswehr — in der

Regel aufgrund von Einfügungen und Ergänzungen aus den Jahren 1954, 1956 und 1968. Im Abschnitt I über die *Grundrechte* sind zu erwähnen: Art. 1 Abs. 3 bindet die vollziehende Gewalt, was die Streitkräfte einschließt, an die Grundrechte als unmittelbar geltendes Recht; Art. 4 Abs. 3 enthält das Recht der → *Kriegsdienstverweigerung;* Art. 9 Abs. 3 verbietet einen Einsatz der Streitkräfte im Inneren gegen Arbeitskämpfe im Sinne dieses Artikels; Art. 12a regelt Wehrpflicht und Dienstverpflichtungen in den Streitkräften und im Verteidigungsfalle; Art. 17a gibt die Ermächtigung zur Einschränkung von Grundrechten im Wehr- und → *Ersatzdienst* sowie im Verteidigungsfalle. Im Abschnitt II kommen in Betracht Art. 24 Abs. 2, der den Bund ermächtigt, sich einem *System kollektiver Sicherheit* einzuordnen und dabei auch in Beschränkungen seiner Hoheitsrechte einzuwilligen, was prinzipiell Konsequenzen aus der NATO-Organisation legalisiert, welche in bedingtem Widerspruch zur eigenen Wehrverfassung (Oberbefehl) stehen; Art. 25, der die allgemeinen Regeln des Völkerrechts, was nach herrschender Meinung die des Kriegsvölkerrechts einschließt, zum Bestandteil des Bundesrechts erklärt; Art. 26, der in Abs. 1 die Vorbereitung eines Angriffskrieges verbietet und in Abs. 2 der Bundesregierung Vollmachten gegenüber der Waffenproduktion und dem Waffenhandel erteilt; Art. 35 Abs. 2 und 3, in dem es um den Einsatz der Streitkräfte bei Naturkatastrophen oder Unglücksfällen geht; Art. 36 Abs. 2, der vorschreibt, daß in den → *Wehrgesetzen* die Gliederung des Bundes in Länder und ihre besonderen landsmannschaftlichen Verhältnisse berücksichtigt werden sollen. Im Abschnitt III über den *Bundestag* finden sich der Verteidigungsausschuß und der → *Wehrbeauftragte* des Bundestages verankert (Art. 45a und b). Im Abschnitt V über den *Bundespräsidenten* geht es in Art. 60 um dessen Ernennungs- und Entlassungsrechte und um deren Delegation, im Abschnitt VI über die *Bundesregierung* ist die *Befehls- und Kommandogewalt* dem Bundesminister der Verteidigung zugesprochen und im folgenden Abschnitt über die Bundesgesetzgebung wird die Verteidigungsgesetzgebung in die ausschließliche Gesetzgebung des Bundes aufgenommen (Art. 73 Nr. 1). Art. 80a enthält Regeln für die Anwendung von Rechtsvorschriften im Spannungsfall.

Daß die Bundeswehr einen *Teil der vollziehenden Gewalt bildet,* kommt auch darin zum Ausdruck, daß die zentralen Vorschriften der Wehrverfassung sich im Abschnitt VIII über die Ausführung der Bundesgesetze und die Bundesverwaltung finden. Diese Vorschriften sind in Art. 87a (Streitkräfte) und Art. 87b (→ *Bundeswehrverwal-*

tung) zusammengefaßt, letzterer vorwiegend wegen des föderalistischen Staatsaufbaues erforderlich. Art. 87a ermächtigt in Abs. 1 den Bund, Streitkräfte zur Verteidigung aufzustellen und verpflichtet ihn, deren „zahlenmäßige Stärke und die Grundzüge ihrer Organisation" im Haushaltsplan darzulegen. Nach Abs. 2 dürfen die Streitkräfte außer zur Verteidigung nur in den Fällen eingesetzt werden, die das Grundgesetz ausdrücklich vorsieht. Abs. 3 ermöglicht den Einsatz der Streitkräfte zum Schutze ziviler Objekte und in der Verkehrsregelung während des Spannungs- und des Verteidigungsfalles. Abs. 4 sieht schließlich den Einsatz der Streitkräfte zur Bekämpfung eines inneren Notstandes nach Maßgabe dieser Verfassungsbestimmung und des Art. 91 Abs. 2 vor.

Im Abschnitt IX über die *Rechtsprechung* wird der Bund ermächtigt, Wehrstraf- (Art. 96 Abs. 2) und Wehrdienstgerichte (ebenda Abs. 4) einzurichten. Im Abschnitt Xa über den *Verteidigungsfall* kommen vor allem die Art. 115a, der die Feststellung des Verteidigungsfalles regelt, 115b, wonach im Verteidigungsfall der Oberbefehl auf den Bundeskanzler übergeht, und 115c in Betracht, in dem es um die Beendigung des Verteidigungsfalles geht. Das Grundgesetz regelt in diesem Zusammenhang nicht, welche Befugnisse dem Verteidigungsminister im Verteidigungsfalle noch verbleiben. Außerdem muß man Art. 115b im Rahmen der NATO-Vereinbarungen sehen, die im Ernstfall einen gemeinsamen Oberbefehl vorsehen.

3. ZUM PRIMAT DER POLITIK. — Im Rahmen der Wehrverfassung des GG erscheinen diejenigen Bestimmungen von besonderem Interesse, die den Führungsanspruch von Regierung und Parlament sichern. Dazu bedient man sich zum Teil abwehrender Mittel: angesichts der Erfahrungen mit der (u. a. „schwarzen") Reichswehr unterliegen heute zahlenmäßiger Umfang und die Grundzüge der Organisation der Streitkräfte unbedingt dem *parlamentarischen Beschlußrecht* — abgesichert durch Aufnahme in den Haushaltsplan — und damit weithin auch einem größeren Öffentlichkeitsgebot als in den 20er Jahren. Das entspricht u. a. auch dem Selbstverständnis der Wiederaufrüstung in der Bundesrepublik, demzufolge die Streitkräfte nur und ausschließlich der Verteidigung dienen; Art. 87a Abs. 1 hält das ausdrücklich fest. Auch der Einsatz der Streitkräfte außerhalb des Verteidigungsfalles im engeren Sinne erfolgt lediglich aufgrund grundgesetzlicher Ermächtigungen; die Streitkräfte sollen nicht zum beliebig einsetzbaren Instrument eines der obersten Verfassungs- oder Staatsorgane werden.

Mit diesen und den sie ergänzenden Bestimmungen des Grundgesetzes wollten die Schöpfer der Wehrverfassung erreichen, daß die
Streitkräfte voll in die Verfassungsordnung eingebunden und damit
auch voll für die politische Führung verfügbar werden. Den aus dem
Mißtrauen gegenüber der organisierten militärischen Macht, das man
geschichtlich als konstitutiv für Demokratien ansehen kann und das
durch zahlreiche Militärputsche gegen Mehrheitsherrschaft genährt
wird, entwickelten Verfassungsbestimmungen, entsprechen diejenigen, die das *Primat der Politik* sichern. Hierher gehört zum einen das
ausschließliche Recht der politischen Führung, den Spannungs- oder
Verteidigungsfall zu erklären und die erforderlichen Maßnahmen
anzuordnen. Zum anderen bedeutet die klare Regelung der *Befehls-
und Kommandogewalt* zumindest den Versuch des unmittelbaren
Zugriffs auf die Streitkräfte. Angesichts der Erfahrungen in den
20er Jahren wird auf jede engere Bindung der Streitkräfte an das
Staatsoberhaupt im Sinne einer Sonderstellung verzichtet. Streitkräfte und Bundeswehrverwaltung sollen voll in die *Zuständigkeit
des Kabinetts* eingebunden sein, als dessen Mitglied der Bundesminister der Verteidigung allein die Befehls- und Kommandogewalt ausüben kann, im Ministerium selbst kabinettsfähig vertreten durch den
beamteten oder parlamentarischen Staatssekretär, nicht also durch
einen militärischen Oberbefehlshaber. Die *ministerielle Organisation*
unterstreicht die alleinige Zuständigkeit des Verteidigungsministers
noch insoweit, als es weder gesonderte Ministerien für die Teilstreitkräfte gibt noch einen Generalstab für die Gesamtstreitkräfte. Es
unterstehen lediglich die Inspekteure der Teilstreitkräfte analog den
Abteilungsleitern dem Minister insoweit unmittelbar, als sie Vor-
tragsrecht haben. Der *Generalinspekteur* gilt praktisch als Repräsentant des militärischen Bereiches, nicht als dessen oberster Chef; er
soll nicht umgangen werden; umgekehrt enden alle einigermaßen
wichtigen Entscheidungsvorlagen nicht bei ihm, sondern beim Minister oder seinem politischen, also zivilen Vertreter. Schließlich ist
noch eine strikte Trennung zwischen zivilem und militärischen Bereich vollzogen, für die kennzeichnend die Stellung der → *Bundeswehrverwaltung* und im Ministerium selbst die der Personal- und der
Haushaltsabteilung sind.

4. DURCHBRECHUNGEN DES PRIMATS. – Nachdem die Verfassungsbestimmungen und die aus ihnen gezogenen organisatorischen Folgerungen geraume Zeit praktiziert wurden, haben sich einige, z. T. fun-
damentale kritische Einwände ergeben. Sie lassen sich unter drei

Aspekten zusammenfassen: Erstens bewirkt die *Machtkonzentration auf eine Stelle des politischen Führungssystems,* daß andere Stellen ausgeschaltet werden (können). Ein seine Zuständigkeit voll ausnutzender Verteidigungsminister, der allein über die Informationen seines riesigen Apparates verfügt, entzieht sich oder kann sich entziehen der Richtlinienkompetenz des Kanzlers und entzieht sich weithin — und damit auch die Bundeswehr — einer parlamentarischen Kontrolle und Mitwirkung dem Grunde nach. Die Sicherstellung der politischen Führung in dieser spezifischen Form geht auf Entscheidungen K. Adenauers zurück, der das Verteidigungsministerium und die zivile Kontrolle allmählich aus seinem Kanzleramt ausgliederte, aber über personelle Verflechtungen seinen Einfluß sicherte. Gegenüber einem Mammutministerium kann das nicht gelingen; der Regierungschef ist mithin voll auf die Loyalität des Ressortministers, das Parlament auf dessen Informationen und ihre Aufbereitung angewiesen. Auch die formalen Rechte des Verteidigungsausschusses ändern daran nichts. Dabei bleibt hier unerörtert, ob ein derart riesiger, perfekt bürokratisch organisierter Apparat — D. Schössler hat dies besonders herausgearbeitet — überhaupt mit den traditionellen Mitteln parlamentarischer Observanz unter umfassender Kontrolle gehalten werden kann.

Diese Frage stellt sich auch unter dem zweiten Aspekt, dem der *Eingliederung in die NATO.* Das Verteidigungsbündnis ist ein politisches Bündnis. Seine Spitzengremien werden von Ministern beschickt. Ihnen obliegt mit Anbindung an die jeweiligen Kabinette die Entscheidung selbst. Die Entscheidungsvorbereitung erfolgt jedoch im (vorwiegend) militärischen Apparat. Sie ist komplex, ungemein informationshaltig, also nur mit erheblichem Zeitaufwand nachvollziehbar. Die innerstaatliche Überwälzung einer ungeheuerlichen Entscheidungslast auf einen einzigen Minister, der damit zwangsläufig in eine, sich selbstverständlich unterschiedlich auswirkende Abhängigkeit von seinem „Apparat" gerät, was sich verstärkt, wenn er sich mit diesem Apparat allzu sehr identifiziert, ereignet sich auf der Bündnisebene noch einmal. Innerhalb des Apparates kommt es zu derart komplizierten Entscheidungsprozessen, daß die Scheu, sie zu revidieren, auch auf diejenigen übergreift, die parlamentarische Kontrolle ausüben. Militärpolitik und grundlegende Rüstungsentscheidungen entziehen sich im Ergebnis dieser Kontrolle weitgehend; in vielen anderen Bereichen kann die Kontrolle überspielt werden.

Das Bürokratiephänomen i. S. der Überforderung politischer Führung, wenn „Führung" zu punktuell angesiedelt ist, differenziert sich unter dem dritten Aspekt insofern aus, als das von K. Adenauer intendierte Nebeneinander ziviler und militärischer Komponenten im Verteidigungsministerium, was sich flächendeckend bis in die Standorte (Kommandantur / Verwaltung) fortsetzt, tatsächlich nicht zu einem stringenten arbeitsteiligen System geführt hat, sondern zu einem *Mischsystem,* das erhebliche Reibungsverluste und faktisch eine dezidierte Unterscheidung von Zivilisten und Militärs, das Gegenteil von Arbeitsteilung also, mit sich bringt. Die bisherigen Verteidigungsminister haben weder die Ausdehnung und die wachsenden Mitwirkungs- und Mitzeichnungsrechte des Führungsstabes der Streitkräfte und der Führungsstäbe der Teilstreitkräfte verhindert, noch den·Anspruch der Militärs auf ,,Beteiligung'', der zuletzt offenbart, daß man die Beamten im Verteidigungsbereich nicht als die geeigneten Vertreter der eigenen, mithin genuin militärischen Angelegenheiten betrachtet. Selbstverständlich gibt es entsprechende Entwicklungen auch in die andere Richtung. Im Ergebnis bildet sich ein militärisches Subsystem aus, mit einem eigenen ,,militärischen Strang'' nach oben, mit einer den übrigen Abteilungen, Referaten usw. entsprechenden Struktur und dem Auftrag, zumindest (mißtrauisch) zu beobachten, wo man nicht selbst zuständig ist, was den Koordinationsbedarf ungemein vermehrt und Führung erschwert. Dabei muß an dieser Stelle offen bleiben, wieweit dies Folge unzureichender Organisation und wieweit es aus einer militärischen Mentalität heraus zu erklären ist.

5. PROBLEME DER CIVIL CONTROL. — Die erörterten Probleme der Organisation und des Entscheidungsprozesses gehören in den Bereich der Civil Control. Es erscheint aber angebracht, hier zwischen der Sicherung des Primats der Politik im engeren Sinne und der Civil Control im weiteren Sinne zu unterscheiden, letztere Inbegriff der Bemühungen, ohne Verlust an Einsatzkraft der Streitkräfte diese insgesamt in die politische Ordnung (der Demokratie) einzubeziehen. Im Grundgesetz findet sich diese Absicht dort, wo die Streitkräfte als Teil der vollziehenden Gewalt angesprochen und die Grundrechte für sie als unmittelbar geltendes Recht erklärt werden, das nur in bestimmtem Zusammenhang eingeschränkt sein darf. Zur Sicherung dessen wird der → *Wehrbeauftragte* des Bundestages bestellt.
Solche Verfassungsbestimmungen und — sie konkretisierend — das Soldatengesetz sowie anderes → *Wehrrecht,* stellen das Substrat einer erbitterten Diskussion dar, die hier nicht nachzuvollziehen ist. Faktisch ging und geht es in ihr um das Nebeneinander notwendiger

Eigentümlichkeiten der militärischen Organisation und demokratischer Lebensformen. Dabei wird das Gewicht jener Eigentümlichkeiten von den einen so eingeschätzt, daß sie sich lieber mit einer Dichotomie zwischen Militär und politischer Ordnung abfinden, als eine Überformung der letzteren in Kauf zu nehmen, während andere eine Annäherung mittels weitergehender Demokratisierung auch im militärischen Bereich für wünschenswert und durchsetzbar halten.

In jener Diskussion muß man sich mit der Erfahrung auseinandersetzen, daß jede formale Organisation Vorkehrungen mannigfacher Art zur → *Sozialisation* ihrer Mitglieder bereithält. Streitkräfte bilden darin keine Ausnahme, können also auch in Widerstreit mit denjenigen ihrer Angehörigen geraten, die nicht aufgrund eigenen Entschlusses die Mitgliedschaft erwerben und die als schutzbedürftig gelten, solange man nicht militärische Lebensformen für einen auch von der Gesellschaft voll übernommenen Wert hält. Civil Control meint vor diesem Hintergrund allgemein die *Einbindung der Streitkräfte* nicht nur *in die politische Ordnung,* sondern auch *in gesellschaftliche Bezüge* — sie begrenzt also die Möglichkeit, eine Organisation völlig eigener Art zu bilden — und sie meint den Schutz deren, die ihrer Wehrpflicht genügen, ohne gezwungen zu sein, mehr von den eigenen Lebensvorstellungen opfern zu müssen, als es unbedingt um des erkennbaren und nachprüfbaren Zweckes der Organisation willen notwendig ist. Faktisch ergibt sich daraus ein Spannungsverhältnis: die gedachte Grenze entzieht sich der Definition; ihr Verlauf wird von Beteiligten mit unterschiedlichen Einflußmöglichkeiten ständig neu bestimmt. Das jeweilige Ergebnis läßt sich empirisch kaum nachprüfen; man bleibt auf Eindrücke und Vermutungen angewiesen. Daß der Wehrbeauftragte weniger zum Schutz der Grundrechte in Anspruch genommen wird denn als Sozialinstanz und daß er kaum als Beauftragter des Bundestages in Erscheinung tritt, da dieser sich seines eigenen Instruments nicht zu bedienen vermag, besagt nichts über das Maß, in dem in der Bundeswehr über die notwendige Eigengesetzlichkeit hinaus versucht wird, eigene Lebensformen gegen die Gesellschaft zu entwickeln oder zu bewahren, um sich zugleich mit ihnen auch von der Gesellschaft zu distanzieren. Daß es versucht wird, läßt sich nicht bestreiten.

6. BUNDESWEHR UND POLITISCHE ORDNUNG. — Darstellung und Problematisierung ergaben, daß zuletzt auf politische *Wertung* nicht verzichtet werden kann, solange man nicht prinzipiell die militärische Organisation mit der Demokratie für unverträglich hält, was, von den

Konsequenzen für die Sicherung des Primats der Politik abgesehen vor allem auf eine Abschaffung der Wehrpflicht hinauslaufen müßte. Die Bewertung kann davon ausgehen, daß in der Bundesrepublik kein ernstzunehmender Versuch gelungen ist, seitens der militärischen die politische Führung zu unterlaufen. Daß die letztere immer wieder den Empfehlungen der ersteren folgen muß, verweist nicht so sehr auf militärisch-zivile Probleme als auf solche des Nebeneinanders großer → *bürokratischer Organisationen* mit eigengesetzlicher Problemfindung und Entscheidungsvorbereitung und der politischen Führung. Ihr dienen solche Organisationen als Stab und Führungshilfe; es kann aber auch zur Selbstführung der Apparatur oder zur Integration der Führung in die Apparatur und damit zu einem Abweichen vom Modell demokratischer Willensbildung kommen. Vor diesem Hintergrund gewinnen die *Mitbestimmungsmöglichkeiten* in der Bundeswehr und die Einflußmöglichkeiten auf sie an Stellenwert. Ihm trägt die Wehrverfassung sicher nicht genügend Rechnung. Käme es zu größerer Transparenz des Lebens in den Streitkräften, würde das allerdings nur die Civil Control im zuletzt erörterten Sinne verstärken; die militärpolitische und rüstungspolitische Problematik, von der vorher die Rede war, ließe sich auf solchem Wege kaum verändern. Das Einbeziehen eines großen Machtapparates in die demokratische Ordnung gelingt so gesehen immer nur unbefriedigend, auch wenn die Beteiligten nicht direkt die Verselbständigung dieser Macht anstreben. Im Vergleich zur Wehrverfassung der Weimarer Republik ist die der Bundesrepublik erheblich stärker an demokratischen Erfordernissen orientiert. In potentia bleibt es bei der Möglichkeit der Aufhebung von Demokratie: nicht alle Generale der Bundeswehr lehnen den Putsch gegen eine demokratische Mehrheit prinzipiell ab; von der notwendigen Begrenzung der Demokratie ist immer wieder die Rede; das Unterlaufen klar angeordneter Intentionen zugunsten vermeintlicher militärischer Erfordernisse gilt verbreitet als selbstverständlich — auch in der Bundeswehr gibt es Erscheinungen und Verhaltensweisen, welche eine Intensivierung parlamentarisch-politischer Kontrolle erforderlich machen.

LITERATURHINWEISE

Busch, E., Staat und Streitkräfte: Grundzüge der Wehrverfassung, in: *Fleckenstein*, B. (Hrsg.), Bundeswehr und Industriegesellschaft, Boppard 1971.
Ellwein, Th., Das Regierungssystem der Bundesrepublik Deutschland, Opladen 1977 (4. Aufl.).

Hornung, K., Staat und Armee. Studien zur Befehls- und Kommandogewalt und zum politisch-militärischen Verhältnis in der Bundesrepublik Deutschland, Mainz 1975.

Maunz, Th., *Dürig,* G., *Herzog,* R., Grundgesetz. Kommentar. (Loseblattausgabe, 3. Aufl.), München 1971 ff.

Schössler, D., Der Primat des Zivilen. Konflikt und Konsens der Militärelite im politischen System der Bundesrepublik, Meisenheim a. G. 1973.

THOMAS ELLWEIN

Bundeswehrverwaltung

→ *Bundeswehr und Verfassung, Fürsorge/Betreuung, Infrastruktur, Militärbürokratie.*

1. BEGRIFFE. — 1.1. Die *Bundeswehr (Bw)* ist die Gesamtheit aller der mil. Landesverteidigung dienenden Einrichtungen und Anlagen. Sie setzt sich aus personellen, materiellen, infrastrukturellen und organisatorischen Komponenten zusammen. Sie umfaßt *sowohl die Streitkräfte als auch die Bundeswehrverwaltung (BWV).* Das GG kennt den Begriff Bw nicht. Er hat sich erst später eingebürgert.

1.2. Die *BWV* als die Wehrverwaltung des Bundes versorgt und unterstützt die Streitkräfte (Art. 87a GG) auf administrativem Gebiet im Rahmen der ihr durch das GG zugewiesenen Kompetenzen (Art. 87b GG).

2. AUFTRAG. — 2.1. Aufstellung und Unterhaltung von Streitkräften sind mit einer Fülle administrativer Aufgaben untrennbar verbunden. In der Bundesrepublik ist der überwiegende Teil dieser Aufgaben der BWV übertragen. Zur Errichtung der BWV als einer Institution des Bundes war wegen der Art. 30 und 83 GG (Ausführung von Bundesgesetzen als Länderangelegenheit) eine eigene Bestimmung des GG erforderlich. Sie wurde in Form des Art. 87b im Rahmen der Grundgesetznovelle vom 19.3.1956 (BGBl. I S. 111) eingefügt.

2.2. Dem Art. 87b, dessen Absatz 1 sich mit der BWV befaßt, haftet ein Kompromißcharakter an. Die Länder, die einen Einbruch in ihre Exekutivbefugnisse und damit eine Aushöhlung des föderativen Verfassungsprinzips befürchteten, drangen ursprünglich auf einen festgeschriebenen Katalog enumerativ aufzuzählender Aufgabengruppen der BWV. Da dieser Absicht jedoch unüberwindliche praktische Schwierigkeiten im Wege standen, begnügten sich die gesetzgebenden Organe mit der folgenden Generalklausel des Art. 87b Abs. 1 S. 2:

„Die BWV dient den Aufgaben des Personalwesens und der unmittelbaren Deckung des Sachbedarfs der Streitkräfte."

2.3. Das GG schränkt die Kompetenz der BWV in dreifacher Hinsicht ein. Zwei Aufgabengebiete, nämlich die *Beschädigtenversorgung* und das *Bauwesen* bleiben der BWV so lange entzogen, bis Bundesgesetze, die der Zustimmung des Bundesrats bedürfen, die Übertragung an die BWV zulassen (Art. 87b Abs. 1 S. 3). Solche Bundesgesetze sind nicht zu erwarten. Die dritte Einschränkung der Kompetenz der BWV liegt auf dem Gebiet der sog. *Eingriffsverwaltung*. Der Zustimmung des Bundesrats bedürfen solche Gesetze, welche die BWV zu hoheitlichen Eingriffen („Verwaltungsakte") in Rechte Dritter ermächtigen, ausgenommen Gesetze auf dem Gebiete des Personalwesens. Solche Gesetze sind vor allem das BundesleistungsG, das SchutzbereichsG und das WehrpflichtG.

2.4. Der *Aufgabenkatalog* der BWV füllt Bände. In diesem Rahmen können daher nur die übergeordneten Aufgabengruppen aufgeführt werden. Es sind dies das *Personalwesen* (Grundsatzangelegenheiten und Einzelpersonalbearbeitung der Beamten, Angestellten und Arbeiter; Erfüllung der in Geld bestehenden Ansprüche der Soldaten, des zivilen Personals und der Versorgungsempfänger, der Vollzug des WehrpflichtG), das *Sozialwesen* (Sozialberatung, Sozialarbeit, Familienfürsorge, Schwerbehindertenfürsorge, Wohnungsfürsorge, → *Fürsorge- und Betreuungs*angelegenheiten wie Werk-, Schul-, Fürsorgefahrten, Soldatenheime, Sozialmedizin, Mutterschutz, Berufsförderung der Soldaten u. a.). Die Deckung des *Bedarfs mit Wehrmaterial* (Planung, Entwicklung und Beschaffung des technischen Anteils an Waffensystemen, von Projekten und Geräten, Bekleidung und Ausrüstung, Verpflegung, Liegenschaftsmaterial, materielle Bedarfsdeckung nach dem BundesleistungsG, die → *Infrastruktur* (Unterbringungs- und Liegenschaftsplanung, Überwachung, Steuerung, Haushaltsmittelbereitstellung bei Bauvorhaben, Verwaltung der Liegenschaften, → *NATO*- und Sonderinfrastruktur, Schutzbereichsangelegenheiten) und *sonstige Dienstleistungen* (Haushalts-, Kassen- und Rechnungswesen, Sprachmittlerwesen, Hilfeleistung der Bw im Frieden, Rechtsangelegenheiten, EDV, Umweltschutz).

3. **Struktur und Organisation.** — 3.1. Die BWV ist eine bundesunmittelbare Verwaltung mit eigenem Unterbau. Für sie gelten die für die öffentliche Verwaltung allgemein maßgeblichen Prinzipien und Kriterien. Aus dem Wesen der BWV als öffentliche Verwaltung ergibt sich zwingend ihr *„ziviler Charakter"*. Die BWV ist nicht der Kom-

mandogewalt unterworfen, sie steht vielmehr *eigenständig* neben den Streitkräften unter dem einheitlichen Dach des BMVg; zum anderen hat das Personal der BWV einen zivilen Status. Es setzt sich zusammen aus rund 19 000 Beamten, 24 500 Angestellten und 50 000 Arbeitern. Weitere 80 000 zivile Mitarbeiter gehören *nicht zur BWV,* sondern sind unmittelbar auf zivilen Dienstposten der Streitkräfte in den verschiedensten Funktionen tätig.

3.2. Der BMVg hat kraft der ihm verliehenen Organisationsgewalt 3 Organisationsbereiche geschaffen.

3.2.1. Die *allgemeine BWV* erfüllt ihren Auftrag durch das *Bundeswehrverwaltungsamt* (BWVA) als obere Bundesbehörde, die unmittelbar dem BMVg unterstellten *6 Wehrbereichsverwaltungen (WBV)* als Bundesmittelbehörden, die diesen *nachgeordneten Behörden und Dienststellen* der unteren Verwaltungsstufe, nämlich die *Standortverwaltungen (StOV),* die *Kreiswehrersatzämter (KWEÄ),* die *Wehrbereichsgebührnisämter,* die *Wehrbereichsverpflegungsämter* und die *Wehrbereichsbekleidungsämter.* Die genannten Behörden und Dienststellen werden auch „*territoriale BWV*" genannt, weil sich ihre örtliche Zuständigkeit auf ein abgegrenztes Territorium beschränkt. Außerdem zählen zur allgemeinen BWV Ausbildungseinrichtungen und Dienststellen mit besonderen Aufgaben, z. B. die *Bundesakademie für Wehrverwaltung und Wehrtechnik,* die *Bundeswehrverwaltungsschulen,* das *Bundessprachenamt* und die *Bundeswehrfachschulen.*

3.3.2 Der *Rüstungsbereich* umfaßt als einheitlicher Funktionsbereich die *Rüstungsabteilung des BMVg,* das *Bundesamt für Wehrtechnik und Beschaffung (BWB)* als zahlenmäßig größte Bundesoberbehörde und seinen nachgeordneten Geschäftsbereich, der zahlreiche Dienststellen differenzierter Aufgabenstellung umschließt, wie die *Erprobungsstellen,* das *Marinearsenal* u. a.

3.3.3. Die *Truppenverwaltung* ist BWV im funktionellen, nicht im institutionellen Sinne. Einheiten und Kommandobehörden der Streitkräfte (Wirtschaftstruppenteile — Bataillonsebene, Kommandobehörden — Divisionsebene, höhere Kommandobehörden — Korpsebene) erfüllen bestimmte, ihnen enumerativ zugewiesene Aufgabenfelder, z. B. auf den Gebieten des Haushalts-, Kassen- und Rechnungswesens, des Gebührniswesens, der Beratung, Fürsorge und Betreuung der Soldaten, des Zivilpersonalwesens u.a.m. Die Bearbeiter dieser Aufgaben sind Beamte und Angestellte. Sie bilden keine selbständigen Dienststellen, sondern sind als organisatorische Bestandteile in ihre militärischen Verbände integriert.

4. ZUSAMMENARBEIT MIT STREITKRÄFTEN. — Die BWV ist nach ihrem Verfassungsauftrag auf die Streitkräfte bezogen. Entscheidende Voraussetzung für die Wirksamkeit der militärischen Verteidigung ist *eine enge Zusammenarbeit* zwischen beiden Teilen der Bw. Die Versorgung der Streitkräfte auf dem Personal-, Material- und Dienstleistungssektor bedingt ein ausgewogenes *Verbundsystem*. Die Streitkräfte aller Ebenen und Stufen („Bedarfsträger") melden ihren Bedarf bei den korrespondierenden Stellen der BWV an, die ihn in eigener Zuständigkeit decken („bedarfsdeckende Stellen"). Die hierbei erforderliche gegenseitige Information entspricht dem „dialogischen Prinzip". Die Anmeldung der Bedürfnisse der mil. Seite heißt „*mil. Forderung*". Sie ist nicht der einzige Anstoß für ein Tätigwerden der BWV. Diese führt vielmehr zahlreiche Verwaltungshandlungen *von Amtswegen* auf der Grundlage von Gesetzen, Verordnungen und Erlassen durch.

5. KRITIK. — Die Stärke der BWV liegt in ihrer *Fachkunde, Unabhängigkeit, Eigenverantwortlichkeit* und *Einheitlichkeit* („Bundeswehrlösung"). Andererseits können die Koordinierung zweier Organisationen von wesensverschiedener Struktur und ihre Integration in das System Bw zu statusrechtlichen und kompetenzmäßigen Konflikten führen. Im ganzen gesehen, hat die BWV ihre Bewährungsprobe bestanden. Die Stunde der Wahrheit wäre allerdings der Verteidigungsfall, den mit allen Mitteln zu verhindern Aufgabe der Politik, vornehmlich der → *Verteidigungspolitik* ist. Voraussetzung der Friedensbewahrung ist die Erhaltung des militärischen Gleichgewichts, zu dem auch die BWV ihren wichtigen Beitrag leistet.

LITERATURHINWEISE

Reinfried, H., Die Bundeswehrverwaltung — Organisation und Aufgaben, Hamburg/Heidelberg 1976 (3. Aufl.).
Reinfried, H., „BWV und Streitkräfte", Regensburg 1977.
Schulte, H., Die verfassungsrechtliche Stellung der Bundeswehrverwaltung (Schriften zum öffentlichen Recht, Bd. 134), Berlin 1970.
Witte, F.-W., Die rechtliche Stellung der Bundeswehrverwaltung, in: Truppe und Verwaltung, Bd. 3, Hamburg/Berlin 1963.

                                    HUBERT REINFRIED

Entspannung

→ *Abrüstung, Abrüstungskonferenzen, Feindbild, Friedensforschung,*
Kooperative Rüstungssteuerung. NATO, Sicherheitspolitik, Ver-
teidigungspolitik.

1. BEGRIFF. — Der Große Brockhaus definiert Entspannung u. a. als
Heilmittel gegen Verkrampfungen. Der politische Begriff Entspan-
nung (Détente) ist von dem Bild des Bogenschießens abgeleitet: zur
Kampfbereitschaft legt der Schütze den Pfeil auf und spannt die
Sehne. Der Zustand der Sehne entspricht dem des Schützen: Spannt
er die Sehne, sind auch seine Nerven aufs höchste angespannt; befin-
det sich die Sehne in Ruhestellung, entspannt sich auch der Schütze.
Spannung ist also ein objektiv gegebener Zustand aufgrund gegeneinander wirkender Faktoren und gleichzeitig ein subjektiv auftretender
Zustand aufgrund entgegengesetzter Auffassungen oder Befürchtungen. Objektive und subjektive Faktoren beeinflussen sich gegenseitig.
Das Bild läßt sich auf die Politik übertragen, weil objektive Faktoren
den Entscheidungsspielraum der Politiker begrenzen und weil das
Verhalten der Handelnden durch subjektive Reaktion beeinflußt
wird.
Entspannung bedeutet nicht die Aufhebung eines Gegensatzes. Sie
entsteht vielmehr, weil der objektive Gegensatz an Schärfe verliert.
Entspannung ist der politische Prozeß, ohne grundsätzliche Kräfte-
verschiebungen, ohne Aufgabe von Grundsatz- oder Rechtsposi-
tionen Teilbereiche in der Absicht zu regeln, über ein friedliches
Nebeneinander zu einem begrenzten Miteinander zu kommen.

2. GESCHICHTE. — Entspannung hat sich als Konzeption seit den frühen sechziger Jahren als Ergebnis des nuklearen Patt zwischen den beiden Supermächten entwickelt. Die Einsicht in die Unmöglichkeit oder
das zu große Risiko eines klassischen Sieges aufgrund der beiderseitigen Fähigkeit zu einer tödlichen Antwort im Falle eines ersten feindlichen Schlages führte über das noch immer gültige „Gleichgewicht
des Schreckens" zu der Erkenntnis, daß beide Seiten wachsendes
Interesse an der zuverlässigen Verhinderung des Dritten Weltkrieges
gewannen.
Beiderseitiges Eigeninteresse ermöglichte Verhandlungen über sektorale Abkommen: Test-Stop, Zusammenwirken im Weltraum, Begrenzung strategischer Waffen. Diese Politik, unter Präsident Kennedy
begonnen, erreichte einen Höhepunkt mit den historischen Abkom-

men zwischen Washington und Moskau (1971), in dem sich beide
Staaten nicht nur verpflichten, keine Atomwaffen gegeneinander ein-
zusetzen, sondern auch abgestimmtes Vorgehen ins Auge fassen, um
atomare Konflikte dritter Staaten zu verhindern.
Diese Priorität zur Verhinderung eines Kernwaffenkrieges ließ die
erste Kontur einer globalen Atom-Sicherheit entstehen. Die beiden
Bündnissysteme → NATO und Warschauer Vertrag, zur gegenseitigen
Abwehr gebildet, erhalten zusätzlich den Charakter von Entspan-
nungs-Faktoren. Neben die Sicherheit durch Verteidigung tritt
Sicherheit durch Vereinbarung. Beide Bündnissysteme bemühen sich,
Entspannung durch Schritte der Truppenreduktion in der Mitte
Europas zu fördern, die keiner Seite Nachteile bringt.
Erst durch das Bündnis ist Entspannungspolitik möglich geworden.
Ohne die Fähigkeit zur Verteidigung gäbe es statt Entspannung nur
Hoffnung auf Großmut der Anderen. Unproportionierte einseitige
Schritte der Auf- oder → Abrüstung stören oder zerstören die Ent-
spannung; letzteres wäre auch akut im Falle eines neuen technischen
Durchbruchs, der das Patt aufhöbe und das Risiko der Anwendung
von Gewalt zeitweilig tragbar erscheinen ließe.
Rivalität und zuweilen befürchtetes „Komplizentum" gleichzeitig
kennzeichnet das Verhältnis zwischen den beiden Supermächten,
Konkurrenz und teilweise Interessengleichheit das Ost-West-Verhält-
nis generell.
Entspannung wird zu dem Bemühen, in einem jederzeit kontrollier-
baren Prozeß die Elemente der Sicherheit durch Vereinbarung zu
verstärken, in Europa einen Angriff aus dem Stand unmöglich zu
machen, um dann offene Probleme und grundsätzliche Meinungsunterschiede friedlich lösen zu können.
Entspannung ordnet also auch ideologische Streitfragen dem erst-
rangigen Interesse an der Erhaltung des Friedens unter, das sich in
der Politik der friedlichen Koexistenz zwischen Staaten unterschiedlicher Gesellschaftsordnung ausdrückt. Sie ermöglicht umgekehrt
notwendige ideologische Auseinandersetzungen ohne die Gefahr
einer Eskalation zur Gewalt.
Die Erfolge der Entspannungspolitik zeigen sich geografisch in den
Regionen, für die Abkommen geschlossen wurden: in Europa und in
Deutschland, wo Supermächte und Bündnissysteme Tuchfühlung
haben und die größten Zerstörungspotentiale angesammelt sind. Auswirkungen sind in den Randzonen im Norden und im Mittelmeer-
raum spürbar. Durch keine Abkommen der Entspannung gedämmte
Konkurrenz zeigt sich in anderen Weltregionen; es liegt nahe, daß die
Politik nach entsprechenden Vereinbarungen suchen wird.

3. DEUTSCHER ASPEKT. — Stärker und früher als im internationalen Rahmen war in Deutschland deutlich geworden, daß die Machtverhältnisse Veränderungen immer unwahrscheinlicher werden ließen. Der Aufstand in der sowjetischen Zone und in Ost-Berlin am 17. Juni 1953 wurde unter Zusehen des Westens in dem von der Sowjetunion verhängten Ausnahmezustand erstickt. Beim Bau der Mauer am 13. August 1961 akzeptierten die drei Westmächte auch Anordnungen der DDR, die damit Rechte des Viermächte-Status für Berlin verletzte. Der damalige Regierende Bürgermeister, Willy Brandt, entwickelte aus dieser Situation die Politik der kleinen Schritte unter dem Ansatz, daß im Interesse der Menschen die Mauer wenigstens durchlässig gemacht werden müßte, wenn sie nicht zu beseitigen sei. Da wurde der Kern, aus dem sich die deutsche Entspannungspolitik entwickelte, gelegt. Durch Verhandlungen mit der DDR wurden mehrere Passierscheinabkommen erreicht, die den West-Berlinern Besuche ihrer Ost-Berliner Verwandten ermöglichte.

Die Politik der Bundesrepublik Deutschland hatte seit ihrer Gründung ohne Sorge vor harter Konfrontation energisch den Rechtsanspruch auf nationale Einheit aller Deutschen vertreten, die durch freie Wahlen verwirklicht werden sollten. Diese Politik hatte die Entwicklung der DDR nicht entscheidend behindert. Es wurde offensichtlich, daß aus übergeordneten Gründen betriebene Entspannungspolitik im europäischen Rahmen, also die in Vorbereitung befindliche Konferenz über Sicherheit und Zusammenarbeit in Europa in Helsinki oder Truppenreduktion nicht unter Ausschluß der DDR möglich sein würden. Die Politik der Nichtanerkennung der DDR war gescheitert.

Die sozial-liberale Koalition zog daraus Ende 1969 die Konsequenz, daß die Bundesrepublik Deutschland im Rahmen ihres Bündnisses selbständig handlungsfähig gegenüber allen osteuropäischen Staaten werden und ihre Beziehungen normalisieren müsse, wobei die DDR als Staat nicht ausgespart werden könne. Die sogenannte „Ostpolitik" war der deutsche Teil der Entspannungspolitik, der in Form des Gewaltverzichts ohne Aufgabe von Grundpositionen einen „modus vivendi" mit allen osteuropäischen Parteien anstrebte.

Zeitlicher und politischer Vorrang wurde dabei dem Vertrag mit der Sowjetunion gegeben (August 1970). Ihm folgten Verträge mit Polen und der CSSR. Mit der DDR wurde nach einem ersten völkerrechtlich gültigen Vertrag über Verkehrsfragen, dem auch die CDU/CSU zustimmte, ein Vertrag über die Grundlagen der Beziehungen zwischen beiden deutschen Staaten geschlossen (Dezember 1972), der den Rahmen festlegte, in dem die beiden deutschen Staaten trotz weiter bestehender grundsätzlicher Meinungsunterschiede, auch in der nationalen Frage, ihre Zusammenarbeit entwickeln wollten. Dabei wurde das bestehende Sonderverhältnis gerade auf dem Gebiet des innerdeutschen Handels festgeschrieben.

Der Grundlagenvertrag hat die weiterbestehenden Rechte der Vier Mächte in bezug auf Deutschland als Ganzes, solange es keinen Friedensvertrag gibt, berücksichtigt. Diese Rechte wurden auch nicht berührt durch mit dem Grundlagenvertrag möglich gewordenen Beitritt beider Staaten in die Vereinten Nationen.

Die Entspannungspolitik führte zum Viermächte-Abkommen (1971) und einem darauf basierenden Transitabkommen zwischen Bonn und Ost-Berlin, durch die erstmalig eine Rechtsgrundlage für den zivilen Verkehr zwischen der Bundesrepublik Deutschland und Berlin (West) geschaffen wurde, die sich inzwischen millionenfach bewährt hat.

Neue Übergänge, grenznaher Verkehr, vervielfachte Besuche, stärker von West nach Ost als umgekehrt, Familienzusammenführung in steigender Zahl, trugen zu einer Kommunikationsdichte bei, wie es sie kaum zwischen zwei anderen Staaten gibt und fördern die nationale Substanz des Zusammengehörigkeitsgefühls aller Deutschen, solange die Wiedervereinigung nicht auf der Tagesordnung der Politik steht.

Die deutsche Entspannungspolitik nach Osten führte paradoxerweise zu innenpolitischen Spannungen und emotionalen Auseinandersetzungen zwischen Koalition und Opposition. Sie konnte sich auch nach außen nicht problemlos entfalten.

Das wurde deutlich, nachdem die Entspannungspolitik in der Schlußakte von Helsinki (1975) eine europäische Grundlage erhalten hatte, in der sich zahlreiche Elemente der bilateralen deutschen Vertragspolitik multilateral niederschlugen. Die dort vereinbarten Regeln wirkten auf die verschiedenen Gesellschaftssysteme unterschiedlich. Während die Erweiterung der Kontakte zwischen Ost und West in den Staaten mit offener pluralistischer Gesellschaftsordnung, wie sie auch die Bundesrepublik Deutschland vertritt, zu schwierigen, aber positiven Diskussionen führte, entwickelte sich in einigen kommunistisch regierten Staaten, unter Berufung auf die Grundsätze von Helsinki, eine schwierige Diskussion um Menschenrechte und die öffentliche Vertretung abweichender Auffassungen (Dissidentenbewegung in der UdSSR, Charta 77 in der CSSR). Der innerdeutsche Dialog spiegelt die Problematik der Entspannungspolitik am klarsten: Entspannung ermöglicht Annäherung; wird diese so eng, daß einem System destabilisierende Entwicklungen drohen, wird mit erneuter Abgrenzung reagiert. Da aber die vitalen Interessen an der Entspannung weiterwirken, entwickelt sich ein Prozeß, der mit Rückschlägen und Erfolgen ständig neuer zielgerichteter Energien bedarf, bis das Ziel der Entspannungspolitik ungefährdet erreicht ist.

LITERATURHINWEISE

Presse- und Informationsamt der Bundesregierung: Der Vertrag vom 12.8.1970; − Das Viermächte-Abkommen über Berlin vom 3.9.1971; − Verträge, Abkommen und Vereinbarungen der Bundesrepublik Deutschland und der Deutschen Demokratischen Republik; − „Zur Aufnahme in die Vereinten Nationen".
Bender, P., Offensive Entspannung, Köln 1964.
Bender, P., Die Ostpolitik Willy Brandts, Hamburg 1972.
Flynn, G. A., The Content of European Détente, in: Orbis, H. 2/1976.
Kriele, M., Der Streit um die Ostpolitik, in: Frankfurter Allgemeine Zeitung vom 3.7.1970.
Larrabee, S. F., Die sowjetische Politik in Osteuropa und das Problem der Entspannung, in: Europa-Archiv, H. 8/1973.
Schulz, E., Konsolidierung der Entspannung nach Helsinki, in: Österreichische Zeitschrift für Außenpolitik, H. 3/1977.

EGON BAHR

Feindbild

→ *Ausbildung/Bildung, Beruf „Soldat", Entspannung, Friedensforschung, Militärisches Nachrichtenwesen, Planung und Aufbau der Bundeswehr, Sicherheitspolitik, Werte/Normen.*

Feindbilder sind eine spezifische Form sozialer Vorurteile. Sie vereinigen kognitive, evaluative und konative Elemente zu einem negativen Bild von einem realen oder vermuteten „Feind" und sind − wie Vorurteile allgemein − außerordentlich resistent gegen eine Berichtigung durch reale Erfahrung.
Das Feindbild hat Imagecharakter, d. h. es stellt eine mehr oder weniger strukturierte Ganzheit von Wahrnehmungen, Vorstellungen und Gefühlen dar, die unter dem Aspekt der Feindschaft vereinheitlicht einem Menschen, einer Gruppe von Menschen oder Völkern und Staaten entgegengebracht werden.
Ein Feindbild ist immer kontrastierend mit einem Freundbild verbunden. Das Freund-Feind-Verhältnis stellt so ein in-group/out-

group-Verhältnis dar. Damit sind zugleich einige Funktionen des Feindbildes angedeutet: der gemeinsame Feind stärkt den inneren Zusammenhalt von Gruppen, Gesellschaften und Staaten, und er bietet zugleich ein Objekt für die Abfuhr von Aggressionen, die innergesellschaftlich entstanden sind und so gefahrlos nach außen abgeleitet werden können.

Das Freund-Feind-Schema beeinflußt das politische Handeln, da das Verhalten nicht durch die reale Situation, sondern durch deren Perzeption und Interpretation gesteuert wird (Thomas-Theorem). Das Bild der politischen Realität wird nicht durch unmittelbar aus den politischen Ereignissen, Krisen und Konflikten stammenden Informationen und Erfahrungen bestimmt, sondern in erster Linie geprägt von den Interessen, sozialen Erfahrungen und politischen Traditionen, denen das wahrnehmende Subjekt ausgesetzt war oder ist. Im politischen Sozialisationsprozeß bilden sich Schablonen und Muster, wie das Freund-Feind-Schema, die die Auswahl aktueller Informationen steuern und ihre Deutung und Bewertung bestimmen. Nach solchen im Kopf vorhandenen Wahrnehmungs- und Interpretationsmustern bilden sich die Vorstellungen über die politischen Ziele anderer Staaten und Gruppen und die Beurteilung ihrer Verhaltensweisen, wie wenig sie auch mit der Realität übereinstimmen mögen. Sie haben besondere Bedeutung in Bereichen, die der unmittelbaren Erfahrung in der Regel entzogen sind, so etwa im Bereich der internationalen Beziehungen.

Der Abbau von Feindbildern ist die Voraussetzung für die Herstellung eines realistischen und differenzierten Verständnisses von Politik. Durch die in der Bevölkerungsmeinung vorhandenen emotional aufgeladenen Freund-Feind-Stereotypen wird der außenpolitische Entscheidungsprozeß beeinflußt. Zunächst sind die politischen Eliten selber in ihrer Perzeption und Interpretation der politischen Realität von diesen Stereotypen abhängig. Dann aber bedeuten Feindbilder eine Begrenzung des Handlungsspielraums einer Regierung. In einer demokratischen Gesellschaft, aber auch in autoritär oder totalitär beherrschten Staaten ist es notwendig, daß die Politik der Regierung von einem Konsens der Bevölkerung getragen wird. Die politischen Eliten müssen für ihre Politik, wenn nicht mit ausdrücklicher Zustimmung, so doch wenigstens mit der stillschweigenden Billigung großer Gruppen der Gesellschaft rechnen können, um politische Ziele verwirklichen und die dafür erforderlichen Mittel mobilisieren zu können. In der Bevölkerung verbreitete Feindbilder können einen konfliktforcierenden Kurs herbeiführen oder eine auf

→ *Entspannung* gerichtete Politik erschweren und schwierige Legitimationsprobleme schaffen. Dies wurde in der Bundesrepublik besonders am Beispiel der Neuen Ostpolitik deutlich.

Das Freund-Feind-Muster ist eine der zentralen Kategorien, nach denen weithin das politische Geschehen perzipiert und interpretiert wird. Es sei an dieser Stelle an die Definition des Politischen durch Carl Schmitt erinnert, der dann eine politische Frage gegeben sieht, wenn sie „stark genug ist, die Menschen nach Freund und Feind effektiv zu gruppieren" (C. Schmitt, Der Begriff des Politischen, 1933, 37).

Dieckmann spricht von einer bipolaren Struktur des politischen Wortschatzes, der die Tendenz zeige, „die Vielfalt von Möglichkeiten auf ein Entweder-Oder, ein Für-mich oder Gegen-mich, auf das Freund-Feind-Verhältnis zu reduzieren" (Walther Dieckmann, Information oder Überredung, 1964, 46).

Das Freund-Feind-Schema hat eine totalisierende Tendenz: das Lager der Freunde und das Lager der Feinde wird vereinheitlicht zu einem Freund und einem Feind. Gerade dies ist die entscheidende Denkersparnis, die es einbringt. Wenn feststeht, wer Freund und wer Feind ist, ist es nicht mehr notwendig, die vielfältigen Möglichkeiten der Beziehungen zu reflektieren. Es ist immer der gleiche Feind, der in verschiedener Gestalt und unter verschiedener Maske erscheint. Hitler hat dies als Rezept für den Demagogen umformuliert: schon „aus rein seelischen Erwägungen heraus" sei es notwendig, „der Masse niemals zwei oder mehr Gegner zu zeigen". „Daher muß eine Vielzahl von innerlich verschiedenen Gegnern immer zusammengefaßt werden, so daß in der Einsicht der Masse der eigenen Anhänger der Kampf nur gegen einen Feind allein geführt wird" (Hitler, Mein Kampf, 1933, 128 f.).

Das Freund-Feind-Schema hat realitätsverändernde Wirkung. Es bestimmt bereits die Wahrnehmung von Realität: vom Schema abweichende Erfahrungen werden durch selektive Wahrnehmung ausgeblendet oder uminterpretiert: so wird die gleiche Handlung, je nachdem, ob sie vom Freund oder vom Feind vorgenommen wird, je verschieden interpretiert. Aufrüstung beim Freund dient nur der Verteidigung, Aufrüstung beim Feind ist immer aggressiv. Abrüstungsvorschläge des Feindes sind hinterlistige Versuche, die eigene Position zu untergraben, die Abrüstungsvorschläge des Freundes dienen dem Weltfrieden. Da diese Interpretation zu feindlichen Signalen führt, die vom jeweiligen Feind wahrgenommen werden, haben Feindbilder den Charakter von selffulfilling prophecies. Sie modeln die Wirklichkeit nach ihrem Bilde.

Der amerikanische Psychologe Bronfenbrenner hat am Beispiel des Bildes der Sowjetunion in den USA und des Amerikabildes in der Sowjetunion gezeigt, daß die wechselseitigen Feindbilder sich wie Spiegelbilder entsprechen. Hierdurch entsteht ein sich selbst verstärkender Teufelskreis, der es außerordentlich schwer macht, die wechselseitige Eskalation der feindlichen Interaktion zu durchbrechen.

In den Kriegen bis hin zum Ersten Weltkrieg hatten Feindbilder insofern eine funktionale Bedeutung, als sie dazu beitrugen, Tötungshemmungen zu überwinden. Es sei an die Greuelpropaganda beider Seiten im Ersten Weltkrieg erinnert. Der technisierte → *Krieg* scheint Feindbilder und Haß unnötig zu machen, da die Kombattanten sich immer weniger unmittelbar gegenübertreten. Bei der Bedienung der höchst komplizierten Waffensysteme werden Emotionen dysfunktional, es ist für das Abschießen einer Rakete oder das Zünden einer Atombombe eher eine naturwissenschaftliche Laborgesinnung notwendig.

Dies führt zu einer veränderten Funktion von Feindbildern. Sie lösen sich von konkreten Personen und gewinnen eine Art unbestimmter Abstraktheit; sie richten sich gegen das gegnerische System als Ganzes, das in allen seinen Eigenschaften dem Freundsystem als entgegengesetzt verstanden wird. So ist auch ein Wandel von den nationalstaatlichen Feindbildern („Erbfeind Frankreich") des 19. Jahrhunderts, die eine enge Beziehung zu den nationalen Stereotypen hatten, zu systembezogenen Feindbildern festzustellen, die eher als ideologische Unterschiede verstanden werden („Weltkommunismus").

Diese veränderte Funktion von Feindbildern wird am Ost-West-Konflikt deutlich. Zunächst ist die Totalisierung des Freund-Feind-Musters charakteristisch für das militärisch-politische Drohsystem, wie die Analysen von Dieter Senghaas gezeigt haben. Die Abschreckungsbeziehungen, wie sie sich in den letzten zwei Jahrzehnten zwischen den Supermächten herausgebildet haben, zeichnen sich durch drei Komponenten aus: durch eine Verringerung der Austauschbeziehungen und damit der Möglichkeiten, reale Erfahrungen über den Gegner zu gewinnen, durch Drohungen an die Adresse des Feindes, die von dessen politischer Elite an die eigene Bevölkerung weitergeleitet werden, und schließlich durch das Überwiegen innengerichteter gegenüber außenorientierter Prozesse. Senghaas hat dies „autistische Feindschaft" genannt, das heißt, die Feindbilder werden immer mehr zu innergesellschaftlich erzeugten Vorstellungskomplexen, die nur noch wenig Beziehung zu der Realität des als Feind wahrgenommenen Akteurs des internationalen Systems haben.

Im wechselseitigen Abschreckungssystem erscheint der Gegner „als eine Art von Teufelsbild" (Senghaas 1972, 73). „Ohne artikulierte oder unterschwellige Verteufelung des Gegners ist das Phänomen Abschreckung nicht zu begreifen. Die Feindfixierung gehört zur Abschreckung wesentlich hinzu" (Senghaas 1972, 77). Die Gefährlichkeit des Feindes dient zur Rechtfertigung der eigenen Aggression und zwingt angeblich zur Übernahme von dessen Methoden. So sind die Feindbilder die „Liturgie" des Kalten Krieges (John Kenneth Galbraith).

LITERATURHINWEISE

Becker, J., *Enke*, E., *Gantzel*, K. J., *Lißmann*, H. J., *Nicklas*, H., *Ostermann*, Ä., Zur Analyse außenpolitisch relevanter Freund-Feind-Bilder in der Bundesrepublik 1949–1971, 9 Bde., (Studien aus der Hessischen Stiftung für Friedens- und Konfliktforschung), Frankfurt/M. 1977.

Friedensanalysen 1 (Feindbilder), Frankfurt/M. 1975.

Jahrbuch für Friedens- und Konfliktforschung, Bd. 1, Bedrohungsvorstellungen als Faktor der internationalen Politik, Düsseldorf 1971.

Leber, G., Verteidigung ohne Haßerziehung: Die Soldaten der Bundeswehr brauchen kein Feindbild!, in: Politik und Kultur, H. 3/1974.

Ostermann, Ä. und *Nicklas*, H., Vorurteile und Feindbilder, München 1976.

Senghaas, D., Abschreckung und Frieden. Studien zur organisierten Friedlosigkeit, Frankfurt/M. 1969.

HANS NICKLAS

Freizeit

→ *Bundeswehr und Sport, Fürsorge/Betreuung, Wehrdevianz.*

1. BEGRIFF UND PROBLEM I. — Freizeit — vorläufig und formal definiert als jene Zeit, die weder von produktiven (Arbeit) noch von regenerativen (z. B. Essen, Schlafen) Tätigkeiten besetzt ist — gilt als Gewinn und Problem der Industriegesellschaft. Die stetige Arbeitszeitverkürzung seit Mitte des 19. Jahrhunderts hat immer mehr Menschen immer mehr persönlich verfügbare Zeit gebracht, deren Umfang längst das Maß überschritten hat, das zur bloßen Wiederherstellung der Arbeitskraft nötig ist. Das begründet ihre inhaltliche Definition als Chance zwangsfreier Selbstfindung und -verwirklichung und ihre Institutionalisierung als gesellschaftlicher Wert. Als solcher erscheint sie jedoch bedroht durch Massenorganisation und Kommerzialisierung und eine namentlich von der Kulturkritik behauptete

Diskrepanz zwischen Freizeitquantität und individueller Fähigkeit zu ihrer sinnvollen Nutzung.

2. BUNDESWEHR UND FREIZEIT. – 2.1. Freizeit ist heute im Militär schon allein deswegen ein Problem, weil das relativ hohe Ausmaß an Fremdbestimmung im militärischen Betrieb einerseits die Bereitstellung entsprechender Freizeitchancen fordert, sich aber gleichzeitig negativ auf die Bedingungen ihrer Möglichkeit auswirkt. Insbesondere verschlechtern sich die Bedingungen meist mit sinkendem Organisationsstatus des Soldaten und wachsender Nähe zu den Einsatzfunktionen und treffen vor allem den kasernierten Wehrpflichtigen – in der Bundeswehr über die Hälfte des militärischen Personals. Ihm tritt die Armee noch am ehesten als totale Institution gegenüber und damit ist er der zentrale Gegenstand von Thema und Problem.

Seine Freizeitchancen werden auf der Ebene ihrer Bedingungen eingeschränkt durch: a) Ein gegenüber der zivilen Produktion geringeres Ausmaß an formal dienstfreier Zeit durch Nachtausbildungen, Wochenenddienste, Manöver usw.; b) Relativ niedrigen Sold und häufige Heimatferne; c) Die schwächere Ausprägung der für die zivile Gesellschaft typischen scharfen Trennung zwischen Arbeit und arbeitsfreier Zeit. Der Soldat ist auch außer Dienst an bestimmte militärische →Verhaltens*normen* gebunden. Vor allem aber steht dem kasernierten Wehrpflichtigen die formal dienstfreie Zeit nicht zur vollen Verfügung. Er unterliegt dem Zapfenstreich, hat vor Dienstbeginn und nach Dienstende noch Pflege- und Reinigungsdienste zu versehen, kann überraschend zu Sonderdiensten herangezogen werden (z. B. bei Ausfall von Bereitschafts- oder Wachpersonal) und muß, wenn er in den Genuß von Nacht- und Wochenendurlaub kommen will, ein Minimum an militärischem Wohlverhalten zeigen, so daß er seine ohnehin knappe und dadurch unter Planungsdruck stehende freie Zeit nicht voll nach Dauer und Gelegenheit vorauskalkulieren kann.

2.2. Nach bisheriger empirischer Erkenntnis hat das Freizeitverhalten in der Bundeswehr insofern keine militärspezifischen Züge, als alle dort praktizierten Tätigkeiten auch in der zivilen Gesellschaft anzutreffen sind. Die Einberufung führt jedoch zu einer typischen Änderung der Aktivitätsstruktur, die umso ausgeprägter ist, je seltener die Soldaten nach Hause fahren. Zeit-, energie- und kostenintensive Freizeittätigkeiten werden zugunsten weniger aufwendiger, kurzfristig unternehmbarer und befriedigender aufgegeben und der Kreis der bisherigen Freizeitpartner auf die Familie und die Freundin oder

Verlobte reduziert. Kasernierte Soldaten verbringen den weitaus größten Teil ihrer dienstfreien Zeit — außer am Wochenende — in der Kaserne und vor allem auf der Stube oder im öffentlichen Bereich, Nicht-Kasernierte hingegen im privaten Bereich außerhalb der Kaserne. Die Muster der Tätigkeitsarten beider Gruppen unterscheiden sich nur geringfügig, wohl aber die Freizeitpartner: bei den Nicht-Kasernierten dominieren Zivilpersonen, während die Kasernierten auch nach Dienst weitgehend unter sich bleiben. Die Reichhaltigkeit des Angebots von Freizeiteinrichtungen am Standort beeinflußt das Freizeitverhalten nicht; Zusammenhänge bestehen allerdings mit Merkmalen wie Dienstgrad, Familienstand und Schulbildung sowie der Integration in die informelle militärische Gruppe.

Damit spiegeln die Befunde deutlich die eingeschränkten Freizeitbedingungen des kasernierten Wehrpflichtigen wider: seine Chancen zu freier Zeit im inhaltlichen Sinne reduzieren sich im wesentlichen auf das Wochenende und seine primären sozialen Rollen, ansonsten hat er nicht allzuviel Gelegenheit, aus der militärischen Welt herauszukommen und außer Dienst objektiv wie subjektiv frei vom Dienst zu sein.

2.3. Folgerichtig sieht die Bundeswehr als Aufgabe ihrer Freizeitbetreuung, den kasernierten Soldaten Mittel, Gelegenheit und Anregung zu „Entspannung und Ausgleich durch Fortsetzung gewohnter Freizeitaktivitäten" anzubieten und sich dabei durch Beteiligung der Soldaten an der Planung vorrangig an deren Interessen und Initiativen zu orientieren. Die Realisierung dieses anspruchsvollen Zieles erscheint jedoch unsicher. Bereits das Konzept holt Freizeit durch die Zuordnung ihrer → *Betreuung* zur Fürsorge begrifflich wie organisatorisch ins Militärische zurück, da ausdrückliches Hauptziel der → *Fürsorge* die Stabilisierung des militärischen Sozialsystems im Sinne der „human-relations" — Theorie ist. Gleichzeitig bewirkt ihr Rechtsstatus als Vorgesetztenpflicht, daß die militärische Hierarchie auch in der Freizeitbetreuung präsent bleibt, wobei es zusätzlich den Vorgesetzten überlassen ist, das Ausmaß an → *Mitbestimmung* des Soldaten auf diesem Sektor selbst zu bestimmen. Weiterhin existieren auf der Ebene der Einheiten und Verbände offenbar Betreuungsvorstellungen und -praktiken, die den Freizeitinteressen der Soldaten nur bedingt entsprechen, da die ministeriell gewünschte Schwerpunktverlagerung beim Einsatz der verfügbaren finanziellen Mittel (1975 5,2 Mio. DM) von der bloßen Gerätebeschaffung — etwa für die nur von wenigen genutzten Hobbywerkstätten — zur Förderung von Freizeitveranstaltungen nur langsam vor sich geht. Die mit der

Formulierung und Steuerung der Betreuungspolitik beauftragten
Stellen in der Bundeswehrspitze schließlich haben aufgrund eines auf
rein fiskalische Bedürfnisse zugeschnittenen Informationssystems nur
geringen Überblick über Freizeitinteressen und Betreuungspraxis an
der Basis und sind daher nur bedingt zu Korrekturen in der Lage.
Ob die notwendige schärfere Trennung von Militär und Freizeit von
anderen Konzepten wirkungsvoller geleistet werden kann, ist sehr
fraglich. Die auf diese Differenzierung abhebende Forderung des
Bundeswehrverbandes, die Fürsorgefunktion aus der militärischen
Stab/Linien-Organisation herauszunehmen und ihr eine eigene Struktur („Sozialstrang") zu geben, wurde vorschnell aufgegeben. Übrig
blieb das Konzept des „Betreuungs- und Fürsorge-Offiziers/Unterof-
fiziers", der Kommandeuren und Soldaten nurmehr beratend und
unterstützend zur Seite stehen soll und Teil der militärischen Organisation (G1/S1-Bereich) bleibt. Doch auch diese sehr kleine Lösung
wird von der Bundeswehrführung mit dem eher ideologischen Argument der Unteilbarkeit der → *Führungs*verantwortung des Vorgesetzten abgelehnt — weiteres Indiz dafür, daß Freizeit im Militär kein
Selbstwert ist, sondern der Sicherstellung der Organisationsloyalität
der Soldaten dienen soll.
Der notwendigen funktionalen und strukturellen Differenzierung
von Militär und Freizeit entsprechen am ehesten die von der evan-
gelischen oder katholischen Kirche getragenen Soldatenheime, doch
ist deren Angebot offenbar stark von dem bildungsbürgerlich-religiö-
sen Normensystem der Trägerinstitutionen geprägt und geht damit
an den Freizeitbedürfnissen der Mehrheit der kasernierten Soldaten
vorbei.

3. BEGRIFF UND PROBLEM II. — Die bisher nahegelegte Lösung
des Militär/Freizeit-Problems durch Ausdifferenzierung des Freizeit-
sektors aus der rein militärischen Organisation ist lediglich Bedingung, nicht aber Einlösung der Möglichkeit von Freizeit als Selbstverwirklichung. Der eingangs vorgestellte geläufige Freizeitbegriff definiert sich als bloße Negation von Arbeit und schreibt damit die
bestehenden Verhältnisse theoretisch wie praktisch fest. Die Fremd-
bestimmung in der Produktionssphäre wird allenfalls als Begründung
von Freizeit thematisiert und kann sich dadurch umso ungestörter
als sachnotwendig ausweisen und sich darüber hinaus an der arbeits-
freien Zeit als Chance zu ihrer Kompensation legitimieren. In dem
Maße aber, in dem freie Zeit zur Kompensation vorgängiger Frustra-
tionen verwandt wird, ist sie fremdbestimmt und nicht mehr im

werthaften Sinne von Freizeit. Soll dieser beim Wort genommen
werden, müssen Produktion wie Militär auch auf die Chance zu individueller Autonomie ausgerichtet werden.

LITERATURHINWEISE

Etienne, U., *Renn*, H., *Rosner*, A., Der Soldat und seine Freizeit (Wehrsozio-
logische Studien, H. 14), Bonn 1973.
Olbert, K.-H., Soldatenheime der Bundeswehr, in: Die Bundeswehr, H. 3/1974.
Scheuch, E. K., Soziologie der Freizeit, in: *König*, R. (Hrsg.), Handbuch der
empirischen Sozialforschung, Bd. II, Stuttgart 1969.
Ohne Verf., Mangelnde Fürsorge macht bessere Betreuung notwendig, in: Die
Bundeswehr, H. 12/1976.

PETER LANGE

Friedensforschung

→ *Abrüstung, Entspannung, Feindbild, Kooperative Rüstungssteuerung, Krieg, Militärhilfe, Militär und Ökonomie (gesamtw.
Aspekte), Militarismus, Rüstung, Sicherheitspolitik, Soziale Verteidigung.*

1. Die Untersuchung von *individueller Aggressivität* und *kollektiver
Gewalt* gehört seit vielen Jahrzehnten zu den Gegenständen wissenschaftlicher Forschung; ebenso die Frage nach rationalen Möglichkeiten der Lösung gesellschaftlicher Konflikte. Insbesondere haben
der Ausbruch und die Folgewirkungen zweier Weltkriege die Dringlichkeit einer systematischen Analyse derjenigen politischen, militärischen, sozioökonomischen und psychologischen Bedingungen aufgezeigt, aus denen *kriegerische Gewalt* entsteht. Mit der Zuspitzung
politisch-ideologischer Auseinandersetzungen zwischen verfeindeten
bzw. weltweit rivalisierenden Gesellschaftsordnungen nach dem
Zweiten Weltkrieg und der gleichzeitigen beispiellosen Steigerung der
Zerstörungswirkung moderner Waffensysteme hat die Problematik
von → *Krieg* und Frieden neue, die Errungenschaften überkommener
Zivilisation bedrohende Dimensionen angenommen. Folgerichtig
wurde nach dem Ende des Zweiten Weltkrieges und mit der allmählichen Eskalation des Kalten Krieges zwischen kapitalistischen und
sozialistischen Gesellschaften (insbesondere den beiden Großmächten USA und SU) in verschiedenen Wissenschaften ein neuer Anlauf
hinsichtlich der wissenschaftlichen Untersuchung von Möglichkeiten

der *Konfliktregelung* innerhalb dieser weltweiten Konfliktformation gemacht. Der Auseinandersetzung mit ihr verdankt die Friedens- und Konfliktforschung als eigenständiger Forschungsbereich ihren Neubeginn nach dem Zweiten Weltkrieg. Schon in den 50er Jahren gehörte die *Analyse des Ost-West-Konfliktes* und *dessen Militarisierung* im Rahmen herkömmlicher → *Sicherheits-* und Militär*politik* und ihrer Folgewirkungen (nationale und allianzgebundene Rüstungsprogramme sowie eine Art von quantitativer und qualitativer *Rüstungswettlauf*) zum Kern der damaligen Friedens- und Konfliktforschung, ebenso die Suche nach Möglichkeiten von *Rüstungskontrolle* und von → *Abrüstung*sschritten.

In dem Maße, in dem eine psychologische → *Entspannung* in den Beziehungen zwischen den Antagonisten allmählich eintrat und, bei aller Kontinuität bleibender Interessenkonflikte, der politische Verkehr sich zwischen ihnen leidlich normalisierte, stellten sich der Friedens- und Konfliktforschung neue Probleme. Zu fragen ist heute insbesondere nach den Bedingungen und Chancen einer Fortsetzung politischer und psychologischer Entspannungspolitik in handfesten Maßnahmen einer effektiven *Kontrolle von* → *Rüstungen*. Weiterhin zeigt sich als neue Problemstellung die Untersuchung der Auswirkungen einer wachsenden ökonomischen, technologischen und wissenschaftlichen *Kooperation* zwischen kapitalistischen und sozialistischen Gesellschaften. Diese Kooperation ist deshalb nicht ohne weiteres problemlos, weil sie sich immer noch in einer Konfliktformation abspielt, in der es grundlegende Interessenunvereinbarkeiten gibt und in der ein ständiger konfliktträchtiger Prozeß einer gleichzeitig erfolgenden wechselseitigen Anpassung *und* Abgrenzung stattfindet. Während die Entspannungspolitik praktisch zu einer territorialen Festschreibung des Status quo in Europa geführt hat und die Kooperationsbemühungen in verschiedenen Bereichen möglicherweise einer dynamischen Weiterentwicklung des zwischenstaatlichen und zwischengesellschaftlichen Status quo gleichkommen, wird — langfristig gesehen — der Bereich herkömmlicher Sicherheits-, Militär- und Rüstungspolitik (*Abschreckungspolitik*) zum eigentlichen, noch ausstehenden Beweisstück der angestrebten Normalisierung zwischen Ost und West. Im Bereich wechselseitiger Kooperation sind heute allenthalben hohe Wachstumsraten festzustellen, die zu einem Aufbau und zur Verdichtung von Beziehungen führen; im Bereich herkömmlicher Sicherheits-, Militär- und Rüstungspolitik kommt es jetzt demgegenüber vor allem darauf an, die Wachstumsraten der Militärapparate und der verfügbaren Zerstörungsmittel im Rahmen einer wirksamen Rüstungskontroll- und Abrüstungspolitik zu reduzieren bzw. diese Apparate und Waffensysteme abzubauen und gleichzeitig ein neues Sicherheitssystem zu schaffen, das langfristig beide Antagonisten umgreift. Zunächst ist der Vorgang hier also genau umgekehrt wie im Bereich von Kooperationsbemühungen. Während bei letzteren sich neue Interessenorientierungen und Interessengruppen herausbilden, die einen verstärkten Austausch zwischen Ost und West als vorteilhaft einschätzen, käme es im Bereich von herkömmlicher Sicherheits-, Militär- und Rüstungspolitik vor allem darauf an, die in den Jahren des Kalten Krieges aufgebauten rüstungsbezogenen Interessenorientierungen und -apparate gegen den unschwer prognostizierbaren Widerstand solcher Interessen abzubauen. Aus verschiedenen internationalen und nationalen Gründen wird dieser Prozeß besonders langwierig und zähflüssig sein, weshalb die hier angedeutete Problemstellung die Friedens- und Konfliktforschung noch auf Jahre hin beschäftigen wird.

Zu fragen ist also insbesondere nach den *Ansatzpunkten und praktischen Strategien der Übersetzung politisch-diplomatischer bzw. psychologischer Entspannung in erste Schritte wirksamer Rüstungskontrolle;* weiterhin nach der *potentiellen Konfliktträchtigkeit von Kooperationsbemühungen* im Rahmen der West-Ost-Konfliktformation und der diese begründenden Interessenkonflikte.

2. So sehr der sogenannte Ost-West-Konflikt die Friedens- und Konfliktforschung seit Beginn der 50er Jahre beschäftigt hat und auch in absehbarer Zukunft noch beschäftigen wird, so sehr ist in den vergangenen Jahren die sogenannte *Nord-Süd-Problematik* und die *Dritte Welt* als ein neuer wissenschaftlicher Problembereich in die Aufmerksamkeit wissenschaftlicher Analyse gerückt. Die Auseinandersetzung mit diesem Problembereich hat gleichzeitig zu einer kritischen Hinterfragung der überkommenen analytischen *Konzeptionen von Gewalt und Frieden,* die nunmehr weit differenzierter als vor zehn Jahren formuliert vorliegen, geführt. Ungeachtet unabgeschlossener semantischer oder terminologischer Dispute wird heute in der Friedensforschung weithin akzeptiert, daß Menschen nicht nur durch *direkte* Gewalthandlungen (von Person zu Person, von Staat zu Staat) getötet werden, sondern auch in gesellschaftlichen Verhältnissen krasser sozialer Ungerechtigkeit zu Schaden kommen — also unter Bedingungen, die auf dem jeweiligen zivilisatorisch erreichten Niveau an und für sich vermeidbar sind. In einer langjährigen Diskussion, die in der Mitte der 60er Jahre einsetzte, wurde deutlich, daß

der gesellschaftlich bedingte, *vorzeitige* Tod von Menschen — wie direkte Gewalthandlungen — unter den Begriff der Gewalt zu fassen ist und, terminologisch präziser, als Folge *struktureller Gewalt* zu interpretieren ist. Seit dieser Diskussion wird in der Friedensforschung immer dann von struktureller Gewalt gesprochen, wenn Menschen per Gesellschaftsordnung vorzeitig getötet werden. Die Friedensforschung konnte aufzeigen (und es ist heute unbestritten), daß die Opfer solcher Gewalt in der internationalen Gesellschaft schon heute die von Militärstrategen prognostizierte Zahl der Opfer eines potentiellen Nuklearkrieges zwischen den hochbewaffneten Militärallianzen von Ost und West übersteigen. Die in den vergangenen Jahren von internationalen Entwicklungsbehörden diagnostizierten Ausmaße nicht nur *relativer Armut* einzelner Gesellschaftsschichten, sondern einer massenweiten *absoluten Verarmung* in der Dritten Welt geben schlaglichtartig Einblick in die Problematik und Größenordnung struktureller Gewalt. Da die genannten Probleme der Dritten Welt nicht abgelöst von der *Entwicklung des Weltwirtschaftssystems* begriffen werden können, wurde eine Auseinandersetzung mit der historischen Entwicklung, mit der Struktur und Reproduktionsdynamik dieses Weltwirtschaftssystems zu einer vordringlichen Aufgabe. Die europäische Friedens- und Konfliktforschung konnte hierbei insbesondere auf neuere theoretische Entwicklungen und empirische Befunde sozialwissenschaftlicher Forschungen in Lateinamerika, Afrika und Asien zurückgreifen, insbesondere auf die sogenannte *dependencia*-(Abhängigkeits-)Diskussion in Lateinamerika. In letzterer wurde vor allem herausgearbeitet, daß *Unterentwicklung* nicht eine Erscheinung von Rückständigkeit sogenannter traditioneller Gesellschaften ist, sondern selbst ein historisches Produkt von Kolonialismus, Imperialismus und Neokolonialismus im Rahmen des über viele Jahrzehnte und Jahrhunderte von westlichen Metropolen beherrschten Weltwirtschaftssystems und der es kennzeichnenden Merkmale (Metropolen-Peripherien-Strukturen, ungleiche Arbeitsteilung u. a.).

Während weitere Diagnosen über die grundlegenden Probleme, mit denen sich heute die Gesellschaft der Dritten Welt auseinanderzusetzen hat, erforderlich sein werden, wird sich jedoch das Augenmerk der Friedens- und Konfliktforschung verstärkt auf *Strategien einer Überwindung von Unterentwicklung* richten müssen, in denen die genannten neueren Ergebnisse der Forschungen über Genesis, Struktur und Entwicklungsdynamik der Gesellschaftsformationen der Dritten Welt volle Berücksichtigung finden. Diese Diskussion steht noch aus, und sie wird in den kommenden Jahren eines der hauptsächlichen Problembereiche der Friedens- und Konfliktforschung bezeichnen.

3. Über die Beschäftigung mit dem Problem der Dritten Welt kam es in der Friedens- und Konfliktforschung auch zu einer erneuten Thematisierung der *Gesamtstruktur der internationalen Gesellschaft* oder *Weltgesellschaft.* Bis heute gibt es nur wenige systematische, gleichermaßen theoretisch wie empirisch fundierte Analysen über die internationale Gesellschaft. Während in der Friedens- und Konfliktforschung in den vergangenen Jahren einige der *Konfliktformationen der internationalen Gesellschaft* im Detail analysiert wurden, insbesondere die West-Ost-Konfliktformation und die Nord-Süd-Konfliktformation, und während neuere sozialwissenschaftliche Beiträge sich in den vergangenen Jahren verstärkt auch der Analyse der sogenannten interkapitalistischen Konfliktformation (USA-EG-Japan) zugewandt haben, fehlen bisher noch fundierte Analysen insbesondere über die Konfliktformation der beiden weltpolitisch relevanten sozialistischen Gesellschaften Sowjetunion und China sowie Abhandlungen über diverse Konfliktformationen zwischen den Gesellschaften der Dritten Welt. Darüber hinaus fehlen ein fundierter theoretischer Ansatz und entsprechende empirische Analysen über *die Interdependenz der genannten Konfliktformationen* sowie als Grundlegung für solche Interdependenz-Analysen eine *Theorie der politischen Ökonomie der internationalen Gesellschaft* insgesamt. Der Mangel an solchen Gesamtanalysen macht sich immer dann besonders nachteilig bemerkbar, wenn langfristige Entwicklungsprozesse einzelner Problembereiche abgeschätzt werden sollen, die selbst in einem größeren Zusammenhang stehen (z. B. Rüstungsproblematik; Kooperationsproblematik; Ost-West-Arrangements und ihre Folgewirkungen auf die Dritte Welt; Rückwirkung konfliktträchtiger Verelendungsprozesse der Dritten Welt auf kapitalistische und sozialistische Industriegesellschaften; Ökologie-Problematik u.s.f.). Solchen theoretischen und empirischen Gesamtanalysen ist in Zukunft besondere Aufmerksamkeit zu schenken.

4. Die *Vermittlung von Wissenschaft und Praxis* stellt sich einer Friedens- und Konfliktforschung angesichts der konfliktträchtigen Probleme, mit denen sie sich beschäftigt, dringlicher als mancher herkömmlichen wissenschaftlichen Disziplin. In den vergangenen Jahren ist es der Friedens- und Konfliktforschung insbesondere ge-

lungen, die relevanten Inhalte und die praktische Organisation einer *Erziehung zum Frieden* deutlich herauszuarbeiten. Neuere Erkenntnisse der Individual- und Sozialpsychologie, diverser Lerntheorien, der curricularen Diskussion und der Organisation von Lerngruppen konnten für die konkreten Belange einer Erziehung zum Frieden nutzbar gemacht werden.

Dabei hat sich in verschiedenen Ansätzen zu einer Erziehung zum Frieden ein theoretisches und vor allem praktisches Dilemma eingestellt, das die Friedens- und Konfliktforschung hinsichtlich ihrer praktischen Folgewirkungen im Sozialisationsbereich von Anfang an begleitete: Das Dilemma besteht darin, daß Sozialisationsprozesse notwendigerweise im gesellschaftlichen *Mikrobereich* (Familie, Arbeitsplatz, Kleingruppen, Schule, kommunale Öffentlichkeit u. a.) sich abspielen, während Forschung zeigen konnte, daß entscheidende Determinanten der Kriegs-, Gewalt- und Friedensproblematik *makrostrukturelle* Größen sind. Was vor Jahren hypothetisch unterstellt werden konnte, kann heute auf Grund empirischer Untersuchungen verdeutlicht werden: nämlich daß erfolgreiche Lernprozesse im Mikrobereich (erfolgreich im Sinne einer Verwirklichung der normativen Zielsetzungen von Friedenserziehung) nur dann von bleibender Bedeutung sind, wenn ihnen inhaltlich synchronisierte Lernvorgänge sowie Prozesse der Strukturveränderungen im Makrobereich entsprechen. Andererseits kann ebenfalls unterstellt werden, daß Veränderungen im Makrobereich nicht gewissermaßen automatisch Veränderungen im individuellen und kollektiven Bewußtsein nach sich ziehen. Deshalb kommt der *Synchronisation von Lernprozessen im Mikro-Makrobereich* und ihrer öffentlich sichtbaren und vernehmbaren Rückkoppelung eine besondere Bedeutung zu. Diesen praktischen Problembereich weiter auszuloten, wird eine wichtige Aufgabe der Friedens- und Konfliktforschung bleiben.

5. Die neuere Friedensforschung, wie sie sich seit den 50er Jahren unter den verschiedenartigsten wissenschaftstheoretischen Ansätzen herausentwickelt hat (behavioristische, systemanalytische, marxistische, strukturalistische Ansätze u. a.), sollte nach dem Selbstverständnis der sie maßgeblich fördernden Wissenschaftler keine eigenständige neue wissenschaftliche Disziplin darstellen. Forschung im Sinne von Friedensforschung sollte, allem voran, *problemorientiert* sein, und die Frage nach der Identität der Friedensforschung qua eigenständiger Disziplin mußte von Anfang an als abwegig erscheinen, da diese Forschung gerade die überkommenen, theoretisch ver-

engten und sachlich unangemessenen Demarkationen herkömmlicher Disziplinen wie der Politikwissenschaft, der Soziologie, des Völkerrechts, der internationalen Ökonomie u. a. zu sprengen und zu durchkreuzen bestrebt war. Der *Brückenschlag* von dieser Forschung zurück zu den herkömmlichen Disziplinen erfolgte höchst selektiv und war jeweils von den zur Diskussion stehenden Problembereichen abhängig. In den 50er und zu Beginn der 60er Jahre erfolgte dieser Brückenschlag insbesondere zur Individual- und Sozialpsychologie (meist unter behavioristischen, systemanalytischen und spieltheoretischen Ansätzen mit interdisziplinärem Charakter). Mit der unausweichlich werdenden Auseinandersetzung mit Makroproblemen (wie z. B. in der Analyse von Rüstungspolitik und Rüstungswettläufen) lag die Kommunikation mit politischer Soziologie und diversen Ansätzen der politischen Ökonomie nahe. Die Untersuchung innergesellschaftlicher Konfliktpotentiale hat die Kommunikation mit denselben Disziplinen verstärkt. Später kam mit der Analyse der Nord-Süd-Konfliktformation der Rückbezug zur internationalen Ökonomie und einer theoretisch reflektierten Geschichtswissenschaft hinzu. Und die vielfältigen praktischen Aktivitäten im Rahmen einer Erziehung zum Frieden haben zu einer intensiven Auseinandersetzung mit Individualpsychologie, Lerntheorien, Didaktik und Curriculumtheorie geführt. Mit neuen Problembereichen als neuen zentralen Gegenständen künftiger Forschung wird sich diese Form der *selektiven Kommunikation* weiter fortsetzen, wobei bezeichnend ist, daß die Friedensforschung auf Grund ihres umfassenderen theoretischen und methodischen Zugangs zur Analyse bestimmter Ausschnitte aus der sozialen Realität (Rüstung, Imperialismus, kollektive Gewaltpotentiale u. a.) ganz unausweichlich eine wohltuende Unruhe in manchen überkommenen Disziplinen stiftete.

LITERATURHINWEISE

Eberwein, W.-D. und *Reichel*, P., Friedens- und Konfliktforschung. Eine Einführung, München 1976.

Funke, M. (Hrsg.), Friedensforschung — Entscheidungshilfe gegen Gewalt, München 1975.

Scharffenorth, G. und *Huber*, W. (Hrsg.), Neue Bibliographie zur Friedensforschung, Stuttgart/München 1973.

Senghaas, D., Abschreckung und Frieden. Studien zur Kritik organisierter Friedlosigkeit, Frankfurt/M. 1969.

Senghaas, D., Weltwirtschaftsordnung und Entwicklungspolitik, Frankfurt/M. 1977.

DIETER SENGHAAS

Führung/Führungsstil

→ *Befehl und Gehorsam, Innere Führung, Sozialisation, Sozial-*
psychologie des Militärs.

Es ist schon beinahe ein geflügeltes Wort, daß es mehr Studien als
Wissen über Führung gibt. Dies liegt unter anderem auch an der
uneinheitlichen Begriffsverwendung. „Führung" wird zwar meist
gegen „Leitung" (als der zielbezogenen Steuerung sozialer Systeme)
abgegrenzt, dennoch enthält der Begriff auch in dieser eingeschränkten Fassung noch mehrere Dimensionen: Zum einen ist ein Über-
Unterordnungs-Verhältnis gemeint (der Führer gilt als der Überlegene und Ranghöhere in einem hierarchisch gestuften System); des
weiteren wird — insbesondere bei gruppendynamischer Betrachtung
— der Führer als emotionaler Mittelpunkt der Gruppe angesehen, auf
den sich die Erwartungen, Hoffnungen, Ängste usw. der Mitglieder
konzentrieren; Führung kann auch sachbezogen gesehen werden als
das Bündel von Verhaltenserwartungen, das mit einer herausgehobenen Position in einem Sozialsystem verbunden ist („Führungs-Funk-
tionen", s. u.) und schließlich wird Führung oft als Verhaltensur-
sache, als dominante Einflußquelle gesehen, die das Geschehen in der
Gruppe bestimmt.
Einzelaussagen über Führung lassen sich meist einer oder mehreren
dieser Verwendungsweisen zuordnen. So war es z. B. eine früher
häufig untersuchte Frage, welche Persönlichkeitsvoraussetzungen
(„Führungs-Eigenschaften") das Aufsteigen in einer hierarchischen
Ordnung begünstigten. Diese sog. „Great-Man-Theory" erwies sich
als wenig fruchtbar, weil sie sich in der Erklärung des komplexen
Führungsprozesses auf nur eine Einflußgröße beschränkte. Dennoch
wird der Auslese potentieller Führungskräfte auch heute noch beträchtliche Aufmerksamkeit geschenkt, weil es zwar keine *generellen*
Führungseigenschaften gibt, aber dennoch bei bestimmten Aufgaben-
stellungen in bestimmten Organisationen eingrenzbare Persönlichkeitsvoraussetzungen mit Führungserfolg in Zusammenhang stehen.
Wird bei der Analyse des Führungsgeschehens die Zielerreichung in
den Mittelpunkt gerückt, so werden die dynamischen Abläufe innerhalb der Gruppe meist außer Acht gelassen; insbesondere die Akzep-
tierung oder Ablehnung von Führungsansprüchen und die freiwillige
und engagierte Gefolgschaft scheinen mit der Qualität der sozio-
emotionalen Beziehungen zusammenzuhängen — vor allem dann,
wenn durch die Art der Gruppenaufgaben oder -probleme dieser
Bereich vernachlässigt wird.

Während die Gruppendynamik vorwiegend die personalen Beziehungen des Führers mit den Geführten ins Zentrum rückt und den Führer als ein — wenngleich prominentes — Gruppen*mitglied* betrachtet, stellt der funktionale Ansatz primär die Analyse der Verhaltensanforderungen an die Führungsposition heraus. Ein Führer erringt und erhält seine Position, wenn er bestimmte Erwartungen erfüllt. Neben der globalen Aufteilung der Führungsfunktionen in „sozio-emotionale" und „aufgabenbezogene" gibt es differenzierte Kataloge der Führungsaufgaben: Ziele setzen, Situationen analysieren, Probleme lösen, Entscheiden, Planen, Organisieren, Koordinieren, Delegieren, Kontrollieren, Initiieren, Mitarbeiter auswählen und fördern, Gruppenstrukturen aufbauen und entwickeln, Informieren, Beurteilen, Verhandeln, Konflikte lösen, Repräsentieren und Symbolisieren. . . In diesen Funktionen findet sich — in Verhaltensbegriffe übertragen — die Verklärung der Führerposition wieder, die schon in der Great-Man-Theory dazu geführt hat, daß vor allem sozial hochbewertete Eigenschaften als notwendige Erfolgsvoraussetzungen genannt wurden.

Gemeinsam ist diesen beiden Ansätzen, daß der Führer im Mittelpunkt steht und alles Geschehen auf ihn bezogen ist. Die Einseitigkeit eines solchen Zugangs wird aufgehoben in neueren Konzeptionen, die vom Einflußbegriff ausgehen. Während früher Einfluß als asymmetrische und nicht umkehrbare soziale Beziehung gesehen wurde, gehen moderne Auffassungen davon aus, daß jede Einflußbeziehung eine Austauschbeziehung ist. Deshalb kommt bei dieser Betrachtungsweise den *Geführten* eine besondere Bedeutung zu: Wenn führen bedeutet, durch andere und mit anderen bestimmte Ziele zu erreichen, dann verdienen eigentlich diese „anderen" — und nicht der Führer — besondere Beachtung. Die Mitglieder einer sozialen Einheit werden in ihrem Verhalten, ihren Einstellungen und Leistungen von einer so großen Zahl organisationsinterner und -externer Bedingungen beeinflußt, daß auf den Führer nur ein kleiner — wenn auch keineswegs zu vernachlässigender Einflußanteil — entfällt. Auch wenn dies auf dem Hintergrund der früher üblichen Verherrlichung des „Führer-Prinzips" eine narzißtische Kränkung für viele in dieser Geisteshaltung Aufgewachsene sein mag, so eröffnet eine solche realistischere Betrachtungsweise vertiefte Einsichten in das Führungsgeschehen.

Weil (versuchter) Einfluß des Führers vor allem in seinen Verhaltensweisen gegenüber den Geführten sichtbar wird, hat die Untersuchung des Führungsverhaltens (bzw. Führungsstils) bei diesem Denkansatz

eine große Rolle gespielt. Dabei wurden zur Erfassung des Führungsverhaltens verschiedene methodische Vorgehensweisen eingesetzt.
Bei der *Beobachtung* von Führungskräften in Organisationen über-
raschten vor allem die hohen Zeitanteile, die auf „Kommunikation"
entfallen und die außerordentliche Zerstückelung des Arbeitsalltags
(häufige Unterbrechungen). Bei *Selbstberichtstudien* (Tagebuch-
methode) wurden diese Ergebnisse bestätigt und ergänzt durch die
Erkenntnis der Schwierigkeit, die Inhalte der Führungstätigkeit verläßlich zu bestimmen. Am häufigsten aber wurde die *Befragungs-
methode* eingesetzt, wobei in erster Linie die Unterstellten das Vorgesetztenverhalten beschreiben sollten. Bei diesen Studien wurden
meist hochstrukturierte Fragebögen in der Art des in der sog. Ohio-
Schule (Stogdill, Fleishman u. a.) entwickelten LBDQ, (Leadership
Behavior Description Questionnaire) verwendet. Es zeigte sich, daß
für die Geführten die 30—50 konkreten Verhaltensbeschreibungen,
zu denen Stellung genommen werden muß, keine voneinander unabhängigen Aspekte erfassen. Vielmehr wurden relativ wenige zusammenfassende Dimensionen des Führungsverhaltens gefunden: Am
häufigsten wird eine Zwei-Faktoren-Lösung berichtet, derzufolge
Führung sich aufspaltet in die voneinander unabhängigen Dimensionen „mitarbeiterbezogenes Verhalten" (Zuwendung, Freundlich-
keit, Vertrauen, Wärme, zweiseitige Kommunikation, Fürsorge,
Rücksichtnahme) und „aufgabenbezogenes Verhalten" (Strukturierung, Initiative, Organisation, Aktivierung, Motivation und Kontrolle). Es wurde bei diesen Untersuchungen außerdem deutlich, daß
ein und derselbe Vorgesetzte von seinen verschiedenen Mitarbeitern
unterschiedlich beschrieben wird. Es gibt somit *das* (einheitlich er-
lebte) Führungsverhalten nicht — vielleicht, weil sich der Vorgesetzte
gegenüber jedem Mitarbeiter anders verhält und/oder weil die Mitarbeiter jeweils unterschiedliche Bezugssysteme haben, mit denen sie
das Verhalten ihres Vorgesetzten bewerten.
Diese Erkenntnisse hatten auch Auswirkungen auf die Diskussion
über den optimalen „Führungsstil". Dieser Ansatz geht ja von den
Voraussetzungen aus, daß jeder Vorgesetzte eine charakteristische
Eigenart („Stil") seines Führungsverhaltens aufweist, daß er dieses
Verhalten konsequent durchhält und daß er damit die Zielerreichung
beeinflußt. Die Ergebnisse der Führerverhaltens-Beschreibung haben
gezeigt, daß es — auf der Verhaltensebene — unmöglich ist, *den*
einheitlichen Führungs-Stil nachzuweisen. In kontrastierender Vereinfachung werden meist „kooperativer" (bzw. demokratischer) und
„autoritärer" Stil unterschieden, wobei verschiedene Unterschei-

dungsmerkmale angeführt werden. Kennzeichnend für den „autoritären" Pol sind: Konzentration der Entscheidungsgewalt beim Führer; klare, einengende Strukturierung der Gruppenaufgaben durch den Führer; distanzierte Haltung des Führers und geringe Beteiligung an den Gruppenaktivitäten; enge Kontrolle; personalisierende externe Motivation.

Wenn in Feldstudien gefunden wurde, daß erfolgreiche Organisationen „kooperativ" geführt werden, dann sagt dieses Ergebnis nichts über die Kausalrichtung aus; denn es könnte ja sein, daß kooperativ geführt wird, *weil* man erfolgreich ist (und nicht, daß der kooperative Führungsstil zum Erfolg führte!). Experimentelle Studien, in denen bis auf die Bedingung „Führungsstil" alle anderen Einflüsse konstant gehalten wurden, konnten jedenfalls nicht nachweisen, daß kooperative Führung der autoritären überlegen ist, sofern es um „Leistung" geht. Eine solch zusammenfassende Feststellung ist jedoch wenig informativ, weil sie abstrahiert von den vielen Zusatzbedingungen, die im konkreten Fall die Ergebnisse beeinflussen. Es ist kennzeichnend für die modernen Forschungsansätze, daß sie sich nicht auf die globale Variable „Führungs-Stil" beschränken, sondern weitere Bedingungen berücksichtigen (z. B. Art der Aufgabe, emotionale Beziehungen zwischen Führer und Mitgliedern, Fähigkeiten und Erwartungen der Geführten, Zeitdruck usw.). Beispiele solcher „Kontingenz-Modelle" stammen von *Fiedler* (1967) oder *Vroom & Yetton* (1973).

Darüber hinaus ist festzustellen, daß sich ein Führungs-Stil nicht als stimmiges *Verhaltens*-Muster beschreiben läßt (s. o.), weil die einigende Leitvorstellung, aus der heraus geführt wird, sich in verschiedenen Situationen in sehr unterschiedlicher Weise konkretisieren kann. Jedem Führungsstil liegen wertende Stellungnahmen zugrunde, die sich auf die Einstellung zur Aufgabe, auf das Menschenbild und auf die Zielvorstellungen des größeren organisatorischen und gesellschaftlichen Zusammenhangs beziehen. Die in vielen Wirtschaftsunternehmen entwickelten Führungsgrundsätze oder -philosophien und die Leitsätze der → *„Inneren Führung"* der Bundeswehr sind Beispiele für eine solche Einbettung der Führungsproblematik in übergreifende Normensysteme.

LITERATURHINWEISE

Campbell, J. P., *Dunnette*, M. D., *Lawler*, E., *Weick*, K., Managerial Behavior, Performance and Effectiveness, New York 1970.

Neuberger, O., Führungsverhalten und Führungserfolg, Berlin 1976.
Nieder, P. (Hrsg.), Führungsverhalten im Unternehmen, München 1977.
Stogdill, R. M., Handbook of Leadership, New York 1974.

OSWALD NEUBERGER

Führungssysteme

→ *Soldat und Technik.*

Der Begriff Führungssystem ist im allgemeinen Sprachgebrauch aufgetaucht, als die Bemühungen begannen, den militärischen Führungsvorgang als informatorischen Prozeß durch technische Hilfsmittel zu unterstützen. Führungssysteme gibt es aber, seit man von geplanten, geordneten militärischen Kampfhandlungen sprechen kann. Sie sind definiert als die Gesamtheit von Grundsätzen, Führungsorganisation und Führungsverfahren sowie von personellen und materiellen Mitteln, die die jeweils Entscheidungsbefugten befähigt, situationsgerechte Entscheidungen zu treffen, Entscheidungen in Aktionen umzusetzen und Aktionsabläufe zu überwachen.

Führen ist ein Umgehen mit Informationen. Unterstützt man einen derartigen Prozeß mit materiellen Hilfsmitteln, so kommt man zu einem Informationssystem. Enthält dieses System nicht nur Komponenten zur Informationsgewinnung, -übertragung und -darstellung, sondern auch zur Informationsverarbeitung, spricht man von einem rechnergestützten Informationssystem. Derartige Systeme werden im militärischen Bereich nach ihrem Verwendungszweck in zwei Kategorien eingeteilt:

— *Führungsinformationssysteme* für die Einsatzführung und das Alarmwesen. Der aus dem englischen Sprachbereich kommende, in die deutsche Fachsprache übernommene Ausdruck lautet: „Command, Control and Information Systems" (CCIS).

— *Fachinformationssysteme* für die Unterstützung sowie für die militärische und zivile Administration. Englische Bezeichnung: „Management Information Systems" (MIS).

Systeme der ersten Kategorie werden vielfach vereinfachend als „Führungssysteme" bezeichnet.

Die Notwendigkeit, den Führungsprozeß mit modernen technischen Mitteln der Informationsgewinnung, -übertragung, -verarbeitung und -darstellung zu unterstützen, ergibt sich aus der in der Vergangenheit erfolgten schnellen Entwicklung der Waffen und Sensortechnik in bezug auf Geschwindigkeit, Reichweite, Genauigkeit und Wirkung.

Aus Waffen und Geräten wurden Waffensysteme, bei denen der Prozeß der Zielauffassung (Sensoren), Waffenausrichtung und ggf. -lenkung (Raketen) weitgehend automatisiert wurde. Die ersten Führungssysteme für die Einsatzführung wurden folgerichtig an diesen Waffensystemen orientiert, d. h. sie koordinieren den Einsatz mehrerer Waffensysteme und werden deshalb auch ,,Waffeneinsatzsysteme" genannt (z. B. Luftverteidigung NADGE, Führung auf Kampfschiffen, Artillerie-Feuerleitung). Die Vielfalt dieser Entwicklung hat das taktische Konzept des ,,Kampfes verbundener Waffen" möglich gemacht, das ein Höchstmaß an Führungsleistung erfordert. Es geht dabei um die Führung ganzer Verbände und Truppenteile im Einsatz. Ein rechtzeitiges und angemessenes Handeln und Reagieren des militärischen Führers in einem modernen Kampfgeschehen setzt voraus, daß er die quantitativ und qualitativ wichtigen Informationen zeitgerecht erhält. Die mit der Entwicklung der Waffentechnik wachsende Menge dieser Informationen und die Geschwindigkeit ihrer Veränderungen haben dazu geführt, daß ihre Weiterleitung mit Hilfe der normalen Fernmeldemittel (Fernsprechen, Fernschreiben) und das Aufbereiten und Darstellen durch Menschen nicht mehr geeignet sind, insbesondere auf den Ebenen von der Brigade (Geschwader) an aufwärts, ein zutreffendes Bild von der Lage auf dem Gefechtsfeld zu vermitteln und dem militärischen Führer die Möglichkeit zu geben, steuernd einzugreifen. Führungsinformationssysteme werden entwickelt, um diese Führungsfähigkeit wieder herzustellen.

Ein solches System hat die Aufgabe, den kontinuierlichen Fluß von Informationen der verschiedensten Art nach vorgegebenen Kriterien in ausgewählte, führungsrelevante Informationen umzuwandeln und mit möglichst geringem Zeitverlust bereitzustellen. Daraus ergeben sich eine Vielfalt von EDV-technischen Problemen.

Die Informationen (z. B. über die Feindlage, eigene Lage, Versorgungslage usw.) müssen möglichst nahe an ihrem Aufkommensort erfaßt und möglichst zeitverzugslos an die Auswertestellen und Kommandostäbe gebracht werden, wo sie für die Entscheidungsfindung benötigt werden. Da die militärische Hierarchie aus mehreren Entscheidungsebenen mit verschiedenen Verantwortungsbereichen besteht, die Ebenen selbst wieder nach Aufgaben und Funktionen organisatorisch gegliedert sind, gibt es ein Netz von Informationsverbindungen, in dessen Knoten (Stäbe, Stabszellen) die Informationen (Meldungen) ausgewertet (verglichen, verdichtet, gefiltert usw.) und entweder an die höheren Kommandostäbe in so bearbeiteter Form weitergegeben, an benachbarte Stäbe verteilt oder in Befehle und Aufträge umgewandelt werden, die im gleichen Netz der Hierarchie entsprechend weitergegeben werden. Um diesen komplizierten und vielschichtigen Informationsprozeß mit den Mitteln der elektronischen Datenverarbeitung (DV) weitestgehend unterstützen zu können, werden die Informationen bei der Erfassung in eine für ihre Übertragung, Verarbeitung, Speicherung und Darstellung geeignete Form gebracht. Der Inhalt der Meldungen muß eindeutig, der Aufbau schematisiert sein. Das bisherige militärische Meldewesen erfüllt diese Forderungen bereits weitgehend. Für den effektiven Einsatz der EDV müssen die Meldungen aber nach fest vorgegebenen Formaten aufgebaut werden. Meldungen mit „freiem Text" sind Ausnahmefälle, die besonders behandelt werden müssen.

Ein Teil der Informationsquellen sind technische Sensoren wie Radargeräte, Funkempfänger und Peiler, Laser-Entfernungsmesser, Infrarot- und Nachtsichtgeräte, Kameras usw.. Die mit ihrer Hilfe gewonnenen Informationen werden automatisch in formatierte digitale Datentelegramme umgewandelt.

Abgesehen vom Inhalt sind die Informationen nach Umfang und Häufigkeit sehr verschieden. Es kann sich einerseits um die Verfolgung eines Luftzieles (relativ kurze Zielkoordinaten mit großer Häufigkeit), andererseits um Statusdaten über die Kampfbereitschaft einer Einheit (große Datenmenge z. B. nur einmal in 24 Std.) handeln. Sie unterscheiden sich weiterhin nach ihrer Vielfältigkeit und ihrem Geheimhaltungsgrad.

Ihre Speicherung geschieht unter dem Gesichtspunkt der Verfügbarkeit für den militärischen Führer; d. h. Datenbestände sind in Zusammenhang mit den Zugriffsmitteln (Tastaturen, Lichtgriffel, Rollkugel usw.) und Zugriffsmethoden (Dialogsprachen) so organisiert, daß sie entsprechend dem Bedarf der jeweiligen Situation kurzfristig bereitgestellt und/oder verändert werden können.

Da die Entscheidungen auf der Lagefeststellung und -auswertung basieren, kommt der Lagedarstellung eine besondere Bedeutung als Führungshilfsmittel zu. Je nach Art der Lageinformation ((Geo-) graphisch, Text- und Zahlenmaterial) und den Einsatzbedingungen (stationär, Land-Luft-Seefahrzeug) sind verschiedene Techniken (Zeichengeräte, Kathodenstrahlröhren, verschiedene Arten der Film-Entwicklung und Projektion, Laserstrahl-Ablenktechnik, Plasma, Leuchtdioden) entwickelt und eingesetzt worden.

Mit der Frage, inwieweit eine Entscheidung als eine Kette von logischen Folgerungen aus einem Satz von Ausgangsinformationen hergeleitet werden kann, was mit Hilfe eines entsprechenden Algorithmus durch die EDV-Anlage geschehen könnte, beschäftigt sich der Fachbereich der „Operations Research" (Unternehmens-/Planungsforschung). Bei einer Situation, bei der die relevanten Parameter begrenzt sind, kann ein EDV-System Entscheidungsvorschläge errechnen. Bei Gefechtsfeldsituationen (Kampf verbundener Waffen) ist die Zahl der Parameter enorm groß, die Eindeutigkeit nicht immer gegeben und der erforderliche Genauigkeitsgrad (der Feindinformation) vielfach nicht erreichbar.

Praktikable, in Führungsinformationssystemen für die Einsatzführung verwendbare Lösungen sind deshalb noch im Forschungsstadium.

LITERATURHINWEISE

Gaertner, H., Aktuelle Probleme der militärischen Elektronik, Teil III: Digitale elektronische Datenverarbeitung und ihre Verwendung in militärischen Führungssystemen, in: Wehrtechnische Monatshefte, H. 10/1968.

Getler, M., *LaFond*, Ch. D., *Powell*, C., *Glines*, C. V., *Heiman*, G., *Van Osten*, R., Command and Control in the 1970s, in: Armed Forces Management, Vol. 16, H. 10/1970.

Wust, H. und *Himburg*, L. F., Das militärische Führungssystem, Frankfurt/M. 1974.

Dictionary of Military and Associated Terms. Department of Defense, Joint Chiefs of Staff, Publ. 1.

NATO Glossary of Terms and Definitions for Military Use. AAP-6 (N), 1976.

EBERHARD MUNK

Fürsorge/Betreuung

→ *Berufsförderung, Freizeit, Innere Führung.*

A. Fürsorge

1. BEGRIFF. — Unter Fürsorge versteht man in der Bundeswehr im allgemeinen alle Maßnahmen und Bestrebungen im weitesten Sinne, die darauf ausgerichtet sind, dem Wohl der Soldaten und der zivilen Mitarbeiter sowie deren Familienangehörigen zu dienen. Die Sorge um das persönliche Wohl der Soldaten, Beamten, Arbeitnehmer und ihrer Familien ist eine zentrale Führungsaufgabe. Wie die Dienst- und Treuepflicht der Soldaten und der zivilen Mitarbeiter ihre Einstellung zu Bundeswehr und Staat prägt, so bestimmt die Fürsorge- und

Schutzpflicht des Bundesministers der Verteidigung dessen Verhältnis zu Soldaten, Beamten und Arbeitnehmern.

2. PROBLEMGESCHICHTE. — 2.1. Die Pflichten des Soldaten waren bereits relativ früh umfassend gesetzlich geregelt worden. Die ihm gewährten Rechte beschränkten sich jedoch allgemein auf Geld- und Sachbezüge. Die Sorge um das persönliche Wohl des Soldaten und seiner Angehörigen blieb dagegen bis in die neueste Zeit weitgehend im Ermessen des Vorgesetzten; sie wurde meist im Sinne einer patriarchalischen Verantwortung betrachtet. Es bedurfte einer langen Entwicklung, bis das Gedankengut der *Fürsorge*verpflichtung des Staates gegenüber dem Soldaten Eingang in die Rechtsnormen fand.
Die besondere Bedeutung der Fürsorgepflicht des Staates für das Dienst- und Treueverhältnis hat der Gesetzgeber nach dem Zusammenbruch der bisherigen staatlichen Ordnung als Folge des Zweiten Weltkrieges bei der Regelung der rechtlichen Stellung der Beamten herausgestellt, als er im Katalog der Rechte der Beamten die Pflicht des Staates (Dienstherrn) zur Fürsorge und zum Schutz der Beamten voranstellte. Die entsprechende Bestimmung des Beamtengesetzes ist 1956 in das Soldatengesetz übernommen worden.
2.2. In § 1 Abs. 1 des Gesetzes über die Rechtsstellung der Soldaten (Soldatengesetz) vom 19. März 1956 (SG) in der Neufassung der Bekanntmachung vom 19. August 1975 (BGBl. I S. 2273) ist zunächst nur festgelegt, daß ,,Staat und Soldaten durch gegenseitige Treue miteinander verbunden" sind, ohne den Inhalt der Treuepflicht des einen oder anderen Teils zu konkretisieren.
Aus dem Katalog der Pflichten und Rechte des Soldaten (§ 6 ff. a.a.O.) ergibt sich sodann, daß der Grundpflicht des Soldaten, ,,der Bundesrepublik treu zu dienen und das Recht und die Freiheit des deutschen Volkes tapfer zu verteidigen" (§ 7 SG) der Anspruch gegenüber dem Staat auf dessen Fürsorgepflicht besteht.
Nach § 31 SG hat der Bund ,,im Rahmen des Dienst- und Treueverhältnisses für das Wohl des Berufssoldaten und des Soldaten auf Zeit sowie ihrer Familien, auch für die Zeit nach Beendigung des Dienstverhältnisses, zu sorgen. Er hat auch für das Wohl des Soldaten zu sorgen, der auf Grund der Wehrpflicht Wehrdienst leistet". Diese Verpflichtung des Staates wird durch die vom Vorgesetzten nach § 10 Abs. 3 SG obliegende besondere Pflicht, ,,für seine Untergebenen zu sorgen", ergänzt.
2.3. Die bestehenden gesetzlichen Vorschriften (§ 31 SG für Soldaten, § 79 BBG für Beamte, § 618 BGB für Arbeitnehmer) normieren

zwar den Grundsatz, nicht aber den Umfang der Fürsorgepflicht im einzelnen. Aus dem Fehlen einer einschränkenden Aufzählung von Einzelpflichten muß daher gefolgert werden, daß Fürsorge stets und überall zu walten hat. Die herrschende Meinung in Literatur und Rechtsprechung bestätigt diese Auffassung. Die Fürsorge des Dienstherrn keinen Ermessensspielraum lassen, sind weitgehende Rechte gleichmäßig betreffenden gesetzlichen Regelungen sowie auch in Erlassen, Befehlen usw. im Einzelfall. Soweit die gesetzlichen Bestimmungen abschließenden Charakter haben, insbesondere dem Dienstherrn keinen Ermessungsspielraum lassen, sind weitergehende Rechte und Ansprüche der Soldaten auch nicht aus der Fürsorgepflicht des Dienstherrn herzuleiten. In der Praxis und als Grundlage für die im Einzelfall zu treffende Entscheidung kommt der Fürsorge deshalb nur dort gestaltende Bedeutung zu, wo keine oder nur unvollständige allgemeinverbindliche Regelungen vorliegen. Die eigentliche Funktion der Fürsorge als gestaltendes Prinzip für die Hilfen im Einzelfall wird durch vorhandene Gesetze, Interessenabwägung, Haushaltsmittel und Eigenverantwortung abgegrenzt.

Zum Wesen der Fürsorgepflicht gehört es, daß der Dienstherr sich im Rahmen seiner Rechtsbeziehungen zum Soldaten nicht nur an die gesetzlichen und sonstigen Vorschriften hält, sondern daß er sich bei allen Handlungen und Maßnahmen vom Wohlwollen dem Soldaten gegenüber leiten läßt und stets bemüht ist, ihn vor Nachteilen und Schaden zu bewahren (BVerwG E 44, 27 = RiA 1973, 208 zu § 79 BBG). Der sich aus der Fürsorgepflicht des Bundes ergebende Anspruch des Soldaten ist in erster Linie auf Erfüllung gerichtet (sog. Fürsorgeerfüllungsanspruch). Da der Bund eine juristische Person ist, obliegt die Wahrnehmung der Fürsorgepflicht allen Personen, denen er sich bei der Erfüllung nach § 31 SG bedient, insbesondere den Vorgesetzten. Die nach § 10 Abs. 3 bestehende besondere Fürsorgepflicht des Vorgesetzten schließt nicht aus, daß diese zugleich auch Pflichten des Dienstherrn aus § 31 SG wahrnehmen können (BDH E 6, 189; BVerwG Buchholz Nr. 4 zu § 31 SG = NZWehrr 1974, 73).

Der Gesetzgeber hat dadurch dem Vorgesetzten eine weittragende Verantwortung auferlegt und sichergestellt, daß ausgewogene menschliche Beziehungen zwischen „Vorgesetzten" und „Untergebenen" geschaffen werden können. Damit wird ein gewisser Ausgleich zu der dem militärischen Vorgesetzten eingeräumten Befehlsgewalt erreicht, indem der Vorgesetzte gezwungen ist, bei seiner Willensbildung stets das Wohl und Wehe seiner Untergebenen im Auge zu behalten. Diese Regelung berücksichtigt die Erfahrung, daß dort, wo Pflichten und Rechte des Soldaten nicht ausgewogen sind, Spannungen entstehen, die erhebliche Auswirkungen auf das gesamte innere Gefüge und damit auch auf den Kampf- und Einsatzwert der Truppe haben können. Diese Ausgewogenheit herzustellen, ist der Sinn der Sorgepflicht des Vorgesetzten. Ihre Erfüllung ist eine militärisch bedeutsame Aufgabe und ein wirksamer Beitrag zur Verwirklichung der Grundsätze der → *Inneren Führung* in der Bundeswehr.

3. AKTUELLE STELLUNGNAHME. — Der Bundesminister der Verteidigung schenkt den Fragen der Fürsorge und Betreuung besondere Beachtung. Zur Weiterentwicklung und Verbesserung des Angebots an Sozial- und Fürsorgeleistungen wurde mit Wirkung vom 3. Januar 1972 im Bundesministerium der Verteidigung eine Sozialabteilung gebildet, in der alle Arbeitsgebiete vereinigt sind, die Berührung zu sozialrelevanten Fragen haben. Der Leiter der Sozialabteilung ist zugleich der Beauftragte des Ministers für die ihm obliegende Truppenfürsorge; die gesetzliche Pflicht des militärischen Vorgesetzten zur Truppenfürsorge bleibt unberührt.

Die Sozialabteilung soll nach dem Willen des Bundesministers der Verteidigung
— die sozialen Verhältnisse in der Bundeswehr übersichtlich ordnen,
— das Personalgefüge durch verbesserte Aus- und Fortbildung den Strukturen der Leistungsgesellschaft anpassen,
— durch beides mehr Attraktivität erreichen.

Nachstehend werden die besonders wichtigen Fürsorgemaßnahmen und Sozialleistungen des Dienstherrn im einzelnen dargestellt:

3.1. Die *Sozialberatung* in der Bundeswehr hat das Ziel, dem Soldaten den Übergang in das Zivilleben zu erleichtern. Sie ermöglicht ihm bereits während der Dienstzeit einen allgemeinen Überblick über Ansprüche und Leistungen nach Ablauf der Dienstzeit und versetzt ihn in die Lage, im Einzelfall Vorsorgemaßnahmen zu treffen. Dem gleichen Zweck dient die Beratung der Hinterbliebenen verstorbener Soldaten.

3.2. Im Rahmen der *Familienfürsorge* haben Soldaten und ihre Familienangehörigen Anspruch auf Beratung durch Sozialarbeiter in persönlichen und familiären Einzelangelegenheiten, insbesondere bei Krankheits-, Geburts- und Todesfällen, bei Versetzungen, Familientrennungen, persönlichen oder wirtschaftlichen Notlagen.

3.3. Die *Fürsorge in Krankheitsfällen,* die *Tuberkulosehilfe* und die *Fürsorge für Schwerbehinderte* ist in besonderen Erlassen des BMVg geregelt. Gleiches gilt für die mit Todesfällen von Soldaten zusammenhängenden Fürsorgemaßnahmen.

3.4. Zu den weiteren *allgemeinen Fürsorgemaßnahmen*, die für den Soldaten getroffen worden sind, zählen die *Fahrkarten für Urlaubsreisen von Soldaten* (Bundeswehrurlauber-Fahrkarten) und die Fahrkarten für Familienheimfahrten. Hierzu gehören ebenfalls die Regelungen über die zusätzliche Lebensversicherung für Berufssoldaten und Soldaten auf Zeit, die Versicherung für Kraftfahrer der Bundeswehr und die Werk-, Schul- und Fürsorgefahrten mit bundeswehreigenen Kraftfahrzeugen. Schließlich zählt dazu die Fürsorge für Studienbewerber, die gedienten Studienbewerbern die durch Ableistung des Wehrdienstes beim Zugang zum Hochschulstudium entstehenden Nachteile ausgleicht.

3.5. Hierzu gehören auch der große Bereich des Betriebsschutzes, des Arbeitsschutzes, des Unfallschutzes und des Umweltschutzes.

3.6. Die Sozialleistungen für Soldaten umfassen das Gebiet der *Unterhaltssicherung* nach dem Unterhaltssicherungsgesetz, ferner die *Soldatenversorgung* und die *Dienstzeitversorgung* nach dem Soldatenversorgungsgesetz sowie die *Beschädigtenversorgung* und die gesetzlichen Maßnahmen der *Rehabilitation*.

3.7. An Fürsorgeleistungen als *finanzielle Hilfen* für Soldaten sind zu nennen:
Beihilfen in Krankheits-, Geburts- und Todesfällen; *Unterstützungen* und *Vorschüsse* in besonderen Fällen zur Überbrückung außergewöhnlicher Notlagen, *Billigkeitszuwendungen* bei im Dienst erlittenen Sachschäden, *Fahrkostenzuschüsse* für die regelmäßige Fahrt zwischen Wohnung und Dienststätte (nur für Angehörige niedriger Einkommensgruppen), *Schulbeihilfen* und Kinderreisebeihilfen sowie Beiträge für Wohnungsbeschaffungen und die *Wohnungsfürsorge* des Bundes.

3.8. Schließlich ist noch die Gewährung von Vorschüssen und Darlehen zur Bestreitung der Rechtsverteidigung von Soldaten zu erwähnen, gegen die wegen einer dienstlichen Verrichtung Strafverfahren eingeleitet werden.

B. *Betreuung*

1. BEGRIFF. — Die Maßnahmen, die der Sorge um das Wohl des Soldaten und seiner Familie dienen und ihre Rechtsgrundlage in der Fürsorgepflicht des Dienstherrn und der Sorgepflicht des Vorgesetzten haben, werden ergänzt durch die Leistungen der Betreuung. Aus Gründen der Fürsorge ist es erforderlich, den besonderen Eigentümlichkeiten des soldatischen Dienstes (z. B. 24-Stundendienst, Nacht-

ausbildung, Wach- und Bereitschaftsdienst, Dienst in abgelegenen
Standorten) dadurch Rechnung zu tragen, daß besondere dienstliche
und außerdienstliche Betreuungseinrichtungen zur Verfügung gestellt
werden.

2. AKTUELLE STELLUNGNAHME. — Die Betreuungsmaßnahmen
sind darauf gerichtet, ein gedeihliches Zusammenleben in der Gemeinschaft zu fördern und den kasernierten Soldaten vor einer inneren und äußeren Isolierung zu bewahren. Durch Maßnahmen der Frei-
zeitgestaltung und der Bildungspflege soll dem Soldaten nach persönlicher Neigung und Veranlagung die Möglichkeit gegeben werden, als
Staatsbürger in Uniform am Leben der zivilen Gesellschaft soweit
wie möglich teilzunehmen. Die Betreuungsmaßnahmen umfassen in
gleicher Weise die zivilen Mitarbeiter, wenn diese den bundeswehr-
eigentümlichen Dienstverrichtungen unterworfen sind.
Zu den wichtigsten Betreuungseinrichtungen zählen:
a) Mannschaftsheime — Sie dienen insbesondere der Erholung,
Unterhaltung und der Pflege der Kameradschaft. Die damit verbundenen Wirtschaftsbetriebe versorgen die Soldaten mit Gebrauchs-
artikeln des täglichen Bedarfs sowie mit Getränken, Lebens- und
Genußmitteln zu niedrigen Preisen. Sie werden von einem Heimbetriebsleiter (früher Kantinenpächter) bewirtschaftet.
b) Offizier- und Unteroffizierheime — Es handelt sich um Einrichtungen, die außer für dienstliche Veranstaltungen (Vorträge, Plan-
spiele, Besprechungen, Unterricht) auch Personengruppen für gesel-
lige Zusammenkünfte und Einzelpersonen für eine Benutzung in der
→ Freizeit zur Verfügung stehen. Sie werden grundsätzlich eigen-
bewirtschaftet. Diese Heime werden durch Heimgesellschaften betrieben (Eigenbewirtschaftung) oder durch Heimbetriebsleiter mitbe-
wirtschaftet.
c) Soldatenheime — Sie befinden sich im Gegensatz zu den Offizier-,
Unteroffizier- und Mannschaftsheimen im allgemeinen außerhalb der
Kasernenanlage, werden nur in besonders betreuungsbedürftigen
Standorten errichtet und dienen sowohl einer sinnvollen Freizeit-
pflege als auch der Pflege von Beziehungen zur Zivilbevölkerung
durch gesellschaftliche, bildende und kulturelle Veranstaltungen.
d) Truppenkinos — In abgelegenen oder besonders zu betreuenden
Standorten sind Truppenkinos eingerichtet worden, die an private
Unternehmer — meist als Zweitbetriebe — nach bestimmten Richtlinien verpachtet werden.
e) Friseurstuben — Sie sind in nahezu allen Kasernen der Bundes-

wehr vorhanden und werden von den örtlichen Standortverwaltungen an selbständige Friseure verpachtet.

f) Bordkantinen — Sie versorgen die Besatzungen von Schiffen und Booten der Bundeswehr mit Getränken, Genußmitteln und Waren des täglichen Bedarfs. Es handelt sich um dienstlich betriebene soziale Betreuungseinrichtungen des Bundes, die nach kaufmännischen Grundsätzen geführt werden.

1974 ist ein Programm zur wohnlicheren Gestaltung der Mannschaftsheime angelaufen, das fünf bis sechs Jahre dauern und etwa 40 Millionen DM kosten wird.

Zu den Betreuungseinrichtungen zählen ferner die in allen Kasernen vorhandenen Kfz-Pflegehallen (Hobby-Shops), in denen die Soldaten ihre privaten Kraftfahrzeuge warten können. Ebenfalls in allen Truppenunterkünften werden Saunen gebaut, möglichst zusammen mit Schwimmhallen oder in Verbindung mit entsprechenden Heimen.

Zu den außerdienstlichen Betreuungseinrichtungen im weiteren Sinne gehört das *Bundeswehr-Sozialwerk e. V.* Diese Selbsthilfeeinrichtung aller Bundeswehrangehörigen ergänzt die dienstlichen Fürsorgebestrebungen durch zusätzliche Maßnahmen, insbesondere auf dem Gebiet der Kinder-, Mütter- und Familienfürsorge. Mitglied im Bundeswehr-Sozialwerk sind z.Z. etwa 88.000 Soldaten und zivile Mitarbeiter der Bundeswehr.

LITERATURHINWEISE

Buchstaller, W. u. a. (Hrsg. in Zusammenarbeit mit dem BMVg), Taschenbuch für Wehrfragen 1974/75, Frankfurt/M. 1975.

Hedde, K.-P. und *Fischer*, E., Betreuung und Fürsorge in der Bundeswehr, Hamburg 1969.

Rott, W., 3 Jahre Sozialabteilung im BMVg, in: Der Bundeswehrbeamte, H. 2/1975

Scherer, W., Kommentar zum Soldatengesetz und zur Vorgesetztenverordnung, München 1976.

Weißbuch 1973/1974, Zur Sicherheit der Bundesrepublik Deutschland und zur Entwicklung der Bundeswehr, Bonn 1974.

Broschüre „Die Sozialabteilung im Bundesministerium der Verteidigung", hrsg. vom BMVg., Bonn 1975.

HERBERT LAABS

Infrastruktur

→ *Ausbildung/Bildung, Bundeswehrverwaltung, Militär und Ökonomie, Militarismus, Zivile Verteidigung.*

1. BEGRIFFSBESTIMMUNG. — Der Begriff Infrastruktur (I.) fand
durch seine Verwendung im militärischen Bereich Eingang in den
wirtschaftlichen Sprachgebrauch. Er kennzeichnet alle öffentlichen
Investitionen, die Voraussetzung für die Funktionsfähigkeit hoch-
industrialisierter Volkswirtschaften sind.
Die *materielle I.* umfaßt (a) an bestimmte Orte gebundene Einrichtungen der Landesverteidigung, der Energie- und Wasserversorgung,
der Entsorgung, der Ausbildung und Kultur, der Forschung, des Gesundheitswesens, der öffentlichen Verwaltung (Punkt-I.) sowie
(b) Anlagen, die Teilräume verkehrlich verbinden, wie Straßen,
Schienen- und Schiffahrtswege, Energie-, Wasser- und Telefonleitun-
gen (Band-I.). Materiellen wie immateriellen Charakter hat die *personelle I.* Sie bezeichnet die Zahl und Eigenschaften von Menschen,
die zur Funktionsfähigkeit einer Volkswirtschaft beitragen. Die vom
Wesen her immaterielle *institutionelle I.* gibt den rechtlichen und
organisatorischen Rahmen des ökonomischen und sozialen Lebens
ab.
Eine eindeutige Trennung zwischen *ziviler* und *militärischer I.* ist
nicht immer möglich, weil beide ineinander übergehen. Der militärische Sprachgebrauch definiert I. (materiell!) als: ,,Ortsfeste Objekte und Anlagen, die ihrem Wesen und ihrer Bestimmung nach
unmittelbar oder mittelbar der Landesverteidigung dienen". Die
materielle militärische I. im engeren Sinne umfaßt Anlagen für die
Kampfführung (z. B. Flugplätze, Marinestützpunkte, Raketenstellun-
gen) sowie Einrichtungen für Unterbringung, → *Ausbildung* und Versorgung der Truppen (z. B. Unterkünfte, Schulen, Lazarette, Übungsplätze). Im weiteren Sinne zählen dazu zivile Verkehrs- und Versor-
gungsanlagen von militärischem Interesse (z. B. Straßen, Eisenbah-
nen, Luftverkehrsanlagen, Wasser-, Schiffahrts- und Energieanlagen).
Zur personellen I. der Bundeswehr gehören u. a. der Ausbildungs-
stand und der Verteidigungswille der Soldaten. Die institutionelle I.
wird insbesondere bestimmt durch die Eignung der militärischen
Organisation und der Militärgesetze für eine größtmögliche Erfüllung
von Verteidigungsbereitschafts- und Verteidigungswirksamkeits-
zielen.

2. EIGENSCHAFTEN. — Die materielle, personelle und institutionelle militärische I. wird durch jeweils unterschiedlich ausgeprägte Eigenschaften gekennzeichnet. Diese sind insbesondere ihre Grundfunktion in der Volkswirtschaft, ihr Investitionscharakter, ihre lange Ausreifezeit und Nutzungsdauer, die Standortgebundenheit sowie die Existenz externer Effekte. Die *Grundfunktion* der militärischen Infrastruktur als eine der wichtigsten Voraussetzungen für die Leistungsfähigkeit von Streitkräften ist in ihrem mittelbaren Beitrag zum Schutz der volkswirtschaftlichen, gesellschaftlichen und politischen Stabilität zu sehen.

Der *Investitionscharakter* der militärischen I. zeigt, daß sie langfristig Kapital bindet. Dies gilt für die materielle, personelle und institutionelle I., wenngleich bei den letzten beiden Formen die investiven Aufwendungen i. a. schwer oder nicht zu messen sind. Der investive Charakter der personellen I. zeigt sich auch darin, daß die Bundeswehr bei Berufs- und Zeitsoldaten langfristige Verträge eingehen muß, die nur mit Schwierigkeit wieder gelöst werden können.

Die materielle militärische I. erfordert langfristige Planungsarbeiten, da bei der hohen Kapitalintensität infrastruktureller Anlagen inadäquate Entscheidungen Kapitalfehlleitungen auslösen können. Der aus der Kapitalintensität resultierende große Kapitalbedarf und die mit infrastrukturellen Anlagen verbundene Vielzahl an externen Effekten bewirken, daß eine große Zahl von Institutionen und Personen an der Genehmigung zum Bau der Anlagen beteiligt ist, was eine *lange Ausreifezeit* mit sich bringt. Der schnelle Vollzug von I.-Maßnahmen ist auch häufig aus technischen Gründen unmöglich.

Die *Nutzungsdauer* der materiellen I. beträgt im Friedensfall Jahrzehnte. Im Verteidigungsfall ist es gerade die militärische I., auf deren Zerstörung sich der Gegner konzentriert. Die Nutzungsdauer von militärischer I. ist überdies nicht allein abhängig vom natürlichen Verschleiß, sondern ebenso von dem im militärischen Bereich relativ schnellen technischen Altern. Lange Nutzungszeit haben auch die Bildungsinvestitionen der Streitkräfte. Dies gilt auch für Wehrpflichtige, deren Kenntnisse im späteren Verteidigungsfall genutzt werden müssen. Ebenso sind Organisationsformen und der rechtliche Rahmen der Bundeswehr häufig das Ergebnis einer in vielen Jahren gewonnenen und bewährten Erfahrung.

Die Eigenschaft der *Standortgebundenheit* gilt nur für die materielle I. In Einzelfällen kann diese jedoch transportfähig sein, ohne damit den Charakter einer I. zu verlieren.

3. WIRKUNGEN. — Externe Effekte militärischer I. können innerhalb von Regionen bestimmten Industrie- und Gewerbebranchen, wie auch Gemeinden und Einzelpersonen zugute kommen. Die wichtigsten Wirkungen der im folgenden primär auf die materielle I. beschränkten Ausführungen sind die erwähnten Schutzeffekte, Bodennutzungs-, Einkommens-, Anreiz-, Struktureffekte und soziale Effekte.

Der *Bodennutzungseffekt* zeigt die Veränderung der Flächennutzung in einer Region nach dem Vollzug einer I.-Maßnahme an. Die I.-Maßnahmen der Bundeswehr können eine große Fläche beanspruchen, insbesondere wenn bestimmte Flächen Schutzbereiche erfordern (z. B. Flug- und Übungsplätze, Munitionsdepots). Die mit der Landinanspruchnahme verbundenen Änderungen und Beschränkungen der Nutzungsmöglichkeiten von Flächen beeinflussen die Raumordnung eines Gebietes und verändern i. a. die örtlichen Lebensverhältnisse. Für Verteidigungsanlagen werden in der Regel dünn besiedelte, wirtschaftlich schwach entwickelte Gebiete bevorzugt. Militärische Überlegungen decken sich dann mit Erhaltungs- und Entwicklungszielen der Raumordnung, die mit der Errichtung militärischer I. die wirtschaftliche Stärkung dieser Gebiete und eine Entlastung der Ballungsräume anstreben. Eine Anpassung an Ziele der Raumordnung ist auch wegen der hohen Beweglichkeit der Truppen möglich, durch die die Garnisonen weniger standortabhängig sind. Für Truppenübungsplätze werden landwirtschaftlich ertragreiche Flächen gemieden, da die Bodenzerstörung durch militärische Fahrzeuge hohe Investitionen erfordert, um das ökologische Gleichgewicht zu sichern. Gebiete mit militärischen Niederlassungen sind daher häufig Indikator für schlechte Böden. Die mit I.-Maßnahmen verbundene Landinanspruchnahme sollte die Landschaftspflege und den Naturschutz berücksichtigen.

Militärische I.-Maßnahmen schaffen direkt Einkommen. Indirekt gehen auch von den noch zu behandelnden Anreizwirkungen *Einkommenseffekte* aus. Bei der Gründung einer Garnison stellen Bundeswehraufträge zunächst für das Baugewerbe eine Initialzündung dar. Einkommenseffekte im Bausektor ergeben sich auch aus den Bundesfinanzhilfen für Einrichtungen, die zur militärischen I. im weiteren Sinne und zur Grundausstattung von Gemeinden zählen (wie z. B. Schulen, Kindergärten, Krankenhäuser und Entsorgungsanlagen). Weitere Einkommenseffekte resultieren aus der Schaffung von Arbeitsplätzen: In vielen Garnisonsgemeinden ist die Bundeswehr mit ihrer Standortverwaltung der größte Arbeitgeber. Zur Versorgung von baulichen Einrichtungen und Soldaten sind Materialien und Verpflegungsgüter erforderlich, die den Umsatz des örtlichen Gewerbes und Einzelhandels erhöhen können. Zur Umsatzvermehrung führen auch die Einkommen der zugezogenen Soldaten. Soweit in kleinen Gemeinden die Nachfrage nicht befriedigt wird, sind Einkommenseffekte nicht auf den Ort beschränkt, sondern strahlen flächenwirksam auf höherrangige zentrale Orte aus.

Die *Anreizeffekte* zeigen, wie I. die Standortbedingungen für Industrie, Gewerbe und Haushalte verändert. Die mit der Stationierung von Truppenteilen verbundenen Finanzhilfen des Bundes ermöglichen es erst vielen Gemeinden, die materielle I. auf einen zeitgemäßen Stand zu bringen. Teilweise können vorhandene I.-Einrichtungen erhalten werden (z. B. Eisenbahnlinien). Betriebe oder Haushalte können dadurch zum Bleiben, andere Einzelwirtschaften zur Niederlassung angeregt werden. Diese Tendenzen werden durch Einkommenswirkungen verstärkt. Die Stationierung von Truppenteilen sowie der Zuzug von Industrie- und Gewerbebetrieben und Haushalten bewirken Agglomerationsvorteile (z. B. Transport- und Fahrtkostenersparnisse), die die Standortgunst verbessern. Die militärische I. kann somit als Katalysator für gewerbliche und industrielle Entwicklung dienen.

Die Anreizeffekte sowie der Zuzug von Soldaten bewirken eine Reihe von *Struktureffekten*, die wiederum viele *soziale Effekte* nach sich ziehen. Struktureffekte betreffen die Zusammensetzung etwa der Industrie und des Gewerbes, der Beschäftigten sowie der Bevölkerung. In Bundeswehrgarnisonen liegt teilweise je nach Größe der Orte das Durchschnittsalter der Wohnbevölkerung unter und der Anteil der männlichen Bevölkerung über dem Landesdurchschnitt. Garnisonsgründungen haben einen raschen und für kleine Gemeinden kräftigen Einwohnerzuwachs zur Folge, was zu Eingliederungsproblemen führen kann. Die Integration der Bundeswehrbevölkerung ist häufig schwierig, weil sie in Lebensgewohnheiten und Konsumverhalten mehr der städtischen Bevölkerung ähneln und ihre Wohnungen in Bezirken außerhalb der übrigen Ortsbebauung liegen.

LITERATURHINWEISE

Arndt, H. und *Swatek*, D. (Hrsg.), Grundfragen der Infrastrukturplanung für wachsende Wirtschaften, (Schriften des Vereins für Socialpolitik, Bd. 58), Berlin 1971.
Düker, W., Probleme der Raumordnung bei der Beschaffung von Verteidigungsliegenschaften, in: Bundeswehrverwaltung, H. 6/1975.

Frey, R. L., Infrastruktur — Grundlagen der Planung öffentlicher Investitionen, Tübingen 1972 (2. Aufl.).

Jochimsen, R., Theorie der Infrastruktur, Tübingen 1966.

Kohler, E., Geographische Aspekte der Auswirkungen von Garnisonen auf ihre Gemeinden, in: Wehrwissenschaftliche Rundschau, H. 6/1976.

Oettle, K., Verbesserung der Infrastruktur — sowohl ein gesellschaftliches als auch ein ökonomisches Problem, in: Der langfristige Kredit, H. 10/1976.

DIETER WITT

Innere Führung

→ *Auftrag und Struktur der Bundeswehr, Ausbildung/Bildung, Befehl und Gehorsam, Bundeswehr und Tradition, Bundeswehr und Verfassung, Feindbild, Führung/Führungsstil, Mitbestimmung, Politische Bildung in der Bundeswehr, Soldaten und Politik, Wehrbeauftragter, Wehrrecht.*

„Die Grundsätze der Inneren Führung sind in Gesetzen, Erlassen und Dienstvorschriften festgelegt. Sie sind damit bindende Befehle" (ZDv 10/1, Vorbemerkung).

„Man sollte auf den Begriff Innere Führung verzichten. Die Bundeswehr muß sich endlich von diesem Problem, das gegenwärtig im Kern eigentlich nur ein historisches Problem zu sein braucht, befreien . . . Der Begriff Innere Führung ist heute lediglich nur noch ein Schlagwort" (Preuss 1976 unter Bezug auf Pöggeler 1975).

„Die Geschichte der Inneren Führung ist die Geschichte eines allgemeinen Unbehagens" (Fleckenstein/Vogt 1971).

Das Dilemma der Inneren Führung (IF) spiegelt sich in diesen Zitaten wider; da der Begriff „im Ansatz keine systematische Grundlegung erfahren hat" (Wehrbeauftragter 1968), bedarf eine Auseinandersetzung mit der IF zunächst einer Klärung des Entstehungszusammenhanges, einer Darlegung der Grundzüge der Konzeption wie seiner Gestaltung und abschließend einer Stellungnahme zur aktuellen Situation.

1. ZUM BEGRIFF. — Der Begriff der IF ist im Zusammenhang mit der Vorgeschichte der Bundeswehr, in der Dienststelle Blank entstanden. Davon ausgehend, daß „die Voraussetzungen für den Neuaufbau von denen der Vergangenheit so verschieden (sind), daß ohne Anlehnung an die Formen der alten Wehrmacht heute *grundlegend Neues*

zu schaffen ist" (Himmeroder Denkschrift 1950), daß die Bundeswehr „nicht die Fortsetzung der Wehrmacht" (Erler 1965) sein
dürfte, wurden die Grundsätze für eine Armee in der und für die
Demokratie in der Konzeption des „Inneren Gefüges" festgelegt.
Dieses Innere Gefüge (der Begriff IF entwickelte sich daraus) sollte
als geistige, politische und moralische Gesamtverfassung der Streitkräfte verstanden werden (P. v. Schubert 1969); es war der Versuch,
einerseits eine „demokratische Gesellschaft intellektuell und emotional mit einer im Grunde undemokratischen Institution zu versöh-
nen" (Mosen 1967) wie andererseits die „Übereinstimmung des militärischen Instruments mit seinem politischen → *Auftrag*" anzustreben
(Schmückle 1971).
Ausgehend von den Überlegungen, daß es eine kontinuierliche solda-
tisch-politische → *Tradition* aus historischen Gründen nicht geben
dürfe, daß die jüngste → *Militärgeschichte*, insbesondere die Auseinandersetzung mit den Geschehnissen des 20. Juli 1944, ein veränder-
tes internationales machtpolitisches Szenarium und veränderte
→ *Kriegsbilder*, als wesentliche Bestimmungsgröße aber die demokratische Industriegesellschaft und *ihre* → *Verfassung* eine Neubestimmung des Standortes des Militärs in Staat und Gesellschaft und des
→ *Berufes „Soldat"* erforderlich machten, ging es um eine normative
Leitvorstellung vom Soldaten in der Demokratie: Innere Führung ist
ein anderer Ausdruck für das Integrationsmodell des „Staatsbürgers
in Uniform".
Unter dem Primat der *demokratisch legitimierten* Politik stehend,
sollen Streitkräfte in der Demokratie in einer bewußten und positiven Hinwendung zu den Bedingungen dieser Gesellschaft nicht nur
funktionale, instrumentale Machtfaktoren einer politischen Führung
sein. Auch die Soldaten sollen aktiv als politische Bürger an der
Gestaltung dieser Politik mitwirken. Daß in der demokratischen Gesellschaft und in der militärischen Organisation dabei nicht in jeder
Beziehung deckungsgleiche → *Normen*systeme bestehen, ja teilweise
widersprechende Normanforderungen auf den einzelnen Soldaten zukommen, wird bewußt gesehen. Das Konzept des „Staatsbürgers in
Uniform" spiegelt diese Spannungen wider und schafft die Möglichkeit, diesen Konflikt auszuhalten. Die innere Freiheit des Einzelnen
soll vorbehaltlos respektiert werden; seine äußere Freiheit darf nur
dann und nur insoweit eingeschränkt werden, wie sie mit der soldatischen Aufgabe unvereinbar ist.
Entsprechend dieser Position wird das Verhältnis des Vorgesetzten
gegenüber den Untergebenen bestimmt; ausschließlich an den ratio-

nalen Erfordernissen der technisch bestimmten Funktionswelt orientiert und durch die grundsätzliche Aufrechterhaltung der Rechte als Staatsbürger eingegrenzt, definiert die IF die Menschenführung in den Streitkräften.

So kann — unter den vielfältigen Beschreibungen und Erklärungen bzw. Erklärungsversuchen des Begriffs IF — der Umfang der Konzeption der IF etwa wie folgt und vorläufig angegeben werden: unter Berücksichtigung der Entwicklung der → *Technik* und Waffenwirkung sind → *Kriege* und gewaltsame Auseinandersetzungen zwischen Nationen selbstmörderische und widersinnige Erscheinungsformen; allerdings sind Streitkräfte als Inhaber und Träger derartiger Machtmittel solange in freiheitlichen Ordnungen „notwendige Übel" (Baudissin 1969), bis durch adäquate → *Entspannungs*politik ihre Notwendigkeit abgebaut ist. Solange Streitkräfte aber notwendig sind, müssen sie funktional orientiert und technisch angepaßt gegliedert und gerüstet sein; dazu gehört neben der äußeren → *Führung*, der militärisch-organisatorischen Führung, auch eine dem Spannungsverhältnis Militär-Gesellschaft angemessene IF. IF *bezeichnet* also in unserer demokratischen Gesellschaft den Weg, die Bw und die Gesellschaft richtig einander zuzuordnen; sie *vollzieht* sich in einer „zeitgemäßen Menschenführung ... und in einer → *geistigen Rüstung"* (Baudissin, Freiherr-vom-Stein-Preisrede 1965). Ihr *Ziel* ist die Integration des Soldaten in die Gesellschaft als „Staatsbürger in Uniform".

2. ZUR ENTWICKLUNG DER IF. — Erste Überlegungen für den Neubeginn und Wiederaufbau von deutschen Streitkräften schlossen schon 1950 Fragen der geistig-moralischen-politischen Orientierung ein; die 1950 berufene Expertenkommission fügte ausführliche Überlegungen zum Inneren Gefüge ihrer „Himmeroder Denkschrift" ein. IF galt dieser Kommission und den → *Planern* der Bw als Komplement zur äußeren (taktisch-technischen) Führung, ja wie Heusinger 1953 hinzufügte, sogar als geistig höherstehendes Konzept.

Entscheidend geprägt haben den Begriff und seine Gestaltung bzw. Umsetzung die Generale Baudissin, Kielmansegg und de Maizière,, die 1965 dafür mit dem Freiherr-vom-Stein-Preis ausgezeichnet wurden. Organisatorisch wurde der Bereich IF im Amt Blank bzw. BMVtdg von einer Sektion bzw. Unterabteilung IF unter Leitung des Grafen Baudissin wahrgenommen.

Die Überlegungen dieser Sektion bzw. UA, die in vielen Gesprächen und Vorträgen Abgeordneten und Ausschüssen des Bundestages vor-

getragen wurden, mündeten in vielfacher Form in die → *Wehrgesetz-*
gebung und fanden insbesondere ihren Niederschlag im Gesetz über
den → *Wehrbeauftragten* und in einschlägigen Vorschriften der Bw,
in den Leitsätzen für die Erziehung des Soldaten und in den Grundsätzen der → *politischen* Unterrichtung, → *Ausbildung* und *Bildung.*
Dieser Gruppe der sog. „Reformer" galt die Konzeption der IF nur
als ein weiter auszudehnendes Minimum; anderen, insbesondere den
sog. „Traditionalisten", galt die Konzeption dagegen als notwendig
zu reduzierendes Maximum. Sie stellten die Unvereinbarkeit der
→ *Normen*systeme von Militär und umgebender Gesellschaft heraus,
um so die Armee als „Kampf-, Schicksals- und Notgemeinschaft"
(Schnez 1969) in eine sui-generis-Situation von der Gesellschaft ab-
zuheben. Der Primat der Politik solle nur gegenüber der oberen militärischen Führung gelten; die Gestaltung des Innenverhältnisses der
Streitkräfte sei — ohne politische Einflußnahme — alleinige Aufgabe
der Militärorganisation selbst; der überparteiliche Auftrag der Bw
verbiete zudem eine Beteiligung der Soldaten am politischen Geschehen; die wahre Absicht der Konzeption IF, getragen vom Mißtrauen gegen die Soldaten, sei ein „Staatsbürger im Ghetto" (Karst
1955). Diese Position reduziert IF auf beste → *Tradition* deutschen
Soldatentums, die nie veralte (Wessling 1969), auf „nichts anderes
als Menschenführung", wie es auch (leider und folgenreich) das
Handbuch Innere Führung des BMVg darstellt.
In der öffentlichen Diskussion um die „richtige IF" eskalierte die
Auseinandersetzung — die mit den Namen des Grafen Baudissin und
seines früheren Mitarbeiters und späteren entschiedenen Wider-
sachers Karst vor allem verbunden ist — von einer Denkschrift im
Jahre 1955 bis hin zu einer Verunglimpfung der sog. Reformer als
„Traumtänzer". IF galt höchsten militärischen Führern sogar nur als
Maske, die man aus Rücksicht auf die SPD angelegt habe. So verkam
das Konzept zu einer Ideologie, dessen Einzelaspekte gesetzlich
fixiert bzw. in Vorschriften umgesetzt waren, dessen komplexer Be-
gründungszusammenhang jedoch abgelehnt wurde, weil nicht die ausschließliche Beziehung auf den Ausnahmefall → *„Krieg"* dominant
ist (Karst 1969), sondern der Frieden als Ernstfall, Orientierung und
Bewährung gilt (Heinemann 1969).

3. ZUM INHALT VON IF. — Aufgrund der engen und verflochtenen
Begründung aller Bereiche, die IF als Konzeption umfassen soll, ist
eine Herauslösung und singuläre Betrachtung einzelner Aspekte der
IF unmöglich. Aus analytischen Gründen aber kann in drei grund-

sätzliche Betrachtungsebenen unterschieden werden: in die integra-
tive, die organisatorische und die individuelle Ebene der IF.

3.1. IF als Integration von Militär und Gesellschaft. — Unter jeweilig
verschiedener Betrachtung umfaßt die Integration von Militär und
Gesellschaft verschiedene und verschieden gewichtige Aspekte:

— *Die verfassungs- und gesetzmäßige Einbindung der Bw.* Aufgaben
und Wirkungsumfang der Bw sind durch das Grundgesetz und durch
die entsprechenden Gesetze (Soldatengesetz; Wehrpflichtgesetz;
Wehrbeauftragtengesetz u. a.) festgeschrieben. Entscheidend ist hierbei die Verankerung des *Primats einer demokratischen Politik*, die
sich auch in gesetzlichen Regeln für die Rechte und Pflichten des
Soldaten widerspiegeln.

— *Die politische und gesellschaftliche Legitimation der Bw.* Der
Primat einer demokratischen Politik umfaßt jedoch nicht nur Aspekte der rechtlichen Legitimation wie klare Regelungen des Ober-
befehls und des Aufgabenbereichs der Streitkräfte, sondern erfordert
auch eine angemessene Diskussion um die Aufgaben der Bw in der
→ *Öffentlichkeit.* Diese Anforderung beinhaltet einerseits die Notwendigkeit weitgehender Information der Bevölkerung durch die zuständigen Stellen (wie z. B. Regierungssprecher, Verteidigungsministerium, Parteien etc.) über die Konzeptionen der → *Sicherheitspolitik*, die → *Struktur* der Bw und die Problematik bewaffneter
Macht durch eine angemessene → *Öffentlichkeitsarbeit*, erfordert
aber auch die Offenheit zur Diskussion dieser Aspekte in Medien wie
zur argumentativen Auseinandersetzung in der Bevölkerung. Nur
dann, wenn durch Diskussion dieser Aspekte der Sicherheitspolitik
Öffentlichkeit hergestellt ist, besteht eine begründete Legitimation
für Streitkräfte und nur dann kann durch Wahlen — aufgrund politischer Programme auch zu sicherheitspolitischen Fragen — eine politische Legitimation für Streitkräfte dauerhaft gewährleistet werden.

— *Der Soldat als „Staatsbürger in Uniform".* Das Modell bzw. Leitbild des „Staatsbürgers in Uniform" beinhaltet zwei Integrations-
anforderungen. Einerseits legt es fest, daß dem Soldaten wie jedem
„zivilen" Bürger alle Möglichkeiten der politischen Teilnahme und
des politischen Engagements offenstehen. Auf der anderen Seite
definiert es Anforderungen an ein aufgeklärtes, politisch sensibles
Bewußtsein sowie Verhaltenserwartungen, insbesondere gegenüber
Soldaten mit Vorgesetztenverantwortung. Damit sind weitgehende
Forderungen vor allem an das → *Ausbildungs-* und *Bildungs*system
der Bw festgelegt.

— *Die soziale Herkunft der Soldaten.* Als wesentliches Merkmal der

Demokratisierung aller Lebensbereiche gilt gemeinhin die allgemeine Zugänglichkeit zu (insbesondere → *Elite-*) Berufen. An der → *Rekrutierung*, insbesondere der des Offizierkorps, kann gemessen werden, in welchem Umfang der → *Beruf „Soldat"* dem Anspruch der pluralistischen demokratischen Gesellschaft entspricht.

— *Die soziale Einbindung des Soldaten.* Ein wesentlicher Aspekt der Integration besteht darin, ob der Soldat — unabhängig von den Eigenheiten seines Berufes, die wiederum in entsprechender Form und in entsprechendem Umfang auch für andere Berufe kennzeichnend sind und von daher keine Sonderheit per se rechtfertigen — ein seiner Aufgabe entsprechendes Prestige erfährt, er sozial anerkannt und in die Kommunikation seiner privaten, zivilen Umwelt eingegliedert ist.

3.2. *IF als Problem der Organisation* — Die Revolution der → *Technik* und insbesondere ihre Auswirkungen auf die Organisation haben zur Folge, daß Streitkräfte mit ihrem inneren Organisations- und Kommunikationsgefüge auf diese Anforderungen reagieren müssen. Dies hat einerseits zur Folge, daß traditionelle Verhaltensmuster, wie sie sich im klassisch-militärischen Rahmen des → *Befehls und Gehorsams* abbildeten, zunehmend durch den funktionalistischen Weisungsanspruch des komplexen Mensch-Maschine-Systems abgelöst wurden und werden; diese Auflösung der traditionellen Hierarchie wird notwendigerweise begleitet durch einen angemessenen → *Führungsstil* zwischen Mitarbeitern. Neben diesem Aspekt der rein funktionalen Begründung muß andererseits den weitergehenden, gesellschaftspolitisch begründeten Ansprüchen nach erweiterter → *Mitbestimmung* und Mitverantwortung der einzelnen Rechnung getragen werden. Dazu muß eine diesen Erfordernissen angemessene Informations- und Kommunikationsstruktur verwirklicht werden, die von einer → *politischen Bildung*, die — jenseits dogmatisch-einseitiger Unterweisung — den pluralistischen Herkunfts- und Orientierungsmustern der Soldaten gerecht wird, begleitet werden muß; zeitgemäße → *Fürsorge-* und *Betreuungs*maßnahmen gehören weiterhin dazu.

3.3. *IF und Individuum* — IF erfordert zwar vor allem von Vorgesetzten eine eindeutige und bewußte Haltung gegenüber den Grundlagen der freiheitlich-demokratischen Rechtsordnung und ein *aktives* Eintreten für die Grundlagen von Gesellschaftsordnung und Streitkräften: denn solange „die führenden Leute nicht die veränderte Welt begreifen und die notwendigen Konsequenzen bejahen" (Baudissin 1955), solange kann auch das „freiheitliche Bild vom mündigen Menschen als Grundlage von Theorie und Praxis" (Baudissin 1969) sich nicht durchsetzen; der *un*politische, außerhalb der politischen Verantwortung stehende „besondere Bürger als Soldat" steht im Gegensatz zum Ideal des „Staatsbürgers in Uniform". Doch ist IF mehr als nur eine Vorgesetztenkonzeption: die bewußte Teilhabe am politischen Geschehen, die Wahrnehmung der demokratischen Rechte in und außerhalb der Streitkräfte und die Weiterentwicklung und Umsetzung gesellschaftlicher Normen in persönliche Verhaltensweisen im Dienst gehören geradezu zum Pflichtenkatalog *aller* Soldaten in der Demokratie.

4. ZUR AKTUELLEN SITUATION DER IF. − Aussagen zur Verwirklichung der Konzeption IF können nur partielle Richtigkeit haben; sie müssen generell sein, wenn sie das Konzept treffen sollen; sie können − als partialanalytische Ausschnitte aus der Wirklichkeit − nur einen begrenzten Rahmen umfassen, entweder personen- oder sachbezogene Aspekte darstellen; eine genauere Differenzierung z. B. bei der personenbezogenen Betrachtung nach Wehrpflichtigen, Zeitsoldaten, Offizieren und Reservisten ist aufgrund des in weiten Teilen fehlenden Forschungsstandes nicht möglich.

4.1. *IF als Integration von Militär und Gesellschaft* − Die Einordnung und Einbindung der Bundeswehr in die → *Verfassung* der Bundesrepublik ist weitgehend gelungen; ja, Kenner der politischen Situation schätzen diese *juristische Legitimation* als Kernbestand der IF ein; Probleme, die sich in diesem Zusammenhang dartun, haben keine bundeswehrspezifischen, sondern *allgemeine* Ursachen; sie beziehen sich auf Fragen nach dem Funktionsverlust des Parlaments, nach der Machtkonzentration in der → *Bürokratie* wie nach dem Stellenwert der → *Interessenvertretungen* im politischen Prozeß.

Zudem ist eine zureichende *politisch-gesellschaftliche Legitimation* der Bundeswehr noch keineswegs erreicht. Hohe Zustimmung bei demoskopischen Untersuchungen darf keineswegs mit politischer Legitimation verwechselt werden, zumal der Inhalt derartiger Befragungen meist weniger die Bundeswehr selbst und ihren → *Auftrag*, sondern eher ein unterschwelliges Sicherheitsgefühl der Bevölkerung anspricht. Das Fehlen einer weiterreichenden, interessierten, sachverständigen Diskussion in der → *Öffentlichkeit* über → *Sicherheitspolitik* und die Problematik von Streitkräften wird begleitet von einer wenig problembezogenen Darstellung der Bw in den Medien; diese lassen die Bw − von der → *Öffentlichkeitsarbeit* der Bw nicht ungern gesehen und mit Legitimation leicht verwechselt − eher als nationale

Katastrophenschutztruppe denn als bewaffnete Macht erscheinen. Dieser Darstellung folgt ebenso die häufig völlig unzureichende Darstellung der → *Bw* in der *Schule* bzw. in Schulbüchern. Ein mangelhaft ausgebildetes Verständnis von demokratischer Öffentlichkeit und ihren Implikaten führt seitens der Bw-Führung nicht selten zu unangemessenen Reaktionen gegenüber einer kritischen Auseinandersetzung mit der Bw.

Von einer gelungenen Integration kann in dem Teilbereich der politischen Partizipation gesprochen werden. Soldaten nehmen ihre politischen Rechte — teilweise eher und in weiterem Umfang als vergleichbare Berufsgruppen — wahr; insbesondere im kommunalpolitischen Bereich sind die Interessen der Soldaten weit vertreten.

Im internen Bereich der Bw sind die Normen der IF als Leitbild vom „*Staatsbürger in Uniform*" nur unzureichend verinnerlicht. IF reduziert sich hier auf eine Form „wohlwollenden Vorgesetztenverhaltens" und die vom Gesetzgeber und von politisch-militärischer Führung auferlegte Pflicht zur Abhaltung einer politischen Unterrichtung. Hier ist die zentrale Frage nach der → *Ausbildung* von Vorgesetzten als Voraussetzung erfolgreicher IF angesprochen: im Gefolge der *Bildungs*reform wurde eine Normierung der Ausbildungsziele für den Offizierbereich im Sinne der Konzeption der IF weitgehend erreicht; für den Bereich der → *Unteroffiziere* fehlt eine derartige Regelung noch in weiten Teilen. Schwachstellen der Umsetzung dieser Reformziele zeigen sich jedoch bereits jetzt deutlich und lassen — insbesondere im Bereich der Bw-Hochschulen — von einer mangelnden Identifikation mit elementaren Reformzielen wie z. B. dem sog. Anleitstudium sprechen. Die erkennbare Reduzierung der „allgemeinen" Bildungsanforderungen auf militärfachlich-handwerkliche Ziele hin kann für das Reformkonzept der → *Ausbildung/Bildung* im speziellen wie im allgemeinen für das Konzept der IF gefährliche Auswirkungen zur Folge haben.

Von der *sozialen Herkunft* der Offiziere kann keineswegs auf → *elite*spezifische → *Rekrutierungs*merkmale geschlossen werden. Bei den Wehrpflichtigen besteht dagegen eine Überrepräsentation der unteren Bevölkerungsschichten: die Ursachen hierfür sind wohl vornehmlich in bestehenden Regelungen wie z. B. dem → *Kriegsdienstverweigerungsverfahren* zu suchen.

Die *soziale Einbindung* der Soldaten ist nur partiell gelungen. Zwar nehmen Soldaten selbstverständlich am gesellschaftlichen Leben im Standort teil, doch ist der Beruf des Soldaten bei der Beurteilung seines Prestiges im Vergleich zu anderen Berufsgruppen unterbewertet. Die Verflechtung dieses Aspektes mit mangelnder öffentlicher Diskussion um den → *Beruf „Soldat"* und die → *Sicherheitspolitik* erscheint überdeutlich.

4.2. *IF als Problem der Organisation* — Teilbereiche der Umsetzung der IF sind durch gesetzliche Regelungen festgelegt: die innerbetrieblichen Regelungen wie Vorgesetztenverhälnis, Grußordnung, Disziplinarregelungen u. a. sind tendenziell auf eine technische Armee in einer demokratischen Umwelt bezogen; ebenso wird durch Erweiterung des Mitwirkungsrahmens der Vertrauensmänner den Tendenzen zu mehr → *Mitbestimmung* Rechnung zu tragen versucht. Eine konsequente Orientierung an den Anforderungen der technischen Arbeitswelt und der demokratischen Umwelt, wie deren Normierung steht noch aus. Sie darf nicht in ein technokratisch angepaßtes, „wohlwollendes Vorgesetztenverhalten" münden, sondern muß aus Notwendigkeit und Einsicht den Abbau traditioneller, nicht funktional gerechtfertigter Hierarchie mit allen Folgen und einen Mitarbeiter- → *Führungsstil* mit erheblich erweiterten Mitbestimmungsmöglichkeiten nach sich ziehen. Gleichermaßen zeigen sich bei der Bestandsanalyse der → *politischen Bildung* erhebliche Defizite bei der Umsetzung der sehr abstrakt angesetzten Zielvorgaben, insbesondere im Bereich der → *Ausbildung* derer, die die politische Bildung durchführen sollen. Defizite bei der *Fürsorge* und *Betreuung* haben ihre Ursachen vornehmlich in Orientierungs-/Konzeptionsfehlern (z. B. Betreuungsheimplanung) wie in den Haushaltsbeschränkungen.

4.3. *IF und Individuum* — Die hohen Anforderungen durch technisch-wissenschaftliche Spezialisierung wie die Kompliziertheit des gesellschaftspolitischen Rahmens lassen vielfach den Rückzug auf den Nur-Fachmann und Spezialisten ohne politische Verantwortung geraten erscheinen; in dieser Erscheinung ähnelt das Ausmaß politischer Entfremdung dem· der zivilen Umwelt; andererseits lassen sozialpolitische Faktoren wie z. B. das Arbeitsplatz- bzw. Beschäftigungsproblem ein angepaßt-neutrales politisches Verhalten bei Wehrpflichtigen opportun erscheinen. Zudem hat das Engagement Einzelner bzw. von Gruppen von Soldaten auch im Bw-internen Bereich nicht immer den Niederschlag gefunden, der Mut macht, öffentlich und deutlich Position zu beziehen.

5. ZUR KRITIK AN DER IF. — Das Konzept der IF stand seit Anbeginn im Kreuzfeuer heftiger Kritik. Der Versuch, traditionell und am klassischen Soldatenbild orientierte Streitkräfte für die Bundesrepublik — quasi ohne → *Traditions*bruch — zu errichten, läßt die Bemü-

hungen der IF notwendigerweise zu einem seit der Französischen Revolution gehandhabten militärischen Führungsmittel der Hebung des Betriebsklimas denaturieren; IF erscheint dann als ein „unglücklicher neuer Name für eine gute alte Sache, die es bei uns schon immer gegeben hat" (WFL-Stab der Schule der Bw für IF 1967). Der Versuch, den Primat der Politik soweit zu treiben, daß Soldaten am politischen Prozeß teilhaben, nicht nur „der Politik" gehorchen, erscheint als Auflösung der Grundlagen der Armee und damit als Auflösung der Schlagkraft der Streitkräfte. Vertreter dieser Position gehen sogar soweit, daß man von der Problematik der militärischen Macht, wie sie sich im Erscheinungsbild des → *Militarismus* äußert, nicht sprechen dürfe, da andernfalls nur Militarismus produziert würde (Karst 1955); diese Entpolitisierungsversuche der Armee in einer demokratischen Gesellschaftsordnung werden von der Verunglimpfung der IF als „*Inneres Gewürge*" begleitet. Andererseits konzentriert sich die Kritik an der Unvereinbarkeit von Gesellschaftsordnung und letztlich un-demokratisch gestalteter Armee; zwar wird gesehen, daß die Bw aus einer politischen Notwendigkeit heraus gegründet wurde und mit dem Konzept der IF versucht wird, diesen Widerspruch auszugleichen; doch gelten die Bemühungen der IF, weil sie nur fragmentarisch definiert und damit „in ihrer ursprünglichen Gestalt . . . zu einem Gessler-Hut (wurden), den jedermann grüßte" (v. Bredow 1973), als Verschleierungsversuche nicht-legitimierter Macht (Thielen 1970). Allerdings können auch engagierte Kritiker der Konzeption IF nicht umhin, der Baudissinschen Konzeption der IF zuzugestehen, daß sie „die einzig realistische Konzeption, die einer modernen Armee zugrunde liegen kann" (Bredow 1973), ist.

6. AUSBLICK UND FORDERUNGEN. — Sicherlich darf die IF nicht „zu einer von Staats wegen verbindlichen Ideologie denaturiert werden" (H. Schmidt 1970); ebenso sicher ist aber auch, daß die derzeitige in weiten Bereichen vorherrschende Unklarheit der Begriffe; die Verwechselung der Betrachtungsebenen; die Beliebigkeit vieler Inhalte wie die Verdrängung bzw. Aushöhlung vieler Ziele, insbesondere im Ausbildungs- und Bildungsbereich, und die unpolitische Reduzierung des Soldatenberufes auf das Militärhandwerk hin gefährliche Tendenzen offenbaren. IF wird zur Begriffshülse, zum Schlagwort und kann somit die Spannung zwischen Streitkräften und Demokratie, zwischen Bundeswehr und der sie umgebenden Gesellschaftsordnung der Bundesrepublik weder verdeutlichen noch auf-

fangen bzw. ertragen lassen. Um diesen, in den Auswirkungen gefährlichen Tendenzen wirkungsvoll entgegenzutreten, bedarf es der kon-
sequenten *politischen* Bestimmung und Orientierung von Sicherheitspolitik, der Bundeswehr als politischem Instrument und der Soldaten
als aktiven Bürgern; IF darf nicht nur als militärische Führungslehre
verstanden und praktiziert, sondern muß in *allen* Aspekten als *politische Handlungsmaxime* begriffen und umgesetzt werden.

LITERATURHINWEISE

Baudissin, W. Graf v., Soldat für den Frieden. Entwürfe für eine zeitgemäße
    Bundeswehr, München 1969.
Baudissin, W. Graf v. und *Will*, G., Innere Führung/Inneres Gefüge, in: *Bier-
    felder*, W. (Hrsg.), Handwörterbuch des Öffentlichen Dienstes, Berlin 1976.
BMVtdg (Hrsg.), Handbuch Innere Führung, Bonn 1957.
Bredow, W. v., Die unbewältigte Bundeswehr, Frankfurt/M. 1973.
Genschel, D., Wehrreform und Reaktion. Die Vorbereitung der Inneren Füh-
    rung 1951—1956, Hamburg 1972.
Ilsemann, C.-G. v., Die Bundeswehr in der Demokratie. Zeit der Inneren
    Führung, Hamburg 1971.
Karst,H., Das Bild des Soldaten, Boppard 1969 (3. Aufl.).
Rautenberg, H.-J. und *Wiggershaus*, N., Die ,,Himmeroder Denkschrift'' vom
    Oktober 1950, Karlsruhe 1977.
Thielen, H.-H., Der Verfall der Inneren Führung. Frankfurt/M. 1970.

TJARCK RÖSSLER

Interessenvertretung der Soldaten — durch den Deutschen Bundeswehr-Verband

→ *Bundeswehr und Verfassung, Mitbestimmung, Soldaten und
    Politik.*

Eine Interessenvertretung der Soldaten auf der Grundlage des Koalitionsrechtes ist erst seit 1956 gewährleistet, als bei der Aufstellung
der Bundeswehr mit der Konzeption des Staatsbürgers in Uniform
auch für Soldaten die Koalitionsfreiheit gemäß Art. 9 Grundgesetz
eröffnet wurde. Zwar gewährleistete die Weimarer Reichsverfassung
die Vereinigungsfreiheit zur Wahrung und Förderung der Arbeits-
und Wirtschaftsbedingungen für jedermann und für alle Berufe. Das
Wehrgesetz vom 23.3.1921 sah jedoch wesentliche Einschränkungen
des Koalitionsrechtes für Soldaten vor. Die Ausführungsbestimmun-

gen waren derart eng gefaßt, daß eine Vereinigungsfreiheit praktisch nicht gegeben war.

Bei der Aufstellung der Bundeswehr hatte sich der Gesetzgeber 1956 für eine demokratische Wehrverfassung entschieden. Für die Ausgestaltung des Wehrdienstverhältnisses bedeutete dies praktisch, daß die Rechtsposition des Soldaten unter Berücksichtigung funktionsbedingter Unterschiede soweit als möglich der Situation der übrigen Staatsbürger angepaßt wurde; insbesondere stand auch der Grundrechtskatalog weitgehend uneingeschränkt zur Verfügung. Das Soldatengesetz bestimmt deshalb, daß der Soldat die gleichen staatsbürgerlichen Rechte wie jeder andere Staatsbürger hat und daß diese Rechte lediglich im Rahmen der Erfordernisse des militärischen Dienstes durch seine gesetzlich begründeten Pflichten beschränkt werden können. Das Koalitionsrecht nach Art. 9 Absatz 3 Grundgesetz ist davon nicht tangiert.

Bei der Umsetzung des Koalitionsrechtes der Soldaten in die Praxis zeigte sich schnell, daß die Gewerkschaften 1956 keine geeignete Basis einer Interessenvertretung von Soldaten der Bundeswehr abgeben würden. Sie schieden wegen ihrer Haltung bei der Diskussion um den deutschen Wehrbeitrag in den fünfziger Jahren als Organisationsmöglichkeit von vornherein aus. Der im Jahre 1946 gegründete Verband deutscher Soldaten, der die Interessen der ehemaligen Soldaten der Wehrmacht und deren Angehörigen vertritt, und der 1951 gebildete Bundesgrenzschutzverband unternahmen zwar Versuche, die Soldaten der neuaufgestellten Streitkräfte zu organisieren, wobei die Übernahme ganzer Grenzschutzverbände beim Aufbau in die Bundeswehr eine besondere Rolle spielte. Die Soldaten der Bundeswehr entschieden sich jedoch für eine Neuschöpfung ihrer Interessenvertretung und gründeten am 14. Juli 1956 im Standort Munster (Niedersachsen) in Ausübung ihres Koalitionsrechtes den Deutschen Bundeswehr-Verband.

Konkreter Anlaß der Gründung eines eigenen Berufsverbandes waren zahlreiche wirtschaftliche Schwierigkeiten der Soldaten. Der spätere Bundesvorsitzende, Brigadegeneral Keilig, nannte in einer Rückschau auf den Gründungsvorgang anläßlich des Festaktes zum zehnjährigen Bestehen des Deutschen Bundeswehr-Verbandes am 14. Juli 1966 als Gründe „das Mißtrauen gegen den Soldaten und die Abwertung seiner Aufgabe; die Mißdeutung des Begriffes ‚Civil Control', das Fehlen ausreichender, die Besonderheiten des soldatischen Dienstes berücksichtigender gesetzlicher Regelungen auf den Gebieten der Laufbahn, der Besoldung, der Versorgung, der Fürsorge und Betreuung der Soldaten; das Fehlen von Wohnungen und die Härten durch laufende Versetzungen auf Grund der aufbaubedingten ständigen Zellteilungen und anderes mit" („Die Bundeswehr", 1966, S. 280).

Der Deutsche Bundeswehr-Verband, 1956 von 55 Soldaten gegründet, hat sich inzwischen mit 204000 Mitgliedern (Stand 1.3.1977) zur mitgliederstärksten Soldatenorganisation der Welt entwickelt. Diese Mitgliederzahl entspricht einer Organisationsdichte von etwa 80 % aller längerdienenden Soldaten. Der Deutsche Bundeswehr-Verband vertritt die ideellen, sozialen und beruflichen Interessen der Soldaten aller Statusgruppen, ihrer Familienangehörigen und Hinterbliebenen gegenüber Bundesregierung, Parlament und Öffentlichkeit. Der Verband ist parteipolitisch neutral, lehnt Streiks für Soldaten als Mittel zur Durchsetzung der Verbandsforderungen ab, ebenso jede Einmischung in truppendienstliche Bereiche, wie zum Beispiel militärische Organisation, Ausbildung und Truppenführung. Die Verbandsmitglieder in den einzelnen Einheiten sind auf örtlicher Ebene in Truppenkameradschaften zusammengeschlossen. In der Mittelinstanz finden sich die Bereiche. Die Spitze des Verbandes bildet der Bundesvorstand, der in erster Linie die Beschlüsse der alle vier Jahre zusammentretenden Hauptversammlung, des höchsten Organs des Verbandes, auszuführen hat.

Erst seit 1964 sind auch die Gewerkschaften bestrebt, Soldaten gewerkschaftlich zu organisieren. Ihre Einstellung gegenüber Bundeswehr und Landesverteidigung hatte sich seit Anfang der sechziger Jahre allmählich verändert. Für diese Entwicklung nennt Fleckenstein mehrere Ursachen: Zunächst hatte die SPD, mit der die Gewerkschaften trotz satzungsmäßig verankerter Neutralität politisch sympathisieren, mit ihrem Godesberger Programm von 1959 ein ausdrückliches Bekenntnis zur Landesverteidigung und zum Soldaten als Staatsbürger in Uniform abgegeben und damit auch die Haltung der Gewerkschaften beeinflußt. Der Bau der Berliner Mauer 1961 und die Kubakrise im folgenden Jahr führten zu einer veränderten Einstellung der Öffentlichkeit zu Fragen der → Sicherheitspolitik; sie veranlaßten auch die Gewerkschaften zu einem Kurswechsel in Sachen Landesverteidigung. Für die neuen Männer in der Führung von Sozialdemokratie und Gewerkschaften waren schließlich „bewaffnete Macht und organisierte Arbeitnehmerschaft nicht von vornherein unvereinbare Interessengegensätze" mehr.

Die im Februar 1964 gegründete Fachgruppe Soldaten in der Gewerkschaft Öffentliche Dienste, Transport und Verkehr bemühte sich allerdings mit wenig Erfolg, die Soldaten zu einer gewerkschaftlichen

Interessenvertretung zu bewegen, obwohl ein Erlaß des Bundesministeriums der Verteidigung vom 1. August 1966 ausdrücklich klarstellte, daß die Koalitionsfreiheit der Soldaten auch den Beitritt und die Betätigung in Gewerkschaften einschließt. Auch ein weiterer Erlaß des Ministeriums vom 24. November 1971, der die Zusammenarbeit des Bundesministeriums der Verteidigung mit dem Deutschen Bundeswehr-Verband und der Fachgruppe Soldaten in der Gewerkschaft ÖTV vorsieht, hat nicht verhindern können, daß die genannte Fachgruppe Ende 1975 über lediglich ca. 1500 Mitglieder verfügte (vgl. Fleckenstein 1976).

In dem genannten Zusammenarbeitserlaß vom 24.11.1971 werden die Einheitsführer, Kommandeure und Dienststellenleiter angewiesen, die vertrauensvolle Zusammenarbeit mit den Interessenverbänden der Soldaten zu fördern; sie sollen ihren Vertretern auf Wunsch Gelegenheit geben, ihre Anliegen vorzutragen. Der Erlaß sieht weiter vor, daß die Verbände bei der Vorbereitung von Gesetzen und Rechtsverordnungen zur allgemeinen Regelung der soldatenrechtlichen Verhältnisse zu beteiligen sind.

Die Gründung einer Interessenvertretung für Soldaten war unter den Perspektiven von 1956 für viele ein Experiment. Dies nicht nur, weil es für eine Interessenvertretung von Soldaten in einer modernen Koalition kein Vorbild und deshalb auch keine Erfahrungen gab. Es galt auch Bedenken grundsätzlicher Art auszuräumen. Heute haben sich diese Bedenken, die vor 20 Jahren durchaus ernstzunehmen waren, als abwegig und grundlos erwiesen. Das Vertrauen, das der Gesetzgeber mit der uneingeschränkten Bereitstellung des Koalitionsrechtes dokumentierte, ist von den Soldaten und ihrer Interessenvertretung von Anfang an gerechtfertigt worden. Der o. a. Zusammenarbeitserlaß des Bundesministeriums der Verteidigung von 1971, in dem die Kommandeure und Dienststellenleiter ausdrücklich zur vertrauensvollen Zusammenarbeit mit den Verbänden aufgerufen werden, darf als Bestätigung für das Vertrauen der politischen Führung in die Interessenvertretung der Soldaten gelten.

LITERATURHINWEISE

Deutscher Bundeswehr-Verband (Hrsg.), 20 Jahre Deutscher Bundeswehr-Verband (Jubiläumsschrift), Bonn/Dortmund 1976.
Fleckenstein B., Militär und Gewerkschaften in Deutschland, in: Aus Politik und Zeitgeschichte, Beilage zur Wochenzeitschrift Das Parlament, B 20—21/76 (22.5.1976).

Giesen, H., Der Deutsche Bundeswehr-Verband, (Reihe „Ämter und Organisationen der Bundesrepublik Deutschland, Nr. 26), Düsseldorf 1975 (2. Aufl.).

Schössler, D., Der organisierte Soldat. Berufsproblematik und Interessenartikulation des Soldaten in der entfalteten Industriegesellschaft, Bonn 1968.

Völker, K., Interessengruppen und politischer Einfluß — der interne institutionelle Verbandstypus, dargestellt an Struktur und Politik des Deutschen Bundeswehr-Verbandes, Diss., Tübingen 1972.

HEINZ VOLLAND

Interessenvertretung der Soldaten — durch die Gewerkschaft Öffentliche Dienste, Transport und Verkehr

→ *Bundeswehr und Verfassung, Mitbestimmung, Soldaten und Politik.*

„Im übrigen sind viele Probleme, die die Bundeswehr gegenwärtig und zukünftig zu lösen hat, nur zu einem geringen Teil bundeswehrspezifisch. Industrie, Großorganisationen und Verwaltung stehen vor denselben oder ähnlichen Fragen. Die Bundeswehr braucht keinen Vergleich zu scheuen. Sie muß nur darauf achten, Schritt zu halten".
Der Autor dieser Sätze ist Gerd Schmückle, General der Bundeswehr und Mitglied der Gewerkschaft Öffentliche Dienste, Transport und Verkehr (ÖTV). Er beweist durch seine Person und durch diese Sätze, welchen Weg sowohl die bewaffnete Macht als auch die organisierte Arbeiterschaft in Deutschland seit 1918 zurückgelegt haben.
Die bis dahin zersplitterten Einzelgewerkschaften sahen sich nach dem Zusammenbruch Hitler-Deutschlands und angesichts der riesigen wirtschaftlichen, politischen und sozialen Probleme Deutschlands nach 1945 unversehens in der Rolle eines gesellschaftlichen Ordnungsfaktors — für sie bis dahin in ihrer Geschichte ein relativ unbedeutender Aspekt ihres Wirkens. Auf diesem Hintergrund wird die Gründung der Einheitsgewerkschaft unter dem Dach des Deutschen Gewerkschaftsbundes (DGB) sowie die Entwicklung des Verhältnisses DGB zur Armee nach 1945 mit den Zäsuren 1956 — Öffnung des DGB zur Bundeswehr — und 1966 — Koalitionsfreiheit für Soldaten — möglicherweise verständlicher.
Aus historischen Gründen (Kaiserreich, Weimarer Republik, nationalsozialistische Herrschaft) sowie wegen der aktuellen politischen und sozialen Situation im geteilten Deutschland haben in den Jahren 1950 bis 1957 verschiedene Beschlußorgane des DGB mehrfach

gegen die Errichtung einer selbständigen deutschen Armee gestimmt. Das Stichwort hieß: „soziale statt militärische Aufrüstung". Nach der Gründung der Bundeswehr hat allerdings der DGB-Bundeskongreß 1956 Beschlüsse über die „Grundsätze gewerkschaftlicher Aktivität in Bezug auf die Bundeswehr" verabschiedet, denen 1957 Richtlinien des DGB-Bundesvorstandes über die „Betreuung der Angehörigen der Deutschen Bundeswehr" folgten. Die ÖTV wurde zuständig für Zivilarbeiter, Zivilangestellte und Beamte.

Dagegen hatten Bundeswehrangehörige am 14.7.1956 eine rein berufsständische Vertretung der Soldaten gegründet: den Deutschen Bundeswehrverband (DBwV), der sich seiner Satzung nach ausdrücklich von einer Gewerkschaft unterscheidet.

Nach langwierigen Auseinandersetzungen zwischen dem Hauptvorstand der ÖTV und dem damaligen Bundesminister der Verteidigung, Kai-Uwe von Hassel, wurde erst am 13.2.1964 in Stuttgart eine Fachgruppe Soldaten der ÖTV gegründet. Am 1.8.1966 wurde Art. 9 GG (Koalitionsfreiheit) durch einen Erlaß des BMVg Rechnung getragen: auch im Kasernenbereich bestehe das uneingeschränkte Koalitionsrecht. Jener Erlaß stellt einen Wendepunkt in der Geschichte Bundeswehr/Gewerkschaft dar. Zwei Generale traten seinetwegen zurück, nämlich Trettner und Pape, drei Generale traten der ÖTV bei: Graf Baudissin, Schmückle und Dr. Ammermüller. Dieser Vorgang macht die unsichere Haltung der damaligen Bundeswehrführung gegenüber den Gewerkschaften deutlich. Am 19.6.1968 erließ der Bundesausschuß des DGB neue Richtlinien, die der gewandelten Situation angepaßt waren; im August 1969 wurde das Uniformtragen bei Gewerkschaftsveranstaltungen erlaubt. Am 24.11.1971 wurde auch von der politischen Führung die letzte Konsequenz aus Art. 9 GG gezogen: ein Erlaß des BMVg erklärte ausdrücklich das Abhalten von Mitgliederversammlungen in Kasernen durch DBwV und ÖTV für möglich.

Diese formalrechtliche Gleichstellung der beiden Verbände bedeutete allerdings nach wie vor kein politisches Gleichgewicht: Die Mitgliederzahlen Ende 1976 lauten für den DBwV 200000 Mitglieder, und für die ÖTV schwanken die Angaben zwischen 1474 (Fleckenstein) und 9000 Mitgliedern (v. Ilsemann). Hat also die formale Gleichberechtigung der ÖTV mit dem DBwV nur symbolische Bedeutung? Prinzipielle Bedeutung haben zweifelsfrei die Reden des DGB-Bundesvorsitzenden Heinz-Oskar Vetter an der Führungsakademie der Bundeswehr oder vor der Kommandeurstagung 1977. Praktische Folgen für die Fachgruppe Soldaten der ÖTV blieben bislang aus!

Ende 1970 hatte die ÖTV knapp 1 Million Mitglieder, die in fast 50 Abteilungen gegliedert sind. In der Abteilung „Beamte" ist die Fachgruppe Soldaten angesiedelt. Die hohe Zahl von Abteilungen zeigt, wie zahlreich die in der ÖTV angesiedelten Berufsgruppen sind: von der Polizei über Soldaten bis hin zu Archivaren. Alle Mitglieder werden in etwa 170 Kreisverwaltungen durch hauptamtlich tätige Geschäftsführer betreut. Für alle Mitglieder der ÖTV gewähren sie unentgeltlichen Rechtsschutz auf den Gebieten des Arbeits-, Beamten- und Sozialrechts.

Die ÖTV ist der stärkste Tarifpartner der Arbeitgeber des öffentlichen Dienstes. Sie handelt Lohn- und Gehaltssteigerungen für die Arbeiter und Angestellten im öffentlichen Dienst aus. In der Regel richten sich die durch Gesetz verfügten Gehaltserhöhungen für Beamte, Richter und Soldaten in der Höhe nach den durch die ÖTV erstrittenen Tarifverbesserungen. Zwar indirekt, aber effektiv gestaltet also die ÖTV — im Gegensatz zum DBwV — die Besoldung der Soldaten, d. h. auch den individuellen Lebensstandard der Soldaten und die Sozialpolitik innerhalb der Streitkräfte (von der Gehaltsabrechnung über Bildungsurlaub und seit 1977 ein Urlaubsgeld bis hin zu Sozialleistungen für Familienmitglieder).

Entgegen einem Vorurteil sind weder Soldaten, noch Polizisten, noch Feuerwehrleute streikberechtigt (§ 19, Abs. 3 der Satzung der ÖTV vom 17.6.1976).

→ „Mitbestimmung" im öffentlichen Dienst — eine der politischen Hauptforderungen der ÖTV — vollzieht sich im allgemeinen nach den Regeln des Personalvertretungsgesetzes, das neben den Beamten, Angestellten und Arbeitern auch für die „Gruppe" der Soldaten gilt. Alle Dienststellen der Bundeswehr, die keine Vertrauensmänner haben, wählen nach den Bestimmungen des Personalvertretungsgesetzes ihre Soldatenvertreter auf einer Liste in den Personalrat (s. Katalog der personalratsfähigen Dienststellen). Damit ist für Soldaten der Einstieg in die Mitbestimmung im öffentlichen Dienst vollzogen worden, wenngleich sie nicht uneingeschränkt für die Soldaten gilt, zum Beispiel bei Personalangelegenheiten und in militärfachlichen Fragen.

Der DGB und mit ihm die ÖTV sind nach dem bisher Dargestellten ein Hauptträger der Sozialpolitik — auch für die Soldaten — in der Bundesrepublik. Hierbei taucht die Frage auf, warum im Gegensatz zum DBwV nur so wenig Soldaten Mitglieder der ÖTV sind. Es kann vermutet werden, daß sich darin nicht mehr eine generelle Abneigung gegen die Organisation, die Gewerkschaften, widerspiegelt, sondern daß eine standespolitische Organisationsform, die außerdem erheblich niedrigere Beiträge erhebt und andere Vergünstigungen gewährt, eher dem Bewußtsein der Soldaten entspricht. Ein Solidaritätsgefühl wird anscheinend nur für Soldaten-Kameraden empfunden und nicht für alle Beschäftigten im öffentlichen Dienst. Die ÖTV hat hier bisher wenig kämpferisch und nur mit halbherzigem Engagement für eine reale Verwirklichung der Koalitionsfreiheit gearbeitet.

LITERATURHINWEISE

Baudissin, W. Graf v., Warum sie Gewerkschafter sind, in: Soldat für den Frieden, München 1969.

Fleckenstein, B., Militär und Gewerkschaften in Deutschland, in: Aus Politik und Zeitgeschichte, Beilage zur Wochenzeitschrift Das Parlament, B 20–21/76 (22.5.1976).

Limmer, H., Die deutsche Gewerkschaftsbewegung, München 1971 (4. Aufl.).

Rittau, M., Soldat und Gewerkschaft, in: Wehrwissenschaftliche Rundschau, H. 3/1966.

Schössler, D., DBwV gegen ÖTV: Bundeswehrverband und Gewerkschaft im Widerstreit, in: *Fleckenstein*, B. (Hrsg.), Bundeswehr und Industriegesellschaft, Boppard 1971.

WULF-EBERHARD LIEBAU

Kooperative Rüstungssteuerung

→ *Abrüstung, Abrüstungskonferenzen, Entspannung, Feindbild, Militärdoktrinen, Rüstung, Sicherheitspolitik, Wehrtechnik.*

1. BEGRIFF. — Unter kooperativer Rüstungssteuerung (KRS) versteht man eine politisch-militärische Strategie, mit der zwei „Partner" — Staaten oder Bündnisse — trotz aller bestehenden Interessenkonflikte und Antagonismen ihre Militärpotentiale, deren Strategien, Umfang, Strukturen, Dislozierung und sogar taktischen Einsatz im Interesse ihrer beiderseitigen Sicherheit aufeinander abstimmen. KRS ist somit eine politische Methode zur gemeinsamen Überwindung des qualitativen und quantitativen Wettrüstens. Während die allgemeine, vollständige Abrüstung (general and complete disarmament) in der gegenwärtigen weltpolitischen Situation Utopie bleiben muß, stellt die KRS (arms control) eine pragmatische und politisch operationable Strategie dar; während die allgemeine → *Abrüstung* kaum erfüllbare Erwartungen weckt, kann KRS ein Schritt in Rich-

tung auf eine abgerüstete Welt sein. Für den Entspannungsprozeß ist sie eine wesentliche Voraussetzung. KRS ist politisch-machbar definiert als eine sorgfältig abgestimmte Modifizierung der (militärischen) Potentiale beider Partner mit dem erklärten Ziel, zur Erhöhung der beiderseitigen Sicherheit die Rüstungsdynamik gemeinsam zu steuern. Schon ihr Name weist darauf hin, daß diese Strategie das Risiko der Kooperation verlangt. Konfrontativ verstanden erbringt sie nur unbefriedigende Ergebnisse.

2. ENTSTEHUNG. — Die Furcht, eine Destabilisierung des nuklearen Rüstungsgleichgewichts, eine unabsehbare Kostenexplosion weiterer Rüstungsentwicklung und das Gefühl ständiger Bedrohtheit könnten die Flucht in den „first strike" (Ersteinsatz nuklearer Waffen unter der Annahme des Überraschungssieges) politisch sinnvoll erscheinen lassen, führte zu zunächst bilateralen Bemühungen der Großmächte, dieser Destabilisierung entgegenzuwirken. Die Absicht war, durch Aufrechterhaltung der gegenseitigen Abschreckung, also der strategischen Stabilität, mit jedoch weniger bedrohenden und bedrohten, d. h. weniger provozierenden, auf alle Fälle auch weniger kostspieligen Mitteln die qualitativ-quantitative Motorik des Wettrüstens in verifizierbaren Teilverträgen einzufangen.

3. ABSICHTEN. — Es wird darauf ankommen, Unklarheit über die politischen Absichten, Strategien, Potentiale und Rüstungsvorhaben der anderen Seite durch Transparenz auf ein Minimum zu beschränken. Um zu verhindern, daß der Partner seine sicherheitspolitische Lage verschlechtert glaubt und sich in einem Zugzwang zur weiteren Rüstungseskalation gedrängt sieht, sollen alle Teilabkommen durch Verifikationsmaßnahmen überprüfbar sein — eine zwischen antagonistischen, d. h. zu worst-case-thinking neigenden Staaten wesentliche Voraussetzung. Endlich sind alle „contraints" derart zu koppeln, daß die Regelung von Konflikten nur mehr durch Maßnahmen politischer → *Entspannung* glaubhaft, sinnvoll und möglich erscheint.

4. INSTRUMENTARIUM. — Zur Erreichung dieser Ziele dient ein Bündel voneinander unabhängiger, aber in ihrer Gesamtheit wirksamer Maßnahmen:
— das Einfrieren („freeze") der Potentiale nach Umfang, Qualität und Dislozierung;
— die Reduzierung („reduction") von Teilen der Militärpotentiale;

- die Abschaffung („abolition") bestimmter Waffensysteme bzw. Truppen;
- die Festlegung von (bisher nicht erreichten) Höchstbeständen („ceiling");
- regionale Optionen (Verdünnung in bestimmten Gebieten, kernwaffenfreie bzw. entmilitarisierte Zonen);
- Vereinbarungen über Organisationsformen, Kommandostrukturen, Bereitschaftsgraden und logistischen Unterbau und — last not least —
- Vereinbarungen im Bereich der Strategien und → *Militärdoktrinen.*

Es gilt, diese Maßnahmen in Verträgen, begrenzten Abkommen, durch stillschweigende Vereinbarungen und durch demonstrative (einseitige) Schritte glaubhaft zu dokumentieren. In welchem Umfang dies bereits gelang, zeigen die Bemühungen insbesondere bei den vielfältigen → *Abrüstungskonferenzen.*

5. BEDINGUNGEN/PROBLEME. — Dieses Instrumentarium kann jedoch nur dann wirksam werden, wenn eine Reihe von Bedingungen erfüllt ist. Der Wille beider Seiten zur kooperativen Politik, aber auch die Übereinstimmung in der Beurteilung der Ziele und Methoden der KRS, müssen glaubhaft vorhanden sein. Beides dokumentiert sich in der Rücksichtnahme auf die spezifischen Sicherheitsbedürfnisse des Gegenübers und durch Vereinbarung wirksamer Maßnahmen der Vertrauensbildung.

Verifikation ist ein zentrales Problem der KRS. Hierunter fallen alle Maßnahmen zur Prüfung der Vertragstreue der anderen Seite; man unterscheidet dabei die periodische Nachprüfung an Ort und Stelle, die *Inspektion* und die *Überprüfung* als ständigen Vorgang. Wesentlich ist, daß es sich bei der Verifikation — im Gegensatz zur geheimen, einseitigen Aufklärung (intelligence) — um ein offenes, formalisiertes, kooperatives Verfahren handelt. Der damit verbundene, insbesondere im militärischen Bereich notwendige Öffnungsprozeß widerspricht traditionellen Denk- und Verhaltensmustern, fördert aber à la longue den Abbau von → *Feindbildern* und damit die → *Entspannung.*

Zwei Entwicklungen komplizieren zunehmend die KRS: ihre Ausweitung auf die multilaterale Ebene durch das Einbeziehen der Bündnispotentiale, also stark differenzierter konventioneller → *Rüstung* und die zunehmende Bedeutung der Qualität im Rüstungsbereich. Die Zahl der Teilnehmer erschwert es, gemeinsame Nenner für die unterschiedlichen Interessen, strategischen Bedingungen und militärischen Gegebenheiten zu finden. Der technologische Innovationsprozeß stellt bisher geltende Maßstäbe und Methoden infrage; er droht die Trennungslinie zwischen strategischen und taktischen, nuklearen und konventionellen Systemen zu verwischen; Qualitätssprünge lassen zahlenmäßige Begrenzungen irrelevant werden. Hinzukommt, daß die bisherige Verhandlungsdiplomatie es schwer hat, mit dem Innovationstempo Schritt zu halten; die politischen Kräfte stehen vor einer außerordentlich komplexen Materie; im innerpolitischen Ratifizierungsprozeß droht eine Vereinfachung, die an der Problematik vorbeiführt.

Unter diesen Bedingungen ist es noch bedeutsamer, daß beide Seiten füreinander kalkulierbar und transparent werden, daß sie sich an „Spielregeln" wie erweiterte Vertrauensbildende Maßnahmen (KSZE Korb I) halten, daß sie permanent existierende Strukturen für Verifikation, Krisenmanagement und Rüstungssteuerung entwickeln und anstelle quantitativer Begrenzungen mehr und mehr operationelle setzen.

6. FOLGEN UND CHANCEN. — Eine erfolgreiche KRS weist Militärpotentialen und ihren Militärdoktrinen eine nur prohibitive und stabilisierende Funktion zu, um politische Konflikt„regelungs"-Versuche mit militärischer Gewaltanwendung zum kalkuliert untragbaren Risiko zu machen.

Durch diese Funktionszuweisung intensiviert KRS die Diskussion sicherheitspolitischer Fragen in der → *Öffentlichkeit* und kann wesentlich dazu beitragen, tradierte → *Feindbilder* abzubauen, Ideen zur verbesserten internationalen Kooperation und — im innenpolitischen Prozeß ein bedeutsamer Faktor — auch Ressourcen (Geld) freizumachen.

Eine erfolgreiche *Entspannung* zwischen Staaten und Bündnissen bedingt KRS als Maßnahme, wie umgekehrt KRS nur glaubhaft und erfolgreich sein kann als ständiger Lernprozeß in der Entspannungspolitik.

LITERATURHINWEISE

Baudissin, W. Graf v., Grenzen und Möglichkeiten militärischer Bündnissysteme. Sicherheitspolitische Perspektiven im kommenden Jahrzehnt, in: Europa-Archiv, H. 1/1970.
Baudissin, W. Graf v., Kooperative Rüstungssteuerung als Mittel der Entspannungspolitik, in: Information für die Truppe, H. 7/1972.
Brennan, D. G. (Hrsg.), Strategie der Abrüstung. 28 Problemanalysen, Gütersloh 1968.

Forndran, E., Abrüstung und Rüstungskontrolle, in: *Bracher*, K.-D. und *Fraenkel*, E. (Hrsg.), Internationale Beziehungen, (Fischer-Lexikon), Frankfurt/M. 1969.

Haftendorn, H., Abrüstung — Modell einer Möglichkeit? Abrüstung und kooperative Rüstungssteuerung als Problem deutscher Außenpolitik, in: Konkretionen politischer Theorie und Praxis. Festschrift für Carlo Schmid, Stuttgart 1972.

Müller, M., Die Theorie der kooperativen Rüstungssteuerung, in: *Schwarz*, K.-D. (Hrsg.), Sicherheitspolitik, Bad Honnef 1976.

Schelling, Th. C. und *Halperin*, M. H., Strategy and Arms Control, New York 1961.

WOLF GRAF VON BAUDISSIN

Krieg (Kriegsbilder, Kriegsfolgen)

→ *Feindbild, Friedensforschung, Militärdoktrinen, Militärische Landesverteidigung, Rüstung, Soziale Verteidigung, Zivile Verteidigung.*

1. KRIEG. — Krieg ist der mit dem Einsatz von Waffen geführte Entscheidungskampf bei einem politisch ungelösten Machtkonflikt. Kriegführende Parteien sind Staaten, Staatenbündnisse oder Gruppen, welche das Ziel verfolgen, eine dominierende politische Macht zu erringen oder zumindest einen Einfluß auf diese Macht zu gewinnen. Clausewitz gibt als Definition an (S. 89): „Der Krieg ist nichts als ein erweiterter Zweikampf" und „Der Krieg ist also ein Akt der Gewalt, um den Gegner zur Erfüllung unseres Willens zu zwingen".

Ein Krieg beginnt entweder durch formelle Kriegserklärung oder durch Eröffnung der Feindseligkeiten. Bis vor kurzem konnten gemäß Völkerrecht nur Staaten oder Staatenbündnisse einen Krieg führen (Berber S. 5). Demgemäß wäre ein Sezessionskrieg (wenn ein Staatsteil einen neuen selbständigen Staat anstrebt) oder ein anderer Bürgerkrieg (innerstaatlicher, bewaffneter Konflikt im Kampf um souveräne Macht oder Einfluß im Staat) nicht als Krieg zu bezeichnen. Von praktischer Bedeutung für die Kämpfenden ist, ob ihnen völkerrechtlich der Kombattantenstatus zuerkannt wird: Sie werden in diesem Falle bei Gefangennahme nicht wie Kriminelle, sondern als Kriegsgefangene behandelt. Der Kombattantenstatus wurde 1949 auch für Widerstandsbewegungen anerkannt, wenn der Kämpfende einer am Konflikt beteiligten Partei zugehört, wenn die Gruppe einen Führer hat, das Kriegsrecht beachtet und Waffen offen führt.

Guerilleros und Partisanenkämpfer, welche in der Regel aus Verstecken heraus angreifen, erfüllen dies meist nicht. Im Zuge der Erweiterung des Kriegsbegriffes wurde 1977 auf der Konferenz für humanitäres Völkerrecht von 120 Nationen bei 2 Gegenstimmen beschlossen, auch dem Guerillakämpfer den Kombattantenstatus zuzuerkennen, soweit er die Waffen von dem Augenblick an offen trägt, an dem ihn der Feind sehen kann. Bei dieser Entwicklung bleibt weiterhin ein Ermessensspielraum für Interpretationen bestehen. So muß die praktische Bedeutung der neuen Vereinbarung vor dem Hintergrund gesehen werden, daß in 60 Ländern weiterhin in Gefängnissen gefoltert wird, wie Amnesty International berichtet hat (1976).

Gemäß Satzung der Vereinten Nationen (Art. 2, N 4) ist der Angriffskrieg verboten. Das gleiche gilt für die Androhung von Gewalt. Angriffskriege werden daher in der Regel als Präventivkriege bezeichnet, mit deren Hilfe man einer unmittelbar bevorstehenden Gefahr zuvorkommt. So können auch Expansions- bzw. Eroberungskriege zur Erweiterung des eigenen Territoriums und Einflußbereichs gerechtfertigt werden. Cicero schreibt über die Praxis des Verteidigungskrieges (De re publica III, XXIII, 35): ,,Unser Volk hat dadurch, daß es seine Verbündeten verteidigte, die Herrschaft über alle Länder gewonnen". Eine andere Rechtfertigung des Krieges ist im Mittelalter die Lehre vom gerechten Krieg. Dabei sollte gemäß Augustinus die Aufhebung von erlittenem Unrecht im Vordergrund stehen.

Derzeit wären die Zerstörungen eines Krieges, vor allem eines Atomkrieges unvermeidbar größer als jene Inhalte, welche politisch verteidigt werden könnten. Da die militärischen Ziele nicht fern von Siedlungsgebieten liegen, ist ein strategischer Atomkrieg USA/UdSSR ohne Völkermord technisch unmöglich. Entsprechend ist ein Einsatz von eigenen taktischen Gefechtsfeld-Atomwaffen zur Verteidigung in einem dichtbesiedelten Land ohne den Tatbestand des Völkerselbstmordes technisch unmöglich (für die Bundesrepublik siehe: Kriegsfolgen und Kriegsverhütung, S. 75—284). Daher ist die Abschreckung, die Zurschaustellung von Waffen und die Androhung von Vergeltungsmaßnahmen ebenso ein Mittel der Politik geworden wie der Krieg selbst. Zugleich wandeln sich die Kriegsziele. Territorium, Bevölkerungszahl und Ressourcen verlieren als Machtfaktoren an Bedeutung. Die Ausbildung einer Bevölkerung in technischen und organisatorischen Fähigkeiten ist als Faktor der Macht entscheidender geworden. Diese Ausbildung kann aber nicht aufgezwungen oder gewaltsam von einem Gegner angeeignet werden. So ist der Bevölkerungszuwachs allein in Ägypten innerhalb von ca. 5 Jahren größer als die Gesamtbevölkerung Israels, um deren Lebensraum die Nahostkriege geführt werden. Auch bei erkennbaren wirtschaftlichen Interessen ist es zum Verständnis von Kriegsvorbereitung und Krieg notwendig, die psychischen Faktoren einzubeziehen. Entsprechend gibt es keine rationale Begründung für 98 % der ca 700 russischen auf Mitteleuropa gerichteten Mittelstrecken-Raketen. 2 % genügen, um die Bundesrepublik als lebensfähige Industriegesellschaft des 20. Jahrhunderts zu zerstören. Dies wird durch die rationale Begründung der → *Feindbilder* nicht verständlich, wohl aber im Rückblick auf den letzten Weltkrieg, in dem 10 % der russischen Bevölkerung getötet wurde.

2. KRIEGSBILDER.— Die Form des Krieges hat sich historisch stark gewandelt. Das Kriegsbild wird vor allem beeinflußt von den technischen Neuerungen, von den ethischen Beschränkungen bezüglich der Grausamkeit von Kriegshandlungen und von den unterschiedlichen Lebens- und Wirtschaftsformen. Dabei gehen Entscheidungsmechanismen der emotionalen Einstellung stark prägend in die Kriegsbilder ein: Neben Aggression ebenso Furcht, Panik, Wut, Perfektionismus der Planung, Apathie, Rationalisierung von Standpunkten, Faszination an Symbolen. Clausewitz betont die Zweckmäßigkeit einer solchen Empfindung für den Feldherrn (S. 983): ,,Irgendein großes Gefühl muß die großen Kräfte des Feldherrn beleben. Sei es der Ehrgeiz wie in Cäsar, der Haß des Feindes wie in Hannibal, der Stolz eines glorreichen Untergangs wie in Friedrich dem Großen. Öffnen Sie ihr Herz einer solchen Empfindung". Würde man das eigene Motiv und dessen Ursache erkennen, so wäre es in der Regel aufgehoben und als Automatismus der menschlichen Handlungsweise ausgelöscht, was zur Verhütung von Kriegen beitragen würde. Wie bei der Hypnose und Gehirnwäsche ist dies jedoch durch eigene rationale Betrachtung unmöglich. Die Einführung erprobter wissenschaftlicher Verfahren zu diesem Zweck (und nicht zur Verschlimmerung) geschieht wie bei der Rehabilitation von Straftätern nur allmählich.

Bereits Höhlenzeichnungen in der Sahara geben Zeugnis von erbitterten Existenzkämpfen um Oasen, als aus dem fruchtbaren Land allmählich eine Wüste wurde. Die Sicherung der materiellen Mittel zum Überleben und die Vermeidung einer Versklavung sind Motive, die eine Heroisierung von Kampfestugenden nahelegen.

Mit der Entwicklung der Technik wird das Kriegsbild veränderlich.

Es bleibt nicht mehr ein Kampf zwischen Individuen, sondern ist vielmehr stark von der Organisation des Krieges abhängig. Die stete Folge der technischen Neuerungen erzwingt eine laufende Neuanpassung der Verhaltensregeln und Erfolgskriterien. Der technische Durchbruch gelingt in der Regel nicht mit einer einzelnen Waffe, sondern mit einem neuen Waffensystem. Z. B. führten die Assyrer vor rd. 3000 Jahren systematisch die Kavallerie ein, zugleich gab es berittene Bogenschützen und Speerträger. Kern der Armee, die sich jedem Gelände anpassen konnte, waren schwere Streitwagen, die von vier Pferden gezogen wurden. Die Assyrer wurden nicht allein deshalb für etwa 600 Jahre die beherrschende Weltmacht, weil sie die besten Waffen der Eisenzeit besaßen, sondern weil die → *Rüstung* durch hervorragende Verwaltung ergänzt wurde; sei es bei dem leistungsfähigen Feindnachrichtendienst, sei es bei dem Nachschub oder bei der Bereitstellung von Geräten für rasche amphibische Manöver in Sümpfen oder beim Flußübergang. Andere ein Kriegsbild prägende technische Durchbrüche waren die Feuerwaffen, die Flugkörper, die Elektronik hoher Leistungsfähigkeit auf kleinem Raum.

Die zunehmende Technisierung führte im 1. Weltkrieg dazu, daß der einzelne Soldat bei einer unbeweglichen Front einem täglichen Kampf Mann gegen Mann bei grausam verstümmelnden Waffen ausgeliefert war. Miksche notiert hierzu (Vom Kriegsbild S. 284): „Eine Stunde Vernichtungsfeuer auf 4 qkm verschlang 16000 105 mm-Granaten, die 240 Tonnen wogen". Zur politischen Wirkung notiert Beaufre (Die Revolutionierung des Kriegsbildes, S. 23): „Da der Krieg keine militärische Entscheidung bringt, endet er mit dem inneren Zusammenbruch der Nation".

Kriegsbilder werden im 20. Jahrhundert stark durch vorbereitende Kriegsspiele, durch Sandkastenszenarios und in letzter Zeit durch Computersimulationen geprägt. Im 2. Weltkrieg, nach dem Beginn des Seekrieges im Pazifischen Ozean zwischen Japan und den USA, gab es nur ein einziges kriegstechnisches Detail, das die amerikanischen Planer nicht vorausgesehen hatten: Die Kamikaze-Flieger, welche Schiffe im Sturzflug zerstörten.

Trotz aller Perfektion der Kriegssimulationen ist das potentielle Bild eines 3. Weltkrieges schwer vorhersehbar. Exemplarisch seien einige technische Entwicklungen aufgezählt, welche sich vielfältig auf die Taktik des Einsatzes der Streitkräfte auswirken: Die Aufklärung durch Satelliten erlaubt es, jede Truppenkonzentration im Ansatz zu entdecken. Für 1 Million DM können einige qkm innerhalb weniger Minuten derart mit Streuminen belegt werden, daß durchfahrende

Panzer erhebliche Verluste erleiden. Im Jom-Kippur-Krieg zeigten arabische Boden-Luft-Abwehrraketen gegen israelische Flugzeuge eine hohe Wirkung, so daß der Einsatz von Bodentruppen gegen Flakraketenstellungen zur Vorbedingung für einen weiteren Einsatz der Luftwaffe wurde. Ein klassisches militärisches Prinzip ist es, keine Ziele zu bilden. Insoweit bedeutet zahlenmäßige Schwäche der Guerilla eine operative Stärke. Afheldt verbindet dieses Prinzip in seinem Entwurf mit einer technisch hochstehenden Ausrüstung zu einem Netz autonomer Techno-Kommandos (S. 209 ff.). Er diskutiert neue Kriegsbilder für die Bundesrepublik, welche eine Begrenzung der Zerstörung ermöglichen sollen, ohne eine Einbuße an Chancen zur Verteidigung und Abschreckung.

Am stärksten würde das Kriegsbild eines dritten Weltkrieges durch eine Gefährdung der wechselseitigen Fähigkeit der Supermächte zu einem vernichtenden Gegenschlag beeinflußt. ABM (Abwehrraketen gegen Interkontinentalraketen), MIRV (mehrere Atombomben werden von einer Rakete in ihre Ziele gebracht) und Cruise Missiles (relativ billige Raketen von sehr hoher Zielgenauigkeit) gefährden diese Fähigkeit zum abschreckenden Gegenschlag. Die SALT-Vereinbarungen wirken dieser Gefährdung der Stabilität entgegen. Zugleich geschehen im Schutz der noch bestehenden Abschreckung laufend eine Reihe von Stellvertreterkriegen, d. h. eine Konfrontation der Supermächte außerhalb ihres eigenen Gebietes. So brachten die Sowjetunion und die USA 1973 innerhalb von 10 Tagen je weit mehr als 10 000 Tonnen Rüstungsmaterial auf den Kriegsschauplatz Nahost, ohne wechselseitig diese Transporte anzugreifen.

Eine völlig neue Situation entsteht, sobald im Rahmen der weltweiten friedlichen Nutzung der Kernenergie die Atomwaffenproduktion unkontrollierbar wird. Expandiert die Reaktorindustrie weltweit wie geplant, so sind in einigen Jahren ca. 30 Länder in der Lage, jedes für sich mehrere Atombomben herzustellen. In diesem Fall sind die Kriegsbilder auch für die Supermächte kaum noch kalkulierbar.

3. KRIEGSFOLGEN. — Unter Kriegsfolgen wird vor allem die Auswirkung auf die Zivilbevölkerung und das Land verstanden. Im weiteren Sinne ist auch die Rückwirkung auf die Politik und die militärische Lage eine Folge des Krieges. Bei den ersten Kriegen mit primitiven Waffen wurde die Bevölkerung weniger durch die Kriegshandlungen betroffen als durch eine Niederlage. Ausraubung ohne weitere Belästigung war ebenso möglich wie Vertreibung, Versklavung, Ausrottung oder grausame Terroraktionen. Mit der Entwicklung der Technik

und dem Bau größerer Städte wurden lange Belagerungen und umfangreiche Zerstörungen möglich. Die Behandlung des Gegners war dabei sehr unterschiedlich. Ein Beispiel für die Grausamkeit der Assyrer ist die Aussage ihres Königs Assyrnasirpal bei der Eroberung einer Stadt: ,,700 ihrer Männer spießte ich bei ihrem Stadttore auf Pfähle, zerstörte die Stadt, machte sie zu Schutt und Brachfeld. Ihre Knaben und Mädchen verbrannte ich zu Asche". Trotz rücksichtsloser Kriegsführung des arabischen Islam gab es Regeln, welche die Tötung von Frauen und Kindern und eine Vergiftung des Trinkwassers verboten. Auch der Ehrenkodex des Rittertums schreibt eine Schonung der Besiegten vor. Vor allem gegen Andersgläubige wird aber der Krieg im Mittelalter mit unsäglicher Grausamkeit und Erbitterung geführt. Es ist die Zeit der Hexenverbrennungen, der Folter, der völligen Verwüstung von Städten, vor allem im Dreißigjährigen Krieg. Ebenso gab es Jahrhunderte, in denen nur 1 % oder weniger der Bevölkerung unter Waffen stand, in denen der Krieg mit kleinen Söldnerheeren geführt wurde und die Zivilbevölkerung kaum belästigt wurde.

Mit zunehmender Technisierung der → *Rüstung* richten sich die Kampfmaßnahmen gegen das Wirtschaftspotential des Gegners und damit unweigerlich auch gegen dessen Zivilbevölkerung.

Diese Tendenz wird durch die wachsende Stärke der Waffen verschärft. Im Ersten Weltkrieg waren etwa 5 % der Toten Zivilisten. Im Zweiten Weltkrieg ergab sich in etwa ein ausgeglichenes Verhältnis. Im Koreakrieg waren zwischen 80 und 90 % der Toten Zivilisten. Zugleich gibt es weiterhin Ausrottungskriege, wie den Bürgerkrieg in Indonesien. Im Zweiten Weltkrieg wurden durch die nationalsozialistische Rassenpolitik während des Krieges Millionen von Zivilpersonen getötet. Der politische Druck durch Terrorisierung der Bevölkerung und Zerstörung der wirtschaftlichen Lebensgrundlage (Ermattungskrieg) ist Teil des modernen Krieges bzw. einer Drohpolitik. Bei den Luftangriffen auf deutsche Städte gelang es jedoch nicht, das politische Ziel (militärischer Zusammenbruch oder politische Revolution) zu erreichen, obwohl viele Menschen im Feuersturm umkamen und obwohl der Verbrauch an Hausrat und Heizung auf 20 %, der an Bekleidung auf 10 % des Standes von 1938 zurückging. Ähnlich gelang in Vietnam trotz Napalmbomben und obwohl die zivile Bevölkerung in die Kampfhandlungen, in die Terror- und Gegenterroraktionen einbezogen war, keine Durchsetzung des politischen Willens von außen. Dabei können chemische oder andere Waffen das Land ökologisch zerstören. Soweit dies begrenzt bleibt und soweit keine Radioaktivität größere Landstriche auf längere Zeit unbewohnbar macht, ist noch eine wirtschaftliche Organisation möglich, von deren Gelingen die Kriegsfolgen sehr stark abhängen. So erreichte in Deutschland die Rüstungsproduktion 1944 trotz der Bombardierungen ihren Höhepunkt. Erst der Zusammenbruch der Organisation nach dem Ende des Zweiten Weltkrieges führte zu einer Verschlimmerung der Notlage. Mit der Währungsreform stieg die Produktion durch Umorganisation ohne weitere Ressourcen im zweiten Halbjahr 1948 um 50 % gegenüber dem ersten Halbjahr.

Was für die Einzelperson die Einführung der Feuerwaffe bedeutete, ist nunmehr für den Staat die Atombombe: Eine Bedrohung der Existenz, nicht nur einer Form der Existenz. Dies beginnt lokal beim Einsatz weniger einzelner Atombomben (Kriegsf. u. Kriegsverh., S. 183 f.). Wird nach einer Grenzverletzung bei Helmstedt eine 20kt Bombe bei Königslutter auf die Autobahnbrücke geworfen (15 km landeinwärts), so hängt es von der Windrichtung ab, ob Wolfsburg blitzartig evakuiert werden muß oder nicht. Entsprechendes gilt für ein Szenario mit einigen Atomminen südlich von Lübeck für diese Stadt und für Hamburg. Die → NATO verfügt in Mitteleuropa über ca. 7000 taktische nukleare Gefechtsfeldwaffen. Bei Einsatz von 1 % dieser Waffen zur Verteidigung kann die Bundesrepublik durch fallout-Gebiete ökonomisch so zerschnitten sein, daß die Versorgung entscheidend gestört ist. Bei Einsatz von 10 % ist die Bundesrepublik keine lebensfähige Industriegesellschaft mehr. Das gleiche gilt für den Einsatz von 2 % der russischen Mittelstreckenraketen. Werden diese Mengen noch um einige Prozent erhöht, so sind die meisten Wiesen, Wälder und Tiere tot und die Regeneration der in ihrem Gleichgewicht gestörten Landschaft ist schwer abschätzbar. Für diese Kriegsbilder ist es das gemeinsame Interesse beider Supermächte, den Krieg im Verteidigungsfall auf das Gebiet der Bundesrepublik zu begrenzen. Bei den von Herman Kahn unterschiedenen 44 Eskalationsstufen ist bei Kriegsbildern unter Stufe 25 Mitteleuropa bereits vollständig verwüstet, in den USA aber noch kein Gebäude beschädigt.

Am längsten und nachhaltigsten wirken die psychischen Schäden, die emotionalen Verluste. So ist noch 1977 bei den Witwen der im Ersten Weltkrieg gefallenen Soldaten dieser Verlust eine tägliche Realität, die in den meisten Fällen sehr lebendig geblieben ist und das ganze Leben bestimmt hat. Zugleich sind die psychischen Schäden die Grundlage für das Verständnis für die Entwicklung zukünftiger Kriegsbilder (siehe oben). In einem Atomkrieg ist der schnelle Tod einerseits oder die Aufrechterhaltung der gesellschaftlichen Organisation andererseits als die Ausnahme anzusehen. Die Kombination von jahrelangem Siechtum der Überlebenden (wegen radioaktiver Strahlung), von wirtschaftlichem Zusammenbruch und psychischer Überwältigung lassen die Kriegsfolgen nach einem Atomkrieg eine neue Qualität annehmen.

LITERATURHINWEISE

Afheldt, H., Verteidigung und Frieden. Politik mit militärischen Mitteln, München 1976.

Beaufre, A., Die Revolutionierung des Kriegsbildes. Neue Formen der Gewaltanwendung, Stuttgart 1973.

Berber, F., Lehrbuch des Völkerrechts. Bd. 2: Kriegsrecht, München/Berlin 1969 (2. Aufl.).

Clausewitz, C. v., Vom Kriege, Bonn 1966 (17. Aufl.).

Miksche, F. O., Vom Kriegsbild, Stuttgart 1976.

Weizsäcker, C.F.v. (Hrsg.), Kriegsfolgen und Kriegsverhütung, München 1971.

PHILIPP SONNTAG

Kriegsdienst-/Wehrdienstverweigerung

→ *Bundeswehr und Verfassung, Verteidigungspolitik, Wehrpflicht, Zivildienst.*

1. ENTSTEHUNGSGESCHICHTE. — Die Mehrheit des Parlamentarischen Rates hielt aufgrund der Erfahrungen des Zweiten Weltkrieges einen verfassungsrechtlichen Schutz der Kriegsdienstverweigerung für erforderlich*. Menschen, die es nach ihrer religiösen Überzeugung mit ihrem Gewissen auch im Falle eines Krieges nicht vereinbaren können, einen anderen zu töten — dabei war insbesondere an Mennoniten, Zeugen Jehovas und Mitglieder anderer Sekten gedacht —, sollten die Möglichkeit haben, ihrem Lande einen anderen Dienst zu leisten. Der spätere Bundespräsident Heuß befürchtete dagegen einen „Massenverschleiß des Gewissens".

---

* (Jahrbuch des öffentl. Rechts der Gegenwart, Neue Folge Band I 1951, Entstehungsgeschichte der Artikel des Grundgesetzes, bearbeitet von v. *Doemming, Füsslein, Matz*, S. 73 ff.).

In Preußen wurden bereits 1780 Mennoniten durch ein Gnadenprivileg Friedrich II. gegen Zahlung einer Abgabe und bei Verlust von Rechten „auf ewig vom Militärdienst freigestellt". Auch Baden stellte 1873 Mennoniten vom Waffendienst frei. Während des Ersten Weltkrieges befreiten vor allem Großbritannien und die USA Kriegsdienstverweigerer vom Waffen- und Wehrdienst. Heute haben fast alle NATO-Staaten mit Wehrpflichtstreitkräften solche Regelungen. Von den Staaten des Warschauer Paktes läßt die DDR sehr begrenzt Wehrpflichtige aus religiösen Gründen Wehrdienst in Baueinheiten leisten; in Polen und der CSSR gibt es in Einzelfällen einen Ersatzdienst im Bergbau. Die Bundesrepublik Deutschland hat als einziger Staat der Welt ein Recht auf Kriegsdienstverweigerung in der Verfassung verankert.

2. VERFASSUNGSNORM. — Nach der Grundordnung der Bundesrepublik Deutschland ist die Freiheit des Gewissens unverletzlich (Art. 4 Abs. 1 GG). Selbst bei den Forderungen des Staates an seine Bürger im Verteidigungsfall wird dem Schutz des freien Einzelgewissens der Vorrang eingeräumt. Niemand darf gegen sein Gewissen zum Kriegsdienst mit der Waffe gezwungen werden (Art. 4 Abs. 3 GG). Den Inhalt dieser Verfassungsnorm hat das Bundesverfassungsgericht verbindlich festgelegt (BVerfGE 12, 45 ff. u. 28, 243 ff.): Das Recht auf Kriegsdienstverweigerung aus Gewissensgründen ist ein echtes Grundrecht. Eine staatliche Anerkennung begründet das Recht nicht, sondern stellt es nur fest. Auf das zeitlich unbeschränkt gewährte, an keine Ausschlußfrist gebundene Grundrecht kann sich jeder berufen, der zur Wehrdienstleistung verpflichtet ist, auch der Soldat.
Zentraler Zweck des Grundrechts ist es, vor dem Zwang zu bewahren, töten zu müssen. Derjenige, der die Voraussetzungen des Grundrechts erfüllt, ist aber grundsätzlich von jedem Wehrdienst freizustellen. Die Verpflichtung, im Frieden für eine kurze Übergangszeit weiterhin Dienst in den Streitkräften zu leisten und an der Waffenausbildung teilzunehmen, beeinträchtigt allerdings den Kernbereich der Freiheit eines Kriegsdienstverweigerers nicht.
Das Gewissen ist eine innere, sittliche Überzeugung von Recht und Unrecht und die sich hieraus ergebende unabweisbar zwingende Verpflichtung zu einem bestimmten Handeln oder Unterlassen; ein Zuwiderhandeln verursacht ernste Gewissensnot. Die Gewissensentscheidung kann auf religiöser Überzeugung, ethischer, humanitärer Gesinnung oder auf weltanschaulichen, pazifistischen Gründen beruhen. Verstandesmäßige Erwägungen oder politische Meinungen

reichen allein nicht aus, können sich aber zu einer Gewissensentscheidung verdichten. Furcht vor dem Einsatz des eigenen Lebens sowie vor seelischen oder körperlichen Anstrengungen, Vorurteile und Zweckmäßigkeitsüberlegungen erfüllen die Voraussetzungen nicht.

Die Gewissensentscheidung muß sich gegen jeden → *Krieg* richten; die situationsbedingte Verweigerung der Teilnahme an einem bestimmten Krieg oder dem Einsatz bestimmter Waffen ist nicht geschützt.

Kriegsdienst mit der Waffe ist ein militärischer Einsatz mit Waffen und anderen Kampfmitteln. Auch Tätigkeiten ohne unmittelbare Anwendung von Waffen sind Waffendienst, wenn sie deren Einsatz vorbereiten oder unterstützen. Der Sanitätsdienst sowie Verwendungen als Bürokräfte in militärischen Verbänden oder Dienststellen sind kein Waffendienst.

3. INANSPRUCHNAHME. — Über die Berechtigung zur Kriegsdienstverweigerung wird auf Antrag entschieden. Der Antrag ist beim Kreiswehrersatzamt zu stellen. Er soll begründet werden; ein Begründungszwang besteht nicht.

Über den Antrag entscheiden Verwaltungsausschüsse mit rechtssprechungsähnlicher Tätigkeit. Ihre Mitglieder sind an Weisungen nicht gebunden. Der vom Bundesminister der Verteidigung bestimmte Vorsitzende hat nur beratende Stimme. Die Ausschüsse entscheiden in mündlicher, nichtöffentlicher Verhandlung. Der Antragsteller kann sich zur Vorbereitung des Verfahrens und zur Unterstützung in der Verhandlung eines Beistands bedienen. Notwendige Auslagen werden in dem kostenfreien Verfahren erstattet.

Der Ausschuß soll dem unbestimmten Verweigerungsrecht im Einzelfall Bestimmtheit geben. Bei der Prüfung sind die gesamte Persönlichkeit des Antragstellers und sein sittliches Verhalten zu berücksichtigen. Ob Gewissensgründe vorliegen, ist eine Tat- und Rechtsfrage; ein Ermessens- und Beurteilungsspielraum ist dem Ausschuß nicht eingeräumt. Die Beweisführung im Verfahren beruht, da die Gewissensentscheidung als innerer Vorgang nicht zu erkennen ist, ausschließlich auf Indizien. Aus äußeren Tatsachen und Umständen sind Rückschlüsse auf die Gewissenssituation des → *Wehrpflichtigen* zu ziehen. Insbesondere ein jugendlicher Antragsteller darf in geistiger und sittlich-ethischer Hinsicht nicht überfordert werden. Reicht die persönliche Anhörung nicht aus, sind Beweise zu erheben. Der Antragsteller trägt die materielle Beweislast.

Gegen den Bescheid des Prüfungsausschusses ist Widerspruch vor besonderen Prüfungskammern, gegen den Widerspruchsbescheid Anfechtungsklage vor dem Verwaltungsgericht gegeben.

4. RECHTSFOLGEN. — Ein Antrag auf Anerkennung als Kriegsdienstverweigerer befreit nicht von der Pflicht, sich zur Erfassung zu melden und zur Musterung vorzustellen. Er schließt auch die Heranziehung eines Wehrpflichtigen zum Wehrdienst nicht aus. Wird der Antrag vor der Musterung gestellt, ist die Heranziehung erst nach dessen Ablehnung zulässig. Zur Vermeidung von Härtefällen hat der Bundesminister der Verteidigung Ende 1975 angeordnet, daß auf die Heranziehung eines noch im Prüfungsverfahren befindlichen Kriegsdienstverweigerers dann verzichtet werden soll, wenn der Personalbedarf der Streitkräfte auch ohne ihn gedeckt werden kann.

Der Antrag eines Soldaten befreit nicht von soldatischen Pflichten, insbesondere eine Ausrüstung und eine Waffe zu empfangen sowie am militärischen Dienst einschließlich der Schießausbildung teilzunehmen. Nach Weisung des Bundesministeriums der Verteidigung kann der Disziplinarvorgesetzte im Einzelfall einen Kriegsdienstverweigerer von der unmittelbaren Bedienung der Waffen befreien, wenn dieser Dienst als unzumutbare Härte erscheint.

Ein Soldat, der vor unanfechtbarer Anerkennung militärischen Befehlen den Gehorsam verweigert, macht sich eines Dienstvergehens oder einer Wehrstraftat schuldig.

5. ZIVILDIENSTPFLICHT. — Ein anerkannter Kriegsdienstverweigerer kann zu einem anderen Dienst für die Gemeinschaft verpflichtet werden. Die Dauer dieses Dienstes darf die des Wehrdienstes nicht übersteigen; die Freiheit der Gewissensentscheidung darf nicht beeinträchtigt werden. Es muß möglich sein, einen Dienst zu leisten, der in keinem Zusammenhang mit den Verbänden der Streitkräfte oder des Bundesgrenzschutzes steht (Art. 12 a Abs. 2 GG). Hierdurch soll sichergestellt werden, daß Regelungen für Kriegsdienstverweigerer keinen diskriminierenden Inhalt haben und kein Druck durch den Zwang zu besonders gefährlichen Dienstleistungen ausgeübt wird, um von der Inanspruchnahme des Grundrechts abzuschrecken.

Grundsätzlich haben Kriegsdienstverweigerer einen → *Zivildienst* zu leisten. Im Zivildienst werden vorrangig im sozialen Bereich dem Gemeinwohl dienende Aufgaben erfüllt. Der Dienst wird in einer dafür anerkannten Beschäftigungsstelle oder in einer Zivildienstgruppe geleistet. Er dauert 18 Monate. Die Weigerung, Zivildienst zu leisten oder ein Fernbleiben vom Dienst werden disziplinar oder strafrechtlich geahndet.

Ein Kriegsdienstverweigerer, der aus Gewissensgründen auch gehindert ist, Zivildienst zu leisten, kann ausnahmsweise davon befreit werden. Er muß jedoch freiwillig in einem Arbeitsverhältnis mit üblicher Arbeitszeit in einer Kranken-, Heil- oder Pflegeanstalt tätig sein oder werden.

Ein Soldat, der als Kriegsdienstverweigerer anerkannt ist, wird aus dem Grundwehrdienst entlassen. Er soll unverzüglich zum Zivildienst einberufen werden.

Die gesetzliche Möglichkeit, als Kriegsdienstverweigerer auf eigenen Antrag waffenlosen Dienst in der Bundeswehr zu leisten, hat bisher keine Bedeutung erlangt.

6. NEUREGELUNG. — Alle politischen Parteien treten für eine größere Rechtssicherheit bei der Wahrnehmung des Grundrechts auf Kriegsdienstverweigerung ein. Die Bestimmungen sollen vereinfacht, das Verfahren beschleunigt werden.

Die Mehrheit der Abgeordneten will folgende Regelung treffen: Ungediente Wehrpflichtige, die sich gegenüber dem Kreiswehrersatzamt auf das Grundrecht der Kriegsdienstverweigerung berufen, werden grundsätzlich ohne Prüfung, ob die Voraussetzungen des Grundrechts vorliegen, vom Wehrdienst freigestellt. Sie können zum Zivildienst einberufen werden. Mit der Begründung des Zivildienstverhältnisses, spätestens aber nach Ablauf von zwei Jahren seit der Erklärung, werden sie endgültig von der Verpflichtung zum Wehrdienst befreit. Der → Zivildienst dauert 18 Monate.

Zum Wehrdienst einberufene Wehrpflichtige, Soldaten und Reservisten, die aus Gewissensgründen den Kriegsdienst verweigern, müssen vor einem Prüfungsausschuß nach ihrem persönlichen Ausdrucksvermögen einleuchtend begründen, daß die Kriegsdienstverweigerung ernst gemeint und nicht von sachfremden Motiven bestimmt ist. Im Zweifel werden sie vom Wehrdienst freigestellt, wenn sie nach ihrem Gesamtverhalten glaubhaft sind.

Dieses Feststellungsverfahren wird für alle nicht endgültig vom Wehrdienst befreiten Kriegsdienstverweigerer wieder eingeführt, wenn die Personalergänzung der Streitkräfte und damit die Erfüllung des verfassungsmäßigen Verteidigungsauftrages der Bundeswehr gefährdet sind. Die Prüfung soll verhindern, daß dann auch diejenigen Wehrpflichtigen freigestellt werden, die keine Gewissensentscheidung gegen den Kriegsdienst mit der Waffe getroffen haben.

Nach anderen Vorstellungen soll grundsätzlich das Verfahren zur Feststellung der Echtheit der Gewissensentscheidung eines Kriegsdienstverweigerers beibehalten werden. Das Verfahren soll jedoch zu Gunsten der Kriegsdienstverweigerer verbessert werden.

Der Gesetzgeber war nach der Intention des Grundgesetzes berechtigt, ein Anerkennungsverfahren für Kriegsdienstverweigerer einzuführen; verpflichtet war er dazu nicht. Er ist deshalb nicht gehindert, das heutige Anerkennungsverfahren zu beseitigen oder zu ändern. Es liegt auch im Interesse der Streitkräfte, auf die Heranziehung und Ausbildung von Wehrpflichtigen, die ernste Zweifel an ihrer Fähigkeit zum Waffeneinsatz haben, möglichst zu verzichten. Solange eine → *Wehrpflicht* besteht, muß der Staat aber ein Steuerungsinstrument besitzen, das es ihm ermöglicht, für die Streitkräfte nach Zahl und Qualität benötigte Wehrpflichtige, bei denen die Voraussetzungen des Grundrechts nicht gegeben sind, auch gegen ihren Willen zum Dienst in den Streitkräften heranzuziehen. Es ist nicht auszuschließen, daß sich Wehrpflichtige auch aus anderen Motiven zu Unrecht auf das Grundrecht berufen. Auch ein Prüfungsverfahren verhindert allerdings nicht, daß ein Antragsteller unrichtige Angaben macht, um seine Anerkennung zu erreichen. Ein Staat, der ein Grundrecht der Kriegsdienstverweigerung gewährt, sollte aber nicht davon ausgehen, daß Bürger, die dieses Grundrecht in Anspruch nehmen, dies in vielen Fällen zu unrecht tun. Es ist aber sicherzustellen, daß Kriegsdienstverweigerer zu einem zivilen Dienst herangezogen werden, der den Belastungen des Wehrdienstes entspricht.

LITERATURHINWEISE

Hahnenfeld, G., Kriegsdienstverweigerung und der Verfassungsauftrag der Streitkräfte, in: Neue Zeitschrift für Wehrrecht, H. 5/1975.
Hahnenfeld, G., Kommentar zum Wehrpflichtgesetz, München 1976.
Haug, H.-J. und *Maessen*, H., Kriegsdienstverweigerer: Gegen die Militarisierung der Gesellschaft, Frankfurt/M. 1971.
Korte, H.-J., Der kriegsdienstverweigernde Soldat, Diss., Mainz 1972.

HANS-JOACHIM KORTE

Militärbürokratie

→ *Befehl und Gehorsam, Bundeswehr und Verfassung, Bundeswehr-*
  verwaltung, Militär und Ökonomie.

DAS BÜROKRATISCHE PHÄNOMEN. — Ohne Bürokratie (B.) gäbe es
den modernen Staat nicht. Historisch gesehen ist die B. ein Kind des
Absolutismus, mit ihrer Hilfe konnte Herrschaft auf allgemeine Vorschriften und zentrales Verwaltungshandeln gestützt und so von persönlichen Loyalitäten gelöst werden. Von dieser Herkunft her hat
die B. ein doppeltes Gesicht: Sie ist eine Form rationaler, aber
gleichzeitig auch eine Form abstrakter, unpersönlicher Herrschaft.
Die auch heute noch gültige grundlegende Analyse des bürokratischen Phänomens hat Max Weber geleistet. Keiner seiner Kritiker
war bisher in der Lage, einen gültigen Gegenentwurf vorzulegen.
Nach Weber beruht B. auf dem gesetzlich festgelegten Verhältnis
zwischen politischer Führung und den verschiedenen in ihren Aufgaben und Verantwortlichkeiten gleichermaßen festgelegten und
gegeneinander abgegrenzten Ebenen der Verwaltung. B. ist Herrschaft auf der Grundlage und in Ausführung von Gesetzen. Die Technik der B. ist arbeitsteilig, es haben sich feste Regeln des Verfahrens
herausgebildet: die Festlegung von Zuständigkeiten und damit von
Verantwortung, die Aktenmäßigkeit —d. h. der Zwang, Sachverhalte
nur zur Kenntnis zu nehmen, wenn sie aktenkundig sind —, der Instan-
zenweg, die Stetigkeit der Bearbeitung, der Rückgriff auf Vorgänge
und damit ein hoher Anteil an Routine.
Die B. verlangt einen für ihre Handhabung besonders ausgebildeten
Personalkörper; in Deutschland ist das traditionell das Berufsbe-
amtentum. Beamte stehen in einem besonderen Gewaltverhältnis zum
Staat. Sie sind durch feste, lebenslange, d. h. unkündbare Anstellung,
Gehalt und die Aussicht auf eine angemessene Altersversorgung, die
Pension, gegenüber den Zufälligkeiten des Lebens abgesichert. Damit
soll die Unabhängigkeit von persönlichen Einflüssen auf ihr Handeln
und Verhalten gesichert werden. Beamte handeln in einer hierarchisch strukturierten Organisation, in der es klare und eindeutige
Gegebenheiten von Über- und Unterordnung gibt. Gehorsam, Treue
und Loyalität sind die von einem Beamten erwarteten Tugenden.
Der Gehorsam findet seine Grenzen allerdings an Gesetzen und Vorschriften. Die Qualität des Beamtengehorsams veranschaulicht sich
an der Tatsache, daß ein Beamter, der eine seiner Meinung nach
falsche Weisung erhalten hat, verpflichtet ist, bei seinem Vorgesetz-

ten Gegenvorstellungen zu erheben; bleibt dieser allerdings bei seiner Weisung, so ist es wiederum die Pflicht des Beamten, sie loyal auszuführen. Der Aufstieg des Beamten innerhalb der bürokratischen Hierarchie wird von seinem Bildungsstand und seiner Leistung, aber auch von seinem Dienstalter bestimmt. Leistung schlägt sich in der Beurteilung durch Vorgesetzte, der Bildungsstand in einer mit Prüfungen abgeschlossenen Ausbildung und in der Teilnahme an fachlichen Schulungen nieder.

Webers Modell der B. ist ein idealtypisches; an ihm müssen die Kriterien für die Bewertung der einzelnen Bürokratien gewonnen werden. Webers Bild der B. ist positiv, sie ist eine der Grundlagen des modernen Staates und unverzichtbar für jedwede Modernisierung. In der Realität bürokratischer Organisationen fehlt aber das eine oder andere konstitutive Element oder es zeigen sich Abweichungen, wie zahlreiche empirische Untersuchungen (Blau, Crozier, Ellwein, Mayntz) gezeigt haben. Bürokratische Strukturen können zu einem Verlust an Spontaneität führen. Die positiven Momente der B. schlagen leicht um; aus Gehorsam wird Opportunismus, aus Verläßlichkeit Pedanterie und aus Ordnungssinn Schematismus. Die immer weiter um sich greifende Bürokratisierung kann in eine reine Sachwelt münden und die Gefahr einer entmenschlichten Welt heraufbeschwören. Der Mensch ist die am wenigsten konstante und damit unsicherste Größe in der Formel für eine größtmögliche Rationalität. Langfristige Planung staatlichen Handelns führt notwendigerweise zu Eingriffen in die persönlichen Verhältnisse des Einzelnen, und je weiter der Staat seine Kompetenzen ausdehnt, umso stärker wird auch der einzelne Bürger vom Handeln der B. betroffen. Es ist deshalb nur natürlich, wenn allgemein ein wachsendes Unbehagen an der B. zu spüren ist. Dieses Unbehagen wird noch dadurch verstärkt, daß neben dem Staat auch alle Großorganisationen, Verbände, Wirtschaft, Parteien und Gewerkschaften unter dem Sachzwang moderner Planung und Verwaltung sich zur Durchsetzung ihres Organisationszieles eigene B. geschaffen haben. Die Komplexität der modernen Lebensverhältnisse hat die Macht und den Einfluß der B. erheblich verstärkt und gleichzeitig ihre Kontrollierbarkeit verringert. Schon Weber hat darauf hingewiesen, daß Beamte als Träger politischer Führungsverantwortung nicht tauglich seien und daß die B. durch die Parlamente politisch kontrolliert werden müsse. Den Parlamenten fehlt aber grundsätzlich sowohl die Expertise als auch der Apparat, um eine solche Kontrolle sachgerecht und umfassend wahrzunehmen. Hier stellt sich eine der Hauptherausforderungen der modernen pluralistischen Demokratie. Die Antwort kann nicht in einer Gegenbürokratie der Parlamente liegen, sondern nur darin, den Einzelnen durch Dezentralisierung und Partizipation stärker an den Entscheidungsprozessen zu beteiligen. Wo das demokratische Gegengewicht nicht vorhanden ist wie im totalitären bzw. autoritären Machtbereich, droht eine auswuchernde B. den Freiheitsraum des Einzelnen zu ersticken.

DAS MILITÄR ALS BÜROKRATISCHE ORGANISATION. – Schon Max Weber hat festgestellt, daß das moderne Massenheer ein bürokratisches Heer ist, daß der Offizier eine Sonderkategorie des Beamten ist und daß die Schlagkraft eines Heeres auf der Dienstdisziplin beruht. Mit der Entwicklung der stehenden Heere ging – zeitlich etwas versetzt – die Professionalisierung des Militärs Hand in Hand. Der → Soldatenberuf wurde nicht mehr ehren- oder nebenamtlich, sondern im Hauptberuf ausgeübt. Eine funktionsbezogene → Ausbildung wurde unbedingte Voraussetzung für eine sachgerechte Ausübung militärischer Funktionen. Dienstverhältnis und Dienstgestaltung wurden durch Gesetze und Vorschriften geregelt. Es blieb immer weniger Raum für spontane, intuitive Entschlüsse. Der moderne Soldat ist kein homerischer Held und kein mittelalterlicher Ritter, der im Zweikampf Ruhm und Entscheidung sucht, er ist Teil eines größeren Ganzen, der nur als ein solches Teil wirksam und damit dem gesetzmäßig festgelegten → Auftrag entsprechend handeln kann. Das Militär hat im Laufe der Entwicklung des modernen Staates alle wesentlichen Elemente der B. in sich aufgenommen. Mit Recht ist deshalb schon früh der Gesamtbereich des inneren Dienstes widerspruchslos dem bürokratischen Bereich zugeordnet worden. Wenn die Armee in früheren Zeiten oft als „Erziehungsschule der Nation" apostrophiert wurde, dann nicht deshalb, weil sie Aufgaben der Schule in der Vermittlung von Elementarwissen nachholte, sondern weil sie zu Verhaltensweisen erzog, die den Menschen an eine nach den Kategorien der B. durchrationalisierte Welt anpaßte.

Während die Bürokratisierung des Militärs als kennzeichnendes Merkmal für die militärische Existenz im Frieden – wenn nicht in den Streitkräften selbst, so doch in der wissenschaftlichen Literatur – ganz allgemein anerkannt wird, findet man andererseits vielfach die Auffassung, daß im Kriege andere Maßstäbe gelten (Huntington, Janowitz, Mayntz). Nun ist der → Krieg in der Tat ein Phänomen, das mit rationalen Kategorien nicht zu erfassen ist. Er ist vom Wesen her chaotisch, in ihm treten nach allen bisherigen historischen Erfahrungen Urkräfte auf, die mit bürokratischen Mitteln nicht zu bändigen sind. Es ist empirisch erwiesen (Stouffer), daß auch in den kriegerischen Auseinandersetzungen nach 1945 die entscheidenden Faktoren vorbürokratische Verhaltensmuster wie Gruppensolidarität und persönliche Führungsautorität waren. Technisierung und Spezialisierung haben dazu geführt, daß militärische Effizienz mit rationalen Kategorien gemessen wird. Die Zahl und Zerstörungskraft der Waffensysteme hat den Bereich der strategischen Alternativen so verengt, daß die konventionellen Begriffe von Sieg und Niederlage nicht mehr zu gelten scheinen. Der Anteil der mit der Waffe im eigentlichen Sinne kämpfenden Soldaten hat sich rapide verringert. Für die Entscheidung in kriegerischen Auseinandersetzungen sind nicht mehr Elemente des Kampfes, sondern der Grad der Technisierung und die Effektivität der Organisation ausschlaggebend. Das Berechnen rationaler Größen wie Potential, Raum, und Zeit tritt dann an Stelle menschlicher Kräfte.

Diesem theoretisch abgeleiteten künftigen → *Kriegsbild* steht die empirische Erkenntnis gegenüber, daß in allen bisherigen Kriegen, auch in denen des nuklearen Zeitalters, der „einsame Mann" auf dem Schlachtfeld ein entscheidender Faktor war, wenn er auch nicht immer den Ausschlag gegeben haben mag (Bigler, Savage/Gabriel). Von daher ergibt sich der Vorwurf, daß bürokratische → *Strukturen* eine Armee in der Ausführung ihres Kampfauftrages behindern. Es ist auch argumentiert worden, daß Streitkräfte, deren → *Auftrag* sich an dem militärpolitischen Konzept der Abschreckung ausrichtet, diesen ihren Auftrag mit dem Ausbruch von Kampfhandlungen verfehlt haben (Picht). Zwar könnte dieses Argument entscheidend für die Forderung nach größtmöglicher Rationalisierung und einen hohen Bürokratisierungsgrad der Streitkräfte sein, aber es führt doch am Kern des Problems vorbei. Es ist kaum vorstellbar, daß nach einem Versagen der Abschreckung die Streitkräfte nicht den weitergehenden Auftrag haben sollten, die Sicherheit und Integrität des Staates im Kampf zu gewährleisten.

Es scheint in diesem Zusammenhang wichtiger, darauf hinzuweisen, daß, welches Kriegsbild man auch zugrundelegt, der moderne Krieg ein hohes Maß an Bürokratisierung verlangt. Am besten läßt sich diese Feststellung am Beispiel der militärischen Autorität veranschaulichen. Im vorbürokratischen und vorprofessionellen Militär beruhte die Autorität des Führers weitgehend auf seiner persönlichen Ausstrahlungskraft und seinem Durchsetzungsvermögen, seinem Charisma. Der charismatische Führer in seiner reinen Ausprägung ist zu selten, als daß man in den modernen Massenheeren allein darauf die militärische Führungsautorität aufbauen könnte. Daß er im Kampf in extremen Situationen notwendig ist und daß formaler und informaler Führer nicht immer identisch sind, ist eine empirisch nachgewiesene Tatsache. Auch in Extremsituationen ist militärische Autorität heute nur als aus einer gesetzten Ordnung abgeleitete Autorität, als Amtsautorität oder funktionale Autorität denkbar.

In der theoretischen Diskussion in Deutschland wird heute im allgemeinen zwischen Amtsautorität, funktionaler Autorität und personaler Autorität unterschieden. Amtsautorität und funktionale Autorität sind aber verschiedene Formen bürokratischer Autorität; unter Soldaten besteht weitgehende Übereinstimmung darüber, daß nur die eine oder andere die Grundlage militärischer Führung auch im Krieg sein kann. Der Sachzwang militärischer Organisation verlangt für den Normalfall, auch des Kampfes, Ordnung, Regel und Methode und eine institutionalisierte Form militärischer Führung. Die Großorganisation Militär ist sich dieser Tatsache auch voll bewußt; Rückfälle in vorbürokratische Führungsformen wie etwa in den Freikorps nach dem Ersten Weltkrieg sind sehr schnell abgestoßen worden.

BUNDESWEHR UND BÜROKRATIE. — Die Bundeswehr ist eine komplexe bürokratische Großorganisation. Gehorsam, Ordnung, systematisches Vorgehen, Verläßlichkeit und Methode sind ihre bestimmenden Grundkomponenten, wie die Beamten sind die Berufssoldaten durch feste Anstellung, Gehalt und Pension vor den Zufälligkeiten des Lebens abgesichert, ihre Laufbahnerwartungen werden von beamtenähnlichen Kriterien bestimmt. Entscheidend für die Effizienz der Organisation sind darüber hinaus ein hoher → *Ausbildungs-* und *Bildungs*stand, fachmäßige Schulung, Dienstwissen, Beherrschen der arbeitsteiligen → *Technik*, feste Kompetenzen, hierarchische Über- und Unterordnung. Der mit der Bürokratisierung Hand in Hand gehende Verlust an Spontaneität muß in den Streitkräften besonders empfunden werden, da damit die traditionellen, auf die Kampfbereitschaft zielenden Tugenden in Frage gestellt werden. In der Bundeswehr ist das Unbehagen an der B. deshalb auch besonders stark. Dazu kommt, daß auch die Streitkräfte nicht den der B. inhärenten Gefahren entgangen sind, ja, daß die Militärbürokratie dazu neigt, besonders bürokratisch zu reagieren.

Die besondere Situation einer Friedensarmee fördert rigide Organisationsstrukturen mit formalen Kriterien. Routine und Vorschriften, und nicht die Initiative des Einzelnen bestimmen den Truppenalltag. Die militärischen Führer klagen ganz allgemein, daß Tätigkeiten der allgemeinen Verwaltung ihren militärischen Führungsauftrag überlagern. Vielfach findet man gerade im militärischen Bereich Erscheinungen, die Michael Crozier als den Teufelskreis der B. beschrieben hat. (1) Legalismus, d. h. das Übergewicht unpersönlicher Regeln; (2) die Zentralisation von Entscheidungen, d. h. die Tendenz, Verantwortlichkeit zu vermeiden; und (3) Zeremonialismus, d. h. die Isolation der verschiedenen sozialen Gruppen.

In der Bundeswehr neigt man dazu, diese Entartungserscheinungen durchaus notwendiger, von der Organisationsform her verlangter bürokratischer Strukturen der → Wehr*verfassung* zur Last zu legen. Das Grundgesetz schreibt vor, daß die → *Bundeswehrverwaltung* als bundeseigene Verwaltung mit eigenem Verwaltungsunterbau geführt wird. Das hat einmal rein äußerlich dazu geführt, daß der Anteil der zivilen Verwaltungsbeamten am Gesamtumfang der Bundeswehr weit höher ist als in jeder anderen Armee. Es hat außerdem aber auch die Folge, daß normalerweise Soldaten den Eindruck haben müssen, der nach bürokratischen Regeln sich vollziehende Dienstbetrieb sei ihnen von außen aufgezwungen worden, er sei sachfremd. Dabei wird vielfach übersehen, daß es überwiegend militärische Vorschriften und Regeln sind, die zu schematisiertem und entfremdetem bürokratischem Verhalten führen. Da die Bürokratisierung des Militärs einmal sachlich vorgegeben ist, da aber andererseits sich diese Tatsache nicht im Selbstverständnis der Soldaten widerspiegelt, wird die B. subjektiv als dem Militär wesensfremd empfunden und abgelehnt. Man lehnt es ab, das Instrument zu beherrschen, das man nicht umhin kommt zu gebrauchen. Von daher kommt ein gewisses Unterlegenheitsgefühl gegenüber der zivilen Bundeswehrverwaltung. Unbehagen und Unsicherheit gegenüber bürokratischen Verfahren und Verhaltensweisen führen zu besonders enger Auslegung insbesondere der Verwaltungsvorschriften im engeren Sinne und damit zu besonders bürokratischem Verhalten.

Der Artikel 87 des Grundgesetzes, der die Grundlage für die Schaffung einer bundeseigenen eigenständigen Wehrverwaltung ist, wird häufig so verstanden, als sei damit die Trennung von Befehl und Verwaltung bestimmt worden; es gibt darüber hinaus die Auffassung daß damit die Bundeswehrverwaltung zum Kontrollorgan der Streitkräfte bestellt worden sei. Die Einheit von Befehl und Verwaltung ist durch den von keiner Seite angezweifelten „Primat der Politik" durchaus gegeben. Allerdings stellt sich damit auch das Problem der politischen Kontrolle der B. im militärischen Bereich, wie in allen anderen Bereichen.

Die Tatsache, daß die Komplexität moderner Planung und Verwaltung nur noch von Fachleuten gehandhabt werden kann, und daß sie für die politisch Verantwortlichen kaum noch durchschaubar und noch weniger kontrollierbar sind, hat dazu geführt, daß der Primat der Politik im Tagesgeschehen sich nur schwer durchsetzen kann. Wichtige Entscheidungen werden auf die B. verlagert oder doch wenigstens von ihr vorgeprägt. Da Verwaltung auch immer der Vollzug von Gesetzen ist, kann sich derjenige leichter durchsetzen, der als Fachmann dieses Instrument beherrscht. Die Aufgabenverteilung zwischen Streitkräften und Verwaltung und die größere bürokratische Expertise der Verwaltungsbeamten bringt eine Überlegenheit der Verwaltung mit sich, die zu einem Ungleichgewicht geführt hat, so daß in der Tat der Eindruck aufkommen kann, die Verwaltung kontrolliere die Streitkräfte und letztere seien fremdbestimmt. Dies gilt insbesondere für die fiskalische Mittelbereitstellung und -bewirtschaftung, bei der formale Kriterien den Vorrang vor sachlichen haben.

Die Antwort darauf kann nur sein, daß die Bundeswehr beginnt, sich als eine bürokratische Organisation zu begreifen. Von diesem Selbstverständnis her wird es dann möglich sein, Verwaltungsexpertise mit eigener Expertise zu begegnen und gleichzeitig den Entartungserscheinungen der Militärbürokratie ein sachbezogenes bürokratisches Handeln entgegenzusetzen, das Raum auch für alte soldatische Tugenden wie Initiative und Verantwortungsbewußtsein läßt.

LITERATURHINWEISE

Bigler, R.R., Der einsame Soldat. Eine soziologische Deutung der militärischen Organisation, Frauenfeld 1968.
Crozier, M., The Bureaucratic Phenomenon, Chicago 1967.
Janowitz, M., Sociology and the Military Establishment, New York 1959.
Janowitz, M. (Hrsg.), The New Military — Changing Patterns of Organization, New York 1964.
Luhmann, N., Funktionen und Folgen formaler Organisation, Berlin 1964.
Mayntz, R. (Hrsg.), Bürokratische Organisation, Köln/Berlin 1968.
Weber, M., Gesammelte politische Schriften, Tübingen 1971.

HANS EBERHARD RADBRUCH

Militärdoktrinen

→ *Abrüstung, Auftrag und Struktur der Bundeswehr, Krieg, Militärische Landesverteidigung, NATO, Sicherheitspolitik.*

1. DEFINITION. — Unter einer „Militärdoktrin" (Md.) versteht man die Gesamtheit der von den politischen und militärischen Entscheidungsträgern eines Staates oder einer Allianz verbindlich festgelegten allgemeinen Richtlinien über den Einsatz des eigenen militärischen und ökonomischen Potentials in einem möglichen zukünftigen → *Krieg*. Voraussetzung für die Entwicklung einer Militärdoktrin ist die Einschätzung von Art und Stärke der Bedrohung durch den (die) potentiellen Gegner. Eine Militärdoktrin ist notwendig zur Ableitung spezifischer Anweisungen zur Vorbereitung auf die für wahrscheinlich gehaltenen Konfliktformen in den Bereichen der Organisation, Ausrüstung und Dislozierung der Streitkräfte, der Rüstungsforschung und -planung sowie sonstiger gesellschaftlicher Aufgaben wie z. B. → *Infrastruktur*entwicklung oder Schutzraumbau. Eine Md. vereint politische mit militärischen Komponenten. Politisch müssen die eigenen Ziele in einem zukünftigen Krieg definiert und die militärpolitische Ausrichtung der potentiellen Gegner eingeschätzt werden. Gemeinsamer politischer und militärischer Beurteilung unterliegen die Bedingungen des Ausbruchs, die Art, Dauer und Intensität potentieller Kampfhandlungen sowie die Planung des Einsatzes der eigenen militärischen und nicht-militärischen Ressourcen in allen Konfliktphasen.
Die gegenwärtigen Militärdoktrinen stehen in der intellektuellen Tradition der klassischen Militärstrategie. Besondere Bedeutung kommt ihnen zu, weil sich unter dem Eindruck der Zerstörungskraft von Kernwaffen das Schwergewicht der Militärpolitik seit dem 2. Weltkrieg von der Kriegsführung zur Kriegsverhütung, von der Verteidigung zur Abschreckung von Angriffen verschoben hat. Dementsprechend war die → *NATO* die erste militärische Allianz, die bereits in Friedenszeiten eine integrierte Md. entwickelte. Auch der Warschauer Pakt verfügt über eine einheitliche Md. (Sokolowski).

2. MILITÄRDOKTRIN DER NATO. —
2.1. *Massive Retaliation.* — Seit der Gründung der NATO ist ihre Md. insbesondere durch das *strategische* Kräfteverhältnis zwischen Sowjetunion und Vereinigten Staaten wesentlich beeinflußt, weil die letzteren nicht nur die militärische, sondern ebenso die *militärpo-*

litische Führungsrolle innerhalb der westlichen Allianz besaßen und besitzen. Die Gründungsphase der NATO war gekennzeichnet durch eine Monopolstellung der USA im Bereich der Atomwaffen und entsprechender Trägersysteme und gleichzeitige deutliche sowjetische Überlegenheit an konventionellen Landstreitkräften. Als die Md. der NATO im Dokument MC 14/1 des NATO-Militärausschusses (9.12.1952) erstmals verbindlich fixiert wurde, sollte die konventionelle Unterlegenheit der NATO durch das strategisch-nukleare Monopol kompensiert werden. Für den Fall eines wie auch immer vorgetragenen Angriffs des Warschauer Pakts war vorgesehen, die konventionelle Gegenwehr sofort mit einem massiven strategisch-nuklearen Vergeltungsschlag in das Hinterland des Warschauer Pakts zu verbinden. Das Schwergewicht der Abschreckung lag damit beim Kernwaffenpotential der USA.

Als die Sowjetunion ab 1954 mit dem Aufbau eines Potentials von thermonuklear bestückten und gegen Westeuropa gerichteten Mittelstreckenraketen und einer Atombomberflotte begann, mußte sichergestellt werden, daß die USA unabhängig von möglichen atomaren Schlägen gegen das nordamerikanische Festland selbst ihr Kernwaffenarsenal auch dem taktischen Einsatz auf dem europäischen Gefechtsfeld zuführen konnten. Die Alternative des Aufbaus einer der sowjetischen ebenbürtigen oder gar überlegenen konventionellen Streitmacht wurde als undurchführbar bzw. als zu kostspielig zurückgewiesen. Die Stationierung zahlreicher für den taktischen Einsatz bestimmter atomarer Sprengköpfe in den Staaten der NATO erforderte eine Modifikation der Doktrin. Sie erfolgte im Dokument MC 14/2 des Militärausschusses (21.3.1957), das für den Kriegsfall den sofortigen *taktischen und strategischen* Einsatz von Atomwaffen durch die NATO vorsah. Das Grundprinzip der Abschreckung durch „automatische" massive und nukleare Vergeltung blieb erhalten und wurde durch die taktisch-nukleare Komponente noch verstärkt. Der letzteren begegneten einige europäische Mitglieder der NATO mit Bedenken wegen der zu erwartenden Verwüstungen ihrer Territorien.

2.2. *Flexible Response.* — Die Doktrin der massiven Vergeltung war in den USA von Anfang an kritisiert worden. Diese Kritik wurde in dem Maße gewichtiger als die beiden Supermächte durch waffentechnologische Innovation im Bereich der verbunkerten Interkontinentalraketen (ICBM) und der U-Boot-gestützten Raketen (SLBM) zunehmend die Fähigkeit entwickelten, einander auch noch in einem zweiten strategischen Schlag entscheidend zu schädigen. Die Abschreckung minderer Aggressionsformen mittels der Strafandrohung des ersten Atomschlags verlor damit ihre Glaubwürdigkeit. Dieser Einsicht entsprang die Konzipierung einer Strategie abgestufter Reaktionen auf Aggressionen des Warschauer Pakts durch die Administration des Präsidenten Kennedy in den Jahren 1961–62 („McNamara strategy"). Sie stieß auf heftigen Widerstand der europäischen NATO-Partner, die darin eine Annullierung atomarer Garantien und eine Abkoppelung der amerikanischen Sicherheit von ihrer eigenen sahen. Das Ergebnis war eine jahrelange transatlantische Diskussion um die Md. und die Formen der nuklear-strategischen Mitwirkung der europäischen NATO-Staaten, die ihren vorläufigen Abschluß in der Gründung der „Nuklearen Planungsgruppe" (NPG) im Jahre 1966 und der Einigung auf das neue „militär-strategische Konzept" der „flexible response" fand (Militärausschuß-Dokument MC 14/3 vom 16.1.1968).

Die Doktrin der „flexible response" geht aus von begrenzten Aggressionen des Warschauer Pakts als wahrscheinlichster Konfliktform und sieht am Einzelfall zu orientierende militärische Gegenmaßnahmen durch konventionellen Waffeneinsatz, das taktisch-nukleare oder das strategisch-nukleare Potential vor, was hohe Kampfkraft und -bereitschaft aller drei Komponenten der Triade bedingt. An Reaktionsarten stehen zur Verfügung die *Direktverteidigung* auf der vom Angreifer gewählten Stufe des Waffeneinsatzes, die *vorbedachte Eskalation* durch Steigerung der Intensität oder räumliche Ausweitung der Kampfhandlungen und schließlich die *allgemeine nukleare Reaktion* durch Einsatz der strategischen Offensivwaffen. Die konventionelle und selektiv taktisch-nukleare Direktverteidigung soll am Prinzip der *Vorneverteidigung* orientiert sein, um die Integrität des Bündnisterritoriums zu gewährleisten. Durch die Möglichkeit der vorbedachten Eskalation soll der Angreifer auch noch während der Kampfhandlungen von einer Fortsetzung seiner Aggression abgeschreckt werden. Der Automatismus der massiven Vergeltung wird durch die Ankündigung angemessener Reaktionen ersetzt, deren Art, Umfang und Zeitpunkt für den Angreifer nicht kalkulierbar sein sollen. Sicherheit soll nur darüber bestehen, daß ein militärischer „Erfolg" für den Aggressor zu akzeptablen Kosten nicht zu haben sein wird. „Flexible response" ist die offiziell gültige Militärdoktrin der NATO (Verteidigungsweißbücher der Bundesregierung).

2.3. *Neuere Entwicklungen.* — Seit ihrer Annahme wurde die Md. der „flexible response" in der NATO nicht grundsätzlich in Frage gestellt, aber ihre zentralen Begriffe und ihre Implikationen für die erforderliche Struktur der Streitkräfte waren wiederholt Gegenstand

divergierender Interpretationen. Im Rahmen der Nixon-Doktrin von
der zu steigernden Eigenverantwortung der amerikanischen Verbündeten für ihre konventionelle Verteidigung propagierte der damalige
Verteidigungsminister Laird 1971 eine Strategie der „realistischen
Abschreckung", nach der es gelte, die konventionelle Komponente
der militärischen Triade zu stärken, um die Notwendigkeit zur Eskalation weniger wahrscheinlich zu machen. Als Grund wurde angeführt, daß die Option der vorbedachten Eskalation bei kleineren Aggressionen angesichts der Kapazitäten des Warschauer Pakts nicht
glaubhaft sei. Eine weitere Konkretisierung der Strategie „realistischer Abschreckung" lieferte US-Verteidigungsminister Schlesin-
ger im Januar 1974 durch die Ankündigung, die USA träfen Vorkehrungen für „begrenzte nukleare Optionen" (limited nuclear options).
Während „flexible response" als allgemeine nukleare Reaktion ursprünglich den umfassenden strategischen Schlag gegen zivile und
militärische Ziele einkalkuliert hatte, sollte nun als Vorstufe dazu
und als Bindeglied zwischen der vorbedachten Eskalation und der
allgemeinen nuklearen Reaktion die selektive Zerstörung militärischer Ziele des Warschauer Pakts durch strategische Waffen der
USA eingeplant werden. Sinn dieser Modifikation war, die gegenseitige Paralysierung der strategischen Potentiale der Supermächte zu
überwinden durch Schaffung einer glaubhaften Option zum selektiven strategischen „first-strike", der nicht notwendigerweise die
gegenseitige Vernichtung einleiten würde. Das Verteidigungsweiß-
buch 1975/76 trägt dieser Modifikation Rechnung.

3. KRITIK. — Als Abschreckungsdoktrin ist die Md. der NATO derjenigen Kritik ausgesetzt. die in Abschreckungsbeziehungen Systeme
„organisierter Friedlosigkeit" mit eingebautem Konfliktpotential
sieht. Aus Platzgründen werden hier nur einige immanente Kritik-
punkte skizzenhaft formuliert.
(1) Wegen der Probleme einer Einigung im Bündnis ist die Md. der
NATO der Entwicklung der strategischen Kräfteverhältnisse zwischen den Supermächten nur mit großer zeitlicher Verzögerung gefolgt. Die Formulierung der Md. der NATO war bislang praktisch ein
Monopol der USA.
(2) Die Doktrin der „flexible response" verschleiert divergierende
Interpretationen, vor allem was adäquate Streitkräftestrukturen und
den Zeitpunkt einer notwendigen Eskalation angeht, und birgt somit
Konfliktpotential für das Bündnis. Bei konventioneller Unterlegenheit kann durch die Notwendigkeit rascher atomarer Eskalation die

von Europäern bevorzugte Abschreckung durch Strafandrohung hineingelesen werden. Die in den USA geforderte konventionelle Ebenbürtigkeit der NATO mit dem Warschauer Pakt andererseits kann die Sicherheit der USA von derjenigen Westeuropas abkoppeln, weil die strategisch-nukleare Drohung zur Abschreckung mittels Verweigerung von Erfolgsaussichten nicht mehr erforderlich wäre. Durch ihre wirtschaftliche Lage sind die europäischen NATO-Partner nicht willens oder in der Lage, die konventionelle Verstärkung energisch voranzutreiben.

(3) Das Konzept der Vorneverteidigung wird von Amerikanern und Europäern unterschiedlich interpretiert. Wegen der geringen Tiefe des NATO-Territoriums kann eine Situation, in der Eskalation zwecks Konfliktbegrenzung noch vermieden wird, schnell umschlagen in eine solche, in der taktisch-nukleare Eskalation vor allem auf dem NATO-Territorium (Bundesrepublik) stattfände.

(4) Die Planung des Einsatzes der nuklearen Gefechtsfeldwaffen der NATO in Westeuropa ist in der Doktrin der „flexible response" nicht hinreichend ausgearbeitet worden. Sie trägt einer mit massivem Einsatz nuklearer Gefechtsfeldwaffen vorgetragenen Aggression des Warschauer Pakts zu wenig Rechnung.

(5) „Flexible response" enthält einen latenten Widerspruch zur Strategie der gegenseitigen gesicherten Kapazität zum zweiten Schlag zwischen USA und UdSSR, der die Glaubwürdigkeit der Doktrin beeinträchtigt. Sie fordert trotz des nuklear-strategischen Patts die Möglichkeit eines strategischen „first-strike" durch die USA. Durch die Modifikation der selektiven strategischen Optionen ist dieser Widerspruch nicht aufgelöst. Woher soll die Sowjetunion nach der gemeinschaftlichen Verwandlung großer Teile Europas in einen Trümmerhaufen die Gewißheit nehmen, daß es sich um „limited options" und nicht um den Versuch eines entwaffnenden Schlags handelt?

(6) Die Not der mangelnden Übereinstimmung im Bündnis über Reaktionsformen der NATO und den Auslöser der Eskalation wird durch „flexible response" zur strategischen Tugend stilisiert, trägt gleichzeitig jedoch zur Verunsicherung der europäischen NATO-Partner über die im Ernstfall zu erwartenden Sicherheitsgarantien bei.

LITERATURHINWEISE

Afheldt, H., Verteidigung und Frieden. Politik mit militärischen Mitteln, München 1976.

Bredow, W. v. u. a., Militär-Politik: Materialien zu einer Wehrkunde, Starnberg 1974.

Carstens, K. und *Mahnke*, D. (Hrsg.), Westeuropäische Verteidigungskoopera-tion, München 1972.

Davis, L. E., Limited Nuclear Options: Deterrence and the New American Doctrine, in: Adelphi Papers, Nr. 121/1976.

Rosenkranz, E. und *Jütte*, R., Abschreckung contra Sicherheit?, München 1974.

Sokolowski, W. D., Militärstrategie, Köln 1969.

HANS RATTINGER

Militärgeschichte

→ *Ausbildung/Bildung, Beruf „Soldat", Bundeswehr und Tradition, Innere Führung, Militär und Wissenschaft, Politische Bildung in der Bundeswehr, Soldat und Technik, Widerstand.*

1. BEGRIFF UND WISSENSCHAFTSSYSTEMATISCHE EINORDNUNG. — Militärgeschichte (MG) ist eine Spezialdisziplin der Geschichtswissen-schaft. Ihr Gegenstand sind die militärischen Gegebenheiten in ihren vielfältigen Erscheinungsformen und Abhängigkeiten. MG fragt nach der bewaffneten Macht als Instrument und Mittel der Politik und untersucht die Probleme ihrer Führung und Kontrolle in Frieden und → *Krieg*. Dabei wird der Krieg als ein gesellschaftliches und nicht allein militärisches Phänomen begriffen. MG erforscht ferner das Militär als Institution mit allen internen (z. B. organisatorischen) und externen Bezügen (z. B. Militär als politische Kraft). „Im Mittel-punkt der MG aber steht — analog zum Ziel der allgemeinen histo-rischen Wissenschaft, den Menschen und seinen Wirkungskreis zu erfassen — der Soldat in allen seinen Lebensbereichen" (R. Wohlfeil). Im Begriff MG sind die Bezeichnungen „Kriegsgeschichte" und „Wehrgeschichte" enthalten.

Die uneingeschränkte Zuordnung der MG zur Geschichtswissenschaft und die damit verbundene Bindung an deren Methoden und (ggf.) Theorien zeichnet sich in fast allen Ländern ab, in denen sich wis-senschaftliche Institute der MG-Forschung widmen. Dies gilt auch dann, wenn diese Institute — wie in der Bundesrepublik — den Streit-kräften bzw. deren Zentraladministrationen zugeordnet sind. Diese traditionelle Zuordnung ist andererseits symptomatisch für die eigen-tümliche Zwitterstellung der MG zwischen Geschichtswissenschaft und Militärwissenschaft.

Die Entscheidung über die Zuordnung der MG zu der einen oder
anderen Disziplin ist nicht nur für die Wissenschaftssystematik von
Belang, sondern hat auch Auswirkungen auf die Auswahl der zu
erforschenden Gegenstände. Das erkenntnisleitende Interesse des
Militärwissenschaftlers, der besonders auf anwendbare Verfahren aus
ist, wird in der Regel ein anderes sein als das des Historikers. So sind
das Militär berührende sozialgeschichtliche Fragen erst in den letzten
Jahrzehnten und zwar in dem Maße in das Blickfeld gerückt, wie die
MG sich allmählich stärker an der Geschichtswissenschaft orientierte
bzw. wo sich die zivile historische Forschung auch mit militärge-
schichtlichen Problemen zu beschäftigen begann. Die Militarismusdis-
kussion in den 20er Jahren und nach 1945 hat ein übriges getan, um
diese Entwicklung voranzutreiben. Daß komplexe Phänomene wie
z. B. → *Militarismus* oder Imperialismus nur bei enger Kooperation
der historischen Teildisziplinen und darüber hinaus in interdisziplinärem Vorgehen erforscht werden können, wird inzwischen kaum
noch bestritten. Der MG kommt hier im Kontext anderer Spezialdisziplinen eine wichtige Rolle zu, die sie nur dann befriedigend ausfüllen kann, wenn sie sich dafür entscheidet, primär der Geschichtswissenschaft zuzugehören. Inwieweit ihre Ergebnisse dann Eingang in
die Militärwissenschaft finden, muß sekundär bleiben.

2. ENTWICKLUNG IM DEUTSCHEN REICH UND IN DER BUNDESREPU-
BLIK.— Die MG als Kriegsgeschichte wurde in den meisten europäischen Ländern als eine Art Generalstabswissenschaft begründet
und erreichte im 19. Jh. eine unangefochtene Position im militärischen Führungsapparat (vgl. die Beiträge über Österreich, Italien
und USA, in: U. v. Gersdorff (Hrsg.), Geschichte und Militärgeschichte, Frankfurt/M. 1974; für Skandinavien: H. Klint, Militär-
historie, Kopenhagen 1970). Im Rahmen der Bemühungen um eine
bessere theoretische → *Ausbildung* der Offiziere hat die MG seit dem
17. Jh. und dann besonders während der Aufklärung eine heraus-
ragende Rolle gespielt. Dort wo sie wissenschaftlich betrieben wurde,
erfolgte ihre Zuordnung zu den Militärwissenschaften. Aber auch
sonst hatte der Nutzen für das Militär bei der Ausbildung, Ausrüstung und Planung sowie bei der Entwicklung strategischer und theoretischer Konzepte immer Priorität. Im Mittelpunkt ihres Interesses
standen Untersuchungen des unmittelbar kriegerischen Geschehens
— zumeist der jüngsten Vergangenheit — und der damit zusammenhängenden Organisationsformen. Die gängige Bezeichnung Kriegsgeschichte (zur Begriffsgeschichte vgl. W. v. Groote, Militärgeschich-

te, in: MGM 1/67, S. 5 ff.) war deshalb angemessen. Politische, soziale und rechtliche Zusammenhänge des Militärwesens wurden nur
ausnahmsweise untersucht; hier war den zivilen Historikern noch am
ehesten die Möglichkeit gegeben, wissenschaftlich zu arbeiten. Die
kriegsgeschichtlichen Bereiche einschließlich der organisations-, per-
sonal- und technikgeschichtlichen Teile oblagen den Militärs; nur sie
hatten in der Regel Zugang zum einschlägigen Archivmaterial, das
ebenfalls in der Hand der Streitkräfte lag.

Neben der Überzeugung, daß aus der Kriegsgeschichte Lehren zu
ziehen seien, um in zukünftigen Feldzügen „Blut zu sparen", war es
auch das Bestreben der sich der MG widmenden Militärs, das Ansehen der eigenen Streitkräfte als Institution zur Steigerung des
Ruhms von Fürst und Nation herauszustellen und tiefgreifende Kritik auf keinen Fall zuzulassen. Daß bei diesen Zielen eine konsequente Anwendung der historischen Methoden oft außer Betracht
blieb, ist nicht verwunderlich. Ein eklatantes Beispiel dafür ist das
amtliche kriegsgeschichtliche Werk über den Ersten Weltkrieg, das
1919 in Angriff genommen wurde.

Während der Weimarer Republik geriet die MG zunehmend unter
den Einfluß der „Wehrwissenschaften", deren Verfechter das Ziel
verfolgten, die Verbreitung des „Wehrgedankens" auch an den Hochschulen zu intensivieren. Diese Richtung fand weitgehende amtliche
Unterstützung. Kritische Beiträge wie z. B. von C. Endres oder
E. Kehr fanden kaum Beachtung. Nach 1933 geriet die MG vollends
in den Sog der wehrwissenschaftlichen Propaganda einerseits und der
ausschließlich auf Anwendung ausgerichteten militärischen Interessen andererseits.

Das staatliche Interesse an der MG-Forschung erwachte wieder mit
Beginn der Verhandlungen über den deutschen EVG-Beitrag. 1952
wurde bereits ein Fachreferat im Amt Blank geschaffen, das bald
enge Verbindung mit der „Gesellschaft für Wehrkunde" und deren
„Arbeitskreis für Wehrforschung" herstellte. Die MG erhielt auch
organisatorisch schnell eine rein militärische Zuordnung im Rahmen
der Wehr- oder Militärwissenschaften (die Terminologie wechselt).
Dabei wurde an die Tradition der Reichswehr/Wehrmacht ange-
knüpft. Versuche des Instituts für Zeitgeschichte, auch amtlicher
Träger der MG-Forschung zu werden, wurden mit ausschließlich
militärischen Argumenten abgewehrt. Die Einrichtung eines eigenen
militärischen Archiv- und Dokumentationswesens ging mit dieser
Entwicklung einher. Die Entscheidung über die Zuordnung der MG
zur Militärwissenschaft war in der Bundesrepublik sehr früh gefallen;

eine Reproduktion von Vorkriegsstrukturen war die Folge. Das Militärgeschichtliche Forschungsamt (MGFA), das 1957 zunächst als „Militärgeschichtliche Forschungsstelle" in Langenau bei Ulm seine Arbeit aufnahm und 1958 nach Freiburg i. Br. verlegte, wurde fachdienstlich dem Referat „Militärwissenschaft" im BMVg unterstellt. Es war und ist eine Zentrale Militärische Dienststelle.

Die theoretischen Bemühungen der Leiter und Mitarbeiter des MGFA, sich von den extrem handlungsorientierten Praktiken der MG-Forschung in der NS-Zeit zu distanzieren und die MG aus dem Bereich der pragmatischen Kriegswissenschaften heraus und wieder in die Geschichtswissenschaft als eine ihrer Spezialdisziplinen zurückzuführen (vgl. N. Wiggershaus, Die amtliche Militärgeschichtsforschung in der Dienststelle Blank und im BMVg 1952 bis 1956; in: MGM 2/76, S. 115 ff.), erfolgten erst, als sichergestellt war, daß die amtliche MG-Forschung inklusive Archiv- und Dokumentationswesen dem Verteidigungsressort zugeordnet war und damit auch fernerhin vor allem eine Domäne der Militärs blieb. Folgerichtig vermerkt das „Militärische Taschenlexikon" (Bonn 1958, S. 205) unter dem Stichwort „Militärgeschichte": „Teilgebiet der Militärwissenschaft; befaßt sich mit der militärischen Entwicklung und allen die Sicherheit eines Staates betreffenden Fragen, mit der Geschichte der Streitkräfte, ihrer Stellung im Staat, ihrer Organisation, Ausrüstung und Bewaffnung sowie der Entwicklung der militärtheoretischen Grundsätze".

Für das Selbstverständnis und das Ansehen der MG als historischer Spezialdisziplin erwies sich diese Struktur als nachteilig. Erst in den letzten Jahren hat das MGFA den Anschluß an die Standards der deutschen und internationalen Geschichtswissenschaft gefunden. Es ist konsequent den Weg gegangen, sich — wenn auch nach wie vor im Geschäftsbereich des BMVg verbleibend — an der Entwicklung der Geschichtswissenschaft zu orientieren (vgl. die von einer Arbeitsgemeinschaft des MGFA erarbeiteten Thesen „Zielsetzung und Methode der Militärgeschichtsschreibung", in: MGM 2/76, S. 9 ff.). Die Publikationen des MGFA, vor allem auch die Zeitschrift „Militärgeschichtliche Mitteilungen" (MGM), dokumentieren dies.

3. Entwicklung im Ausland und in der DDR.— Im westlichen Ausland ist dieser Trend gleichermaßen zu erkennen, wie — unabhängig von einem grundsätzlich anderen Wissenschaftsverständnis — ebenso in den sozialistischen Ländern Vergleichbares zu beobachten ist. So gibt es auch in der Sowjetunion eine Kontroverse darüber,

welcher Oberdisziplin die MG zugeordnet werden soll. Neben der von verschiedenen Institutionen der Streitkräfte postulierten Zuordnung der „Kriegskunst und der Militärgeschichtswissenschaft" zur Militärwissenschaft gibt es eine starke Gruppe, welche die „Militärgeschichtswissenschaft ungeachtet ihrer Bedeutung für die Militärwissenschaft ausschließlich als Bestandteil der Geschichtswissenschaft" versteht (Marschall I. Ch. Bagramjan u. a., Geschichte der Kriegskunst, dt. Ausg., Berlin 1973, S. 10).

In der DDR hat eine amtliche MG-Schreibung sehr früh eingesetzt; sie hatte einen Beitrag für den Aufbau der „Streitkräfte neuen Typus" zu leisten, für den die „umfassende Nutzung der Wissenschaften, darunter der Militärgeschichtswissenschaft . . . in den Dienst revolutionärer Politik" vorgesehen war (R. Brühl, Entwicklung und Aufgaben der Militärgeschichtswissenschaft in der Deutschen Demokratischen Republik, in: Militärgeschichte, Bd. 13, 1974, S. 426 ff.). Die MG blieb ein bevorzugtes Objekt staatlicher Förderung; allein die Quantität der Publikationen wie die personelle Ausstattung der Forschungsinstitute ist beachtlich. Trotz intensiver Diskussion über methodologische Fragen bleibt die MG-Forschung in der DDR janusgesichtig. Einerseits wurde mit Nachdruck betont, daß sich „die Militärgeschichtswissenschaft in der DDR im wesentlichen als selbständige Disziplin der Geschichtswissenschaft formiert" habe (Brühl, S. 430), andererseits weist die Bilanz aber aus, daß die MG „wirksam zur sozialistischen Wehrerziehung beigetragen und auf breiter Front den Kampf gegen die imperialistische und militaristische Verfälschung der Militärgeschichte aufgenommen" habe (ibid., S. 431). Seit 1964 haben die Militärhistoriker der NVA zudem den Auftrag, „die Forschung als unerläßliche Voraussetzung für eine wirkungsvolle militärgeschichtliche Lehre und Propaganda zu intensivieren und zu verbessern" (ibid., S. 434, 437). Als dienstbares Organ für diese Tendenzen steht seit 1962 die „Zeitschrift für Militärgeschichte" (seit 1972 mit dem Titel „Militärgeschichte") zur Verfügung. Trotz dieser ideologischen Belastungen ist die MG in der DDR ein ernstzunehmender wissenschaftlicher Partner. Zahlreiche Veröffentlichungen weisen — auch gemessen an anderen wissenschaftstheoretischen Grundlagen — hohes Niveau aus. Zusammen mit sowjetischen Militärhistorikern wird der Gegenstand der MG wie folgt definiert: „Die Militärgeschichtswissenschaft ist jener Zweig der Geschichtswissenschaft, der die Entstehung und Entwicklung bewaffneter Formationen — besonders der Streitkräfte — und bewaffneter Auseinandersetzungen der Klassen, Staaten und Koalitionen als gesellschaftlich-historische Erscheinung in ihrer Konkretheit und Vielfalt erforscht und die dabei wirkenden Gesetzmäßigkeiten aufdeckt. Zu ihren Hauptbestandteilen gehören die Geschichte der Militärpolitik, die Geschichte der Kriege und der Kriegskunst, die Geschichte der Streitkräfte, die Geschichte der Militärtechnik, die Geschichte des militärischen Denkens und die Geschichte der Militärwissenschaft. Die Militärgeschichtswissenschaft hat erkenntnistheoretische, politisch-ideologische und militärtheoretische Funktionen" (R. Brühl, S. 433). Darüber hinaus ist es Aufgabe der MG in der DDR, „das humanistische Erbe ... zu erschließen. Eingeschlossen darin sind alle progressiven und revolutionären Traditionen des deutschen Volkes, die in der DDR bewahrt werden und in ihrer Militärpolitik sowie im Charakter und Auftrag der NVA ihre Fortsetzung auf höherer Stufe finden" (ibid., S. 438). Hiermit ist die Bedeutung der Tradition und ihre Pflege durch die NVA grundsätzlich umrissen (vgl. auch P. Jungermann, Die Wehrideologie der SED und das Leitbild der NVA vom sozialistischen deutschen Soldaten, Stuttgart 1973, S. 135 ff.).

4. MILITÄRGESCHICHTE, TRADITIONSPFLEGE UND SYMBOLE DER BUNDESWEHR. — Während die MG-Wissenschaft in der Bundesrepublik zwar bevorzugte Gebiete hat, grundsätzlich aber offen ist für alle Bereiche und Epochen, ist es mit der Traditionspflege anders: der Traditionsbestand ist eingeengt. Es herrscht auf diesem Felde durchweg Unsicherheit, die zu Fehlgriffen von erheblicher politischer Tragweite geführt hat.
Die MG ist durch den Traditionserlaß von 1965 nicht zum Erfüllungsgehilfen bestimmter mit dem Erlaß verbundener Absichten geworden. Sie hat sich vielmehr aus der als unselig empfundenen Tradition ihrer selbst emanzipiert. Instinktiv oder bewußt ist bei den meisten Militärhistorikern (sofern sie sich als Wissenschaftler verstanden) beachtet worden, daß die Frage nach mehr oder weniger (oder gar keiner) → *Tradition* eigentlich nicht der Geschichtswissenschaft gestellt, sondern als ein allgemeines Kulturproblem zu sehen ist. Das Lamentieren über den Mangel an Traditionsbewußtsein läßt leicht vergessen, daß es für die nach 1945 Geborenen in Deutschland schwer ist, sich an gesamtdeutschen Traditionen zu orientieren, die mit den Realitäten schwer in Einklang zu bringen sind. Zudem besteht der Verdacht, daß sich hinter der Forderung nach mehr → *Tradition* eher der Versuch verbirgt, Zuflucht in überholten Konventionen und verkürzten Erinnerungen an eine selektierte Vergangen-

heit zu suchen, als der Wunsch, Kontinuität in die Zukunft hinein zu stiften. Die Bildung neuer, an der Bundesrepublik allein orientierter Traditionen ist bisher eher verhindert als gefördert worden. Wenn es richtig ist, daß Traditionen sozial determinierte Erscheinungen des gesellschaftlichen Bewußtseins sind, dann darf man auf den sozialen Instinkt hoffen, den bisher jede Generation bewiesen hat.

Die Bundeswehr hat sich bereits in der Phase ihrer → *Planung* schwergetan mit dem Begriff der → *Tradition* und ist in der Praxis manch zweifelhaften Weg gegangen. Kritiker haben frühzeitig vor Fehlentwicklungen gewarnt, konnten sich aber gegen die Bestrebungen vieler ehemaliger Offiziere nicht durchsetzen, die sich eine Rehabilitierung von den Vorwürfen, Hitler bis zum Ende treu gedient zu haben, auch durch eine ausschließlich soldatisch orientierte Traditionspflege erhofften. Ihren Wünschen wurde weitgehend Rechnung getragen, um einen raschen Aufbau der Bundeswehr nicht durch ein Beharren auf Positionen, die nicht von existentieller Wichtigkeit zu sein schienen, zu gefährden. Die Folge war eine schrittweise Reproduktion alter militärischer Formen, die oft nur notdürftig von NS-Attributen befreit worden waren.

Dies gilt auch für das heikle Problem der Auswahl von geeigneten Symbolen. Selbst ehrwürdige, mit der deutschen Geschichte seit Jahrhunderten verbundene Zeichen haben in der NS-Zeit ihre Unschuld verloren und signalisieren jetzt auch ein Versagen gegenüber moralischen, politischen und militärischen Herausforderungen der Vergangenheit. Aber auch über diese, Behutsamkeit fordernden Fragen haben sich die traditionalistischen, von Rechtfertigungsnöten getragenen Kontinuitätsinteressen ehemaliger Soldaten, die sich auch nach ihrer Übernahme in die Bundeswehr als „Ehemalige" verstanden, hinweggesetzt und jene überstimmt, die im Neuanfang eine Chance sahen und deshalb auch in äußeren Attributen so wenig Verbindung mit der jüngsten Vergangenheit wie irgend möglich wünschten.

Versuche, neue Traditionen zu begründen und Symbole zu wählen, die über den engen Bereich des nur Soldatischen hinausgehen, hatten wenig Erfolg. So sind die Bestrebungen, an den → *Widerstand* gegen Hitler anzuknüpfen, auf die gleiche Reserve gestoßen wie die zaghaften Versuche, Traditionen der Arbeiterbewegung zu rezipieren. Ein zentrales historisches Ereignis mit Symbolcharakter, der 17. Juni 1953, hat zwar Eingang in die Traditionspflege der Streitkräfte gefunden, bewirkte aber auch — neben einer Festigung des → *Feindbildes* — eine Öffnung zur Übernahme und Pflege von Traditionen und Symbolen der Wehrmacht, die politisch nicht gewollt sein konnten. Die ohnehin schon vorhandene Tendenz, Traditionspflege überwiegend soldatisch zu fundieren, ahistorisch zu betreiben und unpolitisch zu empfinden, wurde noch verstärkt. Der im Traditionserlaß aufgeführte Katalog soldatischer Tugenden mußte zudem von weiten Teilen der Bevölkerung als Provokation empfunden werden, da hier Tugenden für den Soldaten reserviert erscheinen, die auch in anderen gesellschaftlichen Bereichen gelten und gelebt werden.

Die MG kann auf diesem Felde bestenfalls Kontrollfunktion durch die Erarbeitung und Vorlage wissenschaftlicher Publikationen und Gutachten wahrnehmen, Ideologiekritik üben und die Sensibilität breiterer Kreise (ziviler und militärischer) für diesen empfindlichen Sektor gesellschaftlicher Selbstdarstellung wecken.

LITERATURHINWEISE

Gersdorff, U. v. (Hrsg.), Geschichte und Militärgeschichte. Wege der Forschung, Frankfurt/M. 1974.
Hermann, C. H., Deutsche Militärgeschichte, Frankfurt/M. 1968.
Meier-Welcker, H. (Hrsg.), Handbuch zur deutschen Militärgeschichte 1648 bis 1939, Frankfurt/M. 1964.
Meier-Welcker, H., Soldat und Geschichte. Aufsätze, Freiburg 1976.
Diskussion über Militärgeschichte, in: Wehrkunde, Bd. X, 1961, mit Beiträgen von H. *Heidegger*, H. *Hablweg*, A. *Friedel*, Fr. *Forstmeier* und G. *Papke*.

ECKART OPITZ

Militärhilfe

→ *Ausbildung/Bildung, Kooperative Rüstungssteuerung, Militarismus, NATO, Rüstung, Sicherheitspolitik.*

1. BEGRIFF. — Der Begriff „Militärhilfe" (MH) umfaßt weniger als die Teilaspekte „Militär" und „Hilfe" vermuten lassen: direkte militärische Hilfe (z. B. Truppeneinsatz) wie auch Bündnisverpflichtungen (z. B. Truppenstationierung) sind nicht in die MH einbegriffen.
Unter MH sind alle diejenigen Leistungen zu verstehen, „welche die Lieferung von Waffen und Gerät sowie die für ihren Einsatz notwendige Ausbildung im Rahmen von Regierungsverträgen an andere Staaten vorsehen" (Haftendorn 1971). Eingeschlossen sind dabei auch das Erstellen von Anlagen der militärischen → *Infrastruktur* wie die militärische Ausbildungshilfe im weiteren Sinne. MH wird zu-

meist in Form der Schenkung von Regierung zu Regierung geleistet; üblicherweise wird der kommerzielle Rüstungsexport nicht zur MH gerechnet, er ist jedoch eng mit ihr verflochten.

2. MOTIVATION. — Die MH der Bundesrepublik muß im außen- und sicherheitspolitischen Zusammenhang gesehen werden. Ziele dieser Politik sind neben der Verwirklichung und Erhaltung der freiheitlich-demokratischen Grundordnung und der Gewährleistung der Sicherheit der Bundesrepublik vor äußerer Bedrohung auch die Lösung der deutschen Frage. In diesem Zusammenhang hatte die MH operativen Charakter, erhoffte die Bundesregierung sich sowohl eine (außen- wie innenpolitische) Stabilisierung der MH-Empfängerländer wie vor allem die Anerkennung des deutschen Alleinvertretungsanspruchs. MH wurde wie Entwicklungshilfe — wenngleich fast nicht miteinander abgestimmt — unter diesem deutschlandpolitischen Junktim gewährt bzw. verweigert.

3. ENTWICKLUNG. — MH war für die Bundesrepublik zunächst eher eine vom Bündnispartner auferlegte „Pflichtübung" (Albrecht/Sommer 1972); seit 1961 jedoch wurden zunehmend eigene Ziele verfolgt. Nach dem sog. Israel-Debakel 1965 (Bekanntwerden militärischer Hilfe der Bundesrepublik an Israel aufgrund von Geheimabkommen und in der Folge arabischer, insbesondere ägyptischer politischer Druck auf die Bundesregierung) wurde die federführende Verantwortung für MH vom BMVg an das Auswärtige Amt übergeben; eine Neubestimmung der MH — zumal sich die deutschlandpolitische Zielsetzung mehr und mehr als „schartig" (W. Wagner im Europa-Archiv 1966), ja: unwirksam erwies — setzte ein. So soll heute MH primär „der Unterstützung befreundeter Staaten in Afrika und Asien beim Aufbau von Sicherungskräften" dienen und so zur „inneren Stabilisierung der Entwicklungsländer und zur Verbesserung ihrer Nachrichten- und Verkehrsinfrastruktur beitragen" (Weißbuch 1970, Ziff. 207).
Die MH der Bundesrepublik wird nach den Kriterien der Vergleichbarkeit mit ziviler Entwicklungshilfe-Vergabe, der Nicht-Lieferung in Spannungsgebiete und den Bestimmungen des Außenwirtschaftsgesetzes (§ 7) wie des Kriegswaffenkontrollgesetzes (§ 6) vergeben; zu ca. 2/3 sind NATO-Verbündete die Empfängerländer. Der finanzielle Umfang ist nicht offen im Bundeshaushalt ausgewiesen, wird aber auf ca. 100 Mio DM p. a. geschätzt.

4. VERFAHREN. — Die MH der Bundesrepublik Deutschland kann in die
— → *NATO*-Verteidigungshilfe,
— Ausrüstungs- und (dazu erforderliche) Ausbildungshilfe,
— militärische → *Ausbildung*shilfe (im weiteren Sinne) und aufgrund des engen Verflechtungsgrades in den
— Rüstungsexport aufgegliedert werden.

4.1. *NATO-Verteidigungshilfe.* — Grundlagen dieses Teilaspektes der MH bildet Art. 3 des NATO-Vertrages. Anlaß war eine Gegenleistung für alliierte Truppenstationierung in der Bundesrepublik. Größte Bezieher deutscher NATO-Verteidigungshilfe waren und sind die Türkei und Griechenland. Im Gegensatz zu landläufiger Auffassung erhielt Portugal dagegen keine NATO-Verteidigungshilfe, erwarb allerdings in Kompensation für die Überlassung des Stützpunktes Beja Bundeswehr-Überschußmaterial. Trotz vertraglicher Festlegung, daß derartiges Material nur im NATO-Bereich Verwendung finden dürfe, konnte aufgrund vertragswidriger Nutzung des Materials der Eindruck entstehen, die Bundesrepublik unterstütze den Kolonialkrieg Portugals.

4.2. *Ausrüstungs- und Ausbildungshilfe.* — Dieser Teil der MH kann zeitlich-inhaltlich in eine militärische Phase (Ausrüstung und Aufbau von Teilstreitkräften), eine Polizeiphase (Ausrüstung, → *Ausbildung* und Beratung von Sicherungskräften) und eine Infrastruktur- oder Pionierphase (vor allem zivile Nutzung von Ausrüstung und Ausbildung) aufgeschlüsselt werden. Die Empfängerländer liegen zumeist in Afrika, in geringerem Umfang in Asien.
Dabei werden Ausrüstungsgegenstände zur Verfügung gestellt (zumeist als Schenkung), Personal wird in der Bundesrepublik an entsprechenden Bildungsstätten geschult und/oder deutsche Ausbilder und Berater in die Empfängerländer gesandt.

4.3. *Militärische Ausbildungshilfe.* — Daneben tritt die „reine" Ausbildungshilfe. Ziele dieses Teilaspektes, der weiterhin in der Verantwortung des BMVg ressortiert, sind es, technisches (und insbesondere militär-taktisches) Know-how zu vermitteln wie internationale „Freunde" zu gewinnen (Haftendorn 1971). Dabei wird Angehörigen von NATO-Partnern (im Austausch mit Bundeswehrangehörigen) wie auch „Neutralen" an Ausbildungsstätten der Bundeswehr die Teilnahme an einer Kadettenausbildung, Weiterbildung als Truppenoffizier oder an einer Generalstabsausbildung ermöglicht. Insbesondere die Teilnahme chilenischer Junta-Offiziere an der Generalstabsausbildung der Führungsakademie der Bundeswehr erregte öffentliches Aufsehen und Kritik.

In geringem Umfang wird daneben noch Ausbildungshilfe direkt im
Empfängerland praktiziert; sie kann in Grundausbildung; Ausbildung
an Waffen; Ausbildung an Ausrüstung und Ausbildung in der Produktion militärischer Güter grob katalogisiert werden (Albrecht/Sommer
1972) — die erwünschte zivile Nutzbarkeit (sog. spin off-Effekt) ist
jedoch kaum erreicht worden.

4.4. *Rüstungsexport.* — Obwohl → *Rüstungs*export nicht direkt unter MH zu rubrizieren ist, ist der Zusammenhang jedoch deutlich
und nicht zu übersehen (z. B. E. Schneider in „Wehrtechnik" 1975;
Lock/Wulf 1976). Zwar wird MH meist über Schenkungen abge-
wickelt, jedoch dient sie zumindest der Finanzierung der Rüstungs-
ausfuhr des Geberlandes (Albrecht 1971), im weiteren Sinne auch
der Konjunktur- und Beschäftigungspolitik, wenigstens in ausgewiesenen Spezialbranchen. Im internationalen Vergleich tritt die Rü-
stungsausfuhr der Bundesrepublik auf eine unbedeutende Größenordnung zurück (der Anteil aller deutschen MH-Maßnahmen im
Rüstungsbereich am Gesamtwaffenexport der Welt beträgt weniger
als 2 %, der Anteil kommerziellen Rüstungsexports am Gesamtex-
portvolumen der Bundesrepublik weniger als 1 %), für einzelne
Empfängerländer kann jedoch bereits dieser Anteil immense Bedeutung haben.

In diesem Teilbereich kann in Verkäufe von Waffen und Waffensystemen gemäß Kriegswaffenkontrollgesetz, in Verkäufe militärischer
Ausrüstung ohne Waffen, in Verkäufe von Überschußmaterial, meist
ausländischen Ursprungs, aus Bw-Beständen und die Überlassung von
Know-how unterschieden werden.

Beschäftigungs- und konjunkturpolitische Aspekte können jedoch
die bisherige restriktive Haltung der Bundesregierung längerfristig
„aufweichen" wie auch erfolgreiche hochtechnische Waffensysteme
— aus Fertigungs- wie Gewinngründen — eine Ausweitung des Ex-
ports wünschbar erscheinen lassen. Umgehungsversuche der bisher
sehr engen deutschen Bestimmungen (als Beispiel für andere, insbesondere die Möglichkeiten internationaler Kooperation nutzende,
Verfahrensweisen sei auf das „internationale" Waffensystem Panzer
„Lion" verwiesen) zeigen diesen Weg tendenziell an.

5. WIRKUNGEN UND KRITIK. — MH hat in den Empfängerländern
sicherlich integrierende und stabilisierende Wirkung gehabt und entsprechend ihrer Zielsetzung auch technische und apparative Fertigkeiten vermittelt. Ob es allerdings der MH bedurft hätte, um den
erwünschten und beabsichtigten sozialen Wandel mit seinen argumen-

tativ hervorgehobenen Erscheinungsformen (Militär als Träger der Modernisierung; Nationenbildungs-Argument; Hervorbringung moderner, handlungsfähiger Bürokratien und insbesondere von Eliten) anzustreben, kann sehr wohl bestritten werden. Neben sicherlich in dieser Richtung positiven Verläufen hat MH insbesondere in den afrikanischen Entwicklungsländern zur Verteidigung militärischer Strukturen und auf diesem vermittelten Wege zur Stabilisierung, wenn nicht zur Bildung von Militärregimen beigetragen. Insbesondere die Ausbildung militärisch-handwerklicher Fachleute einerseits und damit einhergehend die Übergabe von sensiblen Machtmitteln wie die in der Folge bewußtseinsmäßige Orientierung der Militärs als ausgewiesene Elite andererseits führten und führen − im Gegensatz zur Entwicklungshilfepolitik der Bundesregierung − nicht zur Selbstbestimmung sich entwickelnder Nationen und zu einer sicheren internationalen, auch wirtschaftlichen Ordnung; im Gegenteil: durch Entziehung und Bindung wichtiger Ressourcen führte MH und in ihrem Gefolge die militärische Rüstung zu erneuter Abhängigkeit (Neo-Kolonialismus), zu feudal-diktatorischen Herrschaftsformen wie zur Schaffung von latenten bzw. häufig manifesten Krisengebieten.

LITERATURHINWEISE

Albrecht, U., Der Handel mit Waffen, München 1971.
Albrecht, U. und *Sommer*, B. A., Deutsche Waffen für die Dritte Welt. Militärhilfe und Entwicklungspolitik, Reinbek 1972.
Eide, A., The Transfer of Arms to Third World Countries and Their Internal Uses, in: International Social Science Journal, H. 2/1976.
Haftendorn, H., Militärhilfe und Rüstungsexporte der BRD, Düsseldorf 1971.
Haftendorn, H., Die Militärhilfe der Bundesrepublik Deutschland, in: *Schwarz*, H.-P. (Hrsg.), Handbuch der deutschen Außenpolitik, München 1975.
Lock, P. und *Wulf* H., Deutsche Rüstungsexporte trotz Beschränkungen, in: Friedensanalysen 3, Frankfurt/M. 1976.
Stockholm International Peace Research Institute (SIPRI), The Arms Trade with the Third World, Stockholm 1971 und: Arms Trade Registers. The Arms Trade with the Third World, Stockholm 1975.
U.S. Arms Control and Disarmament Agency (ACDA), World Military Expenditures and Arms Transfers 1965−1974, Washington 1976.

TJARCK RÖSSLER

Militärische Elite

→ *Ausbildung/Bildung, Beruf „Soldat", Militärsoziologie, Rekrutierung, Sozialisation.*

1. MILIEU. — Für alle militärischen Eliten (ME) der westlichen Industriegesellschaften läßt sich ein Wandel der → *Rekrutierung* vom feudalen und nachfeudalen zum bürgerlichen und — tendenziell — kleinbürgerlichen Muster nachweisen. Innerhalb Deutschlands muß jedoch zwischen der nord- und süddeutschen Entwicklung unterschieden werden: während in Norddtl. bis zum 1. Weltkriege noch über 50 % *Adlige* die ME rekrutierten (1860: 86 %), verlief die Entwicklung im Süden gegenläufig. Auch im Seeoffizierskorps spielte der Adel keine Rolle. In der ME der Reichswehr hielt sich der Adligenanteil knapp unter 50 % (Offizierkorps ca. 20 %). In der Wehrmacht hatte das Heer 1943 noch 20 % adlige Generale. In der Bw sank diese Quote weiter: von 11 % (1964) auf 9 % (1966) und 7 % (1972).

Im Rückgang der *Selbstrekrutierungsquote* spiegelt sich der entsprechende Vorgang: sie sank bei der ME von 52 % (1925) auf 29 % (1944) und bei der Bw-ME schließlich auf 18 % (1970). Zwar hat sich im Gegensatz zur Entwicklung im Gesamtoffz.korps der Anteil von Söhnen aus der mittleren und oberen Mittelschicht ungefähr konstant gehalten, denn das Offz.korps entwickelt sich mehr und mehr zu einem Aufstiegsmechanismus für die obere Unter- und untere Mittelschicht. Seit Einrichtung der Bw-Hochschulen scheint sich dieser Trend zur unteren Mittelschichtrekrutierung (und zwar aus dem einfachen Angestelltenmilieu) zu verstärken. Beim mittleren Offz.korps dominiert noch der Beamten- und Offizierssohn. Da diese Kohorte der Stabsoffiziere mittelfristig für den Einstieg in die ME bereitsteht, dürfte sich zunächst das Rekrutierungsmuster der ME erhalten.

Auch in der *konfessionellen* Struktur bildet sich noch das traditionelle Muster der deutschen ME ab: 77,6 % (1970) und 68,1 % (1972) sind evangelisch. Es fällt auf, daß die Spitzengruppe der ME (Generalleutnante/Generale) sich etwas anders aufteilt: 25,0 % sind katholisch (1967), während es 1972 nur 8,6 % sind. — Die US-ME wird von einem ähnlichen konfessionellen Muster bestimmt.

2. KARRIERE. — M. Janowitz unterscheidet drei typische Aufstiegswege: das vorgeschriebene (prescribed) Muster, das Routine- und das

atypische (adaptive). Das erste entspricht dem durchschnittlich er-
wartbaren Wechsel von Stab- und Kommando-Positionen. Das letztere weicht vom ersten durch einige mehr ‚individuelle‘ Positionsein-
nahmen ab, z. B. militärpolitische oder technisch-innovative (neue
Waffensysteme) Verwendungen. Dennoch ähneln sich beide stark,
unterscheiden sich aber hinsichtlich des eigeninitiativen Beitrags. Das
Routine-Muster liefert die Mehrzahl der ME-Positionen der Brigade-
generals- und Generalmajors-Ebene.

Für die US-ME hat Janowitz nachgewiesen, daß das Heer die meisten
‚atypischen‘ Karrieren bietet, die Luftwaffe die wenigsten (und entsprechend die meisten Routineverwendungen).

Die Spitzengruppe des Bw-Heeres spiegelt klar das ‚vorgeschriebene‘
Muster. (Heer heißt hier — und entsprechend bei den anderen
TSK — personelle Zugehörigkeit zum Heer). Außerdem fällt auf, daß
eine nur wenig kleinere Gruppe einen Routine-Pfad eingeschlagen
hat, der vor allem durch gehäuft ministerielle Verwendungen gekennzeichnet ist (Datenbasis 1955—67). Noch stärker schlägt diese ministerielle Verwendungskomponente bei der Luftwaffe durch. Hier
sind aber die Spitzenpositionen stärker ‚atypische‘, übrigens auch bei
der Marine. Es mag damit zusammenhängen, daß im Gegensatz zu
den US-Streitkräften bei uns Luftwaffe und Marine die stärkere
internationale Orientierung haben. Hingegen weist das US-Heer stets
eine Expeditionskorps-Struktur auf, was viele ‚atypische‘ Verwendungen einschließt.

Die Spitzengruppe der 70er Jahre (1972) zeigt überwiegend ein
‚atypisches‘ Muster. Auf TSKe umgerechnet, zeigt die Luftwaffe den
höchsten, die Marine den geringsten Anteil an solchen Mustern. Dies
entspricht den Erwartungen. Die Spitzenelite 1976/77 kommt jedoch überwiegend aus ‚vorgeschriebenen‘ Laufbahnen zusammen.

3. ATTITÜDEN. — Die wenigen sozialwissenschaftlichen Befunde
über politische und gesellschaftliche Einstellungen des Offizierskorps
liefern kein einheitliches Bild. Einerseits: wer heutzutage dem Militär
in der Bundesrepublik angehört, ist im Durchschnitt weniger ‚dog-
matisch‘ oder ‚autoritär‘ als ein entsprechender Bevölkerungsdurch-
schnitt. Vermutungen, daß der überwiegend von ehemaligen Wehr-
machtsoffizieren und -unteroffizieren besetzte Personalkörper der
Bw (bes. in ihren Gründerjahren) einen besonderen ‚autoritären‘ Aus-
strahlungseffekt haben könnte, ließen sich mit den verfügbaren Daten nicht aufrechterhalten. Andererseits: org.soziologische Studien
lassen den Schluß zu, daß die zunehmende Bürokratisierung der

Streitkräfte einen gleichsam unterschwellig ‚autoritären' Einstellungstrend bestärkt. Dieser „nichtantizipierte Autoritarismus" wird sichtlich durch den Zufluß bürokratisch ausgebildeter und orientierter Persönlichkeiten bestärkt, die durch die (alimentären) Förderungs- und Zuweisungsmechanismen bis in die ME vordringen. Bei einer Befragung der ‚Strategy Community' (= sicherheitspolitische Eliten und Experten) 1976 neigten nur 27 % der befragten Generale/Admirale zu einem ‚konservativen' Staatsbild, gegenüber beispielsweise 26,5 % der FDP- und 24,6 % der DGB/ÖTV-Befragten. Bei den Generalstabsoffizieren sank diese Quote auf 21 %. Hingegen votierten 59 % der Generale/Admirale für ein ‚liberales' Staatsbild, oberhalb des Durchschnitts aller Antworten (57 %). Der obige Befund − ‚Autoritarismus' der Bevölkerung größer als der des Militärs − läßt sich mithin auch durch Daten auf der Eliten-Ebene erhärten.

4. ZIVIL-MILITÄRISCHES VERHÄLTNIS. − Die Bundesrepublik ist bislang von wirklich bedrohlichen zivil-militärischen Konflikten verschont geblieben. Auseinandersetzungen um Fragen der angewandten → *Inneren Führung* und des professionellen Selbstverständnisses (Grashey/Karst/Schnez-Affäre 1969/70) dominierten. Sie wurden jedoch nie außerhalb eines demokratischen Grundkonsenses geführt. Dieser stand auch nicht infrage, als die ME in Abwesenheit des amtierenden Ministers eigene Vorschläge zu verteidigungspolitischen Grundsätzen publizierte (sog. ‚Generalsdenkschrift' 1960). Eine wirkliche Belastungsprobe wurde allerdings durch den jahrelang schwelenden, sich zusammen mit der Starfighterkrise schließlich in den Zusammenbruch der Bundesregierung 1966 verlängernden Konflikt um die „richtige" Spitzengliederung erreicht. Hier kulminierten zwei in sich widersprüchliche Entwicklungen: Einmal das nie befriedigend gelöste Problem des Einbaus der Bw-Spitze in das politische Kontrollsystem. Zum anderen das bis Mitte der 60er Jahre ungelöste Problem, die moderne Militärtechnik in einen nach kameralistischem Muster aufgebauten Ministerialapparat und in eine noch der „Me-109-Mentalität" anhängende Luftwaffenhierarchie zu integrieren. Exemplarisch wurde dieses Thema, als serienweise abstürzende F-104-Flugzeuge die Politiker und die Öffentlichkeit mobilisierten. Erst im Gefolge dieser Krisen ließen sich kleinere Modernisierungen (System- und Matrixmanagement) bei allerdings aufrechterhaltener bürokratisch-kameralistischer Struktur durchführen. Neben anderen − wirtschaftspolitischen − Faktoren wird man die Krise um die Bundeswehr 1966 „gleichwohl als wichtigen Faktor und als eine nicht zu unterschätzende Etappe im Prozeß des lang-

samen Autoritäts- und Machtverfalls der bürgerlichen Koalition bewerten müssen" (K. Hornung).

5. ZUSAMMENFASSENDE TRENDPROGNOSE. — Die ME entstammt überwiegend dem preußisch-protestantischen und bildungsbürgerlichen Milieu. Diese Rekrutierung wird sich noch mittelfristig fortsetzen. Insgesamt wird die gesellschaftliche Repräsentanz des Offizierskorps weiter zunehmen. Durch neu eingerichtete Mechanismen (Fachoffz., Bw.-Hochschulen) stößt allmählich eine ‚kleinbürgerliche' Kohorte (aus dem ‚neuen Mittelstand') bis in die ME-Spitze vor. Der Weg hierhin wird eher ‚vorgeschrieben' bleiben beim Heer und eher ‚atypisch' sein bei der Luftwaffe. Das Verhältnis zu Staat und Gesellschaft muß seit der Bw-Krise 1966 als normalisiert bezeichnet werden.

Die internationalen, die national-gesellschaftlichen und die innerorganisatorischen Rahmenbedingungen haben sich gravierend geändert. Probleme des militärischen Professionalismus (und dessen Verhaltens-,Stil') können deshalb nicht mehr in herkömmliche Streitschemata wie ‚sui-generis' oder ‚Beruf-wie-jeder-andere' gepreßt werden.

International läßt sich von einer funktionalen Differenzierung der Militärorganisation sprechen: vom UNO-Polizeitruppen-Konzept über Interventionspotentiale (der Supermächte) bis hin zur Leitfunktion im nationalgesellschaftlichen Modernisierungsprozeß (Dritte Welt). Sogar im europäischen Bereich beginnt Militär solche Funktionen des Systemwandels zu übernehmen (Portugal). Im Jahresmittel 40 Länder werden von ME beherrscht (Prätorianismus). Die ‚sozialistischen' Länder entwickeln — regional differenzierte — Formen spartanischer Lebensführung. *National* wirken die fortschreitend komplexeren Modernisierungsvorgänge direkt in die militärische Binnenorganisation: als verstärkte Anforderung an → *Führungsstil* (Kontrolle ‚abweichenden' Verhaltens und therapeutische Gegenstrategien), militär-technologische Qualifikation sowie an das Beherrschen neuer zivil-militärischer Funktionen (z. B.: Terr.-Vtdg.). *Innerorganisatorisch* werden deshalb die *Sozialisations*konzepte weiter diversifiziert: von den auf eine neue ‚Verwendungsbreite' im öffentlichen und privaten Dienst abzielenden Strategien der Bw-Hochschulen bis hin zum neuen militär-spezialistischen und militärgeneralistischen Verhaltenstraining. Somit wird auch in der Bundesrepublik ein Typus von ME entstehen, dessen neuer Professionalismus die komplexer gewordene Sicherheitsfunktion als zivil-militärischen Verbund begreift.

LITERATURHINWEISE

Hornung, K., Staat und Armee, Mainz 1975.
Informations- und Pressestab/BMVg (Hrsg.), Handbuch der Bundeswehr, Bonn 1972.
Janowitz, M., The Professional Soldier, Glencoe/London 1964.
Roghmann, K., Dogmatismus und Autoritarismus, Meisenheim a. G. 1966.
Schössler, D., Der Primat des Zivilen, Meisenheim a. G. 1973.
Schössler, D., Sicherheitspolitische Planungsprobleme (SIPLA-Studie 1976/77), unveröffentlichtes Material, Universität Mannheim 1977.
Wildenmann, R., Politische Stellung und Kontrolle des Militärs, in: Kölner Zeitschrift für Soziologie und Sozialpsychologie, Sonderheft 12, Köln/Opladen 1968.

DIETMAR SCHÖSSLER

Militärische Landesverteidigung

→ *Auftrag und Struktur der Bundeswehr, Bundeswehr und Verfassung, Infrastruktur, NATO, Sicherheitspolitik, Zivile Verteidigung.*

1. BEGRIFFSBESTIMMUNG. — Der Begriff „Militärische Landesverteidigung" (ML) bezeichnet einen Aufgabenbereich der Bundeswehr. Dieser umfaßt
— die Vorbereitung und Durchführung solcher militärischer Aufgaben, die in Krisen und im Verteidigungsfall in nationaler Verantwortung verbleiben und der Unterstützung der → *NATO*-Streitkräfte sowie der → *zivilen Verteidigung* dienen,
— bestimmte von der Bundeswehr außer zur Verteidigung gemäß Grundgesetz wahrzunehmende Aufgaben.
Die ML ist als Teil der militärischen und zivilen Verteidigungsanstrengungen der NATO und ihrer Mitgliedstaaten zum Schutz der Freiheit aller Bündnispartner zu begreifen.

2. AUFGABEN. — Wesentliche Aufgaben der ML sind
— das Aufrechterhalten der Operationsfreiheit der NATO-Streitkräfte auf dem Territorium der Bundesrepublik Deutschland,
— die personelle und materielle Ergänzung und Versorgung der deutschen Streitkräfte,
— die sanitätsdienstliche Versorgung der deutschen Streitkräfte,
— das Herstellen und Erhalten der militärischen Sicherheit,
— das Abstimmen und Weiterleiten von Forderungen der NATO-Streitkräfte auf Nutzung nationaler Hilfsquellen,

— das Vertreten der nationalen Belange gegenüber den NATO-Streitkräften,
— die Unterstützung der zivilen Verteidigung.

3. AUFGABENWAHRNEHMUNG. — Die Aufgaben der ML werden hinsichtlich der Planung und Vorbereitung im Frieden sowie der Durchführung in Krisen und im Verteidigungsfall von den unter nationalem Kommando verbleibenden Kräften des Heeres, der Luftwaffe und der Marine sowie der → *Bundeswehrverwaltung* wahrgenommen.

Wegen des Umfangs der durchzuführenden Aufgaben kommt dabei dem unter nationalem Kommando verbleibenden Teil des Heeres, dem Territorialheer, und der Bundeswehrverwaltung besondere Bedeutung zu. Die Organisation dieser beiden Bereiche ist wegen der engen Verflechtung mit der zivilen Verteidigung den Strukturen der zivilen Verwaltung angepaßt und in besonderem Maße auf die Zusammenarbeit mit den Kommandobehörden der NATO-Streitkräfte ausgerichtet.

Die durch das Territorialheer wahrzunehmenden Aufgaben erstrecken sich im Kriege vorwiegend auf die Rückwärtige Kampfzone. In diesem Teil der Kampfzone sind die Befehlshaber und Kommandeure des Territorialheeres mit den ihnen unterstellten Truppen dafür verantwortlich, daß den NATO-Streitkräften die Operationsfreiheit und -fähigkeit erhalten bleibt.

Zu den besonderen Aufgaben der territorialen Befehlshaber gehört die Entgegennahme und Weiterleitung von Forderungen
— der verbündeten Streitkräfte auf Unterstützung aus dem nationalen Bereich,
— der zivilen Behörden auf Unterstützung durch die Streitkräfte.

In der Ausübung dieser Aufgaben haben die territorialen Befehlshaber eine bedeutsame Mittlerfunktion zwischen der militärischen und zivilen Verteidigung.

LITERATURHINWEISE

Weißbücher der Bundesregierung zur Verteidigungspolitik der Bundesregierung, Zur Sicherheit der Bundesrepublik und zur Lage bzw. Entwicklung der Bundeswehr 1969—1976.
Bundesminister des Innern (Hrsg.), Weißbuch zur zivilen Verteidigung der Bundesrepublik Deutschland, Bonn 1972.

EBERHARD FUHR

Militärisches Nachrichtenwesen

→ *Bundeswehr und Öffentlichkeit, Bundeswehr und Verfassung, Feindbild, Militarismus.*

MILITÄRISCHES NACHRICHTENWESEN.–(MilNw) ist die Sammlung, Beurteilung und Weitergabe von öffentlich zugänglichen oder geheimgehaltenen Nachrichten in besonderen Dienststellen für Zwecke der politischen und militärischen Führung. Welche Nachrichten zu sammeln, auszuwerten und mit bereits vorhandenen Informationen zu neuen Erkenntnissen zu verknüpfen sind, ist durch den Zweck des MilNw bestimmt. In der ZDv 2/11 sind drei Ziele vorgegeben, die dem MilNw einerseits eine Informationsfunktion (durch Aufklärung) und andererseits eine Schutz- und Sicherungsfunktion (durch Abwehr) zuweisen; diese Ziele sind: die Wehrlage fremder Staaten, die Gewährleistung der Sicherheit im militärischen Bereich, die Verteidigungsbereitschaft der eigenen Bevölkerung. Die ZDv 2/11 erklärt dazu: ,,Im Frieden dienen die gewonnenen Erkenntnisse sowohl der politischen Entschlußfassung als auch . . . der Vorbereitung der Streitkräfte für den Einsatz. Im Krieg dagegen erhöht sich die Bedeutung aller Erkenntnisse über die fremden Streitkräfte, um die Führung der Operationen im nationalen und NATO-Rahmen zu unterstützen . . .''.

Nach dieser Funktionsbestimmung wirkt das MilNw im Inland wie im Ausland, im zivilen wie im militärischen Bereich, teils offen, teils geheim; es ist als Bestandteil des politischen Planungs- und Entscheidungsprozesses ausschließlich auf die Effizienz staatlichen Handelns, hier: des militärischen Apparates, gerichtet.

Leitstelle des MilNw ist in der Bundeswehr die Abteilung II im Führungsstab der Streitkräfte (Fü S II). Von den Referaten dieser Abteilung wird die ,,Lage Ost'' und die ,,Lage West'' geführt, der Einsatz der Militärattachés bestimmt, das Amt für Sicherheit der Bundeswehr (ASBw) in Köln als Kommandobehörde des Militärischen Abschirmdienstes (MAD) und die Schule für Nachrichtenwesen der Bundeswehr (SNBw) in Bad Ems fachdienstlich beaufsichtigt. Der Leiter Fü S II hat Weisungsbefugnis gegenüber den Abteilungen II in den Führungsstäben der drei Teilstreitkräfte, denen wiederum die G 2/A 2-Stabsdienste — auf unterer Ebene S 2 — in den nachgeordneten Einheiten und Verbänden fachdienstlich unterstehen.

Gegenläufig zu diesem Führungsweg ist der Meldeweg, auf dem die gesammelten Nachrichten bis zu jenen Dienststellen weitergegeben werden, die zur Informationsanalyse und Lagebeurteilung befähigt und bestimmt sind. So werten Abteilungen des Luftwaffenamtes und des Marineamtes aus, was mit den Mitteln der Luft- und Seeaufklärung, der Funk-, Funkmeß- und funktechnischen Aufklärung an Informationen gesammelt wurde (vgl. HDv 100/100); die Teilstreitkraft Heer dagegen läßt dies durch die Unterabteilung „Militärische Auswertung" in der Abteilung II des Bundesnachrichtendienstes (BND) in Pullach besorgen.

Der BND ist ein ziviler, dem Bundeskanzleramt unterstehender Auslandsaufklärungsdienst. Das Bundesministerium der Verteidigung (BMVg) als einer der wichtigsten Bedarfsträger des BND unterstützt diesen Dienst materiell und personell, z. B. sind erhebliche Etatmittel des BND im Verteidigungsbudget untergebracht; Fachpersonal des MilNw wird zeitweilig zum BND kommandiert, um dort im Bereich technischer Aufklärung sowie konventioneller Beschaffung und besonders im Bereich militärischer Auswertung eingesetzt zu werden. Über den BND, der integriert beschafft und auswertet, d. h. neu gewonnene Informationen mithilfe des vorhandenen Erkenntnisstandes prüft und aufarbeitet, ist das MilNw auch Nutznießer der durch die amerikanische Central Intelligence Agency (CIA) betriebenen Satellitenaufklärung.

Der Nachrichtenaustausch mit den über die → NATO oder über andere politische Interessen verbündeten Geheimen Nachrichtendiensten ist dem BND vorbehalten; dagegen muß dieser Dienst seine für die NATO relevanten Erkenntnisse über die Leitstelle des MilNw, über Fü S II, weitergeben. Inhalt und Umfang dieser weitergegebenen Erkenntnisse bestimmt der Leiter Fü S II. Unter seinem Vorsitz wird einmal monatlich im BMVg eine Lagebesprechung abgehalten, bei der unter Berücksichtigung des aktuellen Meinungsbildes, der Berichte der Militärattachés, der vom BND und von Fü H/L/M II getroffenen Lagefeststellungen eine Beurteilung der militärischen Außenlage getroffen wird; die „Innere Sicherheitslage" wird mithilfe von Erkenntnissen aus dem G 2/S 2-Bereich der Territorialverteidigung und des Militärischen Abschirmdienstes beurteilt.

Die hier verbindlich für den Bereich MilNw getroffene Lagebeurteilung führt der Leiter Fü S II bei Bedarf jeweils dienstags in die sogenannte „Kanzlerlage" ein. Einmal jährlich nimmt er an der 14tägigen Sitzung aller nationalen MilNw-Chefs im NATO-Hauptquartier in Brüssel teil. Unter Leitung des Assistant Chief Intelligence beim

International Military Staff wird dann für das Military Committee (MC) verbindlich die NATO-Lage Ost („Stärke und Fähigkeiten der Sowjetstreitkräfte") festgestellt, also das grundlegende Dokument für den gesamten NATO-Planungs- und Entscheidungsprozeß.

Das Dokument MC/161/Jahreszahl wird von den MiNw-Chefs — abweichend von der sonst üblichen Einstimmigkeitsregel — mit Zwei-drittel-Mehrheit verabschiedet; abweichende Meinungen werden in den Appendix aufgenommen, jedoch in der „non classified version", die für den Ministerrat bestimmt ist, nicht veröffentlicht.

Das MilNw liefert also sowohl im nationalen als auch im supranationalen Bereich Planungsgrundlagen und Entscheidungshilfen; damit ist sein Stellenwert innerhalb des politischen Planungs- und Entscheidungsprozesses umrissen. Zu fragen bleibt nun, ob das MilNw, das als Teil des militärischen Apparates in besonderer Weise dem Gebot maximaler Effizienz unterworfen ist, um eben dieser Effizienz willen freigestellt werden kann von Bedingungen und Forderungen, mit denen unser demokratisches System sonst jede Form staatlicher Gewaltausübung beschränkt. Das Vehikel, an dem dieses Problem zu entfalten ist, ist das „Staatsgeheimnis", ein echtes Kind der Staatsraison, unter deren Obhut einst wie heute Praktiken und Zwecke aus dem Bereich des Militärischen das zivile Leben überwucher(te)n: Informationen werden, sofern sie geeignet sind, dem potentiellen Feind zu nutzen, monopolisiert und sekretiert — sie werden zum militärischen Geheimnis und damit meist zugleich auch zum Staatsgeheimnis; ebenso werden alle eigenen Aktivitäten, die militärischen Geheimnisse des potentiellen Feindes zu brechen, auf diese Weise geschützt. So entsteht im politischen System eine Zone, die dem allgemeinen Transparenzgebot — wenn es ein demokratisches System sein soll — entzogen bleibt. Auch das Verfahren, militärische Geheimnisse unterschiedlich, etwa nach verschiedenen Verschlußsachengraden zu bewerten und einem jeweils ausgewählten Benutzerkreis limitiert zugänglich zu machen, schafft allenfalls privilegierte Informierte; das Prinzip *Öffentlichkeit* als konstitutives Element unseres demokratischen Systems bleibt gleichwohl verletzt. Das Effizienzgebot, dem das MilNw gehorcht, erlaubt es nicht, bei Gewählten und Berufenen verantwortliches politisches Handeln zu erzwingen; ebenso eingeschränkt wie die öffentliche Kontrolle bleibt aber auch, sofern Erfordernisse des MilNw es gebieten, die öffentliche allgemeine Teilnahme an der Diskussion über militärpolitische Probleme. Solche Überlegungen kann derjenige bestätigen, der einmal Gelegenheit hatte, Sitzungsprotokolle des Verteidigungsausschusses mit entsprechenden stenografischen Protokollen einer Parlamentsdebatte zu vergleichen.

Der Widerspruch zwischen Effizienzprinzip und Transparenzgebot ist im demokratischen System nicht auflösbar, sondern nur durch institutionelle Vorkehrungen zu mildern, die allerdings durch die politische Entwicklung in der Bundesrepublik allzu oft unterlaufen wurden. Beispiel: Bis heute arbeitet der MAD, als Geheimer Nachrichtendienst schon von der Funktion her auf Aktivitäten an der Grenze der Rechtsstaatlichkeit angelegt, ohne gesetzliche Grundlage, allein aufgrund der Organisationsgewalt der Bundesregierung. Daß sich in diesen zwanzig Jahren in den MAD-Karteien Erkenntnisse über rund vier Millionen Personen gesammelt haben, mag natürlich erscheinen. Daß diese Erkenntnisse, unter den Bedingungen des MilNw zustandegekommen, nun über das „Nachrichtendienstliche Informationssystem" (NADIS), das den MAD mit den Verfassungsschutzämtern und dem Bundeskriminalamt verbindet, in den zivilen Bereich einfließen, hat zur Folge, daß dort so eindeutig vom militärischen → *Feindbild* geprägte Stereotype wie „Risikoperson" oder „Merkmalperson im V-Fall" eingeschleppt werden.

Es hieße freilich einer Fiktion nachjagen, wollte man gerade im Bereich des Nachrichtenwesens reinlich nach militärischem und nach zivilem Sektor trennen. Worauf allerdings zu achten bleibt, ist, daß die traditionell im MilNw vorherrschende „Wir sind schon im Krieg"-Mentalität, die sich nur zu leicht mit obrigkeitsstaatlichem Denken und Putschistenmoral paart, unter Kontrolle gehalten wird. Das Verfassungsschutzgesetz, das auch im MilNw wirksame Gesetz zu Artikel 10 GG, einige verwaltungsrechtliche Regelungen wie etwa die Zusammenarbeitsrichtlinien sowie die wenigen parlamentarischen Aufsichtsgremien haben den geheimnachrichtendienstlichen Wildwuchs hierzulande noch nicht zu einer Hecke stutzen können, die den Namen Staatsschutz verdiente.

LITERATURHINWEISE

Blum, R. H. (Hrsg.), Surveillance and Espionage in a Free Society, New York/Washington/London 1972.
Charisius, A. und *Mader*, J., Nicht länger geheim, Berlin/DDR 1975.
Dethleffsen, E., Die Aufgabe eines Auslandsnachrichtendienstes, in: Außenpolitik, H. 11/1969.
Erasmus, J., Der geheime Nachrichtendienst, Diss., Göttingen 1952.

Gunzenhäuser, M., Geschichte des geheimen Nachrichtendienstes, Frankfurt/M. 1968.

Spirito, L. und *Powe*, M., Military Intelligence − A Fight for Identity, in: Army, H. 26/1976.

Walde, Th., ND-Report. Die Rolle der Geheimen Nachrichtendienste im Regierungssystem der Bundesrepublik Deutschland, München 1971.

Walter, G.,Geheime Nachrichtendienste, in: Wehrkunde, H. 2/1964.

THOMAS WALDE

Militärisch-Industrieller Komplex

→ *Krieg, Militärhilfe, Militär und Ökonomie, Militarismus, Rüstung, Wehrtechnik.*

1. BEGRIFF UND KONZEPT. — Der Begriff des Militärisch-Industriellen Komplexes (MIK) entstammt der Diskussion in den Vereinigten Staaten in den späten 50er Jahren. Die berühmt gewordene Warnung des scheidenden Präsidenten Eisenhower (1961) vor der „Verbindung eines immensen militärischen Apparates und einer großen Rüstungsindustrie" enthält die Kernthese; sie behauptet die Existenz einer Koalition von Militärs und rüstungsindustriellen Interessengruppen, die auf die Entscheidungen von Legislative und Exekutive mit dem Ziel einer Durchsetzung ihrer gemeinsamen Interessen Einfluß nimmt.

Das MIK-Konzept ist das einflußreichste unter den Erklärungsansätzen von → *Rüstungs*politik, die die gesellschaftlichen Grundlagen in den Mittelpunkt stellen. Wissenschaftsgeschichtlich ist das Konzept zum einen der → *Militarismus*-Diskussion, zum anderen herrschaftssoziologischen und elitetheoretischen Ansätzen, insbesondere Harold D. Lasswell, James Burnham und C. Wright Mills verpflichtet. Praktisch-politisch steht die Diskussion um Existenz und Einfluß des MIK in der amerikanischen Tradition der Kritik an unkontrollierter und unverantwortlicher gesellschaftlicher Macht, wie sie sich in den 30er Jahren am Beitrag von Profitinteressen der Rüstungsindustrie zum Eintritt der Vereinigten Staaten in den Ersten Weltkrieg entzündet hatte. Im Doppelcharakter des MIK-Konzepts als Instrument wissenschaftlicher Analyse und politischer Auseinandersetzung liegen sowohl seine Anziehungskraft als auch die Grenzen seiner analytischen Fruchtbarkeit begründet.

2. Diskussionsstand und Forschungsergebnisse. — Alle MIK-Studien orientieren sich, auch wenn sie andere westlich-kapitalistische Staaten unter der Fragestellung eines MIK analysieren, konzeptionell am amerikanischen Fall. Sie haben in Erweiterung und Vertiefung des ursprünglichen Konzepts folgende Fragestellungen und Themenbereiche behandelt.

2.1. *Grundlagen.* — Unabdingbare Basis eines MIK ist zunächst die Existenz eines umfangreichen militärischen Apparates in Friedenszeiten, zum zweiten eine permanente, spezialisierte Rüstungsproduktion und -forschung von volkswirtschaftlich bedeutsamer Größenordnung, wie sie eine hochentwickelte Waffentechnologie erforderlich macht (→ *Wehrtechnik*). Die dritte Bedingung liegt in der Existenz einer permanenten auswärtigen Bedrohung, von tiefgreifenden Interessengegensätzen also, die die Möglichkeit des Umschlages in einen „heißen" → *Krieg* als stets gegeben erscheinen lassen. Die Kombination dieser drei Faktoren ist eine Entwicklung, die ausschließlich der Zeit nach dem Zweiten Weltkrieg angehört.

Weitere Voraussetzungen werden an die Organisation von Wirtschaft und Gesellschaft geknüpft. Hierzu gehört für eine Mehrzahl der Autoren die privatkapitalistische Organisation der Rüstungsproduktion; diejenigen Studien, die es unternehmen, die sowjetische Rüstungspolitik unter der Fragestellung eines militär-bürokratischen Komplexes zu untersuchen, widersprechen jedoch dieser These. Eine Minderheit marxistisch orientierter Arbeiten sieht den MIK als notwendige Konsequenz kapitalistischer Wirtschaftsentwicklung.

2.2. *Ebenen, Handlungseinheiten, Einflußkanäle.* — Die Studien zum MIK erfassen gesellschaftliche und politische Tatbestände auf drei Ebenen, der sozialstrukturellen, der Entscheidungsebene und der Ebene außen- und rüstungspolitischer Beziehungen zu anderen Staaten.

Auf der sozialstrukturellen Ebene ergeben sich die Einflußmöglichkeiten des MIK in den USA (a) aus der wirtschaftlichen Bedeutung der Rüstungsproduktion und -forschung und der Einrichtungen der Streitkräfte, insbesondere der regionalen Konzentration der Produktion (Süd- und Pazifik-Staaten), der spezifischen Abhängigkeit einzelner Industriesektoren (Luft- und Raumfahrt) und der entsprechenden Konzentration der rüstungsabhängigen Beschäftigung; (b) aus der Zirkulation von Personal zwischen Rüstungsproduzenten und Pentagon und der Beschäftigung von Offizieren im Ruhestand in beratenden Positionen in der Rüstungsindustrie. Die Bedeutung des dritten Faktors, des sog. „grass-roots militarism" (Militarisierung gesellschaftlicher Beziehungen und Werthaltungen) ist seit Mitte der 60er Jahre offenbar im Rückgang begriffen.

Auf der Entscheidungsebene beeinflussen die wirtschaftlichen Gegebenheiten das Verhalten von Senatoren und Abgeordneten, die gemäß ihrer Rolle die ökonomischen Interessen ihrer Wähler zu vertreten haben; der personelle Austausch fördert die Interessenkoordination zwischen Industrie und Militär. Als wichtigste Handlungseinheiten gelten Rüstungsproduzenten, Waffengattungen, zivile Pentagonspitze und Teile des Kongresses; als Akteure zweiter Ordnung die Organisationen der Rüstungsforschung, die Militär-Industrie-Verbände (Military Associations), die Veteranenverbände und Teile der Gewerkschaften, die die Interessen von rüstungsabhängig Beschäftigten vertreten.

Die Einflußmöglichkeiten des MIK sind ferner abhängig von Entwicklungstendenzen im internationalen System, von der Permanenz und Glaubwürdigkeit einer auswärtigen Bedrohung der Sicherheit. Sie war in der Phase des Kalten Krieges für die Vereinigten Staaten durchgängig gegeben, hat sich jedoch im Zuge der Entspannungs- und Rüstungskontrollpolitik merkbar abgeschwächt.

2.3. *Maßstäbe und Positionen der Kritik* — Mit Ausnahme einer kleinen Gruppe rechtskonservativer Verteidiger des MIK verbindet die verschiedenen Positionen der Analyse und Kritik das gemeinsame Interesse an den Möglichkeiten demokratischer Kontrolle des militär-industriellen Beziehungsgeflechts. Die Kritik wird vor allem von zwei Positionen getragen, der liberalen und der marxistischen.

Der liberalen und linksliberalen Position ist bei aller internen Differenzierung gemeinsam, daß sie den MIK als eine unter mehreren einflußreichen gesellschaftlichen Interessenkoalitionen begreift, deren Machtmißbrauch — mittels unlauterer Praktiken politischer Einflußnahme (exzessive Geheimhaltung, Korruption im trivialen wie im politischen Sinne) oder falscher und einseitiger Information der Öffentlichkeit — sie bekämpft (Fullbright). Mangelnde Effizienz im militärischen Beschaffungswesen, Kostenüberschreitungen und Exzessprofite sind ebenfalls Gegenstand dieser Kritik (Proxmire). Die linksliberalen Kritiker (Barnet, Melman, Senghaas) nähern sich in der Bedeutung, die sie den ökonomischen Gegebenheiten als Grundlage des MIK-Einflusses beimessen, der marxistischen Position. Gehört der MIK für die Liberalen zu den Ursachen bestimmter rüstungs- und außenpolitischer Fehlentscheidungen, so ist seine Existenz für die marxistische Kritik (im Anschluß an Baran/Sweezy) eine Folge spezifischer Entwicklungstendenzen in Wirtschaft und Gesellschaft kapitalistischer Staaten. Die aus der Sicht dieser Position systemnotwendigen Verwertungsprobleme und permanenten Krisentendenzen im Spätkapitalismus bedingen eine expansive Außenpolitik (Imperialismus) und verschärfen für die Eliten die Probleme der Herrschaftssicherung gegenüber der eigenen Gesellschaft. Der MIK ist Instrument des Krisenmanagement in beiden Bereichen.

3. ERKLÄRUNGSWERT UND REICHWEITE DES MIK-KONZEPTS. — In der Diskussion neuerer Forschungsergebnisse zur Rüstungs- und Außenpolitik der Vereinigten Staaten zeichnet sich ein Konsensus darüber ab, daß es sich beim MIK um eine Interessenkoalition mit partiell beachtlichem, im ganzen jedoch ,begrenztem Einfluß' (Halperin) handelt. Diese These wird folgendermaßen begründet:

(a) Der MIK ist kein monolithischer Block, sondern eine in sich uneinheitliche Koalition, deren Wirkungsweise ebenso von Kooperation wie von interner Rivalität und Konkurrenz bestimmt ist.

(b) Die Bedeutung der Rüstungsnachfrage für die amerikanische Wirtschaft ist seit Mitte der 50er Jahre ganz erheblich gesunken. Ihr Anteil am Bruttokapazitätsprodukt ging von mehr als 10 % auf 5,5 % (1973) zurück.

(c) Der Einfluß wirtschaftlicher Interessen auf rüstungspolitische Entscheidungen ist in der Vergangenheit häufig überschätzt worden. Gesellschaftliche Ordnungsvorstellungen und außenpolitische Grundeinstellungen erklären die Entscheidungen des Kongresses zum überwiegenden Teil, während MIK-Einflüsse zwar deutlich erkennbar, aber weniger prägend als die politisch-ideologischen Grundorientierungen sind.

Der Einfluß des MIK — und damit auch der Erklärungswert des Konzepts — beschränkt sich also im wesentlichen auf einen Teilbereich der Rüstungspolitik: auf Entscheidungen zwischen alternativen Waffenprogrammen und die Vergabe von Produktions- und Forschungsaufträgen.

LITERATURHINWEISE

Berghahn, V. R. (Hrsg.), Militarismus, Köln 1975.

Rosen, St. (Hrsg.), Testing the Theory of the Military-Industrial Complex, Lexington 1973.

Sarkesian, S. C. (Hrsg.), The Military-Industrial Complex, Beverly Hills 1972.

Schiller, H. I. und *Phillips*, J. D. (Hrsg.), Superstate, Readings in the Military-Industrial Complex, Urbana 1970.

Senghaas, D., Rüstung und Militarismus, Frankfurt/M.. 1972.

MONIKA MEDICK

Militärseelsorge

→ *Ausbildung/Bildung, Fürsorge/Betreuung, Innere Führung, Werte/ Normen.*

1. GRUNDSÄTZLICH. — Militärseelsorge (M) ist eine besondere Form kirchlicher Gruppenseelsorge, Verkündigung am Arbeitsplatz, kirchlicher Dienst in einem Exekutivorgan staatlicher Gewalt. Geschichtlich kann die Einrichtung der M. nur aus dem für Deutschland charakteristischen Verhältnis von Staat und (Volks)Kirche erklärt werden. Diese bis nach Brandenburg-Preußen reichende Tradition, die heilsgeschichtliche Verklärung des Soldatenstandes (vgl. Abendgebet beim Großen Zapfenstreich seit 1813; „Gott mit uns" des preußischen Adlers und des Koppelschlosses), kriegsverherrlichende Predigten in der Zeit des Ersten Weltkrieges, Mißbrauch für Propaganda im Zweiten Weltkrieg bilden die Quellen, aus denen Mißtrauen, Vorwürfe und Protest gegen die M. gespeist werden, wie sie keine vergleichbare kirchliche Arbeit ähnlich erfährt. Fragen der → *Kriegsdienstverweigerung* und des Wehrdienstes im Atomzeitalter bilden für die M. einen Problemdruck, dem sie sich durch Dauerreflexion und theologischen Orientierungszwang gewachsen zeigen muß. „Es wird unablässig von vielen Leuten vergessen, daß über die gesamte Rüstungspolitik nicht etwa die Führungskräfte der Armee entscheiden, sondern ausschließlich das Parlament. Es wird kein Soldat marschieren oder schießen, ohne einen Befehl der Regierung, in der kein einziger Soldat sitzt . . . Sagen wir, daß man heute nicht mehr mit getröstetem Gewissen Soldat sein kann, müssen wir unter allen Umständen vorher auf das Entschiedenste sagen, daß man heute als Christ kein Staatsmann und wohl auch kein Beamter mehr sein kann" (Militärbischof Kunst 1965).

2. RECHTLICH-ORGANISATORISCH. — Die M. hat ihre Rechtsgrundlage im Artikel 4, Abs. 1—2 des Grundgesetzes. Aus dem Grundrecht der Glaubens- und Bekenntnisfreiheit schlußfolgert das Soldatengesetz (§ 36): „Der Soldat hat einen Anspruch auf Seelsorge und ungestörte Religionsausübung. Die Teilnahme am Gottesdienst ist freiwillig." Die Eigentümlichkeiten des militärischen Dienstes (Kaserne, Einsatzbereitschaft, Manöver usw.) zwangen dazu, besondere Rechtsverhältnisse und sachdienliche Organisationsformen für den kirchlichen Auftrag zu entwickeln. Das geschah für die ev. Kirche durch den — kirchenpolitisch umstrittenen — M.-Vertrag vom 22.2.57.

Die kath. M. beruht auf päpstlichen Statuten, die auf Grund des Reichskonkordats von 1933 mit der Bundesregierung am 31.7.65 neu erlassen worden sind. „Die Einrichtung der M. ist damit die institutionelle Reaktion der Kirchen auf die Einrichtung der Streitkräfte" (E. Busch). In der Präambel des M.-Vertrages wird vom „Bewußtsein der gemeinsamen Verantwortung" von Staat und Kirche gesprochen. Wer diese rechtliche Vorstellung der „Partnerschaft" nicht teilt, wird auch die Konstruktion der M. anzweifeln (z. B. Kirchenpapier der FDP, Hamburg 1974).

Innermilitärisch wird die M. durch Zentrale Dienstvorschriften, sowie durch Erlasse des Generalinspekteurs geregelt. In der ZDv 66/1 heißt es: „Die M. ist der von den Kirchen geleistete, vom Staat gewünschte und unterstützte Beitrag zur Sicherung der freien religiösen Betätigung in den Streitkräften. Sie stellt sich die Aufgabe, unter Wahrung der freiwilligen Entscheidung des einzelnen das religiöse Leben zu wecken, zu festigen und zu vertiefen. Dadurch fördert sie zugleich die charakterlichen und sittlichen Werte in den Streitkräften und hilft die Verantwortung tragen, vor die der Soldat als Waffenträger gestellt ist. M. ist Teil der gesamten kirchlichen Arbeit, ausgerichtet auf die Besonderheiten des militärischen Dienstes. Ihren Auftrag erhält sie deshalb von den Kirchen. Ihre Träger, die Militärgeistlichen, verwalten ein kirchliches Amt, auch wenn sie im staatlichen Bereich tätig sind".

Organisatorisch ist die M. territorial gegliedert, d. h. ein Standortpfarrer versorgt die Soldaten (Ausnahme: Geschwader-, Flottillenpfarrer), im Idealfall etwa 1500. Im Unterschied zu den Regelungen bei anderen NATO-Streitkräften tragen deutsche Militärpfarrer keine Uniform und unterliegen nicht der militärischen Weisungsbefugnis. Sie haben einen zivilen Status als Bundesbeamte auf Zeit (6–8, höchstens 12 Jahre), unterstehen in kirchlichen Angelegenheiten der Dienstaufsicht der Militärbischöfe, des Militärgeneraldekans (ev.)/ Militärgeneralvikars (kath.) und der Dekane und sind militärischen Dienststellen „zur Zusammenarbeit zugeordnet". Die beiden Militärbischöfe üben ihr Amt nebenamtlich aus. Solche Organisationsmuster (Doppelstatus der Pfarrer, der zentralen Dienststellen) sollen die Entwicklung einer Militärkirche verhindern. Am 1.10.1976 waren 269 hauptamtliche Militärpfarrer (139 ev., 130 kath.), 99 nebenamtliche (61 ev., 38 kath.) und 289 Pfarrhelfer (151 ev., 138 kath.) im Dienst.

Aufbau der Militärseelsorge

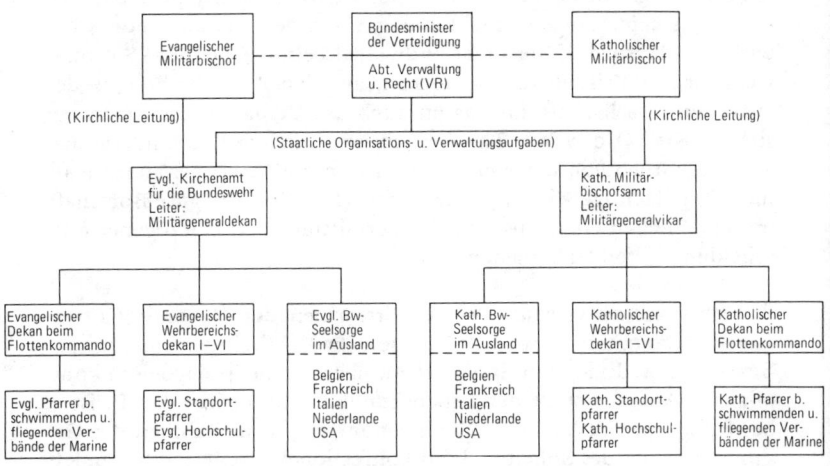

3. THEOLOGISCH. — Obgleich die M. normale kirchliche Aufgaben im Raum legaler Staatsgewalt erfüllt, ohne inhaltlich abhängig zu sein, ergeben sich unvermeidbare Spannungen und Konflikte, die sich auf die Berufsrolle der Militärpfarrer auswirken. Als „Seelsorge am Arbeitsplatz" (Mil.bischof Hengsbach) übernimmt sie alle Probleme des modernen Soldaten (Waffentechnik, Kriegsbild, Verhältnis zur Gesellschaft) und trägt ethische Mitverantwortung für den Auftrag der Friedenssicherung. Mit der Formel „kritische Solidarität" versuchten Militärpfarrer, ihre Beziehungen zu den Soldaten zu beschreiben. Diese Formel meint weniger eine Methode als vielmehr die Pflicht des Pfarrers, seinen Standort zwischen Solidarität und Distanz angemessen zu bestimmen.

Die kath. M. orientiert ihre Arbeit an der Pastoralkonstitution des II. Vatikanischen Konzils (Nr. 79): „Wer als Soldat im Dienst des Vaterlandes steht, betrachte sich als Diener der Sicherheit und Freiheit der Völker. Indem er diese Aufgabe recht erfüllt, trägt er wahrhaft zur Festigung des Friedens bei". Der ev. Mil.bischof ließ 1959 von einer Kommission 11 Thesen über „Atomzeitalter — Krieg und Frieden" (Hg. G. Howe 1959) erarbeiten und später die gesellschaftlichen und politischen Bedingungen der Bundeswehr untersuchen (G. Picht Hg., Studien, 3 Bde. 1965). „Wenn Seelsorge nicht nur trösten, sondern heilen, nicht nur gut zureden, sondern etwas bewirken soll, so darf sie nicht Individualseelsorge bleiben. Sie muß vielmehr die Krisenherde entdecken, aus denen die Pathologie der gesamten Gesellschaft und damit auch das Verhalten des Einzelnen sich erklärt" (Vorwort). Theologisch ist es nicht zu verhindern, daß M. gelegentlich von der einen Seite als unseriös, von der anderen als illoyal verdächtigt wird. Sachlich hat sich M. um die gute Botschaft des christlichen Glaubens und die Vermittlung berufsbezogener Entscheidungshilfen zu bemühen.

4. EMPIRISCH-PRAKTISCH. — Arbeitsformen der M. sind: Gottesdienste, Exerzitien (kath.), Rüstzeiten (ev.), Arbeitsgemeinschaften, Besuche usw. Eine vom Staat der M. übertragene, pädagogisch komplizierte Aufgabe stellt der Lebenskundliche Unterricht dar. Er ist — bei freiwilliger Teilnahme — Truppenunterricht im Rahmen der Gesamterziehung des Soldaten, wird konfessionell erteilt und behandelt aktuelle Lebensfragen des Soldaten. Die Themen stimmt die M. mit dem Ministerium ab, bereitet sie mit eigenem Schrifttum vor und vermittelt sie mit den Methoden der Erwachsenenbildung. Die praktische Arbeit der M. ist stark von der Person des (oft mit Pflichten überforderten) Pfarrers abhängig. Dessen Allzuständigkeit bedeutet Chance und Gefährdung zugleich.

An der Glaubwürdigkeitskrise der Religion in der Gesellschaft hat die M. vollen Anteil. „Zu einem Zeitpunkt, da jedermann davon überzeugt ist, daß Religion „am Fabriktor aufhört", steht nach wie vor fest, daß weder Krieg noch Ehe ohne traditionelle religiöse Symbolik begonnen werden" (P. L. Berger). Die soziale Wirklichkeit der Religion hat sich zwischen den Einrichtungen des Staates (Bildungswesen, Militär) und der Familie polarisiert. Religionssoziologisch ist die überdurchschnittliche Vertretung der Protestanten bei Berufs- und Zeitsoldaten wichtig, die G. Schmidtchen mit der Darstellung einer „konfessionellen Kultur" erklärt.

LITERATURHINWEISE

Busch, E., Soldat und Kirche, in: *Fleckenstein*, B. (Hrsg.), Bundeswehr und Industriegesellschaft, Boppard 1971.
Huber, W., Kirche und Öffentlichkeit, o. O. 1973.

Katholisches Militärbischofsamt (Hrsg.), Dokumentation zur katholischen Militärseelsorge, H. 1–5, Bonn 1971 f.

Militärseelsorge im Dialog, Sonderheft Schriftenreihe Innere Führung, Bonn 1976.

Orlt, R. (Hrsg.), Pflicht zum Frieden, Evangelische Militärseelsorge, epd-Dokumentation, Bd. 10, 1973, Bd. 13, 1975.

HANS-DIETER BASTIAN

Militärsoziologie

→ *Ausbildung/Bildung, Befehl und Gehorsam, Beruf „Soldat", Bundeswehr und Öffentlichkeit, Bundeswehr und Tradition, Innere Führung, Krieg, Militärbürokratie, Politische Bildung in der Bundeswehr, Rekrutierung, Soldat und Technik, Wehrpflicht.*

1. PROBLEME. — So alt in der Wissenschaft von der Gesellschaft die Beschäftigung mit dem Militär, so jung ist die Militärsoziologie als Teildisziplin. Das liegt nicht allein an der allgemeinen Schwierigkeit jeder besonderen Soziologie, ihren Gegenstand nicht zu isolieren, sondern im Zusammenhang des Ganzen einer Gesellschaft zu begreifen. Vielmehr leistet in diesem Fall der Gegenstand selbst der soziologischen Analyse beträchtlichen Widerstand. Sie wird durch die gesellschaftliche Aufgabe der jeweils zu untersuchenden Einrichtung, mit anderen Worten durch die Funktion der sozialen Institution bestimmt. Für Institutionen wie Familie oder Schule, Industrie oder Medizin stellen sich dabei kaum größere Probleme, gesellschaftliche Tatbestände und soziale Beziehungen daraufhin zu untersuchen, inwieweit sie den jeweiligen gesellschaftlichen Aufgaben der Einrichtung entsprechen. Allgemein gilt als Funktion des Militärs, um politischer Ziele willen organisierte Gewalt anzudrohen oder anzuwenden. Wegen der extremen Bedingungen des Ernstfalls sind viele Sachverhalte der Armee in Friedenszeiten auf den → *Krieg* nicht übertragbar. Militärsoziologische Untersuchungen unterliegen überdies allemal der widerspruchsvollen Verdächtigung, einerseits als Spionage oder „Wehrkraftzersetzung", andererseits als Mittel moralischer Aufrüstung oder psychologischer Kriegführung mißverstanden zu werden. Totalitärer Staatsauffassung entspricht daher auch der Begriff Wehrsoziologie (anstatt Militärsoziologie), deren Gegenstand die Gesellschaft als „Wehrgemeinschaft" sein soll, obrigkeitsstaatlicher, vorindustrieller oder kommunistischer Gegenbegriff zur parteienstaatlichen kapitalistischen Industriegesellschaft.

Auch in der Vergangenheit hat die Vermeidung des Krieges gelegentlich zur erklärten Funktion des Militärs gehört. Immer aber blieb selbst der unwillkommene Krieg die Fortsetzung der Politik mit anderen Mitteln. Wenn dies nach dem Zweiten Weltkrieg für einige Länder Mitteleuropas, insbesondere die Bundesrepublik Deutschland, in Zweifel gezogen werden muß, wenn weder die Drohung mit Gewalt noch gar deren Anwendung als Aufgabe des Militärs angesehen wird, sondern allein dessen Beitrag zur Abschreckung, wenn demzufolge die militärische Führung in Verlautbarungen zur Unterrichtung der eigenen Truppe die Blockierung militärischer Gewalt bis zu ihrer endgültigen Abschaffung als deren Hauptaufgabe und jeden Krieg als Niederlage der Menschlichkeit bezeichnet, ist die Aufstellung, → *Ausbildung* und Ausstattung von Streitkräften mit besonderen Problemen verbunden.

Trotz aller genannten Schwierigkeiten haben zahlreiche militärsoziologische Untersuchungen in der Bundesrepublik ebenso wie in anderen Ländern erwiesen, daß sich Fragestellungen und Kategorien der Gesellschaftstheorie wie spezieller Soziologien auf das Studium von Formen, Möglichkeiten und Problemen militärischer Organisation sinnvoll anwenden lassen. Viele Befunde, ob zur Bürokratisierung oder der Rolle von Bezugsgruppen bei der Urteilsbildung, ob zum Einfluß der Technik auf die Organisation oder informeller Gruppen auf das Verhalten, widersprechen traditionellem Selbstverständnis von der Unvergleichbarkeit militärischer Organisation. Damit wird diese allerdings nicht zu einer beliebigen Einrichtung, wird der Soldat nicht zu einem *Beruf* wie jeder andere. Gerät die Aufgabe der militärischen Organisation aus dem Blick, verfehlt die Forschung ihren Gegenstand.

2. ORGANISATION UND BÜROKRATIE. — Die so augenfälligen Unterschiede zwischen mechanisierten modernen Streitkräften und früheren Stammes-, Bürger- und Lehnsheeren, ebenso wie die Differenzen zwischen Berufs-, → *Wehrpflicht*- und Milizarmeen, haben organisationssoziologischen Fragestellungen in der Militärsoziologie einen bedeutenden Platz eingeräumt. Die Auffassung moderner Streitkräfte als bürokratisch-technischer Apparat lenkt den Blick auf Entwicklungstendenzen, die das Militär in seiner sozialen Organisation zivilen Institutionen angleichen. In der → *Bürokratie*forschung ist früh darauf hingewiesen worden, daß die bürokratische Struktur sozialer Einrichtungen Hand in Hand geht mit der Konzentration der sachlichen Betriebsmittel in der Hand des Herrn, wie es Max Weber

ausgedrückt hat. Seine Beispiele sind der privatkapitalistische Großbetrieb und die öffentliche Verwaltung. Bürokratisch geleitete Streitkräfte waren immer dadurch bestimmt, daß entgegen der Selbstaus-
rüstung und -verpflegung anderer Armeetypen wie z. B. aller Lehns-
heere, die Ausstattung von zentraler Stelle erfolgt. Die technische
Entwicklung förderte dann die Konzentration der Betriebsmittel
des Militärs noch zwingender als in der industriellen Produktion.
Für große stehende Heere und Kriegführung über weite Entfernungen
erscheint die bürokratische Organisation des Militärs unerläßlich.
Deren wesentliche Merkmale — die Verteilung der regelmäßigen
Tätigkeiten als amtliche Pflichten, die Zuordnung jeweils bestimmter
Befehlsgewalten und Zwangsmittel und die planmäßige Personal-
rekrutierung gemäß generell geregelter Qualifikationen — haben auch
in anderen Organisationen die Neigung, sich zu verselbständigen und
zeremoniell zu erstarren. Im Militär, vor allem in Friedenszeiten, ist
solche Tendenz zu extremer Bürokratisierung besonders häufig zu
beobachten. Sie ist damit begründet worden, daß die mangelnde Vor-
hersehbarkeit des Ernstfalles, auf den immerwährend, aber ohne Erfolgskontrolle vorbereitet wird, zur Verunsicherung und diese wiederum zu übermäßiger Bürokratisierung führt. Ebenso spielt aber
auch der in neuerer Zeit ständig gewachsene Anteil eher ziviler als
militärischer Tätigkeiten für Verwaltung, Logistik, Instandhaltung
und allgemeine Ausbildung im Militär eine Rolle. Noch im Sezessionskrieg hatten mehr als 90 Prozent der Soldaten militärische Aufgaben im engeren Sinne. Gegenwärtig sind es in der amerikanischen
Armee weniger als 30 Prozent. Das durch den Ernstfall und für die
Kampftruppen legitimierte Prinzip von → *Befehl und Gehorsam* und
ihm entsprechende militärische Verhaltensweisen wirken sich bei den
zivilähnlichen Tätigkeiten und deren Organisation in der Zuspitzung
bürokratischer Tendenzen, vor allem der Kompetenzverteilung und
Weisungsbefugnis, aus.

3. BETRIEB UND KOOPERATION. — Mit der Entwicklung der Waffentechnik veränderte sich die Struktur des militärischen Betriebes
erheblich. In ihren Untersuchungen sind von der Militärsoziologie
Erkenntnisse und Kategorien herangezogen worden, die sich bei der
Analyse des Wandels industrieller Arbeit bewährt hatten. In dem
Maße, in dem Zusammenarbeit der Soldaten technisch vermittelt,
also durch die arbeitsteilige Bedienung von Waffen und Geräten bestimmt wird und nicht mehr wie im vortechnischen Stadium allein
organisatorisch durch Reglement und Vorgesetztenbefehl, büßen die

traditionelle militärische Hierarchie, der Drill in der → *Ausbildung*, soldatische Haltungsdisziplin und Spezialmoral an Zweckmäßigkeit ein. Gegenüber der skalaren Organisation, der Über- und Unterordnung der Positionen gewinnt die funktionale Organisation arbeitsteiliger Anlagenbedienung und Aufgabenerfüllung, beispielsweise der Besatzung eines Panzers, Flugzeugs oder U-Bootes, an Bedeutung. Aber auch höchst mechanisierte Streitkräfte unterscheidet ihre Funktion prinzipiell von anderen Organisationen technisch vermittelter Arbeit. Die Notwendigkeit, sich auf vielfältige Situationen wechselseitiger Gewaltanwendung einzurichten und so auch empfindliche Verluste an technischem Gerät in Rechnung zu stellen, erlaubt nicht, auf vortechnische, spezifisch militärische Organisationsformen und Verhaltensweisen zu verzichten. Sie müssen ebenfalls vorbereitet und eingeübt werden.

Zunehmend anspruchsvollere, eigengesetzliche Technik einerseits und die Funktion der Streitkräfte andererseits lassen die auch in anderen bürokratisch-technischen Apparaten bekannten Widersprüche und Reibungspunkte zwischen funktionaler und skalarer Organisation im Militär gravierender erscheinen. Nicht anders verhält es sich mit dem Gegensatz zwischen Anspruch und Geltung der formalen Organisation und dem Einfluß informeller Gruppen und Beziehungen.

Die formale Struktur, bis in die Details festgelegt, penibel eingeübt, an Kleidung, Abzeichen und Verhaltensweisen erkennbar, gilt als Hauptcharakteristikum militärischer Organisation. Ihre Bedeutung für den militärischen Betrieb ist im historischen Vergleich um so größer, je mehr es auf die Koordination und Kontrolle gleicher Verhaltensweisen vieler einzelner Soldaten, wie im vortechnischen Linienheer, ankommt. Sie nimmt also mit der Entwicklung der Waffentechnik ab. Sie vermindert sich ferner, je kleiner die Einheiten und direkter die Beziehungen ihrer Angehörigen sind, je stärker diese unter Druck geraten und je spezifischer und differenzierter sie auf den Druck reagieren müssen. Um so bedeutsamer werden dann informelle Gruppierungen, die Bindungen in kleinen Kameradschaftsgruppen bis hinunter zu Systemen von Paarbeziehungen. Ihre Funktion ist vor allem von der amerikanischen Militärsoziologie untersucht worden. Für die Motivation und Bewährung im Kampf spielen sie eine weitaus größere Rolle als abstrakte Werte und formale Kontrolle. Das Verhalten der Soldaten unter Druck wird vielmehr wesentlich durch die wechselseitigen Verpflichtungsnormen in diesen primären Kameradschaftsgruppen bestimmt, sich als Gruppenmitglied in der Gefahr zu bewähren und die anderen Mitglieder unter keinen Umständen im Stich zu lassen. Bei dieser Entdeckung ist allerdings die Unabhängigkeit solcher informeller Gruppen und ihrer Normen ebenso überschätzt worden wie vordem schon in der Industrie durch die Betriebspsychologie der „menschlichen Beziehungen". Deutlicher noch als in der Produktion kompensieren sie im Militär Mängel der formalen Organisation, insbesondere ihrer hierarchischen Seite, angesichts technischer Erfordernisse und drohender Gefahr.

4. BERUF UND AUSBILDUNG. — Der Entwicklung des Militärs zu einer bürokratisch-technischen Großorganisation geht parallel die des Soldaten als → *Beruf*. Die Analyse des Offizierskorps als Berufsstand nimmt in der Militärsoziologie breiten Raum ein. Dabei tritt zunächst der Wandel in der sozialen Herkunft in den Blick. Die enge Bindung des vortechnischen Heeres an die Ständegesellschaft macht die Offiziersposition zur Domäne der Aristokratie, vor allem des Landadels. Die Mannschaften rekrutieren sich aus Bauern und Landarbeitern. Bürgerliche erreichen Offizierspositionen zuerst über die Artillerie und das Pionierkorps, also unterstützt von der technischen Entwicklung, und durch den wachsenden Personalbedarf der großen stehenden Heere nach Einführung der allgemeinen → *Wehrpflicht*. Mit der Auflösung ständischer → *Rekrutierung*sprinzipien und zunehmend wachsenden Ansprüchen an die Ausbildung näherte sich der Offiziersberuf anderen qualifizierten Dienstleistungsberufen an. Umstritten ist die Frage, inwieweit diese sogenannte Professionalisierung des Offizierskorps zusammengeht mit einer politischen Neutralisierung des Militärs, also ob aus Berufsmotivation und -verantwortung der Offiziere als professionelle Sachverständige für das Management der Gewalt folge, daß sie ihre Mittel und Fachkenntnisse nur für die von ihrem Auftraggeber, dem Staat, bestimmten Ziele gebrauchen. Diese aus nordamerikanischer Sicht gewonnene Vorstellung entspricht kaum der historischen Erfahrung in Mitteleuropa, wo sich schon im vergangenen Jahrhundert die Professionalisierung der Offiziere vollzog und häufig eher Konflikte mit der politischen Führung verursachte, noch den zahlreichen Staatsstreichen professioneller Militärs in mehr oder weniger entwickelten Ländern während der jüngstvergangenen Jahre.
Die Ausbildung zum Soldaten im vortechnischen Militär zielt auf den unbedingten Gehorsam gegenüber dem Befehl des Vorgesetzten, der das Handeln vieler Einzelner koordiniert. Die erforderliche Einstellung, Haltungsdisziplin genannt, auf einen Befehl gleichsam auto-

matisch nach einem festgelegten Schema in einer ganz bestimmten Weise zu reagieren, wird durch Drill eingeübt. Mit der Technisierung des Militärs haben Drill und Haltungsdisziplin an Bedeutung verloren. Doch kann, des stets möglichen Ausfalls des technischen Geräts wegen, auf sie nicht verzichtet werden. In der Rekrutenausbildung behielten sie ihren Platz.

Von früh an aber müssen die im modernen Militär erforderlichen technischen Fähigkeiten der verschiedensten Art und die dem komplizierten Gerät angemessene Funktionsdisziplin entwickelt und eingeübt werden. Dabei sind viele Ausbildungsaufgaben zunächst von entsprechenden im Zivilleben kaum zu unterscheiden, augenfällig bei Kraftfahrern oder Piloten, Fernmeldetechnikern oder Elektroingenieuren, Versorgung oder Verwaltung. Spezialisierte Fachlehrgänge vermitteln länger dienenden und Berufssoldaten vielfältige Berufsausbildung und -erfahrung. Derartige Aus- und Fortbildung — verschiedener Qualifikation bis zum abgeschlossenen Hochschulstudium — wird tendenziell immer frühzeitiger und enger mit der Dienstzeit verbunden. Die Gelegenheit zu beruflicher Weiterbildung oder zu einem neuen Start in einem anderen Berufsfeld bestimmt vielfach die Motivation, sich längerfristig zum Militärdienst zu verpflichten. Mit ihm als Abschnitt im Berufsleben wird erhöhte Mobilität in Kauf genommen. Die erwiesene Anpassungsfähigkeit, verbunden mit dem Nachweis von Stabilität im Umgang mit Menschen und Loyalität gegenüber dem Dienstherrn verbessern die späteren Berufsaussichten im Zivilleben.

So offensichtlich solche Berufsausbildung auch nichtmilitärischen Zwecken dienen kann, der Angleichung bleiben doch Grenzen gesetzt. Der Funktion des Militärs im Ernstfalle wegen muß alle fachtechnische Ausbildung die Gewaltanwendung als spezifisches Organisationsziel ebenso einschließen wie die entsprechenden Folgen gegenerischen Handelns. Das Organisationsziel zu vermitteln, setzt insbesondere in einer Wehrpflichtarmee bei allen Vorgesetzten, die zugleich immerwährend Ausbilder sind, über die gerätespezifischen Fachkenntnisse hinaus sowohl breitere Allgemeinbildung wie andere, erziehungs- und gesellschaftswissenschaftliche Spezialbildung voraus. Von der militärsoziologischen Forschung ist dabei der Vermittlung → *politischer Bildung* besondere Aufmerksamkeit geschenkt worden. Deren Mängel und Widersprüche sind vielfältig, doch keineswegs größer als die der im Regelfalle vorangegangenen politischen Sozialisation. Entgegen mancher Annahme entwickelt und stärkt die Dienstzeit in der Bundeswehr bei den Wehrpflichtigen das demokratische Bewußtsein, so wenig es gelingt, ihrer Mehrzahl den Sinn und Zweck des Wehrdienstes einsichtig zu machen.

5. MILITÄR UND GESELLSCHAFT. — Mit dem Verhältnis von Militär und Gesellschaft hat sich allgemein die Soziologie in ihren Anfängen intensiver und grundsätzlicher beschäftigt als die Militärsoziologie heute. Die Analyse der Geschichte und Strukturprinzipien der sich gegen das feudale Regime durchsetzenden bürgerlichen Gesellschaft vermittelt die Vorstellung von der Möglichkeit zukünftigen Friedens. Die Produktivität der industriellen Arbeit sollte unter ökonomischem Aspekt den → Krieg als Erwerbsquelle überflüssig machen. Der französische Graf von Saint-Simon, der zu Beginn des 19. Jahrhunderts als erster den Begriff der industriellen Gesellschaft formulierte, vertrat die These von der Inkompatibilität, der Unvereinbarkeit industrieller Arbeit und militärischer Gewalt. Sein Schüler Auguste Comte, der der Soziologie den Namen gab, übertrug diesen Gedanken auf den Gang der Geschichte, der teleologisch als Bewegung zwischen den Polen Krieg und Arbeit gedeutet zum wissenschaftlich-industriellen Zeitalter ohne Militär führen sollte. Die tatsächliche Heeresrüstung seiner Zeit interpretierte Comte wie auch später die Vertreter liberaler Gesellschaftstheorien von Herbert Spencer bis Joseph Schumpeter als Folge des Überlebens feudaler Relikte oder Abweichungen vom rechten Wege.

Im Gegensatz zu den Liberalen haben die Vertreter der marxistischen Imperialismustheorie von Friedrich Engels, Ende des 19. Jahrhunderts, über Wladimir I. Lenin bis in die jüngste Zeit gerade die kapitalistischen Produktionsverhältnisse der bürgerlich-industriellen Gesellschaft für das Fortleben militärischer Gewalt und deren Steigerung verantwortlich gemacht. Weder die liberale noch die marxistische Imperialismustheorie haben indes die letzten Weltkriege überzeugend erklären können. In der vor → Rüstung starrenden gegenwärtigen Welt schließt weder der Kapitalismus noch der Sozialismus ebensowenig wie irgendein politisches Herrschaftssystem einen neuen Weltkrieg als Fortsetzung der Politik mit anderen Mitteln aus. Daß er bisher nicht ausbrach, beruht nicht auf der Durchsetzung bestimmter Produktions- oder Herrschaftsverhältnisse, sondern auf der Entwicklung der Produktivkräfte zum Zwecke der Destruktion. Indem der industrielle technische Fortschritt dem Kriege dienstbar gemacht wurde, entwickelte er jene Massenvernichtungswaffen, die den Krieg zwischen Industriegesellschaften ad absurdum führen. Das schließt sogenannte konventionelle Kriege in und zwischen Entwicklungsländern ebensowenig aus wie forciertes Wettrüsten. Denn sobald er gewonnen werden könnte, wird auch ein Atomkrieg wieder denkbar. Die Bedeutung von Rüstungsproduktion und laufenden Militärausgaben für Wirtschaft und Beschäftigung ist nach Abschluß des gesellschaftlichen Wiederaufbaus in der Nachkriegszeit wieder erheblich gewachsen. Vor dem Hintergrund dieser allgemeinen Entwicklung ist das Verhältnis von Militär und Gesellschaft in den einzelnen Staaten entsprechend ihrer Geschichte, dem Stand ihrer wirtschaftlichen, politischen und gesellschaftlichen Entwicklung jeweils nur im konkreten Einzelfall zu bestimmen. Der Wiederaufrüstung der Bundesrepublik ist seitens der Soziologie kaum hinreichend Aufmerksamkeit zugewandt worden. Doch bestärken alle vorliegenden militärsoziologischen Untersuchungen den Eindruck, daß sich das überkommene Verhältnis der zivilen Gesellschaft zur Armee ebensowenig wiederherstellte wie das traditionelle Selbstverständnis des Militärs. In keinem anderen größeren Lande Europas hatte die Armee früher einen derart großen Einfluß auf die zivile Gesellschaft wie in Preußen-Deutschland und war von allen Schichten so hoch geschätzt worden. Die Niederlage im Ersten Weltkrieg reduzierte die Armee zwar erheblich und isolierte sie vom politischen System, doch auch die Republik blieb von ihr abhängig. Im Krisenjahr 1923 wurde dem Chef der Heeresleitung vorübergehend sogar die vollziehende Gewalt übertragen. Nur mit Duldung der Armee konnte Hitler die Macht erringen. Aus einem „Staat im Staate" entwickelte sich die Armee wieder zu einer der staatstragenden Gruppen, bis sie mit diesem Staat zerschlagen und Deutschland vollständig entmilitarisiert wurde. Bewußt ist die Kontinuität der Geschichte Deutschlands als Militärmacht abgeschnitten worden, zunächst von den Besatzungsmächten, dann aber auch vom verfassungsgebenden Parlamentarischen Rat. Im Grundgesetz der Bundesrepublik waren eigene Streitkräfte nicht vorgesehen. Sie entstand als Staat ohne Armee — ein Vorgang ohne Beispiel, nicht nur in der jüngsten deutschen Geschichte. Erst sechs Jahre später erzwang außenpolitischer Druck die Wiederbewaffnung gegen erbitterten Widerstand großer Teile der Bevölkerung, der parlamentarischen Opposition und der Gewerkschaften. Aber auch die private Wirtschaft reagierte indifferent bis distanziert und zwang die Bundesregierung zur Revision ihres Rüstungsprogramms. Am Beispiel der Beziehung zwischen Wirtschaft und Rüstung war zu erkennen, daß die zunehmende Anerkennung der Notwendigkeit eigener Streitkräfte keineswegs automatisch ein widerspruchsfreies Verhältnis zwischen Gesellschaft und Militär herstellte.

Die Bundeswehr wird von der großen Mehrheit der Bevölkerung bei der heutigen Weltlage für wichtig oder gar sehr wichtig gehalten. Die Stimmung ihr gegenüber ist durchaus freundlich, doch von dem früheren Stolz auf die Armee kaum noch etwas zu spüren. Berufssoldaten genießen nur noch geringes Ansehen. Die traditionelle Hochschätzung schwand dahin. Auf der Prestigeskala vergleichbarer Berufe rangiert der Offizier trotz leichter Besserung in den letzten Jahren am unteren Ende. Die militärische Funktionstüchtigkeit der Bundeswehr und die Qualität ihres Stammpersonals werden gering, dagegen der erzieherische Wert der Dienstzeit für junge Männer hoch veranschlagt. Das wieder selbstverständlich gewordene Militär wird für notwendig gehalten, aber wenn es zu sparen gilt, denkt man nach der Entwicklungshilfe zuerst an die Bundeswehr.

Der Entstehungsgeschichte der Bundesrepublik zufolge sind ihre Streitkräfte nahezu vollständig in eine übernationale Militärorganisation integriert. Ihre Bewaffnung ist beschränkt, ihre interne Organisation sucht sich, jedenfalls nach dem Programm der → „Inneren Führung", den gewandelten Bedingungen anzupassen. Die Streitkräfte sind politischer Kontrolle drastischer unterworfen und die militärische Führung erkennt den Primat parlamentarischer Mittel der Politik rückhaltloser an als je zuvor. Solche Merkmale bezeichnen auch unter industriell entwickelten Ländern eher den Grenzfall eines demokratischen Modells zivil-militärischer Beziehungen als die Regel. Wo immer demokratische Massenbasis sich entfalten konnte, nahmen die Eingriffe des Militärs in die Innenpolitik zwar ab, ebenso im kommunistisch bestimmten Einparteiensystem. Spürbaren Einfluß behielt es in der Außen- und Verteidigungspolitik. Was die innenpolitischen Eingriffe angeht, wurde eine entgegengesetzte Tendenz in den Entwicklungsländern jüngst immer deutlicher. Überlegene Erfahrung mit moderner Organisation und Technik in Verbindung mit Waffengewalt erleichtern die Machtübernahme. Damit ist aber das Problem dauerhafter staatlicher Herrschaft und wirtschaftlicher Organisation nicht gelöst.

LITERATURHINWEISE

Doorn, J.v. (Hrsg.), Armed Forces and Society, Den Haag/Paris 1968.
Janowitz, M., Militär und Gesellschaft, Boppard 1965.
Klein, P. u. a.: Bibliographie Bundeswehr und Gesellschaft 1960—1975, Bibliographie zur Sozio-Ökonomie von Militärausgaben. Sozialwissenschaftliches Institut der Bundeswehr, Berichte, H. 5, München 1976.

Klöss, E. und *Grossmann*, H., Unternehmen Bundeswehr, Frankfurt/M. 1974.
König, R. (Hrsg.), Beiträge zur Militärsoziologie, Kölner Zeitschrift für Soziologie und Sozialpsychologie, Sonderheft 12, Köln/Opladen 1968.
Picht, G. (Hrsg.), Studien zur politischen und gesellschaftlichen Situation der Bundeswehr, 3 Bde., Witten/Berlin 1965/66.
Roghmann, K. und *Ziegler*, R., Militärsoziologie, in: *König*, R. (Hrsg.), Handbuch der empirischen Sozialforschung, II. Bd., Stuttgart 1969.
Stouffer, S. u. a., The American Soldier, 4 Bde., Princeton 1949/50.

LUDWIG VON FRIEDEBURG

Militär und Ökonomie — Gesamtwirtschaftliche Aspekte

→ *Abrüstung, Infrastruktur, Militärhilfe, Militärisch-Industrieller Komplex, Rüstung, Sicherheitspolitik, Wehrtechnik.*

1. BEGRIFF UND ZENTRALE FRAGESTELLUNGEN. — In der deutschsprachigen Literatur haben sich bis heute zahlreiche Analysen aus dem Bereich der Politikwissenschaft, nur wenige aus der Nationalökonomie mit den ökonomischen Problemen des Militärsektors in nationalen ökonomischen und gesellschaftlichen Systemen beschäftigt, ohne daß sie sich selbst einer spezifischen Disziplin Militärökonomie zugerechnet hätten. Das mag daran liegen, daß Politikwissenschaftler diesen Begriff für ökonomistisch verengt, Ökonomen ihn für unnötig halten, da sie glauben, der Militärsektor sei im wesentlichen mit der gängigen ökonomischen Sicht- und Vorgehensweise adäquat behandelt. Wegen der bisher fehlenden Konzeptualisierung des Begriffs wird daher im folgenden der Problembereich sehr breit definiert. Danach umfaßt Militärökonomie aus makroökonomischer Sicht alle gesamtökonomischen Probleme des Militärsektors, d. h. alle diejenigen Probleme, die sich auf den Zusammenhang und die wechselseitige Beeinflussung von Gesamtwirtschaft und Militärsektor beziehen.
Die zentralen Fragestellungen, die sich aus diesem Begriff ableiten, sind abhängig von dem in der jeweiligen Analyse betrachteten Wirtschafts- und Gesellschaftssystem. Wirft auch in sozialistischen Planwirtschaften der Militärsektor spezifische ökonomische Probleme auf, etwa bei der Preiskalkulation, so liegt das Schwergewicht der vorhandenen rüstungswirtschaftlichen Analysen auf der spezifischen Funktion bzw. den Konsequenzen von → *Rüstung* im Kapitalismus. Auf diese theoretischen Ansätze wird im folgenden näher eingegangen, da sie auch Geltung für das Beispiel Bundesrepublik beanspruchen.

Im Mittelpunkt steht die Frage nach dem Zusammenhang von Rü-
stungs- und Wirtschafts*prozeß*, d. h. nach den kurz- und langfristigen, Stabilisierungs- und Wachstumswirkungen der militärischen Ausgaben unter Berücksichtigung der spezifischen strukturellen Aspekte.
Theoretische Untersuchungen normativer Art, etwa zur Bestimmung
des „optimalen Militärbudgets" sind bisher ohne Ergebnis geblieben.
Im Bereich der Ökonomie scheiterten bisher Ansätze der neuen ökonomischen Theorie der Demokratie ebenso wie die finanzwissen-
schaftliche Frage nach dem optimalen Staatshaushalt; die Politikwissenschaft (u. a. die Friedensforschung) konzentrierte sich darauf, die
offizielle Rechtfertigung des Umfangs von Militärausgaben zu hinter-
fragen. Auf diese theoretischen Ansätze wird im folgenden nicht
eingegangen. Wichtig sind jedoch *empirische* Analysen über Umfang
und Struktur der Militärausgaben einerseits für die Bestimmung der
Dimension des Rüstungssektors, andererseits für eine empirische
Überprüfung theoretischer Hypothesen im Zusammenhang von Wirt-
schaftsprozeß und Rüstung.

2. THEORETISCHE ANSÄTZE. — Die wenigen traditionellen wirt-
schaftswissenschaftlichen Untersuchungen, die den Rüstungssektor
zu ihrem zentralen Gegenstand machen, sind auf der Wachstums-
theorie fußende Wirkungsanalysen neoklassischer Prägung. Höhe und
Struktur der Militärausgaben werden als Datum des außerökono-
mischen Datenkranzes, also als außerhalb ökonomischer Entscheidungen stehend angesehen. Ziel der Analyse ist, die *Auswirkungen*
der Militärausgaben auf Qualität und Quantität der den Wachstums-
prozeß determinierenden Faktoren Arbeit, Kapital und technischer
Fortschritt zu untersuchen und damit zu einer Gesamtbeurteilung
der Militärausgaben als wachstumsfördernd oder wachstumshem-
mend zu gelangen. Ein solches Vorgehen verbannt einen wesentlichen Teil wirtschaftstheoretischer und -politischer Fragestellungen
aus der Analyse. Die strikte Trennung von Ökonomie und Politik
impliziert z. B., daß die Frage nach konkurrierenden Staatsausgaben
für „politisch" gehalten wird und außerhalb der Untersuchung
bleibt. Damit werden u. a. die Spezifika von Rüstungsausgaben und
-produktion, wirtschaftliche Abhängigkeiten und mögliche Alternativen sowie die Instrumentalisierbarkeit etwa zur wirtschaftlichen
Stabilisierung nicht analysiert. Die Ergebnisse dieser Untersuchungen
sind sowohl für einzelne Produktionsfaktoren, als auch in bezug auf
die Wachstumswirkungen von Militärausgaben generell uneinheitlich
und kaum zu quantifizieren.

Schwergewicht der politökonomischen Analysen, überwiegend marxistisch orientiert, sind dagegen nicht die ökonomischen Konsequenzen, sondern die ökonomischen *Ursachen* der Rüstung. Unabhängig davon, ob etwa Keynesianer die Theorie der säkularen Stagnation oder Marxisten eine Surplusabsorptionstheorie zugrundelegen, ist den Autoren gemeinsam, daß sie in der Rüstungsproduktion ein notwendiges Instrument staatlicher Akkumulationsunterstützung sehen. Umfang und Struktur der Militärausgaben sind also nicht exogen vorgegeben, sondern mittel- oder unmittelbare Antwort des Staatsapparates auf die gegenwärtigen Akkumulationsbedingungen.

Die zuletzt genannten Ansätze umfassen ein breites Spektrum der Analyse staatlichen Handelns und tragen der Tatsache Rechnung, daß nicht alle Rüstungsentscheidungen ökonomistisch erklärbar sind. In der konkreten Bestimmung des Verhältnisses von Politik und Ökonomie weichen sie jedoch erheblich voneinander ab, und zwar sowohl was die Autonomie politischen Handelns als auch die Handlungsfähigkeit des Staatsapparates generell betrifft. In einigen Untersuchungen wird von der Annahme völliger Interessenidentität zwischen Kapital (Rüstungskapital) und Staatsapparat (als Agent dieser Interessen), der uneingeschränkte Handlungs- und Durchsetzungsfähigkeit besitzt, ausgegangen (etwa die Theorie des staatsmonopolistischen Kapitalismus). Auf der anderen Seite berücksichtigen neuere Studien daneben zu Recht autonome Handlungsspielräume des Staatsapparates und die allgemeinen Abläufe und Restriktionen politischer Prozesse.

3. EMPIRISCHE ERGEBNISSE. — Empirische Untersuchungen über den Rüstungssektor in der Bundesrepublik Deutschland werden durch — im Vergleich mit den USA geradezu unsinnig anmutende — Geheimhaltungsvorschriften stark behindert. Es existieren z. B. keinerlei Angaben über Beschäftigte in der Rüstungsindustrie, obwohl das Problem der Arbeitsplätze offiziell und insbesondere von seiten der Industrie zunehmend mit Rüstungsaufträgen in Zusammenhang gebracht wird. So kann, jenseits von Plausibilitätsüberlegungen, in vielen Bereichen nur mit sehr groben Schätzungen gearbeitet werden; einzelne Teilaspekte etwa beschäftigungspolitischer, ordnungs-, regional- oder verteilungspolitischer Art entziehen sich gänzlich einer detaillierten empirischen Analyse.

Einen groben Überblick über den *Umfang* des Militärsektors in der Bundesrepublik liefern folgende Zahlen: in der Bundesrepublik

Deutschland wurden 1976 ca. 47,6 Mrd. DM für militärische Zwecke
ausgegeben. Damit liegt die Bundesrepublik auf dem dritten Rang in
der Welt hinter den beiden Großmächten. Im Vergleich mit gesamtwirtschaftlichen Größen bedeutet dieser Betrag ca. 28,3 % des Bun-
deshaushalts und ca. 4,6 % des Bruttosozialprodukts (BSP) (Zahlen:
Weißbuch 1975/76). Zum Vergleich: in den USA machten 1975 ca. 85
Mrd. $ für Verteidigung ca. 27 % des Federal Budget und ca. 6 % des
BSP aus.

Die Tatsache, daß in der Bundesrepublik fast ein Drittel des Staats-
haushalts für militärische Zwecke verwandt wird, die regionale und
sektorale Konzentration der Rüstungsproduktion, die Abhängigkeit
einzelner Unternehmen sowie die damit verbundene wirtschaftliche
und lobbyistische Macht deuten auf das ökonomische und politische
Gewicht des Militärsektors auch in der Bundesrepublik hin. Für
Untersuchungen über Diversifikations- und Abrüstungsmöglichkeiten
— ein wichtiger, bisher jedoch in der Bundesrepublik vernachlässigter
Teil der Militärökonomie — ist dies ein zentraler Problembereich.
Dagegen führt die empirische Überprüfung der Aussagen, die den
Zusammenhang von Militärausgaben und kurz- und langfristiger *Wirt-
schaftsstabilisierung* betreffen, zu überwiegend negativen Ergebnissen. Dies bezieht sich auf die tatsächliche Instrumentalisierung, aber
auch auf die Instrumentalisierbarkeit generell. Während die traditionelle Wirtschaftswissenschaft auf positive Effekte in einer unter-
beschäftigten Wirtschaft hinweist und einige marxistische Ökonomen
von einer Unverzichtbarkeit der Militärausgaben bei der Stabilisierung des wirtschaftlichen Systems ausgehen, läßt sich ein solcher
wirtschaftspolitischer Einsatz für die Bundesrepublik nicht nachweisen. Darüber hinaus erweist sich gerade der Verteidigungetat als un-
geeigneter Ansatzpunkt für eine konjunkturelle Steuerung. Die Struktur der Ausgaben ist relativ konstant und enthält einen hohen kon-
sumptiven Anteil. Ein weiterer erheblicher Teil, z. B. für größere
Beschaffungsprogramme, ist langfristig festgelegt und darüber hinaus
ohne (außen)politische Konsequenzen kaum kurzfristig variierbar.
Eine Erhöhung der übrigen, mehr „zivilen" Ausgabenteile wirkt
nicht wesentlich anders als die Ausdehnung der zivilen Nachfrage aus
anderen Etats; sowohl aus politischen (z. B. Ressortkonkurrenz) als
auch aus wirtschaftlichen Gründen (gezielte Unterstützung bestimmter Sektoren oder Regionen) umfassen Konjunkturprogramme daher
Positionen aller Etats. Ebenso lassen sich theoretische Ansätze nicht
bestätigen, die davon ausgehen, daß der Staatsapparat, der im fortgeschrittenen Kapitalismus seine Tätigkeit mehr und mehr ausdeh-

nen müsse, zu diesem Zweck den Rüstungssektor ständig vergrößere. Im Vergleich zu anderen Staatsausgaben bleiben die Militärausgaben in der Bundesrepublik relativ, d. h. als Anteilswert, konstant. Neben den oben erwähnten Teilbereichen etwa der Verteilungs- bzw. Beschäftigungspolitik, lassen sich auch so gut wie keine Aussagen zum Zusammenhang von *Verschuldung* und Rüstungssektor machen. Dieses Problem der Rüstungsfinanzierung war bis zum Zweiten Weltkrieg ein wichtiger Punkt ökonomischer Analysen, allerdings eher im Zusammenhang von Kriegsfinanzierung. In der gegenwärtigen „Friedenswirtschaft" kann, wie bei den übrigen Bundesausgaben von einer überwiegenden Steuerfinanzierung ausgegangen werden, − eine konkrete Zurechnung von Einnahmen und Ausgaben ist nicht möglich. Auch die Frage nach spezifischen inflationären Effekten − selbst theoretisch noch unzureichend behandelt − kann empirisch kaum überprüft werden. Zwar wird als Argument oft vorgebracht, inflationäre Impulse gingen von der militärischen Produktion deswegen aus, weil Einkommen ohne dementsprechende reproduktive Güter erzeugt würden. Diese Eigenschaft besitzt jedoch eine Vielzahl anderer staatlicher Auftragsproduktionen ebenso. Eine ökonometrische Untersuchung, die empirisch die spezifischen Unterschiede ermitteln könnte, ist kaum denkbar. Über unterschiedliche Inflationsraten für unterschiedliche staatliche Ausgabenbereiche existieren z. B. keinerlei statistische Angaben.

Langfristige Stabilisierungs-, bzw. „Wachstums"-Politik enthält jedoch auch strukturelle Komponenten, insofern ist der prozeßpolitische Bereich nicht eindeutig vom strukturpolitischen abgrenzbar. In diesem Zusammenhang wird immer wieder das Argument vorgebracht, → *Rüstung* sichere Fortschritt und Wachstum für die gesamte Volkswirtschaft, da durch Rüstungsaufträge die technologisch führenden Sektoren der Wirtschaft unterstützt und erhalten würden. Inzwischen ist wissenschaftlich erhärtet und kaum noch zu bestreiten, daß der zivile Nutzen *militärischer Forschung und Entwicklung* (spin-off, spill-over) sehr gering veranschlagt werden muß, insbesondere wenn man ihn mit den potentiellen Ergebnissen der Alternativen vergleicht, bei denen die Mittel direkt und ohne „Umweg" in zivile Programme fließen würden. Dennoch wird der Hinweis auf den gesamtwirtschaftlichen technologischen Fortschritt weiterhin auch offiziell verwendet, beispielsweise als Begründung für die Erhaltung und Förderung der Luft- und Raumfahrtindustrie. Speziell an dieser Branche, bei der die Rüstungsabhängigkeit besonders hoch ist (Schätzungen reichen von 70 bis 90 %), werden verschiedene rüstungsökonomische Interessen und Probleme besonders deutlich. Zum einen die Kapitalinteressen, die gegen potentielle staatliche Steuerungsversuche auf Grund ihrer ökonomischen Macht (u. a. Drohungen mit Entlassungen) und lobbyistischer Aktivität gewissermaßen eine staatliche Auftragsgarantie erzwingen, die strukturpolitische Überlegungen irrelevant werden läßt. Auf der anderen Seite besteht eine gewisse Interessenidentität in bezug auf das Ziel, innerhalb der → *NATO*-Allianz die ökonomische (und politische) Position zu stärken, um Konkurrenzkämpfe zu eigenen Gunsten zu entscheiden bzw. die ,,Eintrittskarte" in und/oder die Führungsposition bei Gemeinschaftsprojekten zu erringen.

An dieser Stelle wird die Gefahr deutlich, ausgehend von ,,rein ökonomischen" Fragestellungen zu ökonomistisch verkürzten Erklärungsansätzen zu kommen. Die besondere Verknüpfung von ökonomischen und politischen Zielen und Interessen wird z. B. deutlich an der Frage der Liberalisierung von *Rüstungsexporten*. Während die Befürworter mit ökonomischen Gründen wie Arbeitsplatzsicherung, kontinuierlicher Kapazitätsauslastung und Verbilligung, sogar mit Stimulierung ziviler Exporte zu argumentieren versuchen, stehen (außen)politische Motive, z. B. Erhaltung des außenpolitischen Handlungsspielraums, auf seiten der Regierung noch im Vordergrund. Doch auch ökonomisch ist die erstgenannte Argumentation fragwürdig. Einerseits führen Exportaufträge als ,,Lückenfüller" zu einer langfristigen Abhängigkeit von Rüstungsaufträgen des Auslands, andererseits muß angesichts der wirtschaftlichen Leistungsfähigkeit und der Devisenbestände vieler Empfängerländer sicher von einer Konkurrenz zu zivilen Exporten, also eher einer Behinderung als einer Förderung ziviler Exportmöglichkeiten ausgegangen werden. Theoretisch richtig bleibt die Argumentation, durch eine Vergrößerung der Serie würden sich die eigenen Beschaffungskosten eines Waffensystems verbilligen. Die Stückkosten verringern sich dadurch, daß sich die Fixkosten auf mehrere Einheiten verteilen. Diesen Verbilligungseffekt auch innerhalb der Allianz durch *Rüstungskooperation* zu nutzen, wird offiziell in der NATO immer wieder gemahnt. Bisher haben jedoch nationale, überwiegend ökonomische Gründe derartige Projekte weitgehend verhindert; wo multinationale Programme durchgeführt wurden, haben aufwendiges Management, außenpolitische Ziele und Rücksichtnahme, divergierende militärische Konzepte und ökonomische Forderungen (Produktionsanteile und Kompensation) zu erheblichen Preissteigerungen und zu militärisch oft umstrittenen Waffensystemen geführt. Hier liegt die po-

litische Gefahr darin, daß solche aufwendigen Projekte, die auch
zunehmend zum Nachweis der jeweiligen nationalen Integrations-
bereitschaft geraten, schon in einer sehr frühen Phase von nationalen
Parlamenten aus ökonomischen und politischen Gründen kaum noch
zu stoppen sind.

4. VERALLGEMEINERUNG DER ERGEBNISSE. — Das Beispiel etwa
der USA, bei denen wirtschaftspolitische Ziele einen erheblich höheren Stellenwert bei der Bestimmung der Rüstungsausgaben haben, ist
ebenso wenig ein Beleg für die Notwendigkeit von Rüstung für die
kapitalistische Wirtschaftsentwicklung, wie die Ergebnisse für die
Bundesrepublik (oder aber das oft zitierte Beispiel Japan) eine
grundsätzliche Widerlegung der oben zitierten theoretischen Aussagen darstellen. Militärökonomische Untersuchungen müssen vielmehr *länderspezifisch* angelegt sein, da die nationale gesamtwirtschaftliche Bedeutung des Rüstungssektors stark von den spezifischen ökonomischen Bedingungen (z. B. Exportposition auf dem
Weltmarkt, Lohnniveau) und (wirtschafts-)politischen Möglichkeiten
(z. B. interventionistisches Instrumentarium, Streikbereitschaft) beeinflußt wird. Es ist unmittelbar deutlich, daß sich die heute in der
Bundesrepublik bei der kurz- und mittelfristigen Sicherung der Pro-
sperität noch relativ geringe ökonomische Bedeutung des Rüstungssektors z. B. angesichts von konstanten bzw. neuerdings relativ an-
steigenden Rüstungsausgaben und sich gleichzeitig verschärfenden
ökonomischen Krisen erheblich verändern kann.

5. → ABRÜSTUNG. — Trotz der großen Summen, die jährlich in der
Bundesrepublik für militärische Zwecke ausgegeben werden (s. o.),
scheinen Indikatoren über deren gesamtwirtschaftliche Bedeutung
auf ein geringes Gewicht des Rüstungssektors hinzuweisen. Zahlen
wie: Ausgaben in Höhe von 4 % des BSP, Anteil von 2—3 % Rüstungsproduktion in der Industrie oder 4 % militärisch abhängig Beschäftigte sind jedoch zu global als daß sie Abhängigkeiten im einzelnen aufzeigen könnten. Unternehmens- und branchenspezifische
Konzentration, einseitige Spezialisierung von Arbeitskräften und
Kapazitäten sowie wirtschaftliche Macht und lobbyistische Aktivität
des Rüstungskapitals werden vernachlässigt, wenn auf solche Zahlen
aufbauend behauptet wird, Rüstung sei wirtschaftlich entbehrlich
und problemlos zu reduzieren, eine wirtschaftliche Abhängigkeit bestünde nicht. Über die konkreten ökonomischen Probleme und politischen Möglichkeiten von Rüstungskürzungen und Produktions-

umstellungen in der Bundesrepublik gibt es bis heute kaum Erkenntnisse. Militärökonomie hat sich auch und gerade mit diesem Problem zu befassen.

Die besondere Dringlichkeit von *Abrüstungsanalysen* wird darüberhinaus deutlich, wenn man sich vergegenwärtigt, daß weltweit zur Zeit ca. 300 Mrd. $ jährlich für Rüstungszwecke ausgegeben werden, während Hunger, Krankheit und Analphabetismus zunehmen. Obwohl die Diskrepanz zwischen wachsenden Militärausgaben auf der einen, Sozialkatastrophen wie Hunger und insgesamt vernachlässigter →*Infrastruktur* auf der anderen Seite besonders in den Entwicklungsländern auffällig ist, stehen auch in den Industrienationen die Militärausgaben in Konkurrenz zu der Befriedigung zunehmender sozialer Bedürfnisse. Die Probleme z. B. in den Bereichen Bildung, Gesundheit und soziale Sicherung werden immer dringender, die finanziellen Mittel immer knapper, jedoch bleiben die Militäretats in der Regel von Kürzungen verschont. Die Militärökonomie hätte den von interessierter Seite beschworenen vermeintlich positiven ökonomischen Effekten der Rüstung die Gefahren und sozialen Kosten der Rüstungsabhängigkeit entgegenzustellen und alternative Konzepte zu entwickeln.

LITERATURHINWEISE

Bielfeldt, C., Rüstungsausgaben und Staatsinterventionismus. Das Beispiel der Bundesrepublik Deutschland 1950–1971, Frankfurt/M. 1977.
Regling, H., Militärausgaben und wirtschaftliche Entwicklung, Hamburg 1970.
Schlotter, P., Rüstungspolitik in der BRD – die Beispiele Starfighter und Phantom, Franfurt/M. 1975.
Schmidt, M., Staatsapparat und Rüstungspolitik in der Bundesrepublik Deutschland (1966–1973), Gießen/Lollar 1975.

CAROLA BIELFELDT

Militär und Ökonomie – Betriebswirtschaftliche Aspekte

→ *Ausbildung/Bildung, Bundeswehrverwaltung, Führung/Führungsstil, Fürsorge/Betreuung, Militär und Ökonomie (gesamtw. Aspekte).*

1. ZUM BEGRIFF. — Ergänzend zu einer gesamtwirtschaftlichen Sicht versteht der Betriebswirt Streitkräfte als Einzelwirtschaft in einer Gesamtwirtschaft. Einzelwirtschaftlich interessieren dabei die

ökonomischen Gesetzmäßigkeiten, die den Innenbereich der Streitkräfte (den „täglichen Dienstbetrieb") sowie den Austausch von Arbeitskräften, Gütern, Geld und allgemein von Informationen mit anderen Einzelwirtschaften bestimmen. Im Idealfall sollten dem Empfehlungen für ökonomisch richtiges Handeln folgen. Allerdings ist ein solches Aussagensystem zur Zeit nicht einmal in Ansätzen erkennbar. Die folgenden Ausführungen sind deshalb nur als betriebswirtschaftliche (bwl) Aspekte der Streitkräfte und insbesondere der Bundeswehr zu verstehen.

2. BETRIEBSWIRTSCHAFTLICHE MERKMALE DER EINZELWIRTSCHAFT Bw. — Die Bw zählt zu den öffentlichen Betrieben. Sie ist Teil des öffentlichen Haushalts und steht im öffentlichen Eigentum. Ökonomisch bedeutsamer ist, daß die Bw als Instrument zur Befriedigung kollektiver Bedürfnisse dienen soll: Ihre Leistung besteht primär in der Erfüllung öffentlicher Aufgaben. Entsprechend folgen ihre Oberziele dem Dienstprinzip. Im Idealfall, jedoch kaum in der Praxis, legen sie die Art des kollektiven Bedürfnisses sowie Quantität und Qualität seiner Befriedigung fest. Hingegen sind Unternehmungen dem Erwerbsprinzip verpflichtet. Die Deckung der Marktnachfrage ist hier Mittel (Unterziel), um Oberziele (z. B. des Gewinns, des Umsatzes, des Wachstums) zu erreichen.

Die Bw gibt ihre Leistungen an die Allgemeinheit ab. Der gestiftete Nutzen läßt sich keinem einzelnen Leistungsempfänger zurechnen. Oettle nennt diese Leistung deshalb „Gewährleistung" und bezeichnet die Bw wie andere öffentliche Betriebe als „Gewährleistungsbetrieb". Sach- und Dienstleistungen werden hingegen direkt an Dritte abgegeben. Auch von der Bw werden solche Leistungen z. B. im Katastropheneinsatz, bei der Unterstützung von Großveranstaltungen wie etwa der Olympischen Spiele von 1972 und oft dann erbracht, wenn im Einzelfall andere Betriebe nicht leisten wollen oder können (etwa durch Pioniere im Straßen- und Brückenbau oder beim Lufttransport. Im Verhältnis zum Betriebszweck (dem Oberziel) sind derartige Sach- und Dienstleistungen jedoch von untergeordneter Bedeutung (Nebenziele).

Ein anderes Bild bietet sich, wenn man die Bw nicht als Organisation aus einem Guß, sondern ihre Einheiten, Truppenteile, Großverbände, Dienststellen usw. als gegliederte Gesamtheit voneinander abhängiger Teile sieht. Die „Gewährleistung" zerfällt dann in Teilleistungen, die Dienst- und Sachleistungen sein können. Neben den militärischen Kampftätigkeiten (die in vollem Umfang nur im Verteidigungsfall gefordert sind) ist der größte Teil der Arbeitsprozesse in der Bw mit der → *Aus- und Weiterbildung,* mit der Wartung, Instandsetzung und teilweise der Herstellung von Material und Gerät und mit Verwaltung im weitesten Sinne befaßt. Entsprechend unterschiedlich lassen sich die einzelnen Vorgänge in und zwischen den Einheiten, Truppenteilen usw. mit einzelwirtschaftlichen Kategorien erfassen. Ökonomische Fragen haben etwa im Verteidigungsministerium und in den Kommandobehörden der Bw eine vergleichsweise geringe Bedeutung. In diesen „Regierungsbetrieben" stehen Planungs-, Lenkungs- und Kontrollaufgaben, teilweise noch dazu vorwiegend politischen Inhalts, im Vordergrund. Ihre Betriebskosten sind absolut und relativ zu den Kosten gering, die sie in den „Ausführungsbetrieben" (vor allem in den Kompanien und Bataillonen) hervorrufen.

Erst der Blick auf die Ausführungsbetriebe erlaubt Aussagen über ihre Vergleichbarkeit mit ähnlichen Betrieben der übrigen öffentlichen und der Unternehmenswirtschaft. Grundsätzlich anders sind das spezifische Oberziel der Bw (Bedarfsdeckung; worin sie sich mit der gesamten öffentlichen Wirtschaft von erwerbswirtschaftlichen Unternehmen unterscheidet) sowie das besondere öffentliche Gewaltverhältnis (→ *Befehl und Gehorsam*), das besonders den → *Führungsstil* prägt. Sonst zeigen etwa Schulen der Bw, Lazarette, Pionierkompanien, Instandsetzungskompanien und -werften, Kraftfahrzeugwerkstätten ökonomische Probleme, die grundsätzlich auch in den entsprechenden Einrichtungen außerhalb der Bw auftreten und dort ähnlich gelöst werden.

3. EINE BWL DER STREITKRÄFTE? — In letzter Zeit mehren sich Stimmen, die eine BWL der Streitkräfte fordern. Sie nennen dafür mehrere Gründe. (a) Die Bw verfügte mit ihren Liegenschaften, Waffen und Material über einen beträchtlichen Teil des gesamtwirtschaftlichen Vermögens. Die laufenden Ausgaben machten zudem einen erheblichen Teil des gesamtwirtschaftlichen Sozialprodukts aus. Das in der Bw vorherrschende „unbewußte Wirtschaften" genüge deshalb nicht mehr und müsse einem wirtschaftlicher Rationalität verpflichteten Entscheidungshandeln weichen. (b) Die allgemeine BWL, deren Aussagen für alle Betriebe gelten sollen, habe sich vorwiegend mit Unternehmungen beschäftigt und die ökonomische Seite der öffentlichen Dienste vernachlässigt. (c) Auch die den öffentlichen Diensten gewidmeten speziellen BWL seien wenig entwickelt und würden erst allmählich die öffentliche Verwaltung als Teil ihres Erkenntnisbereichs begreifen. Von hier könnten daher kaum Hilfen zur Bewältigung militärwirtschaftlicher Probleme erwartet werden.

Dem ist entgegenzuhalten, daß die Bw auch ohne eine streitkräfte-spezifische BWL in vielen wichtigen Aufgabenbereichen bwl. Erkenntnisse bewußt anwendet. In der Logistik der Luftwaffe z. B. brauchen die Methoden der Beschaffung, Bewirtschaftung, Lagerung und Erhaltung von Material den Vergleich mit der Unternehmenswirtschaft nicht zu scheuen. Das Personalwesen ist dem in der bwl. Literatur geforderten Standard mindestens ebenbürtig. Dem Problem einer sinnvollen, auf empirische Daten zurückgreifenden Dienstpostenbewertung hat sich die Bw als erster öffentlicher Großbetrieb in der Bundesrepublik gewidmet. Zudem ist den programmatischen Plädoyers für eine BWL der Bw nicht zu entnehmen, wie sie gleichzeitig akademischen Ansprüchen und denen der Praxis gerecht werden wollen. Kaum thematisiert und unbefriedigend beantwortet blieben ferner zentrale theoretische und praktische Fragen. Worin etwa ist die Leistung der Bw zu sehen (Kampfkraft? /Machtpotential? / Sicherheit?) und wie ist sie zu messen? Die Antwort darauf wäre notwendig, um z. B. den Zuwachs an Bw-Leistung mit der dadurch verursachten Zu-/Abnahme von Bw-Kosten exakt zu vergleichen. Wie anders als für eine BWL der öffentlichen Dienste wäre das erkenntnisleitende Interesse, das eine eigene BWL der Bw rechtfertigt? Sollte hier neben die Grundsätze der Kostenwirtschaftlichkeit und der sparsamen Auftragserfüllung (der „Bedarfsdeckung") eine „Vernichtungswirtschaftlichkeit" treten?

4. Bwl. AUSBILDUNG. — Die Fachhochschule des Heeres in Darmstadt und der Luftwaffe in München-Neubiberg bieten Offizieren sechssemestrige bwl. Ausbildungsgänge. Sie schließen mit dem „Betriebswirt grad." ab. Ziele und Inhalte stimmen im wesentlichen überein mit den traditionell an Hochschulen gelehrten Fächern, die sich vorwiegend an Unternehmen orientieren. Ökonomische Probleme der öffentlichen Wirtschaft und der Streitkräfte sind selten berücksichtigt. Wie dieses Defizit behoben und die drohende ökonomistische Sichtverengung und zu vermutende Praxisferne einer BWL der Bw vermieden werden können, zeigt das Curriculum Wirtschafts- und Verwaltungswissenschaften (WuV), das mit anderen Fachcurricula dem Lehrangebot an den Hochschulen der Bw zugrunde liegt. Das WuV-Studium schließt mit dem akademischen Grad „Dipl.-Kaufmann" ab.
Erst ab 1975 bieten Heer und Luftwaffe ihren → *Unteroffizieren* eine bundeswehreigene bwl. Ausbildung (die Marine entsendet ihre Angehörigen als „Gäste"). In Sonthofen und Bremen – Heer –, in

Iserlohn und Erding bei München — Luftwaffe — bestehen Fachakademien für Wirtschaft, an denen Unteroffiziere nach vier Semestern als „staatl. geprüfte Betriebswirte" abschließen. Weil die Lehrpläne für alle Fachakademien der jeweiligen Bundesländer gelten, beziehen sie sich kaum explizit auf Probleme der Bw. Trotzdem sind auch hier die erworbenen Fähigkeiten, Kenntnisse und Fertigkeiten leicht auf die täglichen Dienstobliegenheiten der Unteroffiziere übertragbar.

LITERATURHINWEISE

Dillkofer, H., *Ellwein*, Th., *Habermeyer*, W., *Kuhlmann*, J., *Sahner*, W., *Zoll*, R., Wirtschafts- und Verwaltungswissenschaften — Ein Curriculum, Opladen 1975.
Größl, L., *Hahn*, O., *Koerdt*, H., Wirtschaftlichkeit in Streitkräften, Wiesbaden 1973.
Kirchhoff, G., *Witt*, D., Die Bundeswehr in der betriebswirtschaftlichen Typologie, in: Wehrkunde, H. 10/1976.
Oettle, K., Öffentliche Betriebe, in: *Grochla*, E., *Wittmann*, W. (Hrsg.), Handwörterbuch der Betriebswirtschaft, Bd. I/II, Stuttgart 1975.
Saländer F., Hilfstätigkeiten der Bundeswehr im zivilen Bereich, in: Deutsche Verwaltungspraxis, Nr. 10/1974.
Schulz, K. E. (Hrsg.), Militär und Ökonomie, Göttingen 1977.

JÜRGEN KUHLMANN

Militär und Wissenschaft

→ *Ausbildung/Bildung, Bundeswehr und Öffentlichkeit, Friedensforschung, Militärgeschichte, Militärsoziologie, Militär und Ökonomie, Rüstung, Sozialpsychologie des Militärs, Wehrpsychologie, Wehrtechnik.*

Das Verhältnis zwischen Militär und Wissenschaft wird als vielfältiges Spannungsverhältnis wahrgenommen. Ähnlich der Auseinandersetzung über die Vereinbarkeit oder Unvereinbarkeit industrieller Arbeitsverhältnisse mit militärischen Organisations- und Verhaltensnormen existiert eine Diskussion über die Frage, ob militärisches und wissenschaftliches Verhalten trotz häufiger Berührung von Militär und Wissenschaft in dem Gegensatz von militärischer Befehlsabhängigkeit und wissenschaftlichem Freiheitsanspruch als strukturell unvereinbar anzusehen ist. Wissenschaftler fürchten die Militarisierung der Wissenschaft durch Berührung mit dem Militär, Soldaten befürchten die Verwissenschaftlichung des Militärs durch Berührung mit der Wissenschaft. Wissenschaftler und Soldaten begegnen sich nicht selten mit dem Selbst- und Fremdbild vom „Denker" oder „Kämpfer". Die traditionell überwiegend konservative Grundstruktur soldatischen Bewußtseins stößt sich an wissenschaftlich induzierten Veränderungsprozessen oder auch nur an wissenschaftlich sichtbar gemachten Veränderungen.

Die wissenschaftliche Begleitung militärisch—technischer und militärisch—gesellschaftlicher Entwicklungen läßt sich durch die gesamte → *Militärgeschichte* verfolgen. Immer wieder reflektierte die politische Theorie die politische Funktion und gesellschaftliche Organisation des Militärs, und stets ging die Entwicklung der Natur- und Ingenieurswissenschaften mit der Entwicklung der → *Rüstungs*technik einher. Technische Innovationen haben die → *Kriegs*formen verändert und Kriege haben viele technische Innovationen gefördert und hervorgebracht mit Rückwirkungen auf den politisch-gesellschaftlichen Kontext. Im 17. und 18. Jahrhundert wurde die Kriegführung selbst zur Wissenschaft und militärische Operationen mathematisch-mechanisch berechenbar gemacht. Diese Kriegswissenschaft verlor aber durch die nach der Französischen Revolution freigesetzten Kräfte schnell ihre Bedeutung, während Clausewitz die Theorie des durch die neuen gesellschaftlichen Kräfte dynamisierten Krieges am Beginn des industriellen Zeitalters schrieb. Die Dynamik der nationalstaatlichen Kriege mit Massenheeren im 19. und 20. Jahrhundert erfuhr mit dem Aufschwung der Natur- und Ingenieurwissenschaften sowie der Möglichkeiten industrieller Produktion eine Potenzierung, die schließlich zu verheerenden Kriegswirkungen in den an den Weltkriegen beteiligten Industriestaaten führte. Während des Zweiten Weltkrieges entwickelten die USA in einer gewaltigen wissenschaftlichen und wirtschaftlichen Anstrengung die erste Atombombe und setzten sie gegen zwei japanische Städte ein. Damit waren → *Krieg* und → *Rüstung* in die neue Dimension der Massenvernichtungswaffen mit umwälzenden, heute noch nicht vollständig absehbaren Folgewirkungen für die zwischenstaatlichen Konfliktregelungsmechanismen getreten. Damit zeigte sich auch erneut und verschärft das Problem der gesellschaftlichen Verantwortung der Wissenschaft — symbolisiert in der Figur des bei der amerikanischen Atombombenentwicklung leitenden Physikers J. R. Oppenheimer. In zahllosen Wissenschaftsgebieten, von der Kernphysik bis zur Sozio-

logie, ergaben sich aufgrund der kriegsbedingten staatlichen Aufträge
und Förderungen wissenschaftliche Fortschritte, die weit über den
Zweck hinausreichten.

Die empirische Sozialforschung hat z. B. ihre Methodologie durch
groß angelegte amerikanische → *militärsoziologische* Erhebungen
während des Zweiten Weltkrieges entscheidend entwickeln und ver-
vollständigen können. Das Sozialwissenschaftliche Institut der Bundeswehr bemüht sich so heute, bei militärsoziologischen Untersuchungen gleichzeitig grundlegenden Fragen der politischen → *Sozialisation* in der Bundesrepublik nachzugehen und das Instrumentarium weiter zu verfeinern.

Das Ausmaß der Berührung von Militär und Wissenschaft nimmt
ständig zu. Die Bindung der Streitkräfte an die zunehmend wissen-
schaftsbestimmte und beschleunigte Entwicklung der technischen
und gesellschaftlichen Umwelt mit der entsprechenden Vermehrung
an inner- und außerorganisatorischer Komplexität hat einen erheblichen Bedarf des Militärs an wissenschaftlicher Problemlösungs-
kapazität und Prognosefähigkeit geschaffen. Umgekehrt stellen die
Streitkräfte aufgrund ihrer Größe, ihres technischen Entwicklungs-
standes (und ihres Etats) ein immer interessanteres Forschungsfeld
für die Wissenschaft dar.

Dieses wechselseitige Interesse macht die Beschäftigung mit der
Ambivalenz angewandter Forschung um so dringlicher. Liegt die Gefahr naturwissenschaftlich-technischer Forschung für militärische
Zwecke in der Entfesselung immer neuer Quellen der Vernichtung,
so ist bei sozialwissenschaftlicher Militärforschung die Möglichkeit
nicht auszuschließen, daß mit ihren Ergebnissen Techniken der Mani-
pulation entwickelt werden. Dabei ist zu unterscheiden zwischen
dem unmittelbar angestrebten Forschungsziel und der beliebigen
Verwendbarkeit von Ergebnissen der Grundlagenforschung oder
neuer Entdeckungen; die Diskussion um die Folgen der ersten Kern-
spaltung weist auf das Problem hin. Es ist aber auch die kritische
Funktion von Wissenschaft gegenüber dem interessierten Auftraggeber oder dem untersuchten Objekt zu sehen. Wissenschaft kann
nicht nur manipulatorische Verwendung finden, sie kann auch Mani-
pulation aufdecken. Wenn man Wissenschaft nicht allein durch
Methodik und Systematik, sondern auch durch die Suche nach Wahrheit und Objektivität definiert, so schließt man mit der daraus folgenden Bedingung der Offenheit und der Distanz die Funktion der
Apologie und der Affirmation aus. Bei aller — legitimen — Inanspruchnahme der Wissenschaft als Hilfe bei der Bewältigung prak-

tischer Probleme in einer wissenschaftsbestimmten Umwelt müssen Abnehmer und Auftraggeber die Eigenarten des Wissenschaftsprozesses, insbesondere die Offenheit in bezug auf die Ergebnisse und die Öffentlichkeit der Diskussion als Voraussetzung annehmen. Die unmittelbar zweckorientierte Abkapselung wissenschaftlicher Arbeit führt zum allmählichen Austrocknen der Wissenschaft an diesem Ort und verstößt damit letztlich auch gegen die Interessen der militärischen Auftraggeber, deren Schwäche sich häufig darin zeigt, daß sie die Veränderbarkeit der Verhältnisse gleichzeitig fordern und fürchten.

Die militärischen Forschungsinteressen im Bereich der → *Technik* beziehen sich heute vor allem auf die Anwendung des technischen Wissensstandes und der technologischen Fähigkeiten auf die Waffen-, Aufklärungs- und Transporttechnik der Streitkräfte mit einigen zur → *Ökonomie* übergreifenden Elementen der Systemplanung. Die Richtung der Entwicklungen wird außer durch ihre Eigendynamik von militärstrategischen Vorstellungen von tatsächlichen oder vermuteten Fähigkeiten potentieller Gegner oder auch von militärfremden Einflüssen wie internationaler Wirtschaftskonkurrenz, nationaler Beschäftigungspolitik etc. bestimmt. Naturwissenschaftliche Aspekte treten auf dem Gebiet der Ökologie hinzu, insbesondere, seit die → *NATO* den internationalen Umweltschutz mit zu ihren Aufgaben zählt.

Die sozialwissenschaftliche Forschung berührt in der Anwendung auf militärische Probleme die ganze Breite ihres Gegenstandes, konzentriert sich aber vornehmlich auf derart drängende Praxisprobleme, wo diskontinuierliche Entwicklungen beobachtet oder vermutet werden. Walter Rüegg schreibt den Sozialwissenschaften deshalb in bezug auf das Militär die Funktion von Krisenwissenschaften zu. Ausbildungsdefizite in den Streitkräften haben z. B. ein Interesse an Sozialisations- und Curriculumforschung zur Folge. Abweichendes Verhalten von Soldaten fördert das Interesse an → *sozialpsychologischen* Studien. → *Führungs-* und Kontrollprobleme im innerorganisatorischen Bereich, im Verteidigungsministerium und im Verhältnis der Streitkräfte zum politischen System rufen wirtschafts- und organisationswissenschaftliche sowie politik- und verwaltungswissenschaftliche Forschungsbedürfnisse hervor. Schließlich hat die grundlegend verschärfte Krieg-Frieden-Problematik, die Suche nach schlüssigen Konzeptionen der → *Sicherheitspolitik* und logisch stringenten → *Militärdoktrinen,* die Bedrohung durch Kriseneskalation und durch die → *Rüstungen* selbst zu einem auch politisch artikulier-

ten Bedarf an einer breit angelegten, mit der politischen und militärischen Praxis kommunizierenden → *Friedensforschung* geführt.
Das Interesse an wissenschaftlicher Lehre ist dem Forschungsbedarf
gefolgt. Heute bildet die Bundeswehr ihren Offiziernachwuchs nicht
nur militärspezifisch, sondern an den Hochschulen der Bundeswehr
auch in einschlägigen Fächern fachwissenschaftlich aus, wobei allen
Studenten neben der Fachkompetenz durch erziehungs- und gesellschaftswissenschaftliche Elemente die für den Dienst in den Streitkräften notwendige soziale Kompetenz und die für das Verständnis
der Probleme zwischen Militär und Gesellschaft erforderliche histo-
risch-politische Bildung vermittelt werden soll.

Eine auf militärische Interessen gerichtete Integration verschiedener
Wissenschaftsdisziplinen zur Militärwissenschaft ist schon seit der
Ausdifferenzierung der Wissenschaften im 19. Jahrhundert nicht mehr
möglich. Im Bereich der angewandten Wissenschaften wird allerdings
eine durch Problemstellungen konstituierte Interdisziplinarität Platz
greifen müssen, welche den häufig zu engen Horizont hochspeziali-
sierter Teildisziplinen überschreitet und die Isolationsgefahr von
Bindestrichwissenschaften wie Militär-Ökonomie, Militär-Soziologie,
Wehr-Psychologie etc. vermindert, die Grundlage solider Diszipli-
narität aber voraussetzt. Dabei muß es die Wissenschaftsorganisation
leisten, einerseits die für den Wissenschaftsprozeß notwendige Offenheit und Kritikfähigkeit durch weitgehende Selbständigkeit — ohne
das Entweichen in Esoterik — sicherzustellen, andererseits durch
Praxisbezug — ohne das Abgleiten in besonders teure Stabsarbeit —
die Wirklichkeit zu erreichen, wenn das Verhältnis von Militär und
Wissenschaft produktiv gestaltet werden soll.

LITERATURHINWEISE

Klein, P., *Lippert*, E., *Rössler*, T., Bibliographie Bundeswehr und Gesellschaft
1960—1975, München 1976.
Picht, G. (Hrsg.), Studien zur politischen und gesellschaftlichen Situation der
Bundeswehr, 3 Bde., Witten 1965/1966.
Rüegg, W., Was können die Sozialwissenschaften der Armee bieten? in:
SAMS-Informationen, Bulletin des Schweizerischen Arbeitskreises Militär
und Sozialwissenschaften, H. 1/1977.
Schubert, K. v., Zum Verhältnis von Militär und Wissenschaft in der BRD, in:
Aus Politik und Zeitgeschichte, Beilage zu: Das Parlament, B 44/1972.

KLAUS VON SCHUBERT

Militarismus

→ *Ausbildung/Bildung, Befehl und Gehorsam, Bundeswehr und*
Öffentlichkeit, Innere Führung, Militärisches Nachrichtenwesen,
Militärisch-Industrieller Komplex, Militärsoziologie, Sozialisation,
Werte/Normen.

1. BEGRIFFSGESCHICHTE. — Wegen seiner vielseitigen Verwendbarkeit in der politischen Alltagssprache, wo M. meist in pejorativem
Sinne gebraucht wird, ist der Begriff Militarismus (M.) bis heute
„diffus und kontrovers" (Berghahn S. 31) geblieben. Als politisches
Schlagwort tauchte er in der zweiten Hälfte des 19. Jahrhunderts auf
und bezeichnete das Militärwesen der europäischen Monarchien aus
dem Blickwinkel ihrer liberalen und sozialistischen Kritiker. Bürger-
lich-liberale Interpretationen ordneten M. einer überholten Kultur-
stufe — dem militanten Gesellschaftstyp — zu, in dem Prozesse wie
Reglementierung und Einschränkung der Freiheit des Individuums
primär in der Armee stattfinden, sekundär aber die ganze Gesellschaft beeinflussen (Spencer). In dem sich herausbildenden industriellen Gesellschaftstyp hätten demgegenüber Militär und Krieg
immer weniger ihren Ort. Gegenüber dieser Variante der „Inkom-
patibilitätstheorie" behaupteten sozialistische Kritiker der bürgerlichen Gesellschaft, daß es geradezu zu ihrem Wesen gehöre, milita-
ristisch sein zu müssen, weil nur durch die Ausbildung und Unterhaltung von Militärapparaten die bürgerliche Klassenherrschaft aufrechterhalten werden könne. Da jedoch diese Militärapparate mit Angehörigen der Arbeiterschaft rekrutiert würden, verwickele sich der
kapitalistische M.. zunehmend in innere Widersprüche (Liebknecht).
Diese beiden Linien bestimmen mit mannigfachen Abwandlungen bis
heute die wenig übersichtliche Diskussion über Ursachen und Merkmale des M.. In der Bundesrepublik Deutschland erhielt die M.-De-
batte in der Nachkriegszeit dadurch bemerkenswerte Anstöße, daß
im Zuge der „Bewältigung der Vergangenheit" und vor dem Hintergrund der Wiederbewaffnung die verschiedenen Phasen des zivil-militärischen Verhältnisses in Deutschland seit der Mitte des 19. Jahrhunderts von Historikern wie Meinecke, Ritter, Dehio, Herzfeld u. a.
zum Thema oftmals umfangreicher Werke gemacht wurden. Diese
Beiträge gelten — wie G. Ritters „Staatskunst und Kriegshandwerk" — noch heute als wesentlich. Soziologen und Politikwissenschaftler waren an der damaligen M.-Debatte kaum beteiligt, was
interdisziplinäre Ansätze in der deutschen M.-Forschung erschwert
hat.

2. DIMENSIONEN DES MILITARISMUS. — Solche inter-disziplinären Ansätze erscheinen jedoch erforderlich, will man den M.-Begriff aus seinen vor-wissenschaftlichen Bezügen lösen. Die angelsächsische Forschung hat in den letzten Jahren hier als Vorbild gewirkt. Eine Analyse der Dimensionen des M. verfährt am zweckmäßigsten auf zwei Ebenen; erstens untersucht sie Erscheinungsformen und Funktionen von M. in verschiedenen Gesellschaftstypen; zweitens untersucht sie die Wirkungsebenen von M. in einer konkreten Gesellschaft.

2.1. *Militarismus in verschiedenen Gesellschaftstypen.* — Die Fragestellung, die historische und systematisch-vergleichende Untersuchungen über M. in verschiedenen Gesellschaftstypen leitet, bezieht sich auf die Rolle von Militär und → *Rüstung* im strukturellen Gesamtzusammenhang dieser Gesellschaften.

2.1.1. In *vor-industriellen Gesellschaften* fanden Soziologen und Historiker am Ende des vorigen Jahrhunderts die typischen Merkmale des M. Sparta, Ägypten, das Inkareich, Rußland und das friederizianische Preußen galten etwa Spencer als Beispiele für „kriegerische Gesellschaften". Diese Untersuchungen gelten heute weitgehend als überholt.

2.1.2. In *Industriegesellschaften unter kapitalistischen Vorzeichen* spielen Militär und Rüstung entgegen den hoffnungsvollen Erwartungen der Inkompatibilitäts-Theoretiker eine wachsende Rolle. Sie besitzen mehrere, nebeneinander gekoppelte Funktionen. Ihre Integrations- und Sozialisationsfunktion wurde besonders im Wilhelminischen Deutschland deutlich („Schule der Nation"). Daß Streitkräfte bei der Aufrechterhaltung der inneren Ordnung zum ausschlaggebenden Faktor geworden sind, erweist ein Blick auf die Rolle der Reichswehr. Neben der „klassischen" außenpolitischen Funktion, als ultima ratio im politischen Verkehr der Staaten untereinander bereitzustehen, sind den Streitkräften auch eine Reihe wirtschaftlicher Funktionen zugeordnet worden (in der Konjunkturpolitik, Regionalpolitik, Technologiepolitik, Arbeitsbeschaffungspolitik). Die Entwicklung der Waffentechnologie hat dazu geführt, daß die „Gewaltspezialisten" in bisher unvorstellbarem Ausmaß Macht akkumuliert haben. Damit besteht die Gefahr eines „Kasernenstaats" (Lasswell), einer straffen Durchorganisation der gesamten Gesellschaft nach den Erfordernissen der Streitkräfte. Nachdem westliche Sozialwissenschaftler eine Zeitlang versucht haben, solche Entwicklungen in den modernen Industriegesellschaften des Westens mit dem Terminus → „*militärisch-industrieller-Komplex*" zu fassen (der auf den ehemaligen US-Präsidenten Eisenhower zurückgeht), ist jüngst vor-

geschlagen worden, einen (noch) weiter gefaßten M.-Begriff zu verwenden. Wie Senghaas anhand der USA nachweisen möchte, entwickelt sich dort auch die „zivile Gesellschaft" zu einem „politisch-
ideologisch - militärisch - wissenschaftlich - technologisch - industriellen
Komplex", so daß das gesamte kapitalistische Industriesystem
letztlich durch und durch militarisiert sei (Senghaas, S. 14). Solche
Erweiterungen verwischen das Profil des M.-Begriffs vollends; sie erscheinen wenig zweckmäßig.

2.1.3. Im Selbstverständis der *sozialistischen Gesellschaften* gibt es
dort keinen M. Demgegenüber kommen westliche Untersuchungen
zu dem Ergebnis, daß trotz der politischen Kontrolle der Partei über
die Streitkräfte diese bedeutende, keineswegs durch andere Institutionen ohne längerfristige Zwischenschritte ersetzbare binnen-
gesellschaftliche Funktionen erfüllen. Für die Sowjetunion ist die
Vermutung eines einem „militärisch-industriellen Komplex" vergleichbaren sozio-ökonomischen Gebildes schwer abweisbar. Für die
DDR konstatiert B. Blanke eine spezifische Militarisierung, die nicht
in der Unterwerfung der Staatsideologie unter eine reaktionäre Mili-
tärideologie besteht, sondern in der Organisierung und Disziplinie-
rung des Bewußtseins und des Verhaltens der Bürger im Sinne einer
hierarchisch orientierten Sachzwang-Ideologie. (Blanke, S. 332).

2.1.4. Von wachsender Bedeutung für die Analyse des M. erscheinen
die *Entwicklungsländer*. Die hier in großer Zahl vorfindbaren direkten Interventionen des Militärs in die Politik (Putsch, Errichtung von
Militärdiktaturen) scheinen die These zu erhärten, daß in sozial, wirtschaftlich und politisch instabilen Verhältnissen die Rolle der Streitkräfte als Ordnungsfaktor und als Modernisierungs-Agentur sozu-
sagen unvermeidbar zum Tragen kommt. Eingeschränkt wird die Geltung dieser These durch neuere Untersuchungen, die die „Entwick-
lungs-Leistungen" der Militärregierungen (Beispiel: Chile nach dem
Putsch gegen Allende) für im Durchschnitt nicht höher als die von
zivilen Regimen einschätzen.

2.2. Über die verschiedenen Gesellschaften und Gesellschaftstypen
hinweg lassen sich drei Funktions-Bereiche von M. ausmachen.

2.2.1. M. bedeutet das *bestimmende Eingreifen von militärischen
Fachüberlegungen in den Gang der politischen Entscheidung*. Er ist
hier beschränkt auf den inner-gouvernementalen Willensbildungs-
Prozeß. Wenn die Entscheidung über → *Krieg* und Frieden nicht vom
Politiker, sondern vom Soldaten gefällt wird, zeigt dies eine vorange-
schrittene Militarisierung an. Auf dieser Ebene verfolgte G. Ritter
das Phänomen des M. in der deutschen Geschichte.

2.2.2. M. bedeutet die teils bewußte, teils unbewußte *Übertragung soldatischer Verhaltensweisen auf zivile Interaktionen und Entscheidungsprozesse.* Er verhält also nicht auf der Ebene des politischen Systems, sondern durchdringt tendenziell die gesamte Gesellschaft. Diese neigt dann zur Produktion militaristischer Ideologien, die, wie das Beispiel des Wilhelminismus treffend illustriert, einerseits zu absonderlicher Folklore, andererseits jedoch auch zu nachhaltigen kollektiven Wirklichkeitstrübungen führen kann (Kriegsbegeisterung 1914).

2.2.3. Militarismus bedeutet schließlich eine aus mangelnder Stabilität einer Gesellschaft ihren Entscheidungsträgern unumgänglich erscheinende *Strategie der Krisenbewältigung,* in deren Rahmen den *Streitkräften und der Rüstung vermehrt außer-militärische Funktionen zugewiesen werden.* Eine solche Strategie hat eine schleichende Militarisierung der Gesellschaft zur Folge, die sich nicht nur ideologisch, sondern vor allem strukturell bemerkbar macht.

3. ZIVILE KONTROLLE. — M. ist ein Phänomen, das nicht mit der Existenz von Streitkräften erklärt werden kann, vielmehr seine Wirksamkeit erst innerhalb des „zivilen Bereichs" einer Gesellschaft entfaltet. In demokratischen Gesellschaften ist M. mit dem geltenden → *Normen-* und *Werte*gefüge nicht vereinbar. Es wird deshalb versucht, das Aufkommen von M. durch „Zivile Kontrolle" zu verhindern. Damit ist ein ganzes Spektrum von politischen und sozialen Maßnahmen gemeint, die von der Organisationsstruktur der Streitkräfte bis zur Zulassung gewerkschaftlicher Zusammenschlüsse von Soldaten reichen. Wichtigstes Gegenmittel gegen M. ist eine allgemeine zivile Orientierung der Politik.

LITERATURHINWEISE

Berghahn, V. R. (Hrsg.), Militarismus, Köln 1975, (mit ausführlicher Bibliographie).

Blanke, B., Die politisch-ideologische Bildung und Erziehung in der Nationalen Volksarmee. Zum Verhältnis von Militär, Partei und Gesellschaft in der DDR, Diss., Bonn 1975.

Büttner, F., *Lindenberg,* K., *Reuke,* L., *Sielaff,* R., Reform in Uniform? Militärherrschaft und Entwicklung in der Dritten Welt, Bonn—Bad Godesberg 1976.

Messerschmidt, M., Militär und Politik in der Bismarckzeit und im Wilhelminischen Deutschland, Darmstadt 1975.

Senghaas, D., Rüstung und Militarismus, Frankfurt/M. 1972.

WILFRIED VON BREDOW

Mitbestimmung

→ *Befehl und Gehorsam, Innere Führung, Interessenvertretung der Soldaten, Politische Bildung.*

1. BEGRIFF. — „Mitbestimmung, Mitverantwortung in den verschiedenen Bereichen der Gesellschaft wird eine bewegende Kraft der kommenden Jahre sein." (W. Brandt, Regierungserklärung 28. Oktober 1969).

Ergebnisse der Mitbestimmungsdiskussion seit 1969 sind: die Novellierungen des Betriebsverfassungsgesetzes (15.1.1972) und des Bundespersonalvertretungsgesetzes (15. 3. 1974), die Neufassung des Soldatengesetzes (19. 8. 1975), das Mitbestimmungsgesetz (4. 5. 1976). Der Begriff Mitbestimmung kennzeichnet dabei ein politisches Ziel; es ist nicht eindeutig und allgemeingültig definiert. Es sind verschiedene Begriffe in der Diskussion, die mit Mitbestimmung teils gleichgesetzt — teils als mindere Form von Mitbestimmung verstanden werden: Mitwirkung, Mitbeteiligung (Beteiligung), Mitverantwortung, Mitarbeit, Kooperation (Zusammenarbeit), Partizipation.

2. MITWIRKUNG IN DER BUNDESWEHR. — Das geistige Konzept der Bundeswehr (→ *Innere Führung,* Staatsbürger in Uniform, Integration von Bundeswehr und Gesellschaft, kooperative Menschenführung) und die mehrfach erweiterten Beteiligungsrechte in den zivilen Bereichen von Wirtschaft und Gesellschaft haben bewirkt, daß auch im militärischen Bereich begrenzte Mitwirkungsmöglichkeiten eingeräumt wurden. Gesetzlich begründete Mitwirkungsrechte ergeben sich aus dem Soldatengesetz (SG), dem Vertrauensmänner-Wahlgesetz (VMWG), der Wehrbeschwerdeordnung (WBO) und der Wehrdisziplinarordnung (WDO). Mitwirkung findet statt in den Akademischen Senaten der Hochschulen der Bundeswehr und bedingt auch im Consilium der Führungsakademie der Bundeswehr als Beratungsorgan des Kommandeurs.

2.1. *Der Vertrauensmann (§ 35 SG).* — Vertrauensmänner werden von Mannschaften/Unteroffizieren einerseits und von Offizieren andererseits gewählt. Der Vertrauensmann wirkt mit bei der „vertrauensvollen Zusammenarbeit zwischen Vorgesetzten und Untergebenen sowie zur Erhaltung des kameradschaftlichen Vertrauens dieses Bereichs" und „in Fragen des inneren Dienstbetriebes, der Fürsorge, der Berufsförderung, des außerdienstlichen Gemeinschaftslebens". Der Vertrauensmann hat hier ein Vorschlagsrecht. Dagegen beschränkt sich seine Mitwirkung bei Disziplinar- und Beschwerdeangelegenheiten auf ein Anhörungsrecht. Ein Vetorecht steht dem Vertrauensmann in keinem Falle zu.

2.2. *Soldatenvertreter im Personalrat.* — In sogenannten personalvertretungsfähigen Dienststellen (wie z. B. dem BMVg, den WBKs, Bundeswehrkrankenhäusern) gehören dem Personalrat neben Beamten, Angestellten und Arbeitern als 4. Gruppe auch Soldaten an. Die Teilnahme von Soldaten wird jedoch nicht im Bundespersonalvertretungsgesetz (BPersVG) geregelt, sondern im § 35 a SG. (Im Gegensatz dazu ist die Vertretung des Bundesgrenzschutzes im BPersVG, § 85, direkt erfaßt). Allerdings ist die Gruppe der Soldatenvertreter gegenüber den anderen Gruppen in der Personalvertretung nach § 35 a, Abs. 3 SG, benachteiligt „in Angelegenheiten, die nur die Soldaten betreffen" und „in Angelegenheiten eines Soldaten nach der Wehrdisziplinarordnung und der Wehrbeschwerdeordnung".

3. VORSCHLÄGE ZUR VERBESSERUNG DER SOLDATISCHEN MITBESTIMMUNG. —

3.1. *Forderung der Gewerkschaft Öffentliche Dienste, Transport und Verkehr.* — Im November 1973 hat die ÖTV in einem eigenen Gesetzentwurf gefordert, die Mitwirkungsmöglichkeiten der Soldatenvertreter im Rahmen des BPersVG zu verbessern. Danach soll das BPersVG auf alle militärischen Dienststellen angewendet werden. Außerdem sollen die Soldatenvertreter die gleichen Rechte haben, wie sie das BPersVG für die Gruppe der Beamten in den Personalvertretungen vorschreibt; dadurch entfielen die Einschränkungen nach § 35a, Absatz 3 SG.

3.2. *Darmstädter Modell.* — Jungsozialisten und Leutnante haben im April 1973 ein Mitbestimmungskonzept für die Streitkräfte vorgelegt, das die Bildung von „Räten" vorsieht. Obwohl dieses sog. Darmstädter Modell nur als „eine denkbare Möglichkeit" vorgestellt wird, ist es von allen betroffenen Stellen als nicht diskussionswürdig abgelehnt worden. Die gleiche heftige Ablehnung erfuhr auch das „Konzept zur politischen Bildung in der Bundeswehr", das vom Bundesverband der Deutschen Jungdemokraten vorgelegt wurde und ebenfalls die Bildung von Soldatenräten vorsah.

3.3. *Modell der Jungsozialisten.* — Die Jungsozialisten in der SPD stellten im Februar 1975 ein Mitbestimmungskonzept für die Bundeswehr vor, nach dem der Vertrauensmann durch den Soldatenvertreter mit abgestuften Mitwirkungs- und Vetorechten abgelöst werden sollte. Die Interessen der Wehrpflichtigen sollten durch ein

Wehrpflichtigen-Parlament wahrgenommen werden. Entscheidungen im Rahmen der militärischen Einsatzbereitschaft werden durch das Konzept der Jungsozialisten expressis verbis nicht berührt.

3.4. *Soldatisches Mitarbeitsgremium* (SoMiG). — Das SoMiG-Modell des Oberstleutnants Dieter Portner und des Lehrers Georg Schulz wurde 1973 vom Deutschen Bundeswehrverband bekannt gemacht (Schriftenreihe „dienen und gestalten", Band 4). Danach sollen Soldatische Mitarbeitsgremien „in allen Einheiten (Kompanien, Batterien, Staffeln) oder entsprechenden militärischen Gliederungsformen geschaffen werden, deren Führer die Disziplinargewalt eines Kompaniechefs besitzen". Auf 10 bis 12 Soldaten entfällt ein SoMiG-Vertreter; die Amtszeit beträgt ein Jahr. Portner und Schulz unterscheiden zwischen den Mitbestimmungs- und den Mitwirkungsrechten des SoMiG. Mitbestimmung ist u. a. vorgesehen bei der Betreuung, außerdienstlichen Veranstaltungen und in den → *Fürsorge-* und Sozialeinrichtungen. Mitwirkung ist u. a. vorgesehen bei der Dienstplangestaltung, der → *Berufsförderung*, bei der Lehrgangsplanung und bei Beurteilungen und Beförderungen.

4. Kritik gegen Mitbestimmungsbestrebungen. — Argumente gegen jede Ausweitung soldatischer Mitwirkung oder gar Mitbestimmung beziehen sich vor allem auf die besonderen Voraussetzungen in den Streitkräften. „Mitbestimmung in den Streitkräften findet dort ihre Grenze, wo militärische Erfordernisse der Funktionsfähigkeit und Einsatzbereitschaft die Teilung oder Übertragung von Führungs- und Entscheidungsverantwortung nicht zulassen." (Generalinspekteur Armin Zimmermann, Information für Kommandeure 2/73). Ein anderes Argument ergibt sich aus der parlamentarischen Kontrolle über die Streitkräfte: „. . . deshalb wäre es nicht vertretbar, daß die Personalräte als untergeordnete demokratische Einrichtungen den Willen des Parlaments außer Kraft setzen" (G. Kreuzer, 1973, Vorsitzender des Verbandes der Beamten der Bundeswehr).

5. Bilanz. — Eine ernsthafte Mitbestimmungsdiskussion, besonders in der Bundeswehrführung, findet nicht statt. Der Begriff Mitbestimmung wird häufig als Reizwort empfunden, als unvereinbarer Widerspruch zu überlieferten hierarchischen und ordnungspolitischen Strukturen. „Mitbestimmung wäre der erste Schritt auf dem Wege zum Putsch oder zum Staatsstreich." (Generalmajor Eberhard Wagemann, 1972). Die unreflektierte Ablehnung einer erweiterten soldatischen Mitbestimmung verkennt jedoch: 1. die gesellschaftspolitischen Entwicklungen, die sich auch in Zukunft auf die Streitkräfte

auswirken werden; 2. die Tatsache, daß sich Längerdienende und Berufssoldaten oft nicht als Staatsdiener, sondern als Arbeitnehmer verstehen; 3. daß im Frieden auch in den Streitkräften andere Bedingungen herrschen als im Krieg; 4. daß alle diskussionswürdigen Vorschläge zur Erweiterung der soldatischen Mitbestimmung die militärischen Besonderheiten (z. B. Einsatzbereitschaft im Verteidigungsfall) berücksichtigen.

LITERATURHINWEISE

Deutscher Bundeswehrverband (Hrsg.), Mitarbeit in den Streitkräften, Bonn 1973.
Deutscher Bundeswehrverband (Hrsg.), Kooperation und Partnerschaft in den Streitkräften, Bonn 1973.

KARL-HEINZ HARENBERG

NATO (Nordatlantikpakt)

→ *Auftrag und Struktur der Bundeswehr, Entspannung, Krieg, Militärdoktrinen, Militärhilfe, Militärische Landesverteidigung, Militärisches Nachrichtenwesen, Sicherheitspolitik, Verteidigungspolitik.*

1. ENTWICKLUNG. — Mit der Unterzeichnung des NATO-Vertrages am 4.4.1949 durch Belgien, Dänemark, Frankreich, Großbritannien, Island, Italien, Kanada, Luxemburg, die Niederlande, Norwegen, Portugal und die USA äußerte sich die Entschlossenheit dieser Staaten, der Politik der Sowjetunion ein Bündnis entgegenzusetzen, das die Sicherheit des nordatlantischen Raumes gewährleisten würde. Der Beitritt Griechenlands und der Türkei im Jahre 1952 bedeutete eine geostrategische Konsolidierung des Bündnisbereichs. Ebenfalls 1952 beschäftigte sich der NATO-Rat erstmals mit der Möglichkeit eines deutschen Verteidigungsbeitrages. Nach dem Scheitern des zunächst im Vordergrund stehenden Projekts einer *Europäischen Verteidigungsgemeinschaft* in der französischen Nationalversammlung (1954), erfolgte am 9. 5. 1955 der Beitritt der Bundesrepublik Deutschland. Diesem Schritt war eine kontroverse Diskussion in der deutschen Öffentlichkeit und im Parlament über die Frage der Wiederbewaffnung und der außen- und sicherheitspolitischen Grundorientierung vorausgegangen. Unter dem zeitlichen Druck einer als akut betrachteten Bedrohung verzichtete man darauf, mit dem

NATO-Vertrag ein umfängliches Vertragswerk mit präzisen Bestimmungen für alle Formen der Beistandsleistung und Möglichkeiten der Zusammenarbeit zu entwerfen: Der Vertragstext ist bemerkenswert kurz und allgemein gehalten und gewährt so den Vorteil, das Bündnis den jeweiligen politischen und strategischen Bedingungen anpassen zu können.

Der Vertrag selbst besteht aus einer Präambel und vierzehn Artikeln. Die wichtigsten Bestimmungen sind: Das Bekenntnis zu Zielen und Grundsätzen der Charta der UN (Präambel, Art. 1); die Zusammenarbeit über den engeren Bereich der → *Verteidigungspolitik* hinaus in Fragen der Außenpolitik, inneren Sicherheit, Wirtschaft (Art. 2, 3, 4); die Vereinbarung, „daß ein bewaffneter Angriff gegen einen oder mehrere von ihnen in Europa oder Nordamerika als ein Angriff gegen sie alle angesehen wird"; und daß entsprechend dem, was für die Wiederherstellung bzw. Erhaltung der Sicherheit des nordatlantischen Gebiets für erforderlich erachtet wird, Beistand geleistet wird (Art. 5); die Festlegung des Bündnisbereichs (Art. 6); die Einsetzung des Rates als dem politischen Führungsgremium der Organisation (Art. 9); die Vertragsdauer-Überprüfung nach 10 Jahren, Kündigungsmöglichkeit nach 20 Jahren (Art. 12, 13). Der Vertrag weist die NATO als *koordiniertes* und *organisiertes* Bündnis aus. *Koordiniert*, weil alle Mitgliedsländer die gleichen Rechte und Pflichten haben: Der NATO-Rat, einzige politische Führungsinstanz mit Weisungsbefugnis, kann nur einstimmig beschließen. *Organisiert*, weil ein bereits im Frieden ausgebildetes System nachgeordneter ziviler und militärischer Instanzen dessen Entscheidungen implementiert.

Richtungsweisend für die Fortentwicklung der NATO waren vor allem:

1.1. *Der Bericht des Dreierausschusses („Die drei Weisen") betreffend nichtmilitärische Zusammenarbeit im Rahmen der NATO von 1956.*

1.2. *Der Bericht über die zukünftigen Aufgaben der Allianz („Harmel-Bericht") von 1967.* Hierin wird der konzeptionelle Zusammenhang zwischen Verteidigung und → *Entspannung* hergestellt; seitdem gilt die sicherheitspolitische Formel: Sicherheit = Verteidigung + Entspannung.

1.3. *Die Deklaration über die Atlantischen Beziehungen (Deklaration von Ottawa) von 1974.* Sie bestätigt das US-Schutzversprechen für Europa und betont die Notwendigkeit amerikanischer nuklearer und konventioneller Truppenpräsenz in Europa für die Sicherheit Nordamerikas wie NATO-Europas.

2. PROBLEME. — Die NATO sieht sich schwerwiegenden und zudem interdependenten Problemen gegenüber, von deren Bewältigung
ihre Funktionsfähigkeit abhängt.

2.1. *Bündnissolidarität.* — Nationale Egoismen behindern die Harmonisierung der Außen-, → *Sicherheits-* und Wirtschafts*politik.* Die
innere Struktur des Bündnisses ist in mehrfacher Hinsicht gefährdet:
durch tiefgreifende Konflikte zwischen Partnerstaaten; durch innenpolitische Instabilitäten; durch das Stocken des politischen Integra-
tionsprozesses Westeuropas, von dem die strukturelle Weiterentwicklung der NATO abhängt.

2.2. *Aufrechterhaltung des militärischen Gleichgewichts.* — Die
Dynamik östlicher Rüstungsanstrengungen verschärft dieses Problem
von Jahr zu Jahr. Es wird nur lösbar sein, wenn sich die Verteidigungsausgaben der NATO-Staaten nicht an dem innenpolitisch Er-
reichbaren, sondern am Notwendigen orientieren. Voraussetzungen
hierfür sind eine abgestimmte Bedrohungsanalyse, eine faire Verteilung der Verteidigungslasten (burden sharing), verbesserte Kooperation und Standardisierung der → *Rüstung.*

2.3. → *Strategie.* — Die derzeitige Strategie der *Flexible Response*
beruht im Wesentlichen auf zweierlei: Auf der Fähigkeit zur angemessenen Reaktion auf jede Form der Aggression sowie auf dem
Prinzip der Vorneverteidigung. Das Konzept der *Flexible Response*
an sich steht nicht in Frage, wohl aber seine Interpretation und
Ausgestaltung als gültige → *militär*-strategische *Doktrin.*

3. KRITIK. — Wenn auch die Mitgliedschaft der Bundesrepublik
Deutschland in der NATO als *die* Maxime der deutschen → *Sicher-
heitspolitik* von der großen Mehrheit der Bevölkerung bejaht und
den vier großen Parteien getragen wird, so gibt es doch ein breites
Spektrum kritischer Positionen, bei denen zwischen den folgenden
Ansätzen unterschieden werden kann:

3.1. Einmal findet sich eine bedingungslose Ablehnung und Diffa-
mierung der NATO als „friedenshinderndes" kapitalistisch-revanchi-
stisches Bündnis. Die Schwächung der NATO muß zum vorrangigen
Ziel derart orientierter Politik werden.

3.2. Die Kritik pazifistischer Gruppen richtet sich nicht originär
gegen die NATO-Zugehörigkeit, sondern gegen die Bewaffnung der
Bundesrepublik Deutschland. Allerdings wird realistisch gesehen, daß
das eine das andere bedingt. Ähnlich liegen die Bedenken einiger
Friedens- und Konfliktforscher: Sie richten sich gegen das strategische Prinzip der Abschreckung — in Sonderheit der nuklearen Ab-

schreckung —, das auf Dauer keine Sicherheit garantiere, Bedrohungsgefühle erzeuge, ein Freund-Feind-Denken fördere und somit politische Spannungen nicht abbaue.

3.3. Zweifel werden auch aus politisch-moralischer Perspektive an der NATO vorgebracht. In der Tat hat es in der Vergangenheit Diskrepanzen zwischen dem moralischen Anspruch der Allianz — ausgedrückt in der Präambel des NATO-Vertrages — und der politischen Wirklichkeit in einigen Mitgliedsländern (Portugal, Griechenland zur Zeit der Diktatur) gegeben. Dies mußte zum Vorwurf der Unaufrichtigkeit führen. Auch der Vietnamkrieg hat die moralische Glaubwürdigkeit nicht nur der USA, sondern auch der NATO als Ganzes vor allem in den Augen der jungen Generation beeinträchtigt.

3.4. Vielschichtig ist die Argumentation derjenigen, die meinen, die nuklearstrategische Abhängigkeit von den USA und die Verringerung des Handlungsspielraums für eine an nationalen Bedürfnissen orientierte Sicherheitspolitik sei ein politisch und finanziell zu hoher Preis für zu wenig Sicherheit. Hier vermischen sich antiamerikanische und nationalistische Tendenzen mit z. T. ernst zu nehmenden strategischen Überlegungen („Abkoppelungsrisiko") und dem verbreiteten Vorurteil, die Bundesrepublik lasse sich wirtschaftlich übervorteilen.

4. WERTUNG UND AUSBLICK. — Die Bundesrepublik kann ihre sicherheitspolitischen Primärziele, „den Frieden zu wahren, die Unversehrtheit unseres Landes zu sichern, die Freiheit der Bürger zu schützen und den politischen Handlungsspielraum der Bundesregierung zu erhalten" (Weißbuch 1975/76), nur im Bündnis erreichen. Die Gründe hierfür liegen vor allem in ihrer geostrategischen Lage, in ihrer Wirtschaftsstruktur und einer viel zu geringen eigenen militärischen Stärke; eine deutsche Neutralität würde das europäische Gleichgewicht und damit auch die Sicherheit der Bundesrepublik gefährden: Die NATO-Zugehörigkeit ist eine Option ohne prinzipielle Alternative. Diese im Grundsätzlichen bestehende Alternativlosigkeit braucht deswegen nicht zu beunruhigen, weil sich die NATO-Partner im Zustand *gegenseitiger* Abhängigkeit befinden. So kommt es darauf an, an einer Fortentwicklung der Allianz mitzuwirken, damit sie ihre Funktion erfüllen kann und dabei Glaubwürdigkeit behält; der Bildung einer leistungsfähigen und selbstbewußten europäischen Komponente kommt dabei in einer Zeit wachsenden nuklearstrategischen Bilateralismus zwischen den USA und der Sowjetunion besondere Bedeutung zu.

LITERATURHINWEISE

Bundesministerium der Verteidigung (Hrsg.), Weißbücher 1970 ff., Bonn
   1970 ff.
Militärgeschichtliches Forschungsamt (Hrsg.), Verteidigung im Bündnis, München 1975.
NATO-Informationsabteilung (Hrsg.), NATO-Tatsachen und Dokumente,
   Brüssel 1971.
Ruehl, L., Machtpolitik und Friedensstrategie, Hamburg 1976.
Schwarz, K.-D. (Hrsg.), Sicherheitspolitik, Bad Honnef 1976.

WILFRIED SCHEFFER

Öffentlichkeitsarbeit

→ *Auftrag und Struktur der Bundeswehr, Bundeswehr und Öffentlichkeit, Bundeswehr und Schule, Innere Führung, Sicherheitspolitik.*

1. BEGRIFF. — Öffentlichkeitsarbeit (ÖA) oder ihr Synonym Public Relations (PR) ist für den Bereich der Bundeswehr nicht definiert. Es wird daher auf die Erklärung der Deutschen Public Relations Gesellschaft verwiesen:
Öffentlichkeitsarbeit ist: „Das bewußte und legitime Bemühen um Verständnis sowie um Aufbau und Pflege von Vertrauen in der Öffentlichkeit auf der Grundlage systematischer Erforschung".
Eine Zusammenstellung verschiedener Definitionen der ÖA oder PR bietet Oeckl in seiner „PR Praxis".
Die Bw beschreibt in ihrem Ministerialblatt (VMBl) 77, Zweck, Ziel, Gegenstand, Grundsätze und Aufgaben der Presse- und Öffentlichkeitsarbeit. Das Ziel kommt einer Definition des Begriffs am nächsten:
„Ziel der Presse- und Öffentlichkeitsarbeit in Verteidigungsfragen ist es,
— das Vertrauen der Bevölkerung in die Sicherheitspolitik der Bundesrepublik Deutschland und in die Wirksamkeit des Nordatlantischen Bündnisses zu stärken,
— das Ansehen der Bundeswehr zu fördern,
— den Verteidigungswillen der Bevölkerung zu festigen."

2. GESCHICHTE DER ÖA IN DER Bw. — ÖA ist als wissenschaftliche Disziplin wie als bewußt wahrgenommene Aufgabe von Armeen sehr jung. Bundesregierung und Amt Blank standen bei der Gründung der

Bw vor der besonderen Notwendigkeit, dieses Vorhaben durch ÖA vorzubereiten und zu begleiten. Die Dringlichkeit ergab sich aus der vorwiegend negativen Einstellung der Bevölkerung zur Wiederbewaffnung auf Grund der Ereignisse der jüngeren Geschichte. Ihre Durchführung war durch einen Mangel an brauchbaren Vorbildern und durch die Belastung durch „Wehraufklärung" und „Wehrpropaganda" im III. Reich erheblich erschwert. Die damalige Bundesregierung war bemüht die Bw von der Werbung für sich selbst frei zu halten und die Verantwortung des Bundeskanzlers für die Wiederbewaffnung besonders herauszustellen. Es kam aus diesen Gründen zu einer Aufgabenteilung. Der Schwerpunkt der ÖA, insbesondere der Bereich, der eine aktive Einflußnahme vorsah, wurde im Bundespresseamt (BPA) in einem besonderen Referat „ÖA in Verteidigungsfragen" seit 1955 wahrgenommen. Im BMVg ressortierte die Pressearbeit und die Nachwuchswerbung, die ÖA der Truppe und der → *Bundeswehrverwaltung* sowie die Truppeninformation. Von einigen formalen Veränderungen der Organisation im BMVg abgesehen blieb es so bis in das Jahr 1976. Wachsende Integration der Bw in die Gesellschaft, zunehmendes Selbstvertrauen der Streitkräfte und der inzwischen mehr als eine Generation messende Abstand zur belastenden und belasteten Vergangenheit förderte die Einsicht in die Notwendigkeit, die inzwischen keineswegs mehr optimale Zweigleisigkeit der ÖA zu Gunsten einer ÖA aus einer Hand und Verantwortung aufzugeben. So übernahm nach einer Kabinettsvereinbarung die Bw 1976 Haushaltsmittel und Zuständigkeit für ihre ÖA. Die Koordinierung mit der ÖA der Bundesregierung findet in Zusammenarbeit mit dem BPA statt nach den Verfahren, die dieses auch mit anderen Ressorts übt.

3. KONZEPTION DER ÖA. — ÖA kann sich aus verschiedensten Gründen nicht darauf beschränken reaktiv zu sein. Alleiniges Reagieren auf Informationswünsche aus der Gesellschaft, wie es die Praxis des BMVg bis 1976 fast ausschließlich war, überläßt es dem Zufall, ob z. B. die oben zitierten Ziele der ÖA erreicht werden können, ja ob überhaupt eine Veränderung der Meinungslage in die angestrebte Richtung erfolgt. Die Gefahr ist nicht unerheblich, daß die Öffentlichkeit langsam, ihrer ursprünglichen Disposition folgend, in zwei Bereiche zerfällt. Der eine wäre ein interessierter laufend besser informierter Teil mit wachsendem Vertrauen, der andere ein entgegengesetzt tendierender uninteressierter Teil, der aus Mangel an Information veranlaßt ist, mißtrauisch und letztlich ablehnend reagieren

zu müssen. Konzeptionen für die ÖA einer demokratisch verfaßten Gesellschaft müssen sich am Interesse des Bürgers orientieren, der die Exekutive beauftragt und bezahlt. Er hat Anspruch zu erfahren, was in seinem Namen getan und was mit seinem Gelde gemacht wird. So sollte die Bw über alles informieren können, was die Sicherheit der Bundesrepublik, den → *Auftrag* der Bundeswehr und die Rechte Dritter nicht gefährdet oder verletzt. Eine offene Informationspolitik, die sich nicht über Gebühr an Geheimhaltungsvorschriften orientieren muß, sollte das Ergebnis sein. Voraussetzung für eine erfolgreiche Arbeit ist eine möglichst eingehende Kenntnis der Meinungslage, ihrer Trends und Hintergründe. Sind Informationsstand, Informationsdefizite und spezifizierte Bedürfnisse einzelner Gruppen der Bevölkerung hinlänglich analysiert, können auch mit Aussicht auf Erfolg Zielgruppen für die ÖA bestimmt und ein für sie zugeschnittenes Informationsangebot bereitgestellt werden. Ein aktives Vorgehen ermöglicht, auch die Themen zur Debatte stellen zu können, für die scheinbar kein Interesse besteht und bei denen möglicherweise Vor- und Fehlurteile den Zugang zu einer faktenorientierten Information verlegen. Gleichen Stellenwert wie die Analyse der Meinungslage hat eine systematische Erfolgskontrolle. Ziel ist es, die Auswirkungen der ÖA an den Veränderungen der Meinungslage zu messen und im Regelkreis: Analyse − Planung − Durchführung − Kontrolle auf die Planung der weiteren Arbeit einzuwirken. Neben der Erarbeitung der Grundsätze ist die Planung wichtigster Teil der ÖA. Wenn sie auch schon vom Umfang her in Gefahr ist, hinter das Tagesgeschäft zurücktreten zu müssen, wird auf die Dauer der Erfolg aller Informationstätigkeit davon abhängen, wieweit man in der Lage ist, mittel- und langfristig planvoll erkannte Informationsdefizite auszugleichen.

4. ORGANISATION DER ÖA. — Im BMVg wird die ÖA für die Bw im Grundsatz konzipiert und geplant, im nachgeordneten Bereich − Streitkräfteamt (SKA), Truppe und Verwaltung − durchgeführt. Federführend im BMVg ist für die ÖA der Informations- und Pressestab (IPStab), eine dem Minister zugeordnete, selbständige Unterabteilung. Der Leiter ist zugleich Sprecher des Ministers und des Ministeriums. Ihn unterstützt und vertritt ein Stellvertretender Leiter, als Sprecher vertritt ihn der Arbeitsbereichsleiter Presse. Der IPStab ist in drei Arbeitsbereiche (AB) gegliedert. Die Zielgruppe der Medien (Presse, Fernsehen, Rundfunk und Film) wird durch den AB Presse informiert, die anderen Zielgruppen durch den ABÖA. Die sachlich

der ÖA, nahestehende Nachwuchswerbung (NwW) wird durch den AB NwW wahrgenommen. Die Truppeninformation ist nur mittelbar ÖA. Sie entspricht weitgehend der in anderen Bereichen geübten innerbetrieblichen Information. Wie diese hat sie indirekt erheblichen Einfluß auf die ÖA, indem sie über die Meinungsbildung der Angehörigen der Bw und deren Kontaktpersonen die Öffentliche Meinung beeinflußt. Dementsprechend wird sie zwar im IPStab nicht grundsätzlich bearbeitet, aber in Verbindung mit diesem. Zwei der Periodika für die Truppeninformation, das montags bis freitags erscheinende Informationsblatt „bundeswehr aktuell" und die Truppenzeitschriften werden aus Gründen der besseren journalistischen und technischen Möglichkeiten des IPStabes, aber auch wegen der Koordination mit den Aktivitäten der ÖA für die Medien, in der Zuständigkeit des IPStabes herausgegeben.

Das Dezernat ÖA und die Gruppe NwW im SKA sind mit der Herstellung und Verteilung von Informationsmaterial befaßt, das Dezernat ÖA zudem noch mit dem Einsatz der Jugendoffiziere, die Gruppe NwW mit der Entwicklung und Gestaltung von Anzeigenlinien in Zusammenarbeit mit ausgewählten PR-Firmen. Presseoffiziere, Stabsoffiziere für ÖA und Jugendoffiziere sind Offiziere in Stäben von Großverbänden, Pressesprecher Beamte in vergleichbaren Behörden der Bundeswehrverwaltung. Sie sind Bestandteile eines verzweigten Dienstleistungsnetzes für Information, mit dem die Bw auf alle Bedürfnisse der Öffentlichkeit reagieren kann. Diese Offiziere und Beamte unterstützen und beraten die für die ÖA zuständigen Dienststellenleiter als Fachleute. Ihre einheitliche Information und die Koordinierung ihrer Tätigkeit durch den IPStab stellt eine übereinstimmende ÖA im gesamten Bereich der Bw sicher.

LITERATURHINWEISE

Buchstaller, W. u. a. (Hrsg.), Taschenbuch für Wehrfragen 1974/75, Frankfurt/M. 1974.
Fiebig, H., Presse und Bundeswehr, in: Wehrkunde, H. 9/1965.
Ministerialblatt des Bundesministers der Verteidigung, Bonn 1977.
Oeckl, A., PR Praxis, Wien 1976.

ERNST-OTTO ENGELHARDT

Personalstruktur

→ *Auftrag und Struktur der Bundeswehr, Ausbildung/Bildung, Berufsförderung, Führungssysteme, Innere Führung, Militär und Ökonomie, Rekrutierung, Reservisten, Unteroffiziere, Wehrpflicht, Wehrstruktur.*

1. ZUM BEGRIFF. – PSt, allgemein: Aufbau u. Gliederung des Personalgefüges einer Organisation nach den Erfordernissen des Organisationszieles. – Der *vielschichtige Fachausdruck* entstand im Zusammenhang mit den wirtschaftlichen, gesellschaftspolitischen, arbeitsrechtlichen u. technologischen Entwicklungen unserer Industriegesellschaft. Neues Selbstbewußtsein veränderte – von der Arbeitsmarktlage unterstützt – die Position des Arbeitnehmers grundlegend. Aus Personalpolitik als rein administrativer Hilfsfunktion wurde *moderne Personalpolitik* (mPP) als Teil der Unternehmenspolitik, ihr Arbeitsfeld der ,,Faktor Mensch", das Ordnen u. Gestalten dieses Bereichs zur Minimierung betriebsrelevanter Störfaktoren, um auch hier die Leistung zu optimieren. Das setzt den systematischen Aufbau einer PSt voraus, die neben dem Organisationsziel Fähigkeiten, Persönlichkeitsmerkmale u. Berufserwartungen des einzelnen berücksichtigt, externen Faktoren angepaßt ist u. einen offenen → *Führungsstil* ermöglicht. – mPP u. PSt stehen in enger Wechselbeziehung. Werden personalrelevante Entwicklungen nicht vorausschauend in Planungen, Führungsgrundsätze u. Maßnahmen umgesetzt, kann die PSt einer Organisation den Anforderungen an Qualität u. Motivation der Mitarbeiter kaum genügen. All dies trifft voll auf die Bw zu.

2. MODERNE STREITKRÄFTE (SK). — Trotz Technisierung bleiben SK extrem personalintensiv u. ihre Funktionsfähigkeit von einem auch qualitativ ausreichenden Personalbestand abhängig. Verfassungsauftrag u. Bündnisverpflichtung bestimmen die Konturen der *PSt der Bw.* Hierzu gehört die → *Bw-Verwaltung* mit der Zivilpersonal umfassenden PSt. Die *PSt der SK* besteht aus dem militärischen Personal mit Schwerpunkten durch: *Wehrverfassung* mit Gesetzen über Aufstellung, Führung u. Verwendung der SK; *Wehrsystem* mit Bestimmungen für Personalgewinnung u. -ergänzung; *Wehrform* mit Festlegung des Grades der Einsatzbereitschaft der SK; *Einheitlichkeit des öffentlichen Dienstrechts* auch für längerdienende Soldaten. — Daraus entstehen Mischstrukturen aus vier Statusgruppen u. drei

Laufbahngruppen mit Überlagerungen durch Dienstgrad- u. Alters-
strukturen in einer Vielzahl von Berufssparten im jeweiligen Personalgefüge von Heer, Luftwaffe und Marine, mit allein 1350 verschiedenen „Grundtätigkeiten" und einer Vielzahl weiterer Speziali-
sierungen.

3. ZENTRALE PROBLEME. — Das ungünstige Zahlenverhältnis zwischen Zeitsoldaten u. Wehrpflichtigen. Seit ihrer Aufstellung hat die
Bw Schwierigkeiten, qualifizierte Zeitsoldaten zu gewinnen. — Auch
Altersstruktur u. Dienstgradstruktur müßten dem Plan-Soll angepaßt
werden. — Das konstant drückende hohe Fehl an Nachwuchs führte
1969/70 zur Bildung der PSt-Kommission des BMVg, um den Komplex PSt mit Stellenbewertung, Status, Laufbahnstruktur, Besoldung, → *Ausbildung*, → *Berufsförderung*, Existenzsicherung u.
→ *Fürsorge* zu durchleuchten.

4. PERSONALSTRUKTURKOMMISSION (PStK). — Die Arbeit der
PStK galt einer PSt-Konzeption, die den SK die Anpassung an technologische u. gesellschaftliche Entwicklungen über einen längeren
Zeitraum ermöglicht. — Der PStK-*Bericht* wurde 1971 vorgelegt.
Grundlagen bildeten u. a. empirische Untersuchungen in der Truppe
u. im *sozialen Umfeld* der Bw. Hierbei wurde die Abhängigkeit der
PSt der SK von zahlreichen Faktoren innerhalb u. außerhalb der Bw
erstmals wissenschaftlich erfaßt (WEMA Institut). Das Ergebnis
zeigte die *wandelbare Affinität* demokratischer Industriegesellschaften zu ihren SK mit symptomatischen Problemen im gesamten
→ *NATO*-Bereich. — Als *Relevanz-Faktoren* erwiesen sich u. a.: Die
Bevölkerungswachstumsquote u. ihre Strukturen; der Verstädte-
rungsprozess u. die Umstrukturierung der Wirtschaft; der gesellschaftliche Nivellierungstrend bei beruflicher Differenzierung; Fragen der Mobilität; die Veränderung der Funktion der SK, sowie fehlende Kongruenzen zu → *Normen* und Strukturen der Industriegesellschaft; Fragen der Wehrgerechtigkeit; der Zwang zu immer aufwen-
digeren Waffensystemen mit immer höheren Anforderungen an das
Personal u. der daraus folgenden Betriebs- u. Personalkostenexplo-
sion. — Das für die Personalregeneration entscheidende Bild der Bw
als Alternative zu einem Zivilberuf entsteht, subjektiv, aus: Der Affinität zu SK; den Möglichkeiten zur Selbstverwirklichung in d. Bw;
der politischen Bedeutung der Bw; der finanziellen Sicherung i. d.
Bw; der Vergleichbarkeit zwischen dem militärischen u. dem zivilen
Bereich.

5. PSt FÜR DIE 80er JAHRE. — Aus o. a. Fakten u. der Vielzahl
unübersichtlicher „Berufsbilder" in den SK resultierte die *Grundsatz-
forderung* der PStK nach einer personalpolitischen Konzeption mit:
Darstellung u. Einordnung der Vielfalt der „Berufe" in den SK; Anerkennung von Vorkenntnissen u. Erfahrungen bei Einstellung,
Förderung u. Aufstieg; Berücksichtigung der Eigentümlichkeiten des
milit. Dienstes auf der Basis von Tätigkeitsanalysen bei Zuordnung
der Besoldung u. des Dienstgrades; Beteiligung der Soldaten an der
Gestaltung ihres Werdeganges. — Das bedeutet: „Die PSt der SK
ergibt sich aus den für die Erfüllung des Auftrages der SK erforderlichen Einzeltätigkeiten u. deren funktionsgerechter Zuordnung zu
Verwendungsreihen in einer hierarchisch gegliederten, nach modernen Führungsmethoden zu lenkenden Organisation. Sie ermöglicht
die Ausrichtung auf neue Waffensysteme ... gibt den Rahmen
für ... Laufbahnen ... Besoldung ... Ausbildung ... Förderung der
Soldaten ... schafft wesentliche Voraussetzungen für die optimale
Integration der SK in die Gesellschaft" (Bericht PStK, S. 9). So
umriß die PStK das Bild einer *neuen PSt,* verbunden mit vielbeachte-
ten Vorschlägen zur Verwirklichung, u. a. mit detailliertem Netzplan
(für die Zeit 1971−81); Managementorganigramm; Projektstruktur-
plan; Entwurf für ein Integriertes PSt-Informationssystem; einer
Kostenschätzung 1972−81, Planungen für die Umstellungsphase;
Darlegung der verschiedenen Auswirkungen u. Zusammenhänge mit
Arbeiten anderer Kommissionen sowie der Vorstellung mehrerer
Denk- u. Arbeitsmodelle. — *Kern der Konzeption* ist der Aufbau
eines vom Bedarf bestimmten EDV-gestützten Systems von „Verwendungsreihen" zur optimalen Personalorganisation u. Werdegangs-
gestaltung mit der Unterscheidung zwischen *Handlungsverantwor-
tung* (HV) u. *Führungsverantwortung* (FV), um den SK eine auf-
tragsgerechte innere Ordnung zu geben. Voraussetzung dafür ist eine
einheitliche Tätigkeitsbeschreibung, -analyse u. -bewertung mit Hilfe
eines entsprechenden EDV-Systems zur Verarbeitung der Datenflut
im Leistungs- u. Wirkzusammenhang.

6. SACHSTANDSENTWICKLUNG BIS 1977. — 6.1. Ein zweistufiges
Instrumentarium *Funktionsanalyse Personalstruktur* (FAPS) zur
Aufgabenerfassung u. Anforderungsanalyse wurde entwickelt u.
1973 in vier Tätigkeitsfeldern der SK erprobt. Bei der Auswertung
ergaben sich noch Unzulänglichkeiten auf diesem wissenschaftlichen
Neuland, die inzwischen weitgehend behoben werden konnten. —

6.2. *Zwischenbilanz:* Die „Aufgabenerfassung" ermöglicht jetzt Aufgabenbeschreibungen der Tätigkeiten in den SK, fachlich geordnet u. gestuft nach Schwierigkeitsgraden mit Unterscheidung zwischen FV u. HV sowie einer Vielzahl weiterer Angaben für Personalorganisation, Stellenbewertung u. Personalsteuerung. 6.3. *Ausblick:* 1975 wurde die Forcierung der Arbeiten an der neuen PSt angeordnet. Der Schwerpunkt liegt z. Zt. bei FAPS; dieser Arbeitsteil soll 1981 beendet sein. Die Bildung des Systems „Verwendungsreihen" ist dagegen ein langfristiger Arbeitsgang, der weit in die 80er Jahre dauern wird u. nur im Einklang mit der Reform des öffentlichen Dienstrechts sinnvoll abgeschlossen werden kann.

LITERATURHINWEISE

Bung, H., Vortrag vor der Wehrstrukturkommission 17. 12. 71 (Manuskript).
Haase, K. P., Personalstrukturplanung im militärischen Bereich, in: *Schmidt,-* H., *Hagenbruck,* H., *Sämann,* W. (Hrsg.), Handbuch der Personalplanung, Frankfurt/M. 1975.
Personalstrukturkommission des Bundesministers der Verteidigung, Die Personalstruktur der Streitkräfte. Bericht der Personalstrukturkommission, Bonn 1971.
Seuberlich, H. E., Streitkräfte im modernen Sozialsystem – ein Teilproblem der Personalstruktur, in: Die Bundeswehr, H. 9/1973.
Seuberlich, H. E., Zum Strukturwandel der Bundeswehr – Hintergründe, Vorstellungen, Auswirkungen und Fragezeichen, in: Österreichische Militärische Zeitschrift, H. 3/1974.
Weißbücher des Bundesministers der Verteidigung 1969, 1970 und 1971/72.

HANS-ERICH SEUBERLICH

Planung und Aufbau der Bundeswehr

→ *Auftrag und Struktur der Bundeswehr, Bundeswehr und Verfassung, Bundeswehrverwaltung, Innere Führung, Militärdoktrinen, Militärische Landesverteidigung, NATO, Wehrpflicht, Wehrrecht, Wehrstruktur.*

1. EVG ODER NATO. — Der durch den Korea-Krieg beschleunigte Entschluß der Westmächte, die Bundesrepublik an der westeuropäischen Verteidigung zu beteiligen (Herbst 1950), traf mit der Absicht Adenauers zusammen, mittels eines Militärbeitrages neben größerer Sicherheit die volle Souveränität der Bundesrepublik und

ihre Westintegration zu erreichen. Wie das deutsche Kontingent in die Bündnisarmee eingegliedert werden sollte, war allerdings umstritten: Die USA wollten möglichst rasch deutsche *Div* direkt in die → *NATO* einordnen. Frankreich schlug statt dessen als militärische Version des Schuman-Plans eine supranationale, auf der *Ebene kleinstmöglicher Einheiten* integrierte Europa-Armee im NATO-Rahmen vor, wobei das Kontrollmotiv überwog (Pleven-Plan). Die BReg strebte zunächst die NATO-Lösung an (Petersberg-Gespräche), unterstützte dann aber bis zu seinem Scheitern das verbesserte EVG-Projekt (Pariser Konferenz v. 15.2.1951−30.8.1954). Die Aufnahme der Bundesrepublik in den zur WEU erweiterten Brüsseler Pakt (europäische Klammer) und in die NATO (9.5.1955) machten schließlich den Weg zum Aufbau der Bw frei.

2. VERTRAGSBESTIMMUNGEN. — Die Pariser Verträge (23.10. 1954) setzten der Bw folgenden äußeren Rahmen: Höchststärke 500 000 Mann, 12 Div, operative Führung durch SACEUR, Integration auf Heeresgruppen- und taktischer Luftflottenebene, Dislozierung in Übereinstimmung mit der NATO. Im Unterschied zur EVG-Planung blieben Territoriale Verteidigung und Wehrverwaltung national.

3. KONZEPTION UND PLANUNG der Bw wurden entscheidend durch die seit 1950 geleistete Vorarbeit bestimmt:
3.1. *Konzeption.* − Die unter dem ersten Sicherheitsberater Adenauers, Gen. a. D. Graf von Schwerin, im Okt. 1950 erstellte „Denkschrift über die Aufstellung eines deutschen Kontingents im Rahmen einer internationalen Streitmacht zur Verteidigung Westeuropas" („*Himmeroder Denkschrift*") enthielt bereits alle für den Aufbau der Bw entscheidenden *Leitgedanken:* europäisch-atlantischer Oberbefehl, Vorneverteidigung (statt Rheinlinie), Gesamtstreitkräftelösung, Schwerpunkt beim Heer, taktische Lw, kleine Marine, präsente Verbände, bewegliche Verteidigung, Einbau in den demokratischen Staat. Das „Innere Gefüge" sollte grundlegend neu gestaltet werden. Zu den Verfassern gehörte mit Heusinger, Speidel, Röttiger, Ruge, Graf Kielmansegg und Graf Baudissin die später maßgebliche Bw-Generalität.
3.2. *Planung.* − Mit der Ernennung des späteren ersten VtdgMin *Blank* zum „Bevollmächtigten des Bundeskanzlers für die mit der Vermehrung der alliierten Truppen zusammenhängenden Fragen" (Okt. 1950) begann die etwa fünfjährige Phase planerischer und or-

ganisatorischer Vorarbeiten. In Wechselwirkung mit der EVG-Konferenz entstanden zahlreiche Aufstellungspläne, Gesetzes- und Organisationsentwürfe, die im wesentlichen auch für die NATO-Lösung beibehalten werden konnten. Dabei nahm die „Dienststelle Blank" allmählich Gliederung, Größe und Funktion eines Ministeriums (seit Juni 1955) an.

4. DER AUFBAU der Streitkräfte erfolgte stufenweise von oben nach unten (1. Stämme, 2. Kader, 3. Volleinheiten). Getrennt entstand als gleichberechtigter, durchgängiger Bw-Zweig die → *Bundeswehrverwaltung*.

4.1. *1. Phase (1955/56).* − Die von Blank im Rahmen der → *Wehrpflicht* geplante Aufstellung einer Streitmacht von etwa *500 000 Mann* mit 12 Div, ca. 20 Geschwadern Lw, leichten Seestreitkräften und Territorialer Verteidigung *in drei Jahren* (bis Ende 1958) ließ sich wegen Verzögerungen in der Wehrgesetzgebung, vor allem aber auch wegen des äußerst schwierigen Unterbringungsproblems nur teilweise verwirklichen. Das „Freiwilligengesetz" (Juli 1955) erlaubte die Einberufung der ersten 6 000 Freiwilligen, die aber noch nicht zu Verbänden zusammengezogen werden durften. Sie waren für Lehrgänge, Materialübernahme, Vorbereitung der Kasernen, Besetzung der Annahmestellen, der integrierten Stäbe und des Ministeriums bestimmt. Im Juli 1955 traten erstmals Deutsche ihren Dienst bei SHAPE und AFCENT an, am 12.11.1955 wurden die ersten Soldaten der Bw (u. a. die Drei-Sterne-Generale Heusinger und Speidel) ernannt, am 2.1.1956 formierten sich die ersten Lehrkompanien in Andernach (Heer), Nörvenich (Lw), Wilhelmshaven (Marine) und am 20.1.1956 trat die Bw bei deren Begrüßung durch Adenauer zum ersten Mal sichtbar vor die Öffentlichkeit. 1956/57 wurde mit der Verabschiedung der 2. Wehrergänzung zum GG, des Soldatengesetzes, des Wehrpflichtgesetzes und zahlreicher anderer Wehrgesetze die gesetzliche Grundlage für den weiteren Aufbau geschaffen. Im April 1956 nahmen deutsche Offiziere erstmals aktiv an einer NATO-Stabsrahmenübung auf höchster Ebene teil. Durch die Übernahme von knapp 10 000 Mann BGS am 1.7.1956 konnten Kader von 3 GrenDiv gebildet werden. Im Sommer 1956 wurde immer deutlicher, daß die der NATO gemeldeten Ziele (1956: 95 000, 1957: 270 000, 1958: 500 000 Mann) aus materiellen und personellen Gründen unerreichbar waren. Die Festlegung der Wehrpflichtdauer auf 12, statt der geforderten 18 Monate, ließ den 500 000er Plan wegen des damit verbundenen erhöhten Freiwilligenbedarfs (300 000 statt 230 000) vollends scheitern. Am 16.10.1956 erklärte Adenauer, die Termine könnten nicht eingehalten werden. **4.2. 2. Phase (Ende 1956/57).** — *Strauß*, seit Mitte Okt. 1956 VtdgMin, ließ sich nicht mehr auf die Zahl 500 000 festlegen. Unter dem Stichwort „Qualität vor Quantität" reduzierte er die Planzahlen erheblich, ging von der *gleichzeitigen* Aufstellung aller 12 Div ab und ordnete den Aufbau von zunächst nur 9 Div an, um möglichst schnell über einsatzfähige Verbände verfügen zu können. Der NATO wurden am 1.4.1957 2 Minensuchgeschwader, im Juli 1957 2 Korpsstäbe, 3 GrenDiv und das 3. Minensuchgeschwader unterstellt. Anfang April 1957 wurde Speidel Befh Landstreitkräfte Europa Mitte. Am 1.4.1957 rückten die ersten 10 000 Wehrpflichtigen ein. Am 1.7.1957 zählte die Bw 100 000 Mann.

5. AUSRÜSTUNG. — Die Erstausstattung an Waffen wurde von den Westmächten, hauptsächlich den USA, im Rahmen von → *Militärhilfe*abkommen geliefert. Anfang 1956 trafen die ersten Waffen ein. Im Frühjahr 1957 verfügte die Bw bereits über 1 100 Kpz M-47. Den Grundstock der Marine bildeten u. a. vom Räumdienst des US Labour Service und BGS übernommene Boote. Die deutsche Industrie erhielt die ersten Aufträge (LKW, Jeep). Da die Erstausstattung nur teilweise befriedigte, der Kauf der kostspieligeren Zweitausstattung im Ausland nicht in Frage kam, fiel die Entscheidung zugunsten deutscher Entwicklungen schon früh. Hierzu mußten jedoch die WEU-Rüstungsbeschränkungen gelockert werden. Zunächst begann eine Phase des Lizenzbaus.

6. → STRATEGIE. — Der Aufbau der Bw fiel in eine Phase strategischen Umdenkens. Die deutschen Streitkräfte waren 1951/52 als Teil einer konventionell ausgerüsteten Bündnisarmee unter dem Schirm strategischer A-Waffen der USA geplant. Das sich 1953/54 abzeichnende atomare Patt der Supermächte führte dann zur Entwicklung der nuklearen Zweitschlagkapazität und taktischer A-Waffen, deren Einsatz und Lagerung in Europa vom NATO-Rat 1954 im Dez. beschlossen wurde. Hierdurch sollte die chronische konventionelle Schwäche ausgeglichen werden. Die allmähliche Ausrüstung der NATO mit Trägermitteln für taktische A-Waffen zwang die Bw ab 1957/58 zu einer tiefgreifenden Umstellung auf eine konventionelle *und* atomare Kriegführung.

7. Spitzengliederung. — Die Übertragung der Befehls- und Kdo-Gewalt auf den VtdgMin (im Krieg auf den BKzl) ließ einen davon unabhängigen, nationalen Kdo-Bereich nicht mehr zu. Die höchsten Offiziere der Teilstreitkräfte erhielten keine volle Kdo-Gewalt mehr wie die früheren OBefh über ihre Wehrmachtteile. Als Leiter der Abt Streitkräfte, Heer, Lw, Marine (als Inspekteure erhielten sie erst später volle truppendienstliche Befugnisse mit Disziplinargewalt), waren sie — untereinander gleichrangig — voll in das Ministerium eingegliedert und den zivilen Abt-Leitern (Verwaltung, Haushalt usw.) gleichgestellt. Der sich aus dem Kollegialitätsprinzip ergebenden Gefahr auseinanderlaufender Teilstreitkraftinteressen wurde durch die im Juni 1957 erfolgte Schaffung einer weisungsbefugten militärischen Spitze in Gestalt des *Generalinspekteurs* (Vier-Sterne-General Heusinger) begegnet, dessen „Führungsstab Bundeswehr" (Fü B) für alle teilstreitkraftübergreifenden Aufgaben zuständig wurde (Gesamtstreitkräftelösung).

Literaturhinweise

Bauer, K., Deutsche Verteidigungspolitik 1948—1967. Dokumente und Kommentare (Eine Auswahl), Boppard 1968.
Militärgeschichtliches Forschungsamt (Hrsg.), Verteidigung im Bündnis. Planung, Aufbau und Bewährung der Bundeswehr 1950—1972, München 1975.
Rautenberg, H.-J. und *Wiggershaus*, N., Die „Himmeroder Denkschrift" vom Oktober 1950, Karlsruhe 1977 und in: Militärgeschichtliche Mitteilungen 21/1977.
Wettig, G., Entmilitarisierung und Wiederbewaffnung in Deutschland 1943—1955 (Schriften des Forschungsinstituts für Auswärtige Politik), München 1967.

Wilhelm Meier-Dörnberg

Politische Bildung in der Bundeswehr

→ *Ausbildung/Bildung, Befehl und Gehorsam, Bundeswehr und Schule, Feindbild, Innere Führung, Soldaten und Politik, Sozialisation, Werte/Normen.*

1. Vorbemerkung, verfassungsrechtlicher und rechtlicher Hintergrund. — „Politische Bildung" (p. B.) gab und gibt es — der Sache nach — in allen Armeen der modernen Welt. Politische Bildung

für eine Wehrpflichtarmee in einer offenen, demokratischen Gesellschaft ist in der deutschen → *Militärgeschichte* ohne Beispiel. P. B. in einer offenen Gesellschaft bedeutet: Orientierungshilfe für den mündigen, d. h. durch Grundrechte gegenüber staatlicher Macht geschützten (Art. 1–19 GG) Bürger, wie er zur Gestaltung des Gemeinwesens vor allem seine Gewissens-, Meinungs- und Informationsfreiheit (Art. 4 u. 5 GG) und seine Organisationsfreiheit (Art. 8, 9 u. 21 GG) einsetzen kann. P. B. ist in der demokratischen Gesellschaft das Gegenteil von Indoktrination und Propaganda.

Die Bundeswehr als Träger p. B. ist die größte Organisation im Weiterbildungsbereich. Von ihrem Auftrag her sind die Grundrechte der Soldaten eingeschränkt. Nach § 33 SG erhalten Soldaten staatsbürgerlichen und völkerrechtlichen Unterricht. P. B. in der Bundeswehr ist also der nahezu einzige (neben dem Zivildienst) und bedeutsame Bereich „schulpflichtiger" politischer Weiterbildung.

Die Gestaltung dieses Unterrichts unterliegt der Spannung zwischen Vorbereitung für den Auftrag (Kampfstärke) und der Emanzipation (auf Orientierung beruhender Selbstverwirklichung) in der freien Gesellschaft. P. B. ist also wesentlicher Teil der → *Inneren Führung*.

Der § 33 SG verbietet Indoktrination und Propaganda. Die Durchführung des „staatsbürgerlichen Unterrichts" ist weiterhin gebunden an die §§ 6–36 des Soldatengesetzes, die die Pflichten und Rechte des Soldaten regeln (insbesondere §§ 6, 7, 8, 10, 11, 12, 13, 15). Die Zentrale Dienstvorschrift 12/1 „Politische Bildung" führt auch diesen Zusammenhang aus. Die ZDv 12/1 ist im Zusammenhang mit der ZDv 10/1 „Hilfen für die Innere Führung", ZDv 14/1 „Grundgesetz, Soldatengesetz, Vorgesetztenverordnung" und der ZDv 3/1 „Methodik der Ausbildung" zu sehen. Gegen Verletzungen der Rechtsbindung des „staatsbürgerlichen und völkerrechtlichen Unterrichts" ist die Beschwerde beim → *Wehrbeauftragten* und nach der Wehrbeschwerdeordnung (WBO) gegeben. (Vgl. z. B. Beschlüsse des Bundesverwaltungsgerichts 1. Wehrdienstsenat I WB 115/70, I WB 23/71, I WB 112/74.)

2. HISTORISCHES. — Obwohl bei der Gründung der Bundeswehr der Begriff „Politische Bildung" nicht verwendet wurde — der Sachverhalt wurde unter der Bezeichnung „Geistige Rüstung" behandelt — spielt sie in dem vorwiegend von Graf Baudissin entwickelten Konzept der → *Inneren Führung* eine zentrale Rolle. Im Handbuch der Inneren Führung wird der Sachverhalt so umschrieben:

„Die Pflicht zur Verteidigung unserer freiheitlichen Staats- und

Rechtsordnung beginnt mit dieser geistigen Auseinandersetzung (mit dem Kommunismus). Dabei genügt nicht die Defensivhaltung eines Antibolschewismus. Der Soldat muß die verteidigungswürdigen Werte unserer Lebensordnung kennen und erlebt haben, um sie vertreten zu können. Dann ist er geistig gerüstet."

Es wird deutlich, daß diese Form p. B. den Bundeswehrauftrag (Kampfstärke) fördern soll, aber zugleich die Integration und Verwurzelung der Armee in die freiheitlich verfaßte, offene Gesellschaft. Die Konzepte der p. B. im Detail orientieren sich deshalb auch an den Empfehlungen des „Deutschen Ausschusses für das Erziehungs- und Bildungswesen" (vgl. insbesondere die Empfehlung „Zur politischen Bildung", 1955, „Zur Ostkunde", 1955 und „Aus Anlaß des Aufbaus der Bundeswehr", 1956, Gesamtveröffentlichung Stuttgart 1957).

Zwischen Koreakrieg und dem Bau der Berliner Mauer verstärken sich in den Konzepten und in der Praxis jene Akzente, die Antikommunismus als Bedingung der Kampfstärke betonen: geistige Rüstung wird zur „psychologischen Rüstung". Diese Akzentverschiebung kam einem traditionellen Bedürfnis vieler militärischer Führer nach eindeutiger Wertorientierung entgegen und war zugleich eine schleichende Verfälschung der Grundprinzipien der → *Inneren Führung*. Die mehr unausdrücklichen, aber sichtbaren Spannungen zwischen jenen Kräften, die den Reformansatz der → *Wehrpflicht*armee in einem freiheitlich verfaßten Gemeinwesen betonten gegenüber jenen, die die Kampfbereitschaft und -fähigkeit gegenüber dem Kommunismus in den Vordergrund stellten, haben wohl zur Regelung durch eine detaillierte Vorschrift beigetragen: Im Januar 1966 wird erstmals eine ZDv 12/1 „Geistige Rüstung" erlassen. In ihr heißt es: „Leitbild der Erziehung und Ausbildung ist der Staatsbürger in Uniform, der sittlich gefestigt und politisch überzeugt, für Recht und Freiheit eintritt und bereit ist, deren Gefährdung auch unter Einsatz seines Lebens abzuwehren. . . . Geistige Rüstung vermittelt die Erkenntnis, daß die Grundordnung unseres Lebens verteidigungswürdig ist. . . . Zeitgemäße Menschenführung und geistige Rüstung bestimmen die innere Verfassung und damit den Kampfwert ebenso wie Personalstärke, Bewaffnung, taktisches und technisches Können". Als Grundfragen eines 38-Stunden-Themen umfassenden Lehrplanes werden aufgeführt: 1. Was verteidigen wir? 2. Was bedroht uns? 3. Welche geistig-seelischen Belastungen werden wirksam? Bei der Vermittlung dieser Grundthemen wird „Information" als quasi-objektive Form, die sich von Indoktrination, Propaganda und Agitation abheben soll, betont (allgemeine, aktuelle und Kurz-Informationen mit festen Lektionen). Obwohl die Erzeugung von Haß gegenüber dem Kommunismus entschieden abgelehnt wird, wird doch die Betonung des Aspektes „Rüstung" (Kampfstärke) gegenüber dem Aspekt „Emanzipation" (Orientierung zur Selbstverwirklichung) evident.

Mit dem Ausbruch der Studentenunruhen wurden auch in der theoretischen Begründung der p. B. in der Bundesrepublik neue Ansätze sichtbar. Gegenüber einer harmonistisch-mechanischen Darstellung von Demokratie wurden Begriffe wie Interesse, Konflikt, Konfliktbewältigung in den Mittelpunkt gerückt. In dem Bemühen, die Kontinuität zu den erfolgreichen Ergebnissen der p. B. zu wahren und neue didaktische und methodische Ansätze zu fördern, hatte die „Kommission zur Beratung der Bundesregierung in Fragen politischer Bildung" Richtsätze entwickelt, die in die Antwort der Bundesregierung auf die Großen Anfragen der CDU/CSU, der SPD-Fraktion und der FDP-Fraktion eingingen und allgemeine Zustimmung fanden (November 1968). Diese neuen Überlegungen konnten nicht ohne Auswirkung auf den „Staatsbürgerlichen Unterricht" bleiben. Die Betonung von Information (Institutionenkunde) und der Lektionismus waren so unzeitgemäß, daß (natürlich in Konkordanz zum Politikverständnis der Gesellschaft) Neuregelungen überfällig wurden. Um erprobte Richtlinien erlassen zu können, entschied der Generalinspekteur de Maizière Ende 1971 mit „vorläufige(n) Richtlinien für den staatsbürgerlichen Unterricht" mit einer Gültigkeitsdauer von einem Jahr, die Erprobungsphase für eine neue ZDv 12/1 einzuleiten, die am 29. Januar 1973 herausgegeben wurde.

P. B. in der Bundeswehr war und ist also bei aller Bindung an den Kampfauftrag nie unabhängig gewesen von den vorherrschenden Ausprägungen des Verfassungsverständnisses (in seinen kontroversen Formen) und der wiederum davon abhängigen Theorienbildung in Didaktik und Methodik. Der „Beirat für Innere Führung" des Bundesministers der Verteidigung hat dabei immer eine wichtige Vermittlungsrolle gehabt.

3. Kontroverse Probleme der p.B. in der Bundeswehr. — Die geltende ZDv 12/1, die Ziel und Praxis p. B. in der Bundeswehr regeln soll, ist ein zeitbedingter Versuch, die fortwährende Zielkonkurrenz (nicht grundsätzlich unvereinbarer Ziele!) zwischen Entwicklung der Kampfkraft der Armee einerseits und orientierter Emanzipation der Soldaten (als Staatsbürger) andererseits zu regeln. Die Hauptprobleme, die unter dem allgemein anerkannten Indoktri-

nations- und Propagandaverbot für die Praxis wegen ihrer Kontroversität immer wieder gelöst werden müssen, sind

a) politische Bildung versus (geistige) Rüstung;
b) ideale demokratische Erziehung versus Demokratisierungsniveau der Gesellschaft;
c) partnerschaftliches Lernen versus Führungsverantwortung;
d) (kognitive) Informationsvermittlung versus Internalisierung demokratischer Lebensweisen.

a) Die ZDv 12/1 geht aus von den im Gemeinwesen in Konsensus befindlichen Richtzielen von p. B., aber spezialisiert sie für die besonderen Bedingungen in der Bundeswehr. Vor allem die methodischen Erfordernisse p. B., wie sie in der politischen und wissenschaftlichen Diskussion um die Weiterentwicklung der p. B. entfaltet worden sind, werden rezipiert und für den Betrieb der p. B. in der Bundeswehr angewendet. Der Akzent in der seit 1973 gültigen ZDv 12/1 liegt auf den Erfordernissen allgemeiner p. B.; jedoch wird in der Setzung thematischer Schwerpunkte sowohl wie in den unterstellten „Betroffenheiten" von Soldaten als Ausgangspunkt politischer Lernprozesse das Erfordernis der „geistigen Rüstung" hinreichend berücksichtigt (vgl. ZDv 12/1, 105 mit ihrem Verweis auf § 6 SG und 401).

Allerdings wird bei dieser Einschätzung von p. B. als essentiellem Teil der → *Inneren Führung* für die professionelle Qualität des Soldaten dem Vorgesetzten als Qualifikationsmerkmal auch zugemutet, das scheinbare Paradoxon Friedenssicherung ohne → *Feindbild* zu realisieren (vgl. ZDv 12/1, 303).

b) Bei dieser Betonung von allgemeinen Erfordenissen p. B. in einem freiheitlichen Gemeinwesen entsteht allerdings eine besondere Problemlage: der vorausgesetzte Soldat als „mündiger Bürger", der durch p. B. Hilfen zu seinem Rollenverständnis als Soldat und Staatsbürger und als politischer Mitgestalter erhalten soll, ist in der Realität der Bildungspraxis schwer auffindbar. Die soziale Wirklichkeit und das Bildungssystem der Bundesrepublik ermöglichen dieses Ideal immer nur in sehr unterschiedlichen, meist unzulänglichen Annäherungsformen. Es wurde deshalb immer wieder darauf hingewiesen, daß gerade im Wehrpflichtalter eine besondere Chance politischer Weiterbildung besteht, die aber auch, wenn sie optimal genutzt sein soll, nicht überschätzt werden darf (Der als Pädagoge naturgemäß unzulänglich trainierte Einheitsführer setzt leicht bei — in ihren Interessen, Kenntnissen und Fähigkeiten heterogenen — Wehrpflichtigen zuviel voraus). Andererseits haben die Bundesminister für Ver-

teidigung immer wieder an die Ministerpräsidenten, die Kultus-
minister und die gesellschaftlich relevanten Kräfte appelliert, ihre
Erziehungsaufgabe für den künftigen Staatsbürger in Uniform mit
mehr Nachdruck und Effekt vorzunehmen.

c) Gerade der durch den Pflichtenkatalog des Sodatengesetzes in
die hierarchische Ordnung von → *Befehl und Gehorsam* genommene
Soldat bedarf besonderer Hilfen, um in einem gemeinsamen politischen Lernprozeß mit seinen Vorgesetzten zu bestehen. Wenn deshalb partnerschaftliches Lernen in der ZDv 12/1 in besonderer Weise
gefordert wird (vgl. 106), so ist eine intensive Vorbereitung der militärischen Vorgesetzten auf diese Aufgabe erforderlich. Entsprechende gesellschafts- und erziehungswissenschaftliche Ausbildungs-
elemente auf allen Stufen der Unteroffiziers- und Offiziersausbildung
versuchen dem Rechnung zu tragen.

Die ZDv 12/1 gibt für die p. B. aller Soldaten, also der Mannschaften, der → *Unterführer*, der Einheitsführer und der Kommandeure,
auch Raum für den (überparteilichen und ausgewogenen) Einsatz von
zivilem Lehrpersonal und politischen Verantwortungsträgern. Der
Vorgesetzte (insbesondere der Einheitsführer) bleibt aber auch für
diesen Bereich militärischen Dienstes in der Verantwortung, in dem
der Befehl-Gehorsam-Strang je sachangemessen (teil-)aufgehoben ist,
und damit auch als „demokratisches Vorbild" in der Pflicht, d. h. es
wird ihm politisches Engagement abgefordert, ohne daß er dabei
gegen das Verbot der parteipolitischen Propaganda (§§ 15 u. 33,
Abs. 1, S. 2 u. 3 SG) und das Gebot der Kameradschaft (§ 12 SG)
und Wahrheit (§ 13 SG) verstoßen darf. Er wird diese Aufgabe umso
eher leisten können, je besser er kooperative Menschenführung in
allen Dienstbereichen (durch Ausbildung vorbereitet) praktiziert, —
wofür umgekehrt die Teilnahme an gemeinsamen politischen Lernprozessen eine Voraussetzung ist.

Nachdem schon der Generalinspekteur das Jahr 1976 zum Schwer-
punktjahr der p. B. erklärt hatte, hat der Bundesminister der Verteidigung anläßlich der Feier des 20jährigen Bestehens der Schule der
Inneren Führung (März 1977), bei der er auf die besondere Bedeutung p. B. gerade in wirtschaftlichen Schlechtwetterlagen hinwies,
herausgestellt, daß diese Befähigung des Vorgesetzten bei der dienstlichen Beurteilung berücksichtigt werden müsse.

d) In jüngster Zeit sind über die Wirksamkeit der p. B., wie sie durch
die Richtziele der ZDv 12/1 umrissen werden, sozialwissenschaft-
lich-empirische Untersuchungen angestellt worden (insbesondere die-
jenige, die auf Anregung des Beirats Innere Führung in der Abteilung

Personal des BMVg durchgeführt worden ist). Sie zeigen insbesondere (neben den unter b) geschilderten Tatbeständen), daß kognitive Lernziele (institutionenkundliche, werthafte Wissensvermittlung) signifikant mehr realisiert werden als solche in der Ebene demokratischen Verhaltens. Obwohl diese Diskrepanz für die p. B. in allen Bereichen unseres Gemeinwesens gelten dürfte, wird sie sicher durch das allgemeine „Betriebsklima" des militärischen Betriebs verstärkt. Geht man davon aus, daß p. B. in der Bundeswehr von den organisatorischen Bedingungen her eine besondere Chance für die politische Weiterbildung und damit für die politische Selbsterziehung eines demokratisch organisierten Volkes darstellt, dann werden unbeschadet des Primats des Verteidigungs- und Kampfauftrages der Bundeswehr hier besondere Anstrengungen ansetzen müssen. Die Geschichte der p. B. in der Bundeswehr belegt, daß überzogene Erwartungen auf diese wichtige Schulklasse politischer Weiterbildung eher Erfolge behindern. P. B. in der Bundeswehr kann nicht besser sein, als es das Niveau der allgemeinen demokratischen Orientierung zuläßt; aber sie kann, um ihres Auftrages willen, dieses Niveau mit heben helfen.

Die Bedeutung des Dienstbetriebes p. B. gegenüber den anderen → *Ausbildungs*zweigen und im Dienstbetrieb hinreichend durchzusetzen, wird vorwiegend davon abhängen, wieweit es gelingt, vorgefertigte Unterrichtsmaterialien so zu entwickeln, daß sie dem mit der Durchführung des staatsbürgerlichen Unterrichts Beauftragten flexible Reaktionen auf die politische Aktualität ermöglichen.

Seit 20 Jahren hat die Bundeswehr durch die ständige Verbesserung der „Schriftenreihe Innere Führung" (drei Reihen: „Ausbildung und Bildung", „Wehrrecht/Soldatische Ordnung", „Politische Bildung") und der „Information für die Truppe" (Hefte für politische Bildung und Innere Führung) die methodischen Erfordernisse p. B. in den Dienstbetrieb einzubringen versucht. Inzwischen sind diese Materialien auch durch audiovisuelle Hilfsmittel „Info — Die Filmschau der Bundeswehr" und „Info german — Für deutsche Soldaten im Ausland" ergänzt worden. Zudem sind „Materialien für den staatsbürgerlichen Unterricht" entwickelt worden, die als Unterrichtshilfe für den Einheitsführer neben Texten, Folien und Karten konkrete Vorschläge für den Ablauf des Unterrichts und Arbeitsmittel für die Teilnehmer (z. B. für die Gruppenarbeit) sowie Hinweise für die Auswertung und Nachbereitung des Unterrichts enthalten.

LITERATURHINWEISE

Der Betrieb der p. B. in der Bundeswehr ist − sowohl im Vergleich zur Schule als zur übrigen Weiterbildung − wenig behandelt worden. Über die Geschichte der p. B. in der Bundeswehr und die Effektivität des Betriebes bis Ende der 60er Jahre gibt umfassend Auskunft:

Balke, P., Politische Erziehung in der Bundeswehr − Anmaßung oder Chance, Boppard 1970.

Einzeldarstellungen für diesen Zeitraum:

Adorno, E., Politische Bildung in der Bundeswehr, in: Information für die Truppe, H. 12/1968.

Grosse, H., Soldat und politische Bildung, in: Aus Politik und Zeitgeschichte, Beilage zur Wochenzeitschrift Das Parlament, B 8/1968.

Über die Akzentverschiebung von geistiger Rüstung zu p. B. handeln (chronologisch geordnet):

Pöggeler, F., Politische Bildung in den Streitkräften. Praxis, Wirkung, Reform, in: Wehrkunde, H. 8/1969.

Ilsemann, C.-G. v., Probleme der politischen Bildung in der Bundeswehr, in: *Pöggeler*, F., *Wien*, O. (Hrsg.), Soldaten der Demokratie, Frankfurt/M 1973.

Jacobsen, H.-A., Ziele und Möglichkeiten der politischen Erziehung der Bundeswehr, in: *Stein*, E. (Hrsg.), Bildung und Erziehung, Gesinnung und Glaube, Frankfurt/M. 1973.

Jacobsen, H.-A., *Bredow*, W. v., Politikwissenschaftliche Aspekte der politischen Bildung in der Bundeswehr, in: *Pöggeler*, F., *Wien*, O. (Hrsg.), Soldaten der Demokratie, Frankfurt/M. 1973.

Bastian, H.-D., Kritische Fragen zur politischen Bildung der Streitkräfte, in: Information für die Truppe, H. 7/1974.

Bastian, H.-D., Wieviel politische Bildung braucht die Bundeswehr?, in: Information für die Truppe, H. 4/1976.

Von den empirischen Untersuchungen über p. B. in der Bundeswehr sind vor allem zu nennen.

Lippert, E., *Schneider*, P., *Zoll*, R., Sozalisation in der Bundeswehr, Schriftenreihe Innere Führung, Reihe Ausbildung und Bildung, H. 25/1976.

Zimmermann, R., Politische Bildung in der Bundeswehr: Konstruktion und Anwendung eines Evaluationsmodells in der Erwachsenenbildung, Diss., Aachen 1976.

Kaiser, A., *Schatz-Bergfeld*, M., Politische Bildung in der Bundeswehr, in: Wehrpsychologische Untersuchungen, H. 2/1977.

FRANKLIN SCHULTHEISS

Rekrutierung

→ *Ausbildung/Bildung, Beruf „Soldat", Innere Führung, Militärische Elite, Militärsoziologie, Militarismus, Personalstruktur, Soldat und Technik, Unteroffiziere, Wehrpflicht.*

Die Rekrutierung des Militärs, insbesondere seiner höheren Führungsgruppen, stellt seit Jahrhunderten ein bedeutsames Mittel der politisch-militärischen Leitung zur Auswahl und inneren Bestimmung dieses Machtfaktors dar; sie nimmt einen herausgehobenen Stellenwert ein, da damit auch Fragen der Haltung zu Staat und Gesellschaft, der Einsatzfähigkeit und -bereitschaft, der Ideologie und Ausrichtung sowie der Tradition und des Selbstverständnisses angeschnitten sind.

1. DAS OFFIZIERKORPS. — Die Rekrutierung des Offizierkorps hat seit der Entfaltung der modernen, industriellen Gesellschaft eine sozialgeschichtlich bedeutsame, langfristige Wandlung durchgemacht. Dabei tritt die Rolle des Adels hervor. Er hatte in Übereinstimmung mit den Zielen des aufgeklärten absolutistischen Fürstentums die militärischen Führungsstellen als Privileg zugewiesen erhalten, um die politischen Funktionen, Loyalität und Bindung der Armee an den Monarchen, zu garantieren. Der Umschwung kam endgültig mit den Befreiungskriegen nach der Wende zum 19. Jahrhundert. Die nationale Notsituation wurde zum sozialen Einbruch. Innerhalb weniger Jahre stieg der Bürgeranteil auf über ein Drittel, um in der Phase der Restauration wieder stark abzusinken. Adliger Geburtsanspruch konkurrierte mit bildungsbedingtem, bürgerlichen Karriereanspruch. Im Jahre 1860 nahm der Adel am preußischen Offizierkorps immerhin noch 65 Prozent ein. Es dauerte noch fünf Jahrzehnte bis zur Zeit vor dem Ersten Weltkrieg, um diese Aufteilung umzukehren: 30 Prozent Anteil des Adels und 70 Prozent an Bürgerlichen.

Zum Ende der zwanziger Jahre machten sich die konservativen Einflüsse der mit dem Namen Seeckt verbundenen Politik bemerkbar, die die Verhältnisse Adel/Bürger von 20,5 (1926) auf 31,5 Prozent Adelsanteil beim Offiziersnachwuchs im Jahre 1931 zum Vorteil des Adels umgewichteten. Ergänzend hatte sich die Regel durchgesetzt, daß der Adelsanteil zu allen Zeiten mit der Höhe des Rangs zunahm. In der Entwicklung betrug der Adelsanteil an der Generalität 52 Prozent (1932) bei der Reichswehr, 19 Prozent vor dem Ende des Zweiten Weltkriegs, für die Bundeswehr etwa 16 Prozent in der Zeit von 1955—62 und ganze 7 Prozent im Jahre 1972; bei der Nationalen Volksarmee gab es kurz nach der Gründung nur einen einzigen adligen General.

Die langfristige Entwicklung der Anteile des Adels und des Bürgertums am Offizierkorps verkörpert Rück- und Niedergang des Adels als gesellschaftlich wie politisch privilegierte militärische Führungsgruppe. Die Rekrutierung des Offizierkorps aus dem Adel gilt bis über das Ende der Weimarer Republik hinaus als ein das Bild und Wesen des Militärs bestimmendes Kennzeichen.

Das wesentliche Mittel, den Adelseinfluß zurückzudrängen, bildeten die überwiegend vom Bürgertum getragenen schulischen Leistungsnachweise, Abitur oder Primareife. Offiziersersatz oder -rekrutierung wurde über die Festlegung der Eingangsanforderungen geregelt. Insofern erwiesen sich Bildungsqualifikationen als Hebel der politischmilitärischen Führungsentscheidungen, soziale Auslese zu treffen und die Kanäle der Rekrutierung festzulegen. Das Kriterium der Bildung war zunächst der Besuch eines Gymnasiums, dem die reformierte Kadettenanstalt gleichgestellt wurde. Auffällig ist die Festlegung in Preußen und später im Deutschen Reich, z. B. in den sechziger Jahren des 19. Jahrhunderts, das Abiturzeugnis auf dem Verordnungswege durch die sogenannte Primareife zu ersetzen und diese erforderlichenfalls noch auf dem berühmten Gnadenwege zu erlassen. Nach 1890 kam nahezu ein Fünftel der Offiziersanwärter um diesen Bildungsnachweis herum; 1905 hatten erst 65 Prozent der Kriegsschüler den Abschluß eines Gymnasiums oder einer Kadettenanstalt vorzuweisen. Demgegenüber rekrutierte sich der bayerische Offiziersnachwuchs seit den achtziger Jahren des 19. Jahrhunderts nahezu vollständig aus Abiturienten.

Solche Bildungsqualifikationen haben nach dem Zweiten Weltkrieg das Offizierkorps der Bundeswehr besonders ausgezeichnet. Als Indikator für soziale Herkunft fällt der hohe Bildungsstand auf. War unter der Gruppe der Generale bis 1962 nur einer, der das Abitur nicht nachweisen konnte, wird zur Unterscheidung künftig — wie an den Zahlen im Jahre 1972 erkennbar — als eigentliches Kriterium der Hochschulbesuch hervortreten: ein Viertel der militärischen Führungsgruppe hatte ein volles akademisches Studium absolviert. Das Offizierkorps der Bundeswehr kennzeichnet sich so als typisch bürgerliche Elite.

Die Nationale Volksarmee akzentuiert ihre Rekrutierung bewußt nach einem anderen Muster. Die Radikalität der Zielsetzung für die Zusammensetzung des Offizierkorps verdeutlicht den hohen Anteil an Arbeitersöhnen, der bis zu Beginn der sechziger Jahre konstant bei über 80 Prozent lag (bei noch unter 10 Prozent bei der Bundeswehr zu Beginn der sechziger Jahre). Im Zusammenhang mit dieser extrem hohen Rate sozialer Einseitigkeit steht wohl das relativ geringe formale Bildungsniveau. Zur Zeit der Wiederaufrüstung hatten 87 Prozent der Offiziere nur den Abschluß der Hauptschule vorzuweisen; die Zahl der Hochschulabsolventen in der Gruppe der höchsten Offiziere stieg 1956 bis 1969 von 2 auf 14 Prozent.

Beruf des Vaters von Offizieren der Bundeswehr, 1971—74
Angaben in Prozent (nach: Lippert/Zabel 1977)

Beruf des Vaters	Hauptleute/ Kapitänleutnante 1974	Leutnante (Heer) 1973	Studenten der Hochschulen der Bundeswehr 1974
Soldaten	*18,7*	*9,0*	*6,9*
Beamte insges.	44,7	29,4	28,2
Angestellte	26,3	34,4	38,7
Selbständige Freie Berufe	14,6	12,6	13,4
Landwirte	3,1	3,4	4,0
Arbeiter	11,8	19,9	15,7

Das Rekrutierungsmuster der Offiziere der Bundeswehr in den 70er Jahren läßt eine Abnahme der Selbstrekrutierungsquote erkennen. Als Haupttendenz deutet sich eine Abnahme vor allem in der Kategorie der Beamtensöhne an, denen gegenüber insbesondere die Angestellten ihren Anteil vergrößern konnten. Sie sind, gewissermaßen als Elite der modernen Zeit, auch beim Offiziersnachwuchs der Bundeswehr verstärkt vertreten.

2. DAS UNTEROFFIZIERKORPS. — Die Bedeutung der → *Unteroffiziere* für → *Ausbildung* und Funktionsfähigkeit der Armee wuchs mit dem Eindringen der → *Technik* und den Änderungen der Taktik insbesondere in den Jahrzehnten vor dem Ersten Weltkrieg. Auflösung der Gefechtsordnung, Einsatz der Schnellfeuerwaffen, Motorisierung und Technisierung erforderten, die alte Rolle der Drill- und Exerziermeister zu verändern bzw. aufzugeben.
Im Kaiserreich kamen die Unteroffiziere überwiegend aus kleinbäuerlichen und kleinbürgerlichen Schichten. Sie hatten Volksschulbildung. Gegenüber den Mannschaften bestand hinsichtlich des Bildungsniveaus ein fließender Übergang, während gegenüber dem Offizierkorps eine radikal aufrechterhaltene Grenze bestehen blieb. Im Frieden gab es allein in wenigen technischen Bereichen eine Aufstiegschance. In Anlehnung an das Vorbild des Offiziers gewährte die militärische Stellung relativ große gesellschaftliche Anerkennung; der Unteroffizier des Kaiserreiches steht häufig für den Geist der Subalternität.

In der Weimarer Republik veränderte sich die Beziehung zwischen Offizieren und Unteroffizieren, da jeder Offizieranwärter die ersten 15 Monate seines Dienstes unter Mannschaften verbrachte. Die positiven Folgen wurden allerdings aufgrund der ausgeprägt konservativen Beachtung von Korps- und vermeintlichen Standesgrenzen weitgehend zunichte gemacht. Die eigentliche Rekrutierung oblag den zuständigen Offizieren, die zunehmend ideologisch geprägte Kriterien wie sittliche Eignung und staatstreue Einstellung zum Maßstab der Auswahl machten. Das Unteroffizierkorps war in seiner Mehrheit antirepublikanisch und wenig demokratisch eingestellt. Bewerber aus ländlichen Gebieten waren weit überrepräsentiert.

Die Zeit des Nationalsozialismus brachte erstmals eine soziale Revolutionierung, die durch die Heeresvermehrungen bedingt war. Allein 1.500 Unteroffiziere gelangten bis 1939 in Offiziersstellen. Damit ergab sich eine soziale Durchlässigkeit zwischen den beiden ehemals getrennten Korps. Verstärkte Nachwuchsrekrutierung führte in Verbindung mit reduzierten Ausbildungskonzepten zu einer Beeinträchtigung der früher so gerühmten fachlichen Qualitätsstandards.

In der Bundeswehr gewinnt die handwerkliche oder technische Qualifizierung der Unteroffiziere neben der Führungs- und Ausbildungsleistung immer größere Bedeutung. Entsprechend sind höhere Bildungsnachweise häufiger. Da der Prozeß der taktisch erforderlichen Handlungs- und Verantwortungsfähigkeit und Selbständigkeit der den Unteroffizieren anvertrauten Mannschaftsgruppen weiter zunimmt, und längst nicht abgeschlossen ist, kommt der Rekrutierung und Ausbildung gerade der Unteroffiziere höchste Priorität zu.

LITERATURHINWEISE

Bald, D., Sozialgeschichte der Rekrutierung des deutschen Offizierkorps von der Reichsgründung bis zur Gegenwart, in: Sozialwissenschaftliches Institut der Bundeswehr, Berichte, H. 3, München 1977.

Baur, W., Deutsche Generale. Die militärischen Führungsgruppen in der Bundesrepublik Deutschland und in der sowjetischen Besatzungszone, in: *Zapf*, W. (Hrsg.), Beiträge zur Analyse der deutschen Oberschicht, München 1965.

Demeter, K., Das deutsche Offizierkorps in Gesellschaft und Staat, 1650–1945, Frankfurt/M. 1962.

Heuer, G., Soziodemographische Strukturanalyse der Bundeswehrgeneralität, in: Wehrkunde, H. 11/1974.

Lippert, E. und *Zabel*, R., Bildungsreform und Offizierskorps, in: Sozialwissenschaftliches Institut der Bundeswehr, Berichte, H. 3, München 1977.

Preradovich, N. V., Die Führungsschichten in Österreich und Preußen (1804–1918). Mit einem Ausblick bis zum Jahre 1945, Wiesbaden 1955.

DETLEF BALD

Reservisten

→ *Auftrag und Struktur der Bundeswehr, Personalstruktur, Wehrpflicht, Wehrstruktur.*

1. BEDEUTUNG DER RESERVISTEN.— Kein Staat kann es sich leisten, im Frieden eine Armee zu unterhalten, deren zahlenmäßige Größe dem notwendigen Verteidigungsumfang entspricht. Solange das → *Kriegsbild* den Einsatz konventioneller Streitkräfte vorsieht, ist es notwendig, den Friedensumfang der Streitkräfte im Mobilmachungsfall durch Reservisten aufzustocken. Als die von den USA entwickelte → *NATO-Strategie* der „Massiven Vergeltung" noch gültig war, hatten Mob-Verbände und damit Reservisten in den westlichen Armeen keine wesentliche Aufgabe, weil bei einem sofortigen Einsatz von nuklearen Waffen im Falle einer feindlichen Aggression Soldaten der Reserve, die erst mobilisiert werden müssen, für einen Verteidiger relativ nutzlos gewesen wären. Spätestens aber der Einmarsch der Sowjetunion und ihrer Verbündeten in die Tschechoslowakei (1968) führte zu Überlegungen, wie die Atomschwelle gesenkt werden könnte. Es wurde die jetzige Strategie der „Flexiblen Reaktion" entwickelt, die den konventionellen Streitkräften eine größere Bedeutung beimißt. Damit wuchs auch wieder die Notwendigkeit, Reservisten in die Konzeption einzubeziehen.

2. WER IST RESERVIST? — Seit 1959 „produziert" die Bundeswehr Reservisten; über zweieinhalb Millionen sind es bisher. Gemäß → *Wehrpflicht*gesetz gehören Wehrpflichtige, die in der Bundeswehr gedient haben, zur Reserve. Zur Reserve I gehören Wehrpflichtige, die mindestens 9 Monate Grundwehrdienst geleistet haben, zur Reserve II Wehrpflichtige mit Dienstzeiten von weniger als 9 Monaten, zur Reserve III gehören Wehrpflichtige, die in der Bundeswehr gedient haben, mit Ablauf des Jahres, in dem sie das 35. Lebensjahr vollenden. Ungediente Wehrpflichtige gehören zur Ersatzreserve.

3. VERWENDUNG DER RESERVISTEN.— Nach dem Ausscheiden aus dem aktiven Wehrdienst wird über die Verwendung der Reservisten entschieden. Dabei werden die während des Wehrdienstes erworbenen Fähigkeiten, aber auch die zivilberuflichen Kenntnisse berücksichtigt. Ein Teil der Reservisten wird auf Mob-Stellen eingeplant, die im Frieden wegen der Begrenzung des Umfanges der Bundeswehr auf ca. 500.000 aktive Soldaten nicht besetzt werden können. Bei

Mobilmachung treten ca. 700.000 Reservisten, die zur Alarmreserve
gehören, zu den aktiven Soldaten hinzu. Zusammen bilden sie den
Verteidigungsumfang von rund 1,2 Millionen Mann. Die nicht in der
Alarmreserve verwendbaren Reservisten werden in die Personalreserve beordert. Sie werden zusätzlich zum Verteidungsumfang verfügbar gehalten. Jeder Mob-Reservist erhält einen roten Einberufungsbescheid, der ihn über seine Verwendung im Mobilmachungsfall
informiert. Sobald dieser verkündet wird, hat sich der Reservist zu
seinem Gestellungsort zu begeben. Dort wird er in seinen Mobil-
machungstruppenteil eingegliedert. Die meisten Alarmreservisten
werden in Geräteeinheiten eingesetzt. Diese Einheiten unterhalten
im Frieden praktisch nur Materiallager mit geringem Personalbestand. Das teils zivile, teils militärische Personal hat im Frieden
Aufgaben der Verwaltung, der Wartung und Instandsetzung wahrzunehmen. Die Geräteeinheiten, die sich vorwiegend in der Heimatschutztruppe des Territorialheeres befinden, sind auf einen reibungslosen Ablauf der Mobilmachung besonders angewiesen. Deshalb legt
die Bundeswehr Wert auf eine möglichst standortnahe Bereitstellung
der personellen Mob-Ergänzung. Dagegen sind die Einsatztruppen-
teile aller Teilstreitkräfte auch im Frieden präsent. Durch die Einberufung von 30.000 Angehörigen der Verfügungsbereitschaft, die bis
ein Jahr nach ihrem Ausscheiden aus dem aktiven Dienst jederzeit zu
ihren Einheiten zurückgerufen werden können, sind sie sehr schnell
einsatzfähig.

4. AUSBILDUNG DER RESERVISTEN. — Die militärische Inübunghal-
tung der Reservisten ist eine unabdingbare Forderung der Bundes-
wehr-Einheiten, die zur Herstellung ihrer Einsatzbereitschaft auf
Reservisten angewiesen sind. Das Wehrpflichtgesetz sieht daher für
die Aus- und Weiterbildung der Reservisten in ihrer Mob-Funktion
Wehrübungen vor, die als Einzelwehrübung, Mob-Übung oder Mob-
Alarmübung abgeleistet werden können. Die Einzelwehrübung kann
Pflicht- oder freiwillige Übung sein, bei der der Reservist eine sogenannte Vordermann-Ausbildung erhält. Das heißt: er wird in den
allgemeinen Dienst seiner aktiven Kameraden eingegliedert. Die
Mob-Übung — vorwiegend in Geräteeinheiten — dient der Übung des
Zusammenspiels der einzelnen Funktionen im Verband. Die Mob-
Alarmübung, bei der alle Reservisten eines Verbandes überraschend
einberufen werden, soll überprüfen, ob die Mobilmachungsvorberei-
tungen funktionieren. Die Häufigkeit der Wehrübungen hängt u. a.
von der Art und dem Einsatzauftrag des Mob-Truppenteils ab. Reser-

visten der Heimatschutztruppe werden kontinuierlich zu vier aufeinander aufbauenden Ausbildungsabschnitten einberufen. Auf insgesamt 5.000 Wehrübungsplätzen erhalten pro Jahr rund 115.000 Reservisten eine → *Ausbildung* in Wehrübungen. Es wäre wünschenswert, wenn diese Anzahl noch erhöht werden könnte. Dem stehen aber Haushaltsgründe entgegen, denn einberufene Reservisten sind teurer als Soldaten im Grundwehrdienst. Deswegen sind Wehrübungen fast ausschließlich den Alarm-Reservisten vorbehalten. Damit aber auch die Angehörigen der Personalreserve nicht abseits stehen, haben sie die Möglichkeit, sich in „dienstlichen Veranstaltungen" militärisch fit zu halten. Die Teilnahme ist freiwillig; wenn diese Reservisten sich aber zur Teilnahme entschlossen haben, werden sie „zugezogen". Sie sind während der dienstlichen Veranstaltungen Soldaten mit allen Rechten und Pflichten.

5. DER VERBAND DER RESERVISTEN DER DEUTSCHEN BUNDESWEHR E.V. (VdRBw). — Der Verband wurde 1960 in Bonn gegründet und hat mittlerweile über 65.000 Mitglieder aller Teilstreitkräfte und Dienstgradgruppen. Das ursprüngliche Ziel des Verbandes, für die Verteidigungsbereitschaft zu werben, Kontakte der Reservisten untereinander und zur Bundeswehr zu pflegen und die Reservisten gegenüber Öffentlichkeit, Parlament und Regierung zu vertreten, wurde durch die „Reservistenkonzeption 1971" erweitert. Damit gab der Verteidigungsminister mit Zustimmung des Parlaments dem Verband den Auftrag, die „Allgemeine Reservistenarbeit" für die Bundeswehr zu übernehmen. Das heißt: Der Verband spricht Reservisten aller Dienstgrade an und fördert die freiwilligen und leistungsbereiten unter ihnen durch Veranstaltungen; er betreibt verteidigungspolitische → *Öffentlichkeitsarbeit*; er vermittelt Kontakte zur aktiven Truppe, damit Reservisten sich auch in dienstlichen Veranstaltungen militärisch in Übung halten können. Der Verband erhält dafür Zuwendungen aus dem Etat des Verteidigungsministers. Dabei bleibt er jedoch als ziviler, nach dem Vereinsrecht organisierter Verband, unabhängig. Er versteht sich als Partner der Bundeswehr, der sich konstruktiv an der verteidigungspolitischen Diskussion beteiligt.

Das zahlenmäßige Verhältnis der Dienstgradgruppen — Reserveoffiziere, Reserveunteroffiziere und Reservemannschaften — zueinander, entspricht etwa dem der aktiven Bundeswehr. 90 % der Mitglieder sind zwischen 20 und 40 Jahre alt. Diese — im Gegensatz zu Traditionsverbänden — günstige Altersstruktur ist eine wichtige Voraussetzung für die Arbeit des Verbandes. Die berufliche Aufgliederung zeigt als stärksten Block die Arbeiter, Facharbeiter und Meister. Überdurchschnittlich hoch — im Verhältnis zu ihrem Prozentanteil an der Gesellschaft — ist auch die Zahl der Studenten. Andere Berufe sind prozentual wie in der Gesamtbevölkerung vertreten.

Der VdRBw gliedert sich in 10 Landesgruppen, die in 6 Bereichen gleich den Wehrbereichen der Bundeswehr zusammenarbeiten, 29 Bezirks- und 95 Kreisgruppen, sowie über 1.300 Reservistenkameradschaften.

Als einziger seiner Art im westlichen Bündnis hat der VdRBw alle Dienstgrade der Reserve als Mitglieder. Mit den → *Unteroffizieren* ist er in der Europäischen Reserveunteroffiziervereinigung (AESOR) und mit den Offizieren in der Interalliierten Reserveoffiziersvereinigung (CIOR) vertreten und arbeitet dort aktiv mit.

6. SCHLUSS. — Vor Jahren prägte der Reservistenverband den Slogan: ,,Es geht nicht ohne Reservisten!". Dieser Satz ist in der Diskussion um verteidigungspolitische Fragen inzwischen unumstritten. Eine Erweiterung der Aufgaben für die Reservisten, die nicht mobverplant sind, ist denkbar. Darüber werden Parlament, Regierung und Bundeswehrführung beraten und beschließen.

RUDOLF WOLLER

Rüstung

→ *Abrüstung, Abrüstungskonferenzen, Friedensforschung, Infrastruktur, Kooperative Rüstungssteuerung, Krieg, Militärhilfe, Militärisch-Industrieller Komplex, Militär und Ökonomie, Sicherheitspolitik, Soldat und Technik, Verteidigungspolitik, Wehrtechnik.*

1. BEGRIFFE UND ABGRENZUNGEN. — Rüstung i.w.S. umfaßt — über den Einzelplan 14 des Bundeshaushaltes (BMVg) hinausgreifend — in makroökonomischer Sicht den militärisch relevanten Sektor einer Wirtschaft, einschließlich der Außensalden im Handels-, Dienstleistungs- und Kapitalverkehr militärbezogener Transfers, auch wenn diese in der amtlichen Statistik nicht erfaßt oder ausgewiesen werden. Rüstung i. e. S. meint die Entwicklung, Erprobung, Produktion und Erhaltung von Gütern und Diensten für militärische Zwecke, besonders Waffen und Gerät. Sie ist wesentlicher Teil des militärischen

Sektors. Der „militärische Sektor" ist deshalb aber nicht notwendig größer als der jährliche Betrag staatlicher Verteidigungsausgaben, er ist jedoch anders strukturiert. Er umschließt neben den Teilstreitkräften, ihrer Bewaffnung und der laufenden Ergänzung mit leichtem und schwerem Gerät auch paramilitärische Verbände (Miliz, bewaffnete Betriebskampfgruppen, Guerillaeinheiten vor allem in Entwicklungsländern, unaufgefüllte Verbände der → *militärischen Landesverteidigung* und − weitgefaßt − auch bewaffnete Polizei und Grenzschutzverbände). Er umgreift aber auch die weiterreichenden Wirkungen einmaliger oder regelmäßiger Ausgaben für Rüstung i. w. S. auf die gesamtwirtschaftlichen Kreislauf- und Wachstumsgrößen Volkseinkommen (Y), Sparen (S), Verbrauch (C), Investition (I), Liquidität (L) und Außensalden (Z), letztere in Form von Rüstungsex- und importen, Lizenzen, außernationalen Ausbildungskosten, Stationierungskosten und (vorgezogene) Waffenkäufe aus Devisenausgleichsabkommen. Der „military sector" wird durch eine Input-Output-Matrix zu erfassen versucht, als Verwendungsrechnung wirtschaftlicher Ressourcen für militärische Zwecke. Bis 1973/74 wurden in den → *Weißbüchern* der Bundesregierung neben den Betriebsausgaben für Personal und Materialerhaltung verteidigungsinvestive Ausgaben ausgewiesen, abweichend von der Haushaltsstatistik gegliedert. Allein infolge des dauerhaften Anstiegs der Personal- und Personalnebenkosten haben sich seit Jahren die Ausgaben für „Rüstung" i. e. S. der Grenze von 30 % der verteidigungsinvestiven Ausgaben genähert. Dabei muß beachtet werden, daß der Verteidigungshaushalt (E.-Plan 14) keine Militärpensionen (E.-Plan 33), keine Stationierungskosten (E.-Plan 35), keine Verteidigungshilfe und → *NATO*-Zivilausgaben (E.-Plan 05) und keine Berlin-Hilfe enthält. Rüstung bildet − ursprünglich als Gesamtausrüstung des kämpfenden Kriegers verstanden − insofern einen eigenen Bereich, als er nicht nur organisatorisch-bürokratisch institutionalisiert ist (Beschaffungswesen), sondern durch politische Entscheidungen über Beschaffung und (technisch verbesserte) Ergänzung von Waffen- und Kampfsystemen Abhängigkeiten zwischen Regierung, Beschaffungsorganen und Industrie herausbildet → (*Militärisch-industrieller Komplex*) und zugleich besondere Marktstrukturen schafft. Einer fast monopolistischen Nachfrage durch den Staat (Artikel 26 des Grundgesetzes unterwirft Herstellung und Vertrieb von Kriegswaffen der Genehmigung durch die Bundesregierung) steht − durch Ausschreibungen nur durch eine Marktseite gefördert − ein teiloligopolistisches Angebot mit sekundären Zulieferern gegenüber. Privater Waffenhandel und Angebot an leichten (Handfeuer-)Waffen spielen demgegenüber zur Selbstverteidigung des Bürgers oder im Forst- und Jagdwesen nur eine untergeordnete Rolle. An der Ausweitung des privatwirtschaftlichen Waffenhandels hat die Bundesrepublik seit 1955 kaum teilgenommen. Abgrenzungen der Rüstung ergeben sich mithin einmal gegenüber dem „Feldzeug" und mit Blick auf die Folgen von Rüstungsausgaben auf Konjunktur, Wachstum und Struktur einer Wirtschaft (Multiplikator- und Akzeleratoreffekte).

2. BEMERKUNGEN ZUR RÜSTUNGSGESCHICHTE. — Anders als in Jahren nationaler Hochrüstung vor 1914 und zwischen 1933 und 1944 hat die Bundesrepublik seit 1955 nur begrenzt gerüstet. Sie ist durch die Pariser Verträge (1954) und den Atomwaffensperrvertrag (1970/73) gebunden. Zunächst nahm auch die durch Verbote (Kontrollratsgesetz 43 vom 20.12.1946), Demontagen und Kriegszerstörungen getroffene Industrie eine abwartende Haltung ein. Eine früheren Jahrzehnten vergleichbare Industrie mit Voll- und Tiefenrüstung (Produktion aller Waffen in einer ausschließlich der Rüstung dienenden Industrie) hat sich nicht wieder entwickelt. Doch hat z. B. die zunehmende Bedeutung der Elektronik den Kreis der Zulieferer für die Montage kapitalintensiv erzeugter Waffen erweitert. Ca. 80 % der Zahlungen des Amtes für Wehrtechnik und Beschaffung (Koblenz) flossen 1974 an 4 Industriezweige: Luftfahrzeugbau, elektronische Industrie, Maschinenbau und Straßenfahrzeugbau. Im Vergleich mit anderen NATO-Staaten gibt es in der Bundesrepublik weder eine Entwicklung, Erprobung oder Erzeugung von schweren Kampfschiffen, atomgetriebenen U-Booten, Fernkampfbombern, ABC-Waffen, Interkontinentalraketen usw. . Als teilrüstendes Land zählt die Bundesrepublik gemessen am Anteil ihrer Verteidigungsausgaben am Bruttosozialprodukt oder je Kopf der Bevölkerung zwar zur Weltspitzengruppe, jedoch nicht zu den Hauptrüstungsländern. Im Durchschnitt 1955 − 76 belief sich der Anteil der Verteidigungsausgaben am Bruttosozialprodukt auf 3,6 % (NATO-Durchschnitt: 4,7 %, USA: 6 %). Nach NATO-Kriterien gab die Bundesrepublik 1974 ca. 680,− DM je Kopf für Verteidigungszwecke aus, davon ca. 125,− DM für militärische Beschaffungen. Entsprechend entwickelten sich die Ausgaben für Forschung und Entwicklung in Grenzen: 1970: 1,41 Mrd. DM, 1976: 1,48 Mrd. DM, einschließlich Zuschüsse an 4 Forschungsinstitute.

3. RÜSTUNG IN DER BUNDESREPUBLIK. — Die Ausstattung der Bw mit Waffen und Gerät verlief in mehreren Phasen, die zugleich die Herausbildung neuer Organisationsformen der mit Rüstung betrauten Industrien förderten. Die vor allem im Münchener und Bremer Raum gelegene Luftfahrzeugbauindustrie ist bis zu 80 % von militärischen und nicht-militärischen Staatsaufträgen abhängig. Auch weil das Kriegswaffenkontrollgesetz von 1961 Rüstungsexporte in Spannungsräume verbietet, blieben Rüstungsausfuhren gering. In der letzten Zeit berichten die Medien allerdings von verstärkten Bemühungen, die Produktions- bzw. Ausfuhrbeschränkungen zu lockern. — In der ersten Phase der Neuaufrüstung standen amerikanische Lieferungen und Waffenausbildung in den USA im Vordergrund (1100 Panzer M-47, 450 Flugzeuge F-84-F sowie Minenräumboote durch Nash-Hilfe). Ab 1960 (2. Phase) stiegen die Zahlungen an das Ausland für Rüstungsaufkäufe und Truppenstationierung nochmals an, während in einer 3. Phase (ab 1967), auch im Zuge der Ablösung der „ersten Generation,‟ die deutsche Rüstungsproduktion sich erkennbar steigerte. Mitte der 70er Jahre kündigt sich durch Neu- und Umrüstung (MRCA, Alpha-Jet, PAH-1, AWACS, Leopard II) und weitere Ersatzzyklen (8 Tausend Lkws) eine vierte Phase an. Von den ca. 386 Mrd. DM, die die Bw etatmäßig 1957—1976 „kostete‟, wurden ca. 20 % für Waffen und Gerät (ohne Munition, Wartung und Betriebsstoffe) ausgegeben. Schätzungen der von den Militäraufträgen voll abhängig Beschäftigten liegen bei 220 Tausend Erwerbstätigen (1969); die Zahl der teilweise Abhängigen ist größer, maximal sind jedoch — einschließlich der Bw und ihrer 176 Tsd. Zivilbediensteten — nicht mehr als 4,5 % aller Erwerbstätigen im militärischen Sektor tätig.

4. INTERNATIONALE ZUSAMMENHÄNGE. — Internationale Rüstungskooperation — erklärtes Ziel der NATO-Militärpolitik — vollzieht sich auf zwei Ebenen: über die politische Entscheidung für neue, verbesserte Waffensysteme und auf der Ebene internationaler Rüstungsfertigung in arbeitsteiliger Entwicklung, Erprobung und Produktion mit Schlußmontage der international in „Lose‟ aufgeteilten Fertigungsaufträge. Institutionell koordinieren die Rüstungszusammenarbeit vor allem die NATO-Rüstungsdirektorenkonferenz CNAD, die EUROGROUP und die EPG (Europäische Programmgruppe). Ihr Ziel ist vornehmlich Rationalisierung und Typenstandardisierung, weniger ein konjunktur- oder strukturpolitischer Einsatz von Verteidigungsausgaben im Rahmen einer europäischen Wirtschaftspolitik.

*Prozentualer Anteil der Ausgaben für schweres Gerät an den Gesamt-
verteidigungsausgaben*

Land	Durchschnitt 1965–1970	Haushaltsjahr			
		1973 bzw. 1973/74	1974 bzw. 1974/75	1975 bzw. 1975/76	1976 bzw. 1976/77 vorläufig
Belgien	11,0	8,4	8,8	9,1	9,9
Kanada	11,6	7,3	5,9	6,3	7,9
Dänemark	13,6	17,2	19,3	19,0	–
Bundesrepublik Deutschland	16,1	12,1	11,9	11,8	13,0
Italien	13,0	13,2	15,2	13,9	14,0
Luxemburg	2,6	1,3	2,4	1,0	3,0
Niederlande	14,5	11,2	13,2	15,6	14,9
Norwegen	16,8	11,7	13,4	14,4	13,9
Portugal	16,9	4,5	3,1	1,9	2,5
Türkei	3,1	5,0	3,1	–	–
Großbritannien	15,9	19,3	17,2	19,3	20,0
Vereinigte Staaten	27,8	18,9	18,1	17,6	19,7

Quelle: NATO-Brief, Brüssel–Bonn, 1/1977

Sicherheits- und wirtschaftspolitische Überlegungen decken sich
selten. Die konjunkturpolitische Manövrierfähigkeit von Rüstungsausgaben wird meist überschätzt. Ihr wachstumswirtschaftlicher Wert
ist umstritten, auch weil er von den sozialen Prioritäten abhängt, die
Rüstung und anderen Sozialaufgaben beigelegt werden. Die gesell-
schaftskritische Theorie hat den Einfluß der Rüstungslobby auf Umfang, Struktur und Intensität von Rüstung immer wieder betont. Der
Nachweis mächtiger Industrie- und Verbandseinflüsse ist jedoch
nicht leicht zu führen. Seit Ende der 60er Jahre zeigt sich in der
Bundesrepublik eine Tendenz zu wachsender nationaler Rüstungsproduktion. Auch daran hat sich die Diskussion über den sozialen
Wert von Rüstung überhaupt und in der Bundesrepublik speziell erneut entzündet. Bei einem Anteil von durchschnittlich 2,5 % der
Rüstungsproduktion an der gesamten industriellen Nettoproduktion
seit 1956 und einem Anteil von 0,5 % der Rüstungsexporte am Ge-
samtexport bei Devisenreserven von ca. 80 Mrd. DM ist – allen
neomarxistischen Thesen systemstabilisierender Kraft von Rüstungsexporten entgegengesetzt – die Bundesrepublik auf Rüstungsexporte

nicht angewiesen. Die → *Militärhilfe* der Bundesrepublik war ohnehin stets begrenzt. Die in der UNO seit 1954 diskutierte „finanzielle Abrüstung" würde die Bundesrepublik abrüstungspolitisch nur dann treffen, wenn ergänzende internationale Abmachungen über Form und zeitlichen Ablauf international beschlossener Einsparungen vereinbart würden. Immerhin könnten solche Vereinbarungen auch noch die geringen Rüstungsexporte der Bundesrepublik treffen, die zu 1/3 aus Munition und je 1/4 aus Panzern und Schiffen bestehen.

Im NATO-Vergleich entwickelte sich der Anteil der Ausgaben für schweres Gerät seit 1965 wie Tab. auf S. 265 zeigt.

Kritisch werden 3 Einwände zur Rüstung — vor allem aus marxistischer, weniger aus sozialpsychologischer Sicht — immer wieder vorgetragen: 1. Rüstungsausgaben würden verschleiert; wobei einmal auf den Einzelplan 31 (Wissenschaftsministerium) verwiesen wird, welcher rüstungsrelevante Ausgaben enthält, zum anderen wird auf die nicht weiter aufgegliederten, gegenseitig deckungsfähigen oder übertragbaren Titelgruppen z. B. bei der Beschaffung von Flugzeugen, Flugkörpern, Schiffen und Marinegerät aufmerksam gemacht (vgl. die „geheimen Erläuterungsblätter" zu Kapitel 1418 und 1419). 2. Der spin-off-Effekt, d. h. die tatsächliche oder potentielle Nutzung wehrtechnologischer Forschung im zivilen Bereich werde überschätzt, was freilich für einzelne Programme unterschiedlich sein dürfte, und 3. Rüstung legalisiere und stabilisiere Gewaltpotentiale. In der Tat sind andere Formen internationaler Konfliktbewältigung als durch militärische Aktionen denkbar und nachweisbar. Allerdings wird unter historischer Perspektive oft übersehen, welchen Kontrollen eine „kapitalistische" Rüstungsindustrie ausgesetzt ist, z. B. durch Produktionsauflagen, Investitionsgenehmigungen und Rüstungs- oder Kriegsgewinnsteuern (z. B. USA während des Zweiten Weltkrieges).

Seit Beginn der 60er Jahre dokumentiert sich ein grundlegender Wandel in der Struktur von Verteidigungs- und Rüstungsausgaben gegenüber der Zeit vor 1914: Damals prägten geringer Wehrsold, freiwillige und unentgeltliche Militärleistungen mit einer einseitigen Flotten- und Artillerierüstung die Verteidigungsausgaben. Der Sozialstaat hält die Rüstungsausgaben i. e. S. nach unten eingeengt. Es besteht die doppelte Gefahr, daß einmal der „klassische" Verteidigungshaushalt durch andere als unmittelbar verteidigungsbezogene Ausgaben aufgezehrt wird, während es gleichzeitig notwendig werden kann, die Rüstungsausgaben in akuten Drohsituationen über die

mittelfristige Finanzplanung und den Verteidigungsplanungszyklus
der NATO hinaus, abrupt steigern zu müssen.

LITERATURHINWEISE

Bielfeldt, C., Verteidigungsausgaben der Bundesrepublik, einige empirische Er-
   gebnisse. Forschungsberichte der Hessischen Stiftung für Friedens- und Kon-
   fliktforschung, Frankfurt/M., Nr. 8/1974.
Klingemann, H.D., Wirtschaftliche Probleme der Auf- und Abrüstung, in:
   Kölner Zeitschrift für Soziologie und Sozialpsychologie, Sonderheft 12,
   Köln/Opladen 1968.
Köllner, L., Rüstungsfinanzierung, Frankfurt/M. 1969.
Köllner, L., Bibliographie: Zur Sozio-Ökonomie von Militärausgaben, in: So-
   zialwissenschaftliches Institut der Bundeswehr, Berichte, H. 5, München
   1976.
Regling, H., Militärausgaben und wirtschaftliche Entwicklung, Hamburg 1970.
SIPRI Yearbook of World Armaments and Disarmament, Stockholm 1969.

LUTZ KÖLLNER

Sicherheitspolitik

→ *Abrüstung, Abrüstungskonferenzen, Bundeswehr und Öffentlichkeit, Entspannung, Kooperative Rüstungssteuerung, Krieg, Militärdoktrinen, Militärische Landesverteidigung, NATO, Rüstung,
   Soziale Verteidigung, Verteidigungspolitik, Wehrstruktur, Zivile
   Verteidigung.*

1. ZUM BEGRIFF. — Das Streben nach Sicherheit muß als ein grundlegender Bestandteil menschlichen Verhaltens angesehen werden.
Sicherheit wird in der Regel als Negation ihres Gegenteils, der Unsicherheit, beschrieben. Sicherheit ist kein objektiv meßbarer, sondern ein subjektiv, einzeln oder kollektiv wahrgenommener Zustand
minimaler Gefährdung bzw. maximaler Stabilität. Die Dynamik
menschlichen Lebens und Zusammenlebens läßt einen Zustand abso-
luter Sicherheit nicht zu. Jede Wahrnehmung von Sicherheit wird
durch die Begrenztheit der Information und durch die Ungewißheit
über die Zukunft relativiert. In der Möglichkeit künftiger Unsicherheit wurzelt das stets neue Streben nach Sicherheit.
Ein großer Teil der überlieferten Menschheitsgeschichte handelt von
dem Versuch, durch Politik einen Zustand der Sicherheit herbeizu-
führen. Politik zum Zwecke der Versicherung gesellschaftlicher

Existenz hat aber nie zu dauerhaften Ergebnissen geführt. Sie hat sich durch die bei der Verfolgung von Interessen, insbesondere Sicherheitsinteressen, mittels Konfliktbildung und Konfliktaustrag freigesetzten Kräfte letztlich immer wieder selbst aufgehoben. Während im Zeitalter der Industrialisierung und der schnellen Wissensvermehrung die Dynamik gesellschaftlicher und politischer Entwicklungen generell zugenommen hat, ist auch die Ungewißheit über die Zukunft gewachsen und als bedrohlich ins Bewußtsein getreten. Politische Prozesse und gesellschaftliche Institutionen werden zunehmend als tendenziell instabil wahrgenommen, wobei die Wahrnehmung nicht vom augenblicklichen Zustand abhängt. Diese als Angstlücke bezeichnete Diskrepanz zwischen Zustand und Erwartung führt zu einer Zunahme des allgemeinen Strebens nach Sicherheit, das sich zunächst auf keinen speziellen Sektor der Politik bezieht.

Der Bürger erhebt gegenüber jeder Politik den Anspruch auf vorsorgende Bewahrung seiner Lebensgrundlagen und macht Sicherheit in einem sehr allgemeinen Sinne zur öffentlichen Aufgabe. Dieser Anspruch zeigt sich selten in einer bewußten und direkten Artikulation des Sicherheitsinteresses, wenngleich in einzelnen Bereichen der Politik immer wieder durch aktuelle Probleme die Sicherheitsdimension politischer Vorgänge ins Blickfeld rückt. In der Wirtschaftspolitik z. B. ist über die akute konjunkturelle und strukturelle Arbeitslosigkeit die Sicherheit der Arbeitsplätze zum vorrangigen politischen Ziel geworden. Die Sicherheit der Rentenfinanzierung stellt sich plötzlich als Problem der Finanz- und der Sozialpolitik dar, obwohl Sicherheit als das allgemeinste Ziel jeder Sozialpolitik anzusehen ist.

Der heterogene und diffuse Wortgebrauch ist leicht zu erklären, enthält aber die Gefahr, daß aufgrund der allgemeinen und positiven Wertbesetzung des Wortes Sicherheit und seiner Funktion als „gesellschaftlicher Wert" (Kaufmann) in politischen Auseinandersetzungen auf allen Feldern der Politik assoziative Verbindungen zwischen dem vorausgesetzten Sicherheitsbedürfnis der Adressaten und beliebigen politischen Zielen der Akteure hergestellt werden können. So hat es z. B. keinen Bundestagswahlkampf in der Geschichte der Bundesrepublik gegeben, bei dem Sicherheit als Norm nicht eine zentrale Rolle gespielt hätte.

Reduziert man den vielfältigen politischen Wortgebrauch auf eine durchgängige nachweisbare Gemeinsamkeit in der Bedeutung, so wird man diese negativ als Verminderung von Unsicherheit und Ungewißheit, positiv als Annäherung an einen Zustand der Stabilität der Lebensbedingungen beschreiben können.

Die Verengung der gesellschaftlichen Norm Sicherheit vom generellen Ziel politischen Handelns zur Sicherheitspolitik als spezifischem Sachgebiet praktischer Politik ist historisch zu begründen. Durch einen Sprung in der Geschichte der naturwissenschaftlich-technischen Entwicklung und der Geschichte der internationalen Beziehungen in der Mitte unseres Jahrhunderts, den man durch den Atombombenabwurf auf Hiroshima symbolisieren kann, hat sich das durch die Beschleunigung des gesellschaftlichen Wandels bedingte Streben nach Sicherheit im Bereich der Krieg-Frieden-Problematik in besonderer Weise verdichtet. An einer besonders exponierten Stelle politischer Unsicherheit wurde Sicherheit nun als unmittelbares Ziel eines als Sektor des politischen Prozesses organisierten Bereiches definiert.

Die Bezeichnung „*Sicherheitspolitik*" für diesen Sektor setzte sich in der Bundesrepublik anstelle von Wehr- oder → *Verteidigungspolitik* allmählich durch, nachdem man erkannt hatte, daß → *Kriege*, die unter der Drohung einer nicht mehr steuerbaren Vernichtungseskalation stehen, nicht mehr als Mittel der Politik und Abschreckungsstrategien dementsprechend nicht mehr als Kriegsführungsstrategien, sondern als Kriegsverhinderungsstrategien zu betrachten sind. Unter Sicherheitspolitik versteht man heute die Gesamtheit der politischen Ziele, Strategien und Instrumente, die der Kriegsverhinderung bei Wahrung der Fähigkeit zur politischen Selbstbestimmung dienen.

2. DEUTSCHE SICHERHEITSPOLITIK IM OST-WEST-KONFLIKT. – Ebenso, wie die staatliche Existenz ist die sicherheitspolitische Lage der Bundesrepublik nur vor dem Hintergrund und als Funktion des Ost-West-Konfliktes zu verstehen. Das Bündnis zwischen den Westmächten und der Sowjetunion im 2. Weltkrieg überlebte seinen Anlaß nicht und zerbrach als Anti-Hitler-Koalition nach 1945, ohne – trotz Gründung der Vereinten Nationen – eine neue, tragfähige Sicherheitsstruktur als Kriegsergebnis hervorgebracht zu haben. Die Armee der Sowjetunion war im Kriegsverlauf bis nach Mitteleuropa vorgedrungen und Stalin begann sofort nach Kriegsende, die mittelosteuropäischen Staaten zu einem System politisch abhängiger und militärisch kontrollierter Satelliten zu formieren. Was die Sowjetunion als Sicherung des Vorfeldes ansah, betrachtete der Westen als Expansion. Die USA formulierten 1947 unter Truman die Politik der Eindämmung als Gegenstrategie. Man sprach nun vom Kalten Krieg.

Der Konflikt prägte sich als Blockbildung um die beiden Führungsmächte USA und Sowjetunion aus. Man sprach in den 50er Jahren vom bipolaren Weltsystem. Versuche, im Ost-West-Konflikt Gewinne zu machen durch Verschiebung der Konfliktgrenze, d. h. durch Erweiterung des jeweiligen Einflußbereiches, scheiterten. Die Blockade Berlins durch die Sowjetunion 1948/49 wurde abgebrochen. Der Koreakrieg endete 1953, wo er 1950 begonnen hatte, am 38. Breitengrad. Die Sowjetunion beendete den Versuch, im Jahr 1962 Raketen auf Kuba zu installieren, nach einer Seeblockade der USA. Das Berlin-Ultimatum Chruschtschows von 1958 endete nicht mit einer Veränderung des Status von Berlin, sondern 1961 mit dem Bau einer Mauer durch die geteilte Stadt. Diese Mauer symbolisierte die Verfestigung und Entdynamisierung des Konfliktes durch Blockbildung und Abgrenzung. Sie war Höhepunkt und Wendemarke der Entwicklung zugleich, denn aus dem Bewußtsein der Unverrückbarkeit der Grenzen einer Konfrontation, die unter der Drohung eines Nuklearkrieges stand, resultierte die Möglichkeit neuer Kooperation und spannungsmindernder Schritte.

Nach der bedingungslosen Kapitulation des Deutschen Reiches und der Entstehung zweier deutscher Staaten innerhalb des Ost-West-Konfliktes mußten die Deutschen versuchen, die durch Krieg verspielte Sicherheit ihrer politischen Existenz neu zu konstituieren. Der Ost-West-Konflikt, die Herrschaft der Siegermächte und der Beginn des Nuklearzeitalters umgrenzten als Rahmenbedingungen den engen deutschen Spielraum.

Zwei im Ansatz unterschiedliche Sicherheitskonzeptionen waren denkbar:

1. Sicherheit durch Parteinahme im Ost-West-Konflikt, um den Schutz der jeweiligen Führungsmacht und ihrer Verbündeten zu genießen.

2. Sicherheit durch neutrales Verhalten im Ost-West-Konflikt mit der Möglichkeit der Wiedervereinigung der beiden deutschen Staaten.

Die 2. Alternative setzte eine Garantie der Neutralität durch beide Großmächte voraus, da jede Form deutscher Autonomie in dieser historischen Situation ausschied. Zunächst war durch die Staatsgründungen im westlichen und östlichen Bereich der Konfliktzone eine Vorentscheidung bereits gefallen. Dabei akzentuierten Bundesrepublik und DDR ihre Sicherheitsinteressen unterschiedlich. Für die Bonner Regierung stand, besonders nach Ausbruch des Koreakrieges 1950, die Gefahr sowjetischer Expansion nach Westen im Vordergrund des Sicherheitsinteresses. Für die Regierung der DDR konzentrierte sich das Sicherheitsinteresse auf die Gefahr des Machtverlustes infolge des Mangels an innerer Legitimation. Wenn es überhaupt eine

Chance für die 2. Alternative gegeben hat, so in dem Versuch
Stalins, 1952 mit dem Angebot einer deutschen Wiedervereinigung
die Bildung eines westeuropäischen Militärblocks in der „Europäischen
Verteidigungsgemeinschaft" (EVG) zu verhindern. Ob es sich
um einen ernsthaften Vorschlag gehandelt hat, kann historisch heute
nicht geklärt werden. Weder die Bundesregierung noch die Westmächte
wollten darauf eingehen. Adenauer hielt einen gesicherten
neutralen Status zwischen Ost und West für unerreichbar und unhaltbar.
Er bekannte sich zur 1. Alternative und vertrat mit Nachdruck
die Parteinahme für den Westen, wobei er den Eindruck eines deutschen
Schwankens zwischen Ost und West peinlich vermied.

Die Bundesregierungen der 50er Jahre gingen bei ihren Lagebeurteilungen
unter dem Eindruck der Sowjetisierung der mittelosteuropäischen
Staaten nach 1945 von der Möglichkeit weiterer sowjetischer
Ausdehnung mit den Mitteln offener militärischer oder subversiver
Aggression aus und ließen die Möglichkeit einer überwiegend
defensiven Interessenlage der Sowjetunion außer Betracht. Die Rolle
der sowjetischen Armee bei der Beherrschung des Satellitengürtels
und ihre zahlenmäßige Stärke in Verbindung mit einer, trotz der
Aussagen zur friedlichen Koexistenz, als expansiv interpretierbaren
Staatsideologie führten auch auf der Seite des Westens zu einer
höheren Bewertung der militärischen Machtmittel und zu verschiedenen
Konzepten einer „Politik der Stärke". Adenauer wollte − über
die amerikanische Politik aus einer „position of strength" hinausgehend
− durch die Vermehrung militärischer Stärke gegenüber der
Sowjetunion die Wiedervereinigungschancen verbessern, wenngleich
er nicht so weit ging, wie der amerikanische Außenminister Dulles
nach 1953, der im „Roll-back"-Verfahren den Einfluß der Sowjetunion
auf ihre historischen Grenzen zurückdrängen wollte. Politik
der Stärke war als Wiedervereinigungsstrategie bei gleichzeitigem
Verzicht auf die Anwendung militärischer Gewalt nicht plausibel zu
begründen. Übrig blieb nach 1955 nur die defensive Komponente des
Konzeptes, zumal dem Wehrbeitrag der Bundesrepublik mit der Bundeswehrgründung
im Denken Adenauers in erster Linie die Funktion
eines Mittels zum Zweck seiner Außenpolitik nach Westen zukam.

Die Sicherheit der Bundesrepublik definierten Adenauer und seine
Bundesregierungen als engstmögliche politische Verbindung mit den
westlichen Nachbarn bei langfristiger Garantie des Schutzes durch
die Weltmacht USA. Alle Ansätze westeuropäischer Gemeinschaftsbildung
enthielten auch ein Element europäischer Sicherheit wie
etwa der bereits 1951 abgeschlossene Vertrag über die europäische

Gemeinschaft für Kohle und Stahl, die Montan-Union. Der 1952 unterschriebene, 1954 an Frankreich gescheiterte Vertrag über die EVG folgte diesem Prinzip ebenso wie — in schwächerer Form — die Pariser Verträge von 1954/55, die gleichzeitig zur Souveränität der Bundesrepublik innerhalb der westlichen Gemeinschaft und zum Beitritt der Bundesrepublik zur → *NATO* führten.

Die innerhalb dieser Sicherheitskonzeption unlösbare Frage der Wiedervereinigung hinderte die Bundesrepublik daran, den in den 60er Jahren beginnenden Prozeß der → *Entspannung* des Ost-West-Konfliktes von Anfang an aktiv mitzugestalten. Während die Großmächte, auf der Basis des unverrückbaren Status quo in Europa und des grundsätzlichen rüstungstechnischen Gleichstandes nach Ebenen der Verständigung über die Bändigung der → *Rüstungs*dynamik suchten, bemühten sich die Bundesregierungen vergeblich, gegen Ende der Ära Adenauer das Ziel der → *Abrüstung* und nach Adenauer das Ziel des Gewaltverzichtes mit der Lösung der deutschen Frage zu verknüpfen.

So bedurfte es für die aktive deutsche Interessenvertretung im Rahmen der Entspannungspolitik der mit den ostpolitischen Schritten der Ära Brandt/Scheel vollzogenen Eliminierung des deutschen Sonderkonfliktes (Löwenthal) aus dem Ost-West-Konflikt. Mit der Hinnahme der durch den 2. Weltkrieg entstandenen Grenzziehung in Europa kam die Bundesrepublik einem wesentlichen sowjetischen Sicherheitsinteresse entgegen. Mit der Anerkennung der DDR als Staat ging die Bundesrepublik auf das zentrale Sicherheitsbedürfnis der DDR ein. Im Gegenzug stimmte die Sowjetunion der rechtlichen Sicherung Berlins, das bislang als Hebel sowjetischer Konfliktstrategien und als Indikator für die Risikobereitschaft gedient hatte, mit seinen Verbindungswegen zu und verzichtete auf das in der UN-Charta verankerte Interventionsrecht als Siegermacht des 2. Weltkrieges. Darüber hinaus lag es im allgemeinen Sicherheitsinteresse des Westens, daß die Sowjetunion westliche Vertragsorganisationen wie EG und NATO als Subjekte westlicher Außen- und Sicherheitspolitik zur Kenntnis nimmt und in der stets bekämpften langfristigen amerikanischen Präsenz auf dem europäischen Kontinent ein stabilisierendes Element erkennt.

Auf dieser Basis konnte die Bundesrepublik aktiv in den Entspannungsprozeß eintreten. Sie trug zur Stärkung der multilateralen Komponente und damit zur Relativierung des amerikanisch-sowjetischen Bilateralismus bei. So kam es neben dem Versuch der nuklearen Großmächte, in SALT-Verträgen das Wachstum der strategischen Waffen zu begrenzen, mit den Konferenzprojekten KSZE (Konferenz für Sicherheit und Zusammenarbeit in Europa) und MBFR (Mutual Balanced Forces Reduction = Wechselseitige ausgewogene Streitkräfteverminderung) zu einer Konzentration auf die Sicherheitsprobleme der im Zentrum des Ost-West-Konfliktes gelegenen europäischen Region. In der 1. KSZE-Konferenz 1973 bis 1975 definierten die Teilnehmer die europäische Sicherheit durch einen politischen Verhaltenskodex der Gewaltfreiheit der Kooperation und des Austausches zwischen Staaten und Systemen des Ost-West-Konfliktes auf der Basis des akzeptierten und nur friedlich veränderbaren territorialen Status quo. MBFR soll daran anschließend zu einer wechselseitigen und schrittweisen Verminderung der → *Rüstungen* in Mitteleuropa führen.

Anders und weitergehend als im ersten Jahrzehnt nach der Gründung definiert die Bundesrepublik ihre Sicherheitsinteressen nicht mehr nur als Verbindung mit dem Westen, um sich des Schutzes durch den Westen zu versichern, sondern — auf der Basis der damals geschaffenen Verankerung in westlichen Bündnissen — nun auch als Berührung und partielle Kooperation mit dem Osten, um die Wahrscheinlichkeit eines Ost-West-Krieges in Mitteleuropa nicht nur durch militärische Abschreckung, sondern auch durch politische Strukturen weiter zu mindern.

In allen Phasen ihrer Entwicklung waren für die Bundesrepublik nicht eliminierbare Faktoren der sicherheitspolitischen Lage zu berücksichtigen: Die asymmetrische Geographie des Ost-West-Konfliktes produziert eine permanente Hegemoniefurcht der Westeuropäer gegenüber der Sowjetunion und läßt ihnen außerdem keine Raumtiefe, die als Faktor der Verteidigungsfähigkeit positiv in ein Kalkül eingehen könnte. Die große Dichte der Besiedlung und der Industrialisierung machen die Bundesrepublik zudem in so hohem Maße verwundbar, daß keine kriegerische Auseinandersetzung vorstellbar ist, die nicht den Lebensnerv der Bevölkerung berührte. Jede Form sicherheitspolitischer Autonomie scheidet für die Bundesrepublik aus. Sie kann ihre Sicherheit nur innerhalb eines vielfältigen und vielschichtigen Beziehungsgeflechtes definieren, das neben den westeuropäischen auch die osteuropäischen Staaten einschließt. Insbesondere dem sicherheitspolitisch bislang kaum beachteten Verhältnis der beiden deutschen Staaten zueinander muß große Bedeutung zugemessen werden. Diese Staaten befinden sich geographisch und politisch im Zentrum des Ost-West-Konfliktes und haben beide, obwohl peripher im jeweiligen Block gelegen, ein besonders enges Verhältnis zur Führungsmacht. Die Gemeinsamkeit der Geschichte und das

Bewußtsein eines von der übrigen internationalen Politik unterschiedenen besonderen Verhältnisses schafft eine ambivalente, zugleich konfliktverschärfende und konfliktbegrenzende Situation. Die Deutschen in der Bundesrepublik und in der DDR haben die Möglichkeit und unterliegen der Notwendigkeit, in unterschiedlichen Gesellschaftssystemen zu konkurrieren und gleichzeitig ein Bewußtsein von gemeinsamer Sicherheit zu entwickeln, denn keines Sicherheit existiert in einer Konfliktstruktur ohne die Sicherheit des anderen.

3. STREITKRÄFTE UND STRATEGIEN. — Die traditionellen Mittel der Sicherheitspolitik sind zunächst die Mittel der → *Krieg*führung: Streitkräfte zur gewaltsamen Durchsetzung politischer Ziele und → *Strategien* als Pläne für deren rationellen Einsatz. Kriege galten in der Geschichte der internationalen Beziehungen als Mittel der Politik, Streitkräfte als Ausdruck der Souveränität eines Staates oder Herrscherhauses. Die herkömmliche Funktion von Streitkräften war für die Deutschen nach 1945 jedoch doppelt in Frage gestellt. Zum einen war Krieg in Regionen nuklearer Bedrohung nicht mehr als ein Mittel zu betrachten, mit dem man irgendein politisches Ziel zu tragbaren Kosten erreichen kann. Zum anderen fielen in der deutschen Kapitulation von 1945 der Verlust der politischen Identität und die vernichtende Niederlage der deutschen Wehrmacht zusammen.

Die Vorbereitungen zur Gründung der Bundeswehr als Instrument der Sicherheitspolitik der Bundesrepublik Deutschland erfolgten zwischen 1951 und 1955 zu einer Zeit, da die Bundesrepublik noch nicht souverän war. Die Bundeswehr diente sogar dem Ziel, die Souveränität zu erreichen, stand damit aber auch im Zusammenhang mit der deutschen Teilung. Zudem lasteten Hypotheken der deutschen Geschichte wie das → *Militarismus*-Problem oder die Korrumpierbarkeit militärischer Führung durch den Faschismus auf dem Neubeginn. Die Bundeswehrgründer nahmen die Herausforderung, die in diesem Teil der → *Tradition* lag, bewußt an und setzten sie in eine → *Wehrverfassung* um, die das militärische Instrument so in das demokratische Verfassungsgefüge einbaute, daß Verselbständigung und Mißbrauch kaum mehr möglich erschienen durch die Prinzipien der politischen Führung, der parlamentarischen Kontrolle, der → *Öffentlichkeit* und der allgemeinen → *Wehrpflicht*. Mit dem „Staatsbürger in Uniform" wurde ein Leitbild als Idealtypus formuliert, das den Soldaten als Bürger am politischen Prozeß teilnehmen läßt, die Motivation zur Verteidigung aus der Möglichkeit zur Identifikation mit dem politischen System ableitet und verhindert, daß Soldaten im militärischen Dienst zu Objekten degradiert und in ihrer Menschenwürde angetastet werden.

Die äußere → *Struktur* der Bundeswehr ist ebenfalls weitgehend aus den Gründungsbedingungen zu erklären. Das vor allem amerikanische Interesse an einer Verstärkung der westlichen Verteidigung in Europa konzentrierte sich nach Ausbruch des Koreakrieges auf einen Beitrag der Bundesrepublik mit starken konventionellen Landstreitkräften. Dem zu Beginn der 50er Jahre noch vorhandenen amerikanischen Nuklearwaffenmonopol entsprach auf sowjetischer Seite ein großes Übergewicht an konventioneller Bewaffnung, die auf dem europäischen Kontinent wirksam werden konnte. So wurde der Bundesrepublik in der geplanten EVG und nach deren Scheitern in der → *NATO* ein starker Beitrag zur konventionellen Verteidigungsfähigkeit mit 12 Heeresdivisionen und insgesamt ca. 500.000 Soldaten zugestanden und abverlangt. Am nuklearen Potential der USA wurde die Bundesrepublik dann doch insoweit beteiligt, als sie Trägersysteme für nukleare Waffen erhielt, deren Sprengköpfe unter amerikanischem Verschluß liegen. Auf deutschem Boden keine Kernwaffen herzustellen, hatte die Bundesrepublik sich vor dem Beitritt zur NATO verpflichtet. Der Versuch einer multilateralen Nuklearstreitmacht der NATO in Form einer Flotteneinheit scheiterte Mitte der 60er Jahre. Die Bundesrepublik ist heute über die nukleare Planungsgruppe (NPG) der NATO an der Einsatz- und Zielplanung für nukleare Waffen beteiligt.

Der → *Aufbau der Bundeswehr* im Rahmen der NATO-Zahlen war bis Mitte der 60er Jahre im wesentlichen abgeschlossen. Heute gilt die Bundeswehr als eine der schlagkräftigsten konventionellen Armeen in Europa. Ihre Entwicklung vollzog sich zunächst in einer gewissen Aufstellungshektik, was zu Friktionen bei der Suche nach ihrer politischen und gesellschaftlichen Rolle führte. Obwohl die Kontinuität nach 1945 zehn Jahre lang unterbrochen war, verstanden die tonangebenden Offiziere des Bundeswehraufbaues — sie waren alle ehemalige Offiziere der Wehrmacht — die neue Struktur und das *innere Gefüge* der Bundeswehr als Reformansatz im Vergleich zur Reichswehr der Weimarer Republik und zur Wehrmacht Hitlers. Dieser Ansatz, teilweise in Gesetzen der → *Wehrverfassung* und in Vorschriften festgeschrieben, zum anderen Teil nur über eine bewußte → *Ausbildungs-* und Erziehungspraxis umzusetzen, trat hinter die organisatorischen Bedürfnisse der Aufstellung zurück, ohne ganz verloren zu gehen. In einer neuerlichen Reformphase nach 1969 paßte sich die Bundeswehr unter dem Verteidigungsminister Helmut Schmidt der gesellschaftlichen Entwicklung in der Bundesrepublik und auch der fortschreitenden Technisierung vor allem durch Strukturveränderungen im Bereich des → *Bildungs*wesens und der → *Wehrstruktur* an und erwies sich damit als innovationsfähig.

Die Verteidigung der Bundesrepublik unter Einsatz der Bundeswehr ist nur im Rahmen der → *NATO* möglich. Alle operativen Verbände sind der NATO assigniert und werden im Einsatz von ihr geführt. Dementsprechend erfolgen alle wesentlichen strategischen Planungen im Rahmen des Bündnisses. Die nukleare Komponente verschafft den USA hierbei die Dominanz, doch auch die europäischen Interessen werden zunehmend artikuliert und — etwa in der ,,EURO-GROUP" der NATO — auch organisiert. Seit Beginn der strategischen Überlegungen im westlichen Bündnis war das deutsche Interesse vor allem auf eine → *Militärstrategie* der Verteidigung soweit ostwärts des Rheins wie möglich und auf eine Beteiligung an der nuklearen Entscheidungsbildung gerichtet. Beide Interessen setzten sich erst Mitte der 60er Jahre mit dem Übergang von der Verteidigung am Rhein zur ,,Vorneverteidigung" und mit der Bildung der NPG durch.

Darüber hinaus wurde in der Bundesrepublik eine von der Entwicklung der amerikanischen Strategievorstellungen und → *Militärdoktrinen* unabhängige Strategiediskussion geführt, sei es in der Atomwaffendebatte in der 2. Hälfte der 50er Jahre als Reaktion auf die US-Strategie der massiven Vergeltung (massive retaliation) im Zeichen der nuklearen Überlegenheit der USA, sei es mit der unsicheren Reaktion in den 60er Jahren auf den amerikanischen Strategiewandel von der massiven Vergeltung zur abgestuften Erwiderung (flexible response), die nach dem sowjetischen Aufholen in der nuklearen Rüstung ein Unterlaufen der Nuklearschwelle durch örtliche konventionelle Überlegenheit verhindern sollte.

Grundprinzip dieser beiden seit Gründung der Bundeswehr herrschenden Strategien ist die Abschreckung. Ein möglicher Angreifer soll keine Gewinnchancen oder tragbare Schadenskalküle errechnen können. Die Struktur der Abschreckung steht außer Frage, solange beide Führungsmächte über die Möglichkeit verfügen, nach einem Überfall mit Nuklearwaffen durch die Fähigkeit zum zweiten Schlag (second strike capability) noch vernichtend zurückzuschlagen. Sie wäre jedoch dann gefährdet, wenn durch technische Entwicklungen diese Fähigkeit verloren geht oder einer Konfliktpartei ein Krieg

wieder kalkulierbar und damit führbar erscheint. Die westliche Strategiediskussion versucht, die logische Lücke im Abschreckungssystem — die Abschreckungsdrohung unter Einschluß des Selbstver-
nichtungsrisikos — zu schließen mit der Suche nach alternativen Strategien. Solange dies nicht überzeugend gelingt, bleibt es für den
Westen notwendig, die Strategie der abgestuften Erwiderung weiter
zu entwickeln und an neue Waffentechnologien anzupassen, um die
Abschreckungswirkung aufrechtzuerhalten.

Wenn es schwer oder unmöglich erscheint, eine in sich widerspruchs-
freie Strategie der Abschreckung zu entwickeln oder — als grundsätzliche Alternative — abzurüsten, so gewinnen Vereinbarungen zur
Kontrolle und Begrenzung des Wettrüstens im Ost-West-Konflikt an
Gewicht. Wenngleich der Rüstungszuwachs in West und Ost weitgehend nach inneren Kriterien der Wirtschaft und der Machtvertei-
lung in den Staaten gesteuert wird, so ist doch die Bedeutung der
Rüstungswahrnehmung zwischen den Blöcken nicht zu unterschät-
zen. Die wechselseitige Vorstellung vom Gleichgewicht der Kräfte,
die sich weniger auf Berechnung als vielmehr auf Wahrnehmung
gründet, hat eine stabilisierende Wirkung. Arms-Control-Politik, in
präzisierender Übersetzung als → „Kooperative Rüstungssteuerung"
(Baudissin) bezeichnet, soll seit Beginn der Entspannungspolitik
diese Stabilität durch Abkommen, wie z. B. den Teststopvertrag, den
Nichtverbreitungsvertrag und das SALT I-Abkommen sichern. Bei
MBFR soll darüber hinaus das Rüstungsniveau regional begrenzt und
wechselseitig schrittweise gesenkt werden.

Alle Maßnahmen der kooperativen Rüstungssteuerung können, selbst
wenn sie entgegen der bisherigen Wahrscheinlichkeit zu drastischen
Reduktionen führen sollten, nicht über die grundsätzliche Labilität
aller Vereinbarungen über technische Mittel hinwegtäuschen, die
durch neue Technologien schnell strategisch und politisch bedeu-
tungslos werden können. Selbst in einem Zustand der → Abrüstung
liegt noch keine Friedensgarantie, da jedermann jederzeit wieder aufrüsten kann. → Rüstung, Rüstungsbegrenzung und Abrüstung besitzen sicherheitspolitisch nur instrumentellen Charakter, so groß das
politische Gewicht der Instrumente auch sein mag. Entscheidend für
die Sicherheit sind politische Strukturen, in denen die Instrumente
beherrscht und entschärft werden können.

4. PERSPEKTIVEN. — Sicherheitspolitik ist seit der französischen
Revolution primär auf den Nationalstaat als handelndes und betrof-
fenes Subjekt bezogen. Die Kriege dieser Epoche dienten der Aus-

dehnung, der Bestandssicherung, den Rivalitätsentscheiden oder der Einigung von Nationalstaaten. Dabei haben sich die Mobilisierung der Massen und die Industrialisierung der Rüstungen zu einer rasch fortschreitenden Dynamisierung militärischer Auseinandersetzungen verdichtet. Clausewitz wies als Theoretiker des nationalstaatlichen Krieges schon früh auf den Primat des politischen Kalküls im Hinblick auf die dem bewaffneten Kampf zuwachsenden Wirkungsmöglichkeiten hin. Doch oft genug verselbständigten sich die militärischen Wirkungsmöglichkeiten, wenn z. B. in den menschenfressenden Schlachten des 1. Weltkrieges der politische Zweck verloren ging oder wenn im Bombenkrieg von Guernica über Dresden bis Hanoi die Vernichtungsmaschine die Maschinisten führte.

Es hat zahlreiche Versuche gegeben, durch Diplomatie und Völkerrecht die Dynamik der Nationalstaaten ihrer Gefährlichkeit zu entkleiden. Doch weder die allgemeine Ächtung des Krieges im Kellog-Pakt 1928, noch die Konfliktregelungsmechanismen des Völkerbundes konnten die Exzesse der Gewalt und der Vernichtung in der faschistischen Epoche des Nationalstaates verhindern. Auch die Globalisierung der Konflikte und der internationalen Beziehungen durch die fortgeschrittene Transport- und Fernmeldetechnik in der 2. Hälfte unseres Jahrhunderts hat bislang nur zu regionalen Zusammenschlüssen der gemeinsamen Verteidigung geführt und Kriege in der Dritten Welt, sowie an der Peripherie des Ost-West-Konfliktes weiter zugelassen, nicht aber einen grundlegenden Wandel der sicherheitspolitischen Strukturen bewirkt.

Doch die Herausforderung durch die Technik der Massenvernichtungswaffen hat in Verbindung mit der historischen Erfahrung zu einem, in der industrialisierten Welt erkennbaren Bewußtsein von der notwendigen Transformation eher konfrontativer Verhaltensmuster in eher kooperative Verhaltensmuster im Verkehr zwischen den Staaten geführt. Dieser Wandel setzt die Abkehr vom Denken in Freund-Feind-Kategorien als Paradigma nationalstaatlicher Außenpolitik voraus. Sicherheit kann dann nicht mehr als die Fähigkeit beschrieben werden, Kriege zu gewinnen, sondern nur noch als die Fähigkeit, Kriege zu verhindern. Diese Fähigkeit kann von keinem Staat oder einer Staatengruppe allein, sondern nur als kollektive Sicherheit zwischen Staaten oder rivalisierenden Staatengruppen erworben werden.

Ein System kollektiver Sicherheit umschließt die potentiellen Feinde und unterscheidet sich damit fundamental von einem System kollektiver Selbstverteidigung. Der mögliche und nötige Weg sicherheitspolitischen Wandels führt von der nationalen Sicherheit zur internationalen Sicherheit, von der Sicherheit voreinander zur Sicherheit miteinander. Der Landfrieden des Mittelalters hat die Fehden von Burg zu Burg beendet und die Gewalt monopolisiert. Der demokratische Staat der Neuzeit hat Verfahrensweisen der gewaltfreien Konfliktregelung gefunden, die zu einem, von Ausbrüchen wie dem Terrorismus abgesehen, allgemein akzeptierten innerstaatlichen Verhalten geführt haben. Es geht heute darum, diese Verhaltens- und Verfahrensweisen auf die internationalen Beziehungen zu übertragen, um Regeln und Institutionalisierungen gewaltfreier Konfliktregelung zwischen den Staaten zur internationalen Verhaltensnorm zu machen, wobei man die in Abhängigkeitsverhältnissen begründeten, vielfältigen und latenten Gewaltstrukturen nicht übersehen darf.

Die Gewaltmonopolisierung in einem Weltstaat, einem globalen Leviathan, erscheint wenig wahrscheinlich, denn das menschliche Streben nach Sicherheit ist von dem Streben nach Selbstbestimmung nicht zu lösen. Eher vorstellbar sind regionale Systeme kollektiver Sicherheit in einer pluralistischen Welt, die durch das Bewußtsein wechselseitiger Abhängigkeit zusammengehalten wird.

Einstweilen sind wir noch weit davon entfernt, auch nur in einer Region von kollektiver Sicherheit sprechen zu können. Zwar stellt die westeuropäische Gemeinschaft auf der Basis prinzipieller politischer Homogenität ein System kollektiver Sicherheit nach innen dar — nach drei deutsch-französischen Kriegen in einem Jahrhundert eine Notwendigkeit und keine Selbstverständlichkeit —, aber eine blockübergreifende europäische Sicherheitsregion im Ost-West-Konflikt hat sich institutionell noch kaum ausgeprägt. Erste Ansätze sind in den vertrauensbildenden Maßnahmen der KSZE zu sehen, während gleichzeitig das fortgesetzte Wettrüsten auf die weitere Gefährlichkeit des Konfliktes hinweist.

Die Diskussion der nächsten Jahre wird sich vor allem mit zwei Grundfragen der europäischen Sicherheit zu befassen haben:
1. Wie kann die konfrontativ angelegte Konfliktstruktur bei hohem Rüstungsniveau in eine eher kooperativ angelegte Konfliktregelungsstruktur bei niedrigerem Rüstungsniveau transformiert werden?
2. Wie kann sich der Wandel eines Sicherheitssystems, dessen Entriegelung zum nuklearen Unfall und damit zum Zusammenbruch führen könnte, unter der notwendigen Bedingung der Stabilität vollziehen?
In der theoretischen und politischen Bewältigung der Spannung zwischen Wandel und Stabilität liegt die wichtigste Aufgabe künftiger Sicherheitspolitik.

LITERATURHINWEISE

Frei, D., Sicherheit. Grundfragen der Weltpolitik, Stuttgart 1977.
Haftendorn, H., Abrüstungs- und Entspannungspolitik zwischen Sicherheitsbefriedigung und Friedenssicherung, Düsseldorf 1974.
Kaiser, K. und *Kreis*, K. M., Sicherheitspolitik vor neuen Aufgaben, Frankfurt/M. 1977.
Kaufmann, F.-X., Sicherheit als soziologisches und sozialpolitisches Problem, Stuttgart 1973 (2. Aufl.).
Schubert, K. v. (Hrsg.), Sicherheitspolitik der Bundesrepublik Deutschland. Dokumente 1945–1976, Köln 1977.
Schwarz, K.-D. (Hrsg.), Sicherheitspolitik. Analysen zur politischen und militärischen Sicherheit, Bad Honnef 1977 (2. Aufl.).
Weizsäcker, C. F. v., Wege in der Gefahr. Eine Studie über Wirtschaft, Gesellschaft und Kriegsverhütung, München 1976.
Zellentin, G., Intersystemare Beziehungen in Europa, Leiden 1970.

KLAUS VON SCHUBERT

Soldaten und Politik

→ *Bundeswehr und Öffentlichkeit, Bundeswehr und Verfassung, Innere Führung, Interessenvertretung der Soldaten, Politische Bildung in der Bundeswehr.*

1. DER SOLDAT DER BUNDESWEHR hat die gleichen staatsbürgerlichen Rechte wie jeder andere Bürger und damit auch die Freiheit zur politischen Betätigung. Bei ihrer Ausübung muß er jedoch die Beschränkungen beachten, die sich aus seinen gesetzlichen Pflichten ergeben (SG §§ 6, 7, 8, 10, 12, 15, 17, 25, 33).

2. POLITISCHE RECHTE UND ZIVILE KONTROLLE. — 2.1. Trotz des hohen Demokratiewertes der politischen Grundrechte steht ihre Eröffnung für die Soldaten vordergründig im Widerspruch zu der im Organisationsteil des Grundgesetzes fixierten Beseitigung der institutionellen Einflußchancen früherer deutscher Armeen auf die Politik und scheint diesen Gewinn zu riskieren. Die Theorie der → *Integration* der Bundeswehr in die Demokratie löst die Paradoxie mit der Figur des „Staatsbürger in Uniform", dessen politische Persönlichkeit den Mißbrauch seiner Rechte ausschließen soll, nur unzureichend. Sie muß, da sie nach der zivilen Kontrollfunktion der aktivbürgerlichen Rechte im Militär nicht fragen kann, vorschnell auf die Ebene des Bewußtseins durchgreifen und dieses zum eigentlichen Träger der Integration erheben. Theoretisch wird so die Mentalität der Armee zum zentralen Objekt der gesellschaftlichen Steuerung.

Da der politischen Praxis jedoch ein entsprechender empirischer Gegenstand für ihren kontrollierenden Zugriff fehlt, muß die Theorie ihn in die Sphäre des Geistigen entrücken, um ihren Integrationsbegriff nicht zu verlieren.

2.2. Eine erste Klärung des funktionalen Beitrags der politischen Rechte der Soldaten zur zivilen Kontrolle des Militärs ermöglicht das frühere Politikverbot vor allem in der kaiserlichen Armee. Das heutige, zumal das normativ-demokratische Politikkonzept, sieht darin ausschließlich ein Instrument zur Trennung von Soldat und Politik und zur Erhaltung des apolitischen Charakters, namentlich des Offizierkorps. Es erfaßt damit aber nicht die eminent politische Qualität der Armee als Teil und wichtigste Stütze der wilhelminischen Herrschafts- und Gesellschaftsordnung und Repräsentant eines überparteilich gedachten Staates, die speziell in der Offiziersrolle automatisch mitthematisiert wurde — unabhängig von den Motiven des Handelnden oder einer Position mit direktem Zugang zur Politik. Hier, auf der kommunikativen und weniger auf der personalen Ebene, liegt die Hauptfunktion des Politikverbotes: es symbolisierte die unmittelbare Zuordnung der Armee zum damaligen Staat und legitimierte damit ihre Eingriffe in die Politik als überparteilich und „vaterländischen" Interessen dienend.

2.3. Entsprechend besteht die Funktion der politischen Teilhaberechte des Bundeswehrsoldaten nicht allein in seiner Einbürgerung. Die grundrechtliche Gleichstellung des Militärpersonals mit dem Bürger bedeutet zugleich seine politische Nivellierung. Er kann seine Interessen, ob universal oder partikular, nicht mehr über den kurzen Weg der Exekutive bei der Politik anmelden, sondern muß sie über Wahlen, Parteien und Interessenverbände artikulieren und der Konkurrenz mit anderen aussetzen. Auch als politische Institution ist die Armee nicht mehr Sprecher ihrer selbst bzw. eines übergeordneten Sicherheitsinteresses. Ihre diesbezüglichen Äußerungen und Vorstellungen können ohne Rücksicht auf ihre Richtigkeit nicht nur generell bestimmten parteipolitischen Richtungen zugeordnet, sondern durch die nun mögliche öffentliche Unterstellung entsprechender personaler Bindungen weiter relativiert werden. Die aktivbürgerlichen Rechte der Soldaten ermöglichen so die parteiliche Politisierung militärischer Standpunkte und tragen dadurch strukturell zur politischen Neutralisierung des Militärs als Bedingung seiner zivilen Kontrolle bei, ohne daß seine Integration gleich als psychologische Politisierung der Soldaten gedacht werden muß, die die Bundeswehr um den Bestand ihrer internen, funktions- und rollenspezifischen Loyalitätsbindungen fürchten lassen würde.

Politisches Verhalten in Bundeswehr und Bevölkerung 1960—1970
(Angaben in Prozent)

Parteipräferenz/ Bundestagswahl (BTW)	CDU/ CSU	SPD	FDP	Sonst.	Enthaltungen/ (keine Angabe)
BwFrw 1960: Präferenz	71,7	13,3	4,2	3,4	(7,5)
BTW 1961: männl. Bevölk. 21—60 Jahre	40,6	40,1	13,3	5,3	11,4
BTW 1965: Soldaten	54,5	31,0	8,0	6,5	—
männl. Bevölk. 21—45 Jahre	41,7	46,0	8,8	3,6	15,2
BTW 1969: Soldaten u. Angehörige Bevölkerung	50,7	39,4	4,9	4,9	14,8
21—45 Jahre	46,2	42,9	6,1	4,9	15,1
Uffz 1970:	43,7	51,0	2,1	—	—

BwDaten nach Waldmann 1963; Wildenmann/Schatz 1969; Puzicha/Fooken/ Feser o.J.; übrige: Stat. Jb. f. d. Bundesrepublik Deutschland.

3. POLITISCHER WANDEL IN DER BUNDESWEHR. — 3.1. Das politische Verhalten der Soldaten bleibt zentral für die Integration der Bundeswehr in die Demokratie. Kriterium dafür kann jedoch nicht seine Deckungsgleichheit mit dem Verhalten der übrigen Bevölkerung sein. Gerade das Bezugsproblem der Armeereform definiert mit seinem Gegenstand — der Auflösung der bisherigen Unvereinbarkeit von militärischer und bürgerlich-industrieller Gesellschaftsform — zugleich auch, daß seine Lösung nicht in der Identität, sondern in der Kompatibilität des Militärs mit seiner zivilen Umwelt liegt. Die Inkompatibilität von Armee und Demokratie in Deutschland, zumal in der Weimarer Republik, hatte ihre Basis jedoch nicht in einer gegensätzlichen Geistesverfassung. Die politisch reaktionäre Haltung der Reichswehr war primär Folge ihres sozio-strukturell bedingten Defizits an gesellschaftlicher Modernisierung, das sie unfähig zur An-

passung an den sozialen Wandel und seine politischen Konsequenzen machte. Integrationskriterium muß daher sein, ob das politische Verhalten speziell des Kaderpersonals der Bundeswehr den Charakter korporativer Geschlossenheit hat oder aber Pluralität und Differenzierung signalisiert.

3.2. Eine im klassischen Sinne militaristische Armee muß in einem parlamentarischen System, das ihr keine Chancen direkten politischen Einflusses bietet, die Unterstützung demokratischer Parteien suchen. Sie wird zeitlich und sozial stabil Präferenzen für Parteien der jeweils konservativen Richtung ausbilden und als „links" wahrgenommene Parteien konsequent ablehnen.

Die Parteipräferenzen des Kaderpersonals von 1960 zeigen, daß die Bundeswehr anfangs ihren Abschied von der bisherigen → *Militärgeschichte* noch nicht vollzogen hatte — nicht zuletzt bedingt durch den unvermeidlich hohen Anteil an Soldaten aus Reichswehr und Wehrmacht (1960 bei Offizieren 76 %, bei Unteroffizieren 46 %). Die weiteren Daten zum Wahlverhalten der Soldaten sind zwar nicht streng repräsentativ, reichen jedoch aus als Indikatoren für einen politischen Wandel in der Bundeswehr, der in der gleichen Richtung wie die Entwicklung in der Gesamtgesellschaft verläuft. Darüber hinaus hat sich die anfangs einseitige politische Orientierung der neuen Armee nicht nur in der Zeit geändert, sondern auch sozial differenziert, wie an der Parteipräferenzstruktur der Unteroffiziere von 1970 deutlich wird, die sich zehn Jahre vorher in dieser Hinsicht von den Offizieren kaum unterschieden. Den Offizieren können auch ohne genaue empirische Daten ein konservativerer Zuschnitt und entsprechende politische Präferenzen unterstellt werden, obwohl auch hier die 1960 noch ausgeprägte Differenz zur zivilen Gesellschaft um einiges abgenommen haben dürfte. Das berechtigt jedoch nicht zu der These von der Fortdauer des alten „militärischen Geistes". Dazu steht zum einen der — unwahrscheinliche — Nachweis immer noch aus, daß sich die Offiziere in ihrem politischen Verhalten von anderen klassischen Professionen wie Medizinern oder Juristen unterscheiden. Zum anderen aber ist bei ihnen das Merkmal sozialer Exklusivität, der einseitigen → *Rekrutierung* aus den ehemals „staatstragenden" Schichten und hoher Selbstrekrutierung, kaum ausgeprägt. Der Offiziernachwuchs zeigt vielmehr jene Ausweitung der Rekrutierungsbasis, in der die → *Militärsoziologie* ein typisches Merkmal der modernen Militärprofession sieht. Dieser soziale Wandel im Offizierkorps ist zugleich Indiz dafür, daß sein Konservatismus nicht demokratiefern ist, sondern Ausdruck einer Dienstleistungs-

haltung, wie sie charakteristisch auch für andere bürokratische Großorganisationen ist.

4. Die Klassifizierung der Bundeswehr bzw. ihrer Soldaten als vereinbar mit der Demokratie und modernen Gesellschaft erscheint blaß
und nichtssagend, da sie auf Bewußtseinsinhalte und Handlungs-
motive allenfalls am Rande eingeht. Sie mag sogar verharmlosend
wirken angesichts mancher spektakulären Kollision zwischen hohen
Militärs und demokratischen → *Normen*. In der Tat gibt es gute
soziologische Argumente dafür, daß derartige Kollisionen keine Ein-
zelfälle sind, daß das politische Bewußtsein der neuen deutschen
Armee von pflichtmäßigem Politikinteresse und formalem Demokra-
tieverständnis stark geprägt wird, daß insgesamt der Mentalität des
Soldaten jenes aufklärerische Moment weitgehend fehlt, das nach
klassischer Theorie den „citoyen" und die Essenz der Demokratie
ausmacht. Demokratie kann jedoch von der Substanz her, als politische Gesinnungsgemeinschaft nur unzulänglich gedacht werden:
der Basiskonsens ihrer Bürger ist nicht ihr zentraler Stabilitätsgarant
und ihr Begriff zerrinnt typisch immer dann, wenn sie auf abfragbare
Einstellungsmuster reduziert werden soll.

Es erscheint daher eher zulässig, die politische Naivität von Militärs
als Ausdruck des funktional notwendigen Komplexitätsgefälles
zwischen politischem System und militärischem Subsystem zu interpretieren, das einerseits die strukturelle Bedingung des zivilen Primats ist, während andererseits die Armee mit ihrem geringeren Ver-
haltenspotential sich über derartige Pseudokrisen an die Politik anpaßt. Diese wären dann gleichzeitig als Aufforderung an die Politik
zu steuerndem Eingriff zu verstehen. Insofern wäre die ansonsten
treffende Charakterisierung der heutigen Bundeswehr als „Armee
ohne Eigenschaften" (W. v. Bredow) zu relativieren: träfe sie voll zu,
so könnte das bedeuten, daß die militärische → *Struktur* dem funktionalen Primat des Zivilen nicht mehr entspricht.

LITERATURHINWEISE

Berghahn, V. R. (Hrsg.), Militarismus, Köln 1975.
Huntington, S. P., The Soldier and the State, New York 1957.
Lange, P., Soldat und Politik: Abschied von Gestern, in: Transfer 2, Opladen
     1976.
Luhmann, N., Grundrechte als Institution, Berlin 1965.
Puzicha, K., *Fooken*, I., *Feser*, H., Soldat und Politik — eine Neuorientierung?,
     Bonn o. J.
Waldmann, E., Soldat im Staat, Boppard 1963.
Wildenmann, R. und *Schatz*, H., Das Wahlverhälten an Bundeswehrstandorten,
     in: Sozialwissenschaftliches Jahrbuch für Politik, München 1969.
                                                    PETER LANGE

Soldat und Technik

→ *Ausbildung/Bildung, Führung/Führungsstil, Führungssysteme, Militärgeschichte, Rüstung, Wehrtechnik.*

Die → *Integration* der hochtechnisierten Bundeswehr in die Gesellschaft gebietet u. a., daß der Staatsbürger in Uniform sich auch der Technokratie-Diskussion in der Gesamtgesellschaft zu stellen hat.
Technokratie (Herrschaft der Technik) heißt:
1. Lehre oder Anschauung, die die Struktur und Organisation der Gesellschaft nach Prinzipien der → *Technik* bzw. eines technischen Organismus gestalten will;
2. die faktische Realisierung dieser Lehre oder Anschauung.
Da in diesen technizistischen, gesellschaftlichen Organisationsschemata den unmittelbar mit der Technik beschäftigten Personen (Technikern, Ingenieuren, „Systemanalytikern", usw.) gesamtgesellschaftliche Führungsrollen normativ eingeräumt werden, kann der Terminus Technokratie gemäß dem Wortverständnis seiner Benutzer auch als (Lehre der) „Herrschaft der Techniker" personalisierend übersetzt werden.
Typisch für Technokraten ist deren Klage über die fehlende Effizienz der „industriellen Maschinerie".
Zu Beginn der 60er Jahre dieses Jahrhunderts hat der westdeutsche Soziologe Helmut Schelsky das Modell eines technokratischen Staates skizziert, dessen hauptsächliche Bestimmungsgrößen die Entwicklungstrends einer wissenschaftlichen Zivilisation seien. Nach Schelsky repräsentiert moderne Technik mehr als Organersatz und künstliche Organfortsetzung. Technik trete dem Menschen als neue Qualität gegenüber und verändere diesen, dem sie gleichwohl ihre Existenz verdankt. Technik beanspruche den Status einer zweiten Natur. In diesem Schelskyschen Quasi-Naturbegriff, der den Menschen angeblich zum Objekt der technisch-wissenschaftlichen Zivilisation degradierenden Technik offenbart sich nach Meinung von Schelskys Kritikern ein Merkmal des Mythos vom technischen oder Atomzeitalter: die naturhafte Verklärung von in Wirklichkeit sozialen Phänomenen; de facto soziale, d. h. veränderbare Konstellationen werden als biologisch-anthropologische Naturkonstanten hingestellt, so daß sie den Anschein ihrer Unabänderlichkeit erwecken, die unversehens in den Rang einer Gesetzmäßigkeit erhoben wird:
→ *„Kriege* wird es immer geben".
Schelsky zufolge bedeutet die Produktion neuer technischer Appara-

turen immer auch eine solche neuer Gesellschaft schlechthin und neuer menschlicher Psyche, jedes technische Problem wird zum sozialen und psychischen Problem; die von den Menschen verursachte Sachgesetzlichkeit stellt als verselbständigte ihrerseits sachgesetzliche Forderungen an sie. Schelsky: „Der Mensch löst sich vom Naturzwang ab, um sich seinem eigenen Produktionszwang wiederum zu unterwerfen". Schelskys Sachzwang der gesellschaftlichen Reproduktion bildet sowohl Produkt, als auch Manipulator des Menschen. Der Mensch schaffe die technische Zivilisation, diese schaffe wiederum den Menschen, usw. Moderne Technik suspendiere die Politiker von der Notwendigkeit des Entscheidens; die sachimmanente Logik der technischen Apparatur entscheide alles von selbst. Schelsky spricht hier von „fiktiver Entscheidungstätigkeit der Politiker im technischen Staat". Moderner Staat und Technik durchdringen einander. In dem technokratischen Staatsmodell Schelskys bedürfen Technik und Staat keiner Legitimation, außer derjenigen des reibungslosen Funktionierens. Herrschaft, Politik und Staat im herkömmlichen Sinn seien aufgehoben.

Diese These der technologisch unausweichlichen Monopolstellung des Staates auf dem Sektor politisch-technokratischer Macht und Gewalt wird u. a. von Hans Paul Bahrdt angefochten, der trotz eines immensen Technisierungsschubs Herrschaftskonkurrenzen zum Staat prinzipiell für möglich hält: halböffentliche Verbände und Instanzen eines „Industriefeudalismus", ihrerseits nach vordemokratischen Prinzipien strukturiert, könnten dem Staat technokratisches Paroli bieten. Bahrdt: „Es könnte auch ein Nebeneinander von einander überkreuzenden Herrschaftsgebilden sein". Auch der finanzielle Aspekt der technologischen Entwicklung verlangt nicht unbedingt eine staatsmonopolistische Technokratie, da private Marktabsprachen und Kartelle ebenfalls beträchtliche Finanzleistungen erbringen können; hier manifestiert sich die Möglichkeit der Durchsetzung von ökonomisch-technologischen Einzelinteressen gegenüber der nur scheinbar einzig richtigen Sachgesetzlichkeit des technischen Staates.

Nicht zuletzt die aktuellen Probleme der weltstrategisch relevanten → *Rüstungs*projekte in Ost und West signalisieren, daß über neue Waffensysteme nicht primär nach rein technischen, sogenannten sachgesetzlichen, sondern nach politischen Kriterien entschieden wird. Die Anfang 1977 entfachte Diskussion beispielsweise, ob der neuentwickelte US-Panzer „XM-1" oder der westdeutsche Konkurrent „Leopard 2" in den beiden Armeen eingeführt werden soll, verdeutlicht das. Schelskys Vision des technokratischen Staates leugnet de facto die gesellschaftliche, jenseits der Technik liegende Herrschaftsverteilung und setzt sich daher dem Vorwurf aus, durch eine Verabsolutierung technischer ,,Sachzwänge" zu einer ideologischen Verschleierung tatsächlicher außertechnischer Interessen beizutragen.

Gemeinsam ist allen Technokraten die Neigung zur unreflektierten Ineinssetzung des reibungslosen Funktionierens der technischen Apparatur mit einem Optimum an Rationalität, wobei ferner übersehen wird, daß jede Sachrationalität tendenziell immer auch Irrationalitäten produziert, so daß der Preis für den Gewinn partikularer Rationalitäten nicht selten im Zuwachs gesamtgesellschaftlicher Irrationalitäten besteht. So können beispielsweise punktuell gerechtfertigte Maßnahmen der Land- und Forstwirtschaft das biochemische Gleichgewicht ganzer Landschaftsregionen stören; Rüstungsprogramme mögen für ein Teilsystem in ökonomischer und technischer Hinsicht ein Nonplusultra an Sachlogik darstellen, für das Gesamtsystem jedoch können sie mit dem Risiko der totalen Zerstörung verbunden sein. Der Mangel an gesamtgesellschaftlicher Vernunft in den Entwürfen vieler Technokraten bricht vor allem dort hervor, wo die Verselbständigung des technischen Staates gegenüber der Gesellschaft offen zugestanden und wo die Notwendigkeit der Abstimmung der öffentlichen Meinung auf die Bedürfnisse des technischen Staatskörpers mittels manipulativer Techniken des human engineering etc. betont wird. Die Kritik von Bürgerinitiativen z. B. am Bau von Kernkraftwerken wird von Technokraten ausschließlich mit energiepolitischen Argumenten verurteilt: mögliche Rückwirkungen auf die natürliche Umwelt werden hintangestellt; demokratische Grundrechte des Individuums kommen unter Berufung auf echte oder vermeintliche Sicherheitsbelange der brisanten technischen Apparatur zu kurz. In diesem Zusammenhang spricht Robert Jungk vom drohenden ,,Energie-Faschismus".

Gesamtgesellschaftliche negative Tendenzen von Technokratie und Technik können armee-intern durchaus demokratiefördernd wirken: zur Bedienung von komplizierten und hochempfindlichen Waffensystemen werden Soldaten mit fundierter technischer → *Ausbildung* und Erfahrung benötigt, Soldaten, die nur noch an ihrer Uniform als solche zu erkennen sind. Neben diesen Technikern in Uniform fordert die technische Apparatur zunehmend die Einstellung von hochqualifizierten Zivilisten im Angestellten- oder Beamtenverhältnis. Technik führt also zu einer ,,Verzivilisierung" der Armee. Gesteigerter Technisierungsgrad fördert ferner den Abbau der traditionalen Amtsautorität zugunsten einer funktionalen Sachautorität. Technische Spezialisierung und Arbeitsteilung der soldatischen Tätigkeiten drängen auf Emanzipation des soldatischen Untergebenen zum eigenverantwortlichen Mitarbeiter. Diese durch die Technik verursachte Selbständigkeit des Untergebenen induziert eine tendenzielle Demokratisierung der militärischen Hierarchie.

LITERATURHINWEISE

Bahrdt, H. P., Helmut Schelskys technischer Staat, in: Atomzeitalter, H. 9/1961.
Bigler, R. R., Der einsame Soldat, Frauenfeld 1963.
Friedeburg, L. v., Zum Verhältnis von Militär und Gesellschaft in der Bundesrepublik Deutschland, in: *Picht*, G. (Hrsg.), Studien zur politischen und gesellschaftlichen Situation der Bundeswehr, Bd. 2, Witten 1966.
Mosen, W., Eine Militärsoziologie. Technische Entwicklung und Autoritätsprobleme in modernen Armeen, Neuwied/Berlin 1967.
Schelsky, H., Der Mensch in der wissenschaftlichen Zivilisation, in: *Schelsky*, H., Auf der Suche nach Wirklichkeit, Düsseldorf 1965.

WIDO MOSEN

Soziale Verteidigung

→ *Abrüstung, Friedensforschung, Krieg, Militärdoktrinen, Sicherheitspolitik, Widerstand, Zivile Verteidigung.*

1. BEGRIFF. — Soziale Verteidigung (S. V.) ist ein Sammelbegriff für Gegenkonzepte zur militärischen Verteidigung, die statt bewaffneter Aktionen gewaltlosen → *Widerstand* vorsehen. Verteidigt werden soll die Souveränität nicht durch den militärischen Schutz von Grenzen und Territorien, sondern dadurch, daß Zivilisten mit gewaltfreien Widerstandsmethoden die Selbstbestimmung in den sozialen Institutionen eines demokratischen Staatswesens zu erhalten suchen. Je nachdem, ob man betont, daß die Träger dieser Verteidigungsform Zivilisten sind oder, daß die Kampftechniken gewaltfrei sind, werden im angelsächsischen und französischen Sprachraum auch die Begriffe Civilian Defence und Défense Nonviolente gebraucht. Im deutschen Sprachraum hat sich der Begriff S. V. durchgesetzt. Im allgemeinen sind diese Begriffe gleichbedeutend; die neuerliche Bevorzugung des Begriffes S. V. signalisiert jedoch, daß diese Verteidigungsform bestimmter sozialer Voraussetzungen bedarf.

2. ENTSTEHUNG DES KONZEPTS. — Die Wirksamkeit gewaltloser Kampftechniken, insbesondere des Streiks und des wirtschaftlichen Boykotts, erwies sich Ende des 19. und Anfang des 20. Jahrhunderts in den meist unbewaffneten Aktionen der europäischen und amerikanischen Arbeiterbewegung; die theoretische Diskussion über gesellschaftliche Umwandlungsprozesse wurde jedoch weitgehend von der Alternative „parlamentarischer Weg" oder „bewaffnete Revolution" bestimmt.

Von dieser Alternative abweichende Vorstellungen wurden vor allem in syndikalistischen, anarchistischen und christlich-pazifistischen Gruppierungen vertreten. Theoretiker dieser Gruppen wollten die radikalen innergesellschaftlichen und außenpolitischen Strukturwandlungen mit gewaltlosen Mitteln erreichen. Aus dieser Tradition stammt das Konzept der S. V.. Ein Schmelztiegel solcher Ideen waren vor und nach dem Ersten Weltkrieg die Niederlande, wo Bart de Ligt und Henriette Roland Holst die ersten umfassenderen Konzepte für gewaltlose Revolutionen und deren gewaltlose Verteidigung entwickelten. Weltweite Aufmerksamkeit fand die Strategie der gewaltfreien Konfliktaustragung, als Mohandas K. Gandhi diese Methode in Südafrika und Indien erfolgreich gegen Rassendiskriminierung und koloniale Ausbeutung einsetzte. Vor dem Hintergrund der Empfindlichkeit von Industriestaaten für gewaltlosen Widerstand und unter Hinweis auf die eskalierenden Zerstörungen bei bewaffneten Auseinandersetzungen entwickelten sich ziemlich breit gestreut, meist in Form von Zeitschriftenaufsätzen und Broschüren, Theorien einer Politik ohne Gewaltanwendung.

Der bewaffnete Kampf gegen den Faschismus ließ die Theorien der Gewaltlosigkeit zunächst in Vergessenheit geraten; die Atomwaffengegnerbewegung entdeckte sie jedoch in den 50er Jahren wieder, machte außerdem die Feststellung, daß es im Zweiten Weltkrieg in von Deutschen besetzten Gebieten gewaltlosen Widerstand gegeben hatte, der in seiner Breitenwirkung in einigen Staaten weit wichtiger gewesen war als der Partisanenkrieg, so in Norwegen, Dänemark und den Niederlanden.

1957 machte dann der ehemalige Seeoffizier und Parlamentarier Stephen King-Hall in einer Kritik des englischen Verteidigungsweißbuches darauf aufmerksam, daß die englische Bevölkerung in einem Atomkrieg vor der Vernichtung nicht geschützt werden könnte. In Verbindung mit dieser Kritik machte er detailliertere Vorschläge für eine völlige Umstellung der Verteidigung Westeuropas auf gewaltlosen Widerstand. Seine Vorschläge wurden nicht, wie er hoffte, von

der Regierung, sondern einer internationalen Gruppe von Friedens-
forschern (Gene Sharp, Adam Roberts u. a.) aufgegriffen. Von der
Civilian Defence Study Conference im September 1964 in Oxford
(G. B.) gingen dann die weiteren Forschungsimpulse aus, die besonders nach der Erfahrung der CSSR im Jahre 1968 in fast allen westeuropäischen Staaten zu nationalen Forschungsgruppen führten; am
produktivsten war die Studiengruppe „Soziale Verteidigung" der
Vereinigung Deutscher Wissenschaftler, die mehrere internationale
Konferenzen organisierte. Schwerpunkt der Forschung waren zunächst Fallstudien, dann die Klärung der gesellschaftlichen Voraussetzungen der S. V. und schließlich Entwürfe von Übergangsstrategien.
1976 wurde in Brüssel eine Internationale Studiengruppe S. V. gebildet, welche die Basis bilden soll für das 1977 von der niederländischen Regierung geförderte Forschungsprogramm über gewaltfreie
Konfliktaustragung.

3. HISTORISCHE ERFAHRUNGEN. — Fallstudien haben das Konzept
der S. V. beeinflußt, indem sie die Vielfalt von Widerstands- und
Unterdrückungsmöglichkeiten aufzeigten. Wichtigster Unterschied
zwischen den historischen Fällen und dem Konzept der S. V. ist: In
der Vergangenheit wurde der → Widerstand ohne ein entwickeltes
theoretisches Konzept improvisiert, die S. V. dagegen sieht eine bewußte Vorbereitung auf den Widerstand vor. Den bislang nachhaltigsten Einfluß auf das Konzept der S. V. hatten vier Fälle aus der
europäischen Geschichte. Der Widerstand gegen den *Kapp-Putsch*
1920 zeigte, daß ein Generalstreik zusammen mit der Gehorsamsverweigerung der Beamten militärisch erfolgreiche Putschisten schon
nach wenigen Tagen zum Abdanken zwingen kann.
Im *Ruhrkampf 1923* wurde von der Reichsregierung offiziell zum
passiven Widerstand gegen die französisch-belgische Besatzungsmacht
aufgerufen. Unter dem Widerstand verschärfte sich die wirtschaftliche Notlage der Bevölkerung beträchtlich; als der Widerstand aufgegeben wurde, stand jedoch auch fest, daß ohne die Zusammenarbeit der Bevölkerung eine Ausbeutung deutscher Kohle nicht
möglich war und daß auch die Separatisten keine Chance hatten.
Der *Widerstand der norwegischen Lehrer 1941/42* gegen das Quis-
ling-Regime und die deutsche Besatzungsmacht brachte Hinweise auf
den kulturellen Hintergrund und die organisatorischen Maßnahmen,
die es gestatten auch gegen totalitäre Herrschaft erfolgreich gewaltlosen Widerstand zu leisten. Der Widerstand in der *ČSSR 1968* zeigte
trotz seines (vorläufigen) Scheiterns eine Fülle von gewaltlosen

Kampftechniken; am Fall ČSSR wurde deutlich, daß in militärisch-ideologischen Bündnissen Konstellationen eintreten können, die einem Volk trotz moderner Armee nur die Möglichkeit des gewaltlosen Widerstands lassen. Unter dem Eindruck des *Militärputsches gegen die Regierung Allende in Chile* hat sich das Interesse sozialistischer Kreise an der S. V. verstärkt.

4. STRATEGIE. — Das Ziel der S. V. ist, das verteidigte Gesellschaftssystem lebensfähig zu erhalten, dem Aggressor die Zusammenarbeit zu verweigern und dessen bisherige Anhänger zu Neutralität oder Parteinahme für die Verteidiger zu veranlassen. Da ein Generalstreik nur relativ kurze Zeit durchzuhalten und nur sinnvoll ist, wenn eine wirtschaftliche Abhängigkeit des Aggressors von den Verteidigern besteht, gilt in der Regel die „dynamische Weiterarbeit ohne Kollaboration" als die erfolgversprechendste Strategie. Der Aggressor soll (nach dem Vorbild der norwegischen Lehrer und der deutschen Beamten im Ruhrgebiet) durch die Gehorsamsverweigerung der an ihren Arbeitsplätzen Verbleibenden zu einem zerstreuten Großeinsatz eigenen militärischen und zivilen Personals gezwungen werden, was die Voraussetzung bilden soll für die ideologische Beeinflussung dieses Personals durch den gewaltlosen Widerstand. Mit exemplarischem Terror des Aggressors wird gerechnet, aber die Strategie der S. V. geht davon aus, daß auf die Dauer die ideologischen und auch materiellen Kosten der Aggression deren vermeintlichen Nutzen überwiegen.

5. SOZIALE VORAUSSETZUNGEN. — Obgleich das Konzept der S. V. auch die organisatorische Vorbereitung auf der Ebene der Verwaltung und Verbände vorsieht, gilt als wichtigste Voraussetzung eine allgemeine Kultur der Widerstandsbereitschaft. Dementsprechend gilt als beste Vorbereitung auf die S. V. die Demokratisierung aller gesellschaftlichen Institutionen, insbesondere auch der Wirtschaft. Da einerseits die Außenhandelsabhängigkeit einer Wirtschaft auch die Verteidigungsfähigkeit schwächt, besteht eine sachliche Nähe der S. V. zur ökologisch motivierten Kritik an der Überindustrialisierung Westeuropas. Bei den Mitarbeitern ökologisch orientierter Bürgerinitiativen findet die S. V. die derzeit stärkste Resonanz, so daß mit einer politischen Durchsetzung wachstumskritischer Vorstellungen auch eine Belebung der Diskussion um die S. V. verbunden sein dürfte. Versuche der Regierungen einiger neutraler Staaten (Schweden, Österreich und Schweiz) den gewaltlosen Widerstand als eine

Art dritte Front hinter der konventionellen und guerillaförmigen Kriegsführung in das herkömmliche Verteidigungskonzept zu integrieren, haben nicht weitergeführt, da die Vertreter der S. V. diese Vorstellung als Stabilisierung traditioneller → *Feindbilder* und damit verbundener Rüstungspolitik interpretieren und die Totalverteidiger dann auch wieder vor der basisdemokratischen Einübung des gewaltfreien Widerstands zurückschaudern.

LITERATURHINWEISE

Ebert, Th. u. a., Demokratische Sicherheitspolitik. Von der territorialen zur sozialen Verteidigung, München 1974 (mit ausführlicher Bibliographie).
Roberts, A. (Hrsg.), Gewaltloser Widerstand gegen Aggressoren, Göttingen 1971.
Sharp, G., The Politics of Nonviolent Action, 3 Bde., Boston 1974.
Gewaltfreie Aktion, Berlin 1969 ff. (Fachzeitschrift für Soziale Verteidigung).

THEODOR EBERT

Sozialisation

→ *Ausbildung/Bildung, Befehl und Gehorsam, Beruf „Soldat", Führung/Führungsstil, Innere Führung, Militärsoziologie, Politische Bildung in der Bundeswehr, Rekrutierung, Unteroffiziere, Wehrpflicht.*

1. BEGRIFF. — Sozialisation bezeichnet den lebenslangen Prozeß, durch den ein Individuum über den Umgang mit anderen Menschen seine spezifischen sozialrelevanten Verhaltens- und Erlebensmuster entwickelt. Vom Individuum abgehoben bedeutet Sozialisation den Fortbestand von Gesellschaft.
Im Unterschied zu Sozialisation beinhalten die Begriffe „Erziehung" und → *„Ausbildung"* hauptsächlich die zielgerichtete, formalisierte Vermittlung von Lernprozessen. Sozialisation bezieht dagegen auch unbeabsichtigte und nicht bewußte Lern- und Vermittlungsprozesse mit ein.

2. SOZIALISATION IN DER BUNDESWEHR. — Bezogen auf die Bundeswehr kann Sozialisation als der Prozeß bezeichnet werden, in dem alle Mitglieder der militärischen Organisation die Verhaltensqualifikationen erwerben, die für ihre Integration in dieses Sozialsystem notwendig sind. Zwei grundlegende Aspekte lassen sich voneinander unterscheiden:

— Da die Bundeswehr eine Wehrpflichtarmee ist, erhebt sich die Frage nach den Auswirkungen des Dienstes in den Streitkräften bei den Wehrpflichtigen.

— Die zweite Frage bezieht sich auf die Individuen, die sich für einen über die → *Wehrpflicht* hinausgehenden Zeitraum oder lebenslang für den Beruf des Soldaten entschlossen haben. Hier sind besonders die organisationsinternen Sozialisationsprozesse thematisiert.

3. SOZIALISATION DER WEHRPFLICHTIGEN. — Hinsichtlich der ersten Fragestellung gilt die Bundeswehr im einschlägigen Schrifttum einhellig als bedeutende und gut funktionierende Sozialisationsinstanz. Über die Richtung des Einflusses aber gehen die Meinungen auseinander. Etwas vergröbert lassen sich zwei konträre Annahmen unterscheiden:

3.1. *Der Wehrdienst führt zu angepaßtem, unkritischem, autoritätsgebundenem Bewußtsein.* — Diese Position wird vor allem von radikaldemokratisch eingestellten Sozialwissenschaftlern vertreten. Dem Wehrdienst wird dort im Rahmen der als „spätkapitalistisch" beschriebenen Gesellschaft der Bundesrepublik eine spezifische Aufgabe zugewiesen: Wichtigste Funktion der „totalen Institution" (Goffman) Bundeswehr sei die Beeinflussung der Wehrpflichtigen im Sinne einer unkritischen Normierung und Anpassungshaltung. So solle besonders das widerspruchslose Funktionieren der Jugendlichen in der Arbeitswelt garantiert werden. Keinesfalls erfolge beim Militär eine Förderung oder Entwicklung individueller Persönlichkeit. Durch das Herausreißen aus gewohnter Umgebung, durch Uniformierung, Isolierung etc. greife der Wehrdienst in eine Phase der Persönlichkeitsentwicklung ein, in der besonders Selbstwertgefühle und Selbständigkeit, auch in Abhebung zu den allgemeinen Verhaltensregeln, entwickelt würden. Im Ergebnis laufe dieser Eingriff auf eine politische Normierung im Sinne der Herrschenden hinaus. Steinert und Treiber sprechen in diesem Zusammenhang von der „Sozialisation des Untertanen".

3.2. *Der Wehrdienst entwickelt und stärkt demokratisches Bewußtsein.* — Diese Position läßt sich vornehmlich bei der politischen und militärischen Führung der Bundeswehr ausmachen. Ausgangspunkt für alle Überlegungen ist die Gleichsetzung von staatsbürgerlichem bzw. demokratischem Bewußtsein mit Wehrmotivation. Da in der Gesellschaft und der Bundeswehr unterschiedliche Wertsysteme vorlägen und die Wehrpflichtigen zum Zeitpunkt ihrer Einberufung deshalb nur über rudimentäre Begriffe von Staat und Demokratie verfügten, käme den Streitkräften der Auftrag zu, im Sinne einer nationalen Schule für politische Bildung zu wirken.

Von den entlassenen wehrpflichtigen Soldaten wird darüber hinaus erwartet, daß sie als Multiplikatoren das demokratische Potential ihrer Umgebung vergrößern (s. a. Wehrstruktur-Kommission).

3.3. *Die empirische Überprüfung von Sozialisationswirkungen* steht vor nicht unbeträchtlichen methodischen Schwierigkeiten. Deswegen und wegen des Theoriedefizits für den Bereich der Erwachsenensozialisation liegen nur wenige Studien zur Sozialisationsleistung der Bundeswehr vor. Sie sind zudem vom Ansatz, vom Forschungsinteresse und von der Durchführung verschieden und kommen zu unterschiedlichen Ergebnissen: Eine wesentlich über teilnehmende Beobachtung zustandegekommene Studie von Treiber legt den Schluß nahe, die Bundeswehr erziehe den Wehrpflichtigen zu Anpassungsverhalten, verringere die Spontaneität und verstärke Angst und Unsicherheit. Die Untersuchung von Laatz mündet in die Aussage, der Dienst in der Bundeswehr begünstige die Persönlichkeitsentwicklung und vermittle staatsbürgerliches Bewußtsein. Nach Roghmann und Sodeur werden während des Wehrdienstes autoritäre und intolerante Einstellungen abgebaut. Leifert schließlich weist darauf hin, daß besondern die Erwartungen des Wehrpflichtigen hinsichtlich der sozialen Beziehungen und des Vorgesetzten-Untergebenen-Verhältnisses während des Wehrdienstes abgebaut würden. Eine neuere Repräsentativstudie (Lippert u. a.), die die beiden skizzierten Annahmen über die Auswirkungen des Wehrdienstes überprüfte, kam zum Ergebnis, daß die Bundeswehr bei den Wehrpflichtigen durchaus demokratisches Bewußtsein entwickelt und fördert, und daß die sozialen Bezugsysteme der wehrpflichtigen Soldaten nicht verunsichert werden. Andererseits gelingt es der Bundeswehr nicht, einem Großteil der wehrpflichtigen Soldaten Sinn und Zweck des Wehrdienstes zu vermitteln. Dabei überwiegt bei den Betroffenen dem Wehrdienst gegenüber eine nüchterne, pragmatische Grundhaltung, die kaum affektiv oder ideologisch gefärbt ist.

Die beobachtete Bewußtseinsbildung erfolgt nicht einheitlich. Sie ist abhängig von den Vorerfahrungen des Wehrpflichtigen. Zudem ist sie nicht so sehr von gerichteten Bildungsprozessen wie dem staatsbürgerlichen Unterricht abhängig, sondern von den Denk- und Kommunikationsprozessen, die durch die Rahmenbedingungen soldatischer Existenz und die weitgehende Nivellierung des vorherigen Sozialbzw. Bildungsstatus angestoßen werden.

4. MILITÄRISCHE BINNENSOZIALISATION. — Zur militärischen Sozialisation der Berufs- und Zeitsoldaten liegt bislang nur sporadisches, empirisches Material vor. Die Theoriebildung hierzu hat zudem eher zögernd stattgefunden. Folgende Positionen lassen sich unterscheiden:

4.1. „Anpassungshypothese". — Hier geht man davon aus, daß die hierarchische Struktur, das Vorgesetzten-Untergebenen-Verhältnis, sowie die Rollen und Werte des militärischen Systems eine starke Verwandtschaft zur Struktur der konservativ-autoritären Persönlichkeit zeigen. Für den Inhaber einer militärischen Position und Rolle bedeutet dies automatisch eine Sozialisation in die Richtung des Autoritären. Verstärkend komme hinzu, daß sich besonders solche Persönlichkeiten für den Soldatenberuf entscheiden, die Tradition und Autorität hochschätzen, die bereit sind, sich einer hierarchischen Ordnung zu unterwerfen und die zur Identifikation mit der Macht neigen (Roghmann).

4.2. „Zivilisierungshypothese". — Bei dieser Annahme stehen Ausbildungs- und Bildungserfordernisse, die sich aus der zunehmend komplexer werdenden Technologie der Streitkräfte ergeben, im Vordergrund. Im Endeffekt würden sie eine zunehmende Spezialisierung bedeuten und zu einer stärkeren Konvergenz militärischer und ziviler Berufsstrukturen führen. Das Prinzip von → Befehl und Gehorsam müsse entsprechend vermehrt einem Kooperationsmodell weichen. Letztendlich führe dies trotz des spezifischen Auftrages des Soldaten zu einer Zivilisierung des Soldatenberufes (Janowitz).

4.3. „Bürokratismushypothese". — Ausgangspunkt ist hier die Organisationssoziologie. Die Bundeswehr wird dort als bürokratisch-technische Großorganisation verstanden. Je höher eine Position in der Hierarchie einer solchen Organisation angesiedelt ist, desto eher sind diplomatische bzw. „politische" Qualifikationen gefordert. Dogmatische, autoritäre Persönlichkeiten haben unter diesen Umständen eine eher disfunktionale Wirkung. Sie werden bei der → Rekrutierung des Führungsnachwuchses unter den organisationsinternen Selektionskriterien weniger gefördert. Andererseits haben Individuen, die über die gesuchten Qualifikationen verfügen oder sich zumindest im Sinne einer „bürokratischen Persönlichkeit" verhalten können, große Chancen zu reüssieren (Schössler).

4.4. Militarisierungsthese. — Bei allen drei Annahmen wird einhellig davon ausgegangen, daß die Bundeswehr in ihrer Binnensozialisation sehr effektiv ist. Den Soldaten auf Zeit wird entsprechend mehr oder weniger explizit unterstellt, daß sie, nach ihrem Ausscheiden, einen

Beitrag zur Militarisierung der Gesellschaft leisten, indem sie beim Militär erworbenes Wissen und internalisierte Normen — je nach Maßgabe der Ausgangsannahme — auf zivile Berufsfelder, letztlich auf die gesamte Gesellschaft übertragen.

LITERATURHINWEISE

Janowitz, M., Basic Education and Youth Socialization in the Armed Forces, in: *Little*, R. W. (Hrsg.), Handbook of Military Institutions, Beverly Hills 1971.

Lippert, E., *Schneider*, P., *Zoll*, R., Sozialisation in der Bundeswehr — Der Einfluß des Wehrdienstes auf soziale und politische Einstellungen der Wehrpflichtigen, München/Bonn 1976.

Roghmann, K., Dogmatismus und Autoritarismus. Meisenheim a. G. 1966.

Schössler, D., Die Bundeswehr als Sozialisations-Agentur, in: Psychologie heute, H. 4/1975.

Treiber, H., Wie man Soldaten macht, Düsseldorf 1973.

Wehrstruktur-Kommission (Hrsg.), Die Wehrstruktur in der Bundesrepublik Deutschland, Bonn 1971.

EKKEHARD LIPPERT

Sozialpsychologie des Militärs

→ *Feindbild, Führung/Führungsstil, Militärsoziologie, Militär und Wissenschaft, Sozialisation, Wehrdevianz, Wehrpsychologie.*

1. BEGRIFF. — Die Sozialpsychologie hat das menschliche Verhalten in sozialer Umgebung zum Gegenstand. Von der allgemeinen Psychologie unterscheidet sie sich insofern, als dort das Individuum zumeist isoliert vom sozialen Kontext betrachtet wird. Die Soziologie auf der anderen Seite betrachtet soziale Interaktionen auch losgelöst von den handelnden Personen.

2. SOZIALPSYCHOLOGIE DES MILITÄRS. — Die Sozialpsychologie, die sich mit dem Militär und mit Fragestellungen aus dem militärischen Bereich beschäftigt, ist keine eigenständige wissenschaftliche Disziplin. Vielmehr läßt sie sich als ein Teilgebiet der Psychologie durch ihren Anwendungsbereich beschreiben und eingrenzen. Entsprechend gehen die Konzepte, Paradigmata und Theorien der Sozialpsychologie in die Konzeption, Gestaltung und Interpretation einschlägiger Studien ein. Auch die Techniken, Verfahren oder Produkte, die für eine Problemlösung anzuwenden sind, oder die es zu

entwickeln gilt, stammen aus dem Methodenkanon der Sozialpsychologie. Andererseits können Theoriebildungen, Befunde oder Neuentwicklungen von Methoden, die aus der Sozialpsychologie des Militärs stammen, in die allgemeine wissenschaftliche Diskussion gelangen.

Erste sozialpsychologische Untersuchungen mit Fragestellungen aus dem Militärbereich datieren aus der Zeit zwischen den beiden Weltkriegen. Einen Höhepunkt in der internationalen sozialpsychologischen Betrachtung des Militärs und einen Meilenstein in der gesamten Disziplin stellt „The American Soldier" von Stouffer u. a. (1949) dar. Dieses dreibändige Werk stützt sich auf über 60.000 Interviews und Befragungen und umreißt die Vielfalt der sozialen Probleme der amerikanischen Soldaten während des Zweiten Weltkrieges. In der deutschen Wehrmacht wurden zu dieser Zeit nur wenige sozialpsychologische Studien durchgeführt. Ähnliches gilt für die → *Aufbauphase der Bundeswehr:* Nur vereinzelt waren privatwirtschaftliche Meinungsforschung und universitäre Forschungsgruppen mit der Durchführung einschlägiger Studien betraut. Seit 1968 ist die Sozialpsychologie in der Bundeswehr institutionalisiert; hauptsächlich das Dezernat Wehrpsychologie im Streitkräfteamt und das neu errichtete Sozialwissenschaftliche Institut der Bundeswehr wurden mit der Bearbeitung von Studien betraut. Die Spannweite der Themen reicht dabei vom abweichenden Verhalten von Wehrpflichtigen über die Arbeitszufriedenheit militärischer Funktionsgruppen bis hin zur → *Sozialisations*leistung der Bundeswehr.

In der Lehre ist die Sozialpsychologie in den Lehrplänen der verschiedensten Bildungsinstitutionen der Streitkräfte verankert. Besonderes Gewicht wird dort z. B. dem Vorgesetzten-Untergebenen-Verhältnis und Fragen der Motivation beigemessen. Eine vereinheitlichte curriculare Aufbereitung dieser Stoffgebiete, etwa im Sinne einer Führungslehre, liegt bislang nicht vor.

Die Gesamtzahl der in der Bundeswehr tätigen Sozialpsychologen dürfte zwischen 15 und 20 betragen.

3. THEMENSTELLUNGEN DER SOZIALPSYCHOLOGIE DES MILITÄRS.— Ursprünglich war die Sozialpsychologie, die mit Fragen aus dem militärischen Bereich befaßt war, an die frühe Betriebspsychologie angelehnt. Das hatte zur Folge, daß das Individuum nur als eine Komponente eines ansonsten sorgfältig zu planenden und zu pflegenden Mechanismus betrachtet wurde. Mit der Ablösung dieser als „Taylorismus" bezeichneten Einstellung durch den sogenannten Human-Relations-Approach wurde das Individuum mit seinen Meinungen,

Einstellungen, Reaktionen und Stimmungen in den Vordergrund des Interesses gerückt. Es war erkannt worden, daß Effektivität und Produktivität einer Organisation wesentlich von diesen individuellen Dispositionen abhängen. Entsprechend wird von der Sozialpsychologie erwartet, in den Streitkräften besonders „Human relations and moral" (Geldard) zu beschreiben und zu erklären. Für Peter R. Hofstätter ist das Vertrauen die Schlüsselkategorie für die (sozial)psychologische Betrachtung des Militärs: Das Vertrauen des Soldaten zu seinen Waffen und Geräten, zu seinen Kameraden, zu seinen Vorgesetzten und zu sich selbst. Morris Janowitz schließlich sieht die Struktur, die Organisationsformen und die Verhaltensweisen der Armee und des militärischen Establishments als Anwendungsbereiche von Mitteln der Sozialforschung.

4. VERHÄLTNIS SOZIALPSYCHOLOGIE — MILITÄR. — Das Verhältnis zwischen → Militär und Sozialwissenschaften ist zunächst durch ein latentes gegenseitiges Mißtrauen gekennzeichnet. Der Wissenschaftler fürchtet einerseits eine unkontrollierte Verwertung seiner Ergebnisse durch das Militär. Für den Sozialpsychologen trifft dies besonders dann zu, wenn von ihm erwartet wird, als „Seeleningenieur" bei der direkten oder indirekten Verfolgung militärischer Ziele tätig zu werden. Beispiele dafür reichen von der Indoktrination bis hin zum sogenannten „brain-washing". Auf der anderen Seite scheut das Militär häufig die verunsichernde Wirkung der Wissenschaft.

Eine weitere Problemsituation rührt aus dem Erkenntnisinteresse. Sozialpsychologische Forschungsvorhaben in der Bundeswehr sind in der Regel Auftragsforschung. Auftraggeber sind verschiedene Dienststellen aus dem Bereich des Verteidigungsministeriums. Aus den Auftragsformulierungen der Vergangenheit lassen sich vergröbert drei verschiedene Erwartungshaltungen isolieren. Einmal kann sozialpsychologische Forschung eingesetzt werden zur Rechtfertigung bereits getroffener Entscheidungen. In diesem Fall rechnet man auf affirmative Zuarbeit. Der Wissenschaft kommt eine Alibifunktion zu. Zum zweiten kann von ihr die Mithilfe bei der Bewältigung akut anfallender Probleme gefordert werden. Dann könnte man von einer Art „Feuerwehrfunktion" sprechen. Die Erwartungen der Auftraggeber an die Möglichkeiten sozialpsychologischer Forschung sind in diesem Falle häufig unrealistisch: In kürzester Zeit sollen empirisch gewonnene Ergebnisse und daraus ableitbare Schlußfolgerungen vorgelegt werden, die zur Problemlösung führen. Die Einbeziehung der

Sozialpsychologie in die Vorbereitungsphase von organisatorischen
Entscheidungen (Planungsfunktion), z. B. im Personalbereich, war
drittens bislang selten; es gibt Anzeichen dafür, daß diese Funktion
in Zukunft etwas stärker in den Vordergrund treten wird.

Diese Erwartungshaltungen sind eingebettet in eine Reihe von Problemen, die sich sowohl aus der auftragsgebundenen Forschung generell als auch aus dem spezifischen Anwendungsgebiet ergeben: Die
Einbindung der Forschungsprozesse in die → *Bürokratie* steht einer
mittel- oder langfristigen Kontinuität von Forschungskonzepten eher
entgegen. Das hat zwei Konsequenzen. Grundlagenforschung, von
deren Substanz angewandte Forschung leben muß und deren Prakti-
kabilität nicht auf der Hand liegt, hat nicht den Stellenwert, der ihr
zukommen sollte. Zum zweiten ist der gesamte Forschungsbereich
durch den akzidentellen Charakter der Studien gekennzeichnet. Die
konstatierbare mangelnde theoretische Aufarbeitung der bisherigen
Befunde hat hier ihren Grund.

Ein weiteres Problemfeld betrifft die Öffentlichkeit der Forschung.
Wissenschaft, auch und gerade die Sozialwissenschaft, ist auf die
Publikation ihrer Ergebnisse angewiesen. Die anzutreffende Tendenz
militärischer Auftraggeber zur Geheimhaltung von Forschungsergebnissen verhindert die notwendige öffentliche Kontrolle und den
gegenseitigen Austausch in der Wissenschaft. Der Verlust der wissenschaftlichen Kritikfähigkeit, wie die Isolierung, sind mögliche Konsequenzen.

Eine Nutzung der sozialpsychologischen Forschungskapazitäten setzt
eine funktionierende Kommunikation der Forschungsinstitutionen
untereinander, der beiden Ebenen Auftraggeber und Auftragnehmer
und der verschiedenen Auftraggeber untereinander, voraus. Kommu-
nikationsprobleme zeigen sich besonders zwischen der Sozialpsychologie und dem Auftraggeber: Die für die Psychologie allgemein nahe-
liegende vorwissenschaftliche Betrachtungsweise, die sogenannte
„Jedermann-Kompetenz," erschwert sowohl die Artikulation des
Forschungsbedarfs wie die Definition des zu untersuchenden Pro-
blemfeldes als auch das Verständnis und das Abschätzen der Aus-
sagekraft von Studienergebnissen. Hinzu kommen die jeweils eigenen
Terminologien der Wissenschaft und des Militärs. Stouffer etwa geht
davon aus, daß es den Streitkräften nicht gelang, einen systematischen Weg zur adäquaten Nutzung seiner vielfältigen Ergebnisse zu
finden.

Aus dem geringen Prestige des Militärs in den westlichen Industriestaaten ergibt sich schließlich ein weiteres Kommunikationsproblem.

Da in der Regel anwendungsbezogene Disziplinen über ihr Forschungsobjekt identifiziert werden, genießen die Wissenschaften, die sich mit dem Militär beschäftigen innerhalb des Wissenschaftsbetriebes wenig Ansehen. Davon sind besonders die Beziehungen zu anderen Anwendungsbereichen betroffen.

LITERATURHINWEISE

Flach, H., Bedingungsanalyse der eigenmächtigen Abwesenheit/Fahnenflucht, in: Wehrpsychologische Untersuchungen, H. 1/1976.
Goldmann, N., *Segal*, D., The Social Psychology of Military Service, London 1976.
Lippert, E., *Schneider*, P., *Zoll*, R., Sozialisation in der Bundeswehr. Der Einfluß des Wehrdienstes auf soziale und politische Einstellungen der Wehrpflichtigen, München/Bonn 1976.
Puzicha, K., Der Offizier des militärfachlichen Dienstes, Bonn/Bad Godesberg 1973.

EKKEHARD LIPPERT, KLAUS PUZICHA

Unteroffiziere

→ *Ausbildung/Bildung, Beruf „Soldat", Berufsförderung, Personalstruktur, Politische Bildung in der Bundeswehr, Rekrutierung, Soldaten und Politik, Sozalisation.*

1. DEFINITION. — „Unteroffizier" ist sowohl ein Sammelbegriff für alle Angehörigen der militärischen *Dienstgradgruppe*, die zwischen den Offizieren und Mannschaften liegt als auch in Heer und Luftwaffe der deutschen Bundeswehr die Bezeichnung für den niedrigsten Dienstgrad in dieser Gruppe. Die Dienstgradgruppe der Unteroffiziere umfaßt in allen Armeen mehrere Dienstgrade, in der Bundeswehr z. Z. sieben. Unteroffiziere haben in der Regel folgende Aufgaben: Sie führen entweder kleinere Einheiten (Gruppen, Züge) oder/und sind eigenständig bzw. als Gehilfen von Offizieren in der Ausbildung von Soldaten tätig oder sind Spezialisten auf dem Gebiet der Technik oder der Verwaltung. Besoldungsrechtlich entsprechen in der Bundesrepublik die Unteroffiziere den Beamten des mittleren Dienstes.

2. GESCHICHTE. — Schon in der Zeit der Landsknechte und Söldner kannte man die sogenannten *Feldweibel* und *Korporale* als militä-

rische Vorkämpfer und Drillmeister, daneben gab es noch eine große
Zahl von Spezialisten wie Proviantmeister, Feldschreiber, Büchsen-
meister und Furiere. Im heutigen Sinne könnte man die Genannten
durchaus als Unteroffiziere bezeichnen, jedoch bildete sich dieser
Begriff, genau wie die deutliche Abgrenzung zu den Offizieren, nur
ganz allmählich heraus. Erst in der Armee des Großen Kurfürsten
war die Bezeichnung „Unter-Officier" gang und gäbe. In den stehenden Heeren des Absolutismus rekrutierten sich die Soldaten fast
ausschließlich aus, teilweise unter Zwang, Angeworbenen. Dies führte
dazu, daß die Hauptaufgabe des Unteroffiziers darin bestand, mit
Hilfe von Drill und Prügel automatischen Gehorsam zu erzwingen
und Fahnenflucht zu vermeiden. Im Gegensatz zu den Unteroffizieren bei der Artillerie und der Pioniertruppe, die auf Grund ihrer
handwerklich-technischen Vorbildung relativ hohes Ansehen genos-
sen, wurde der Unteroffizier der Infanterie oder Kavallerie zum *Drillmeister* und Büttel degradiert und dementsprechend negativ eingeschätzt. Die Schranken zum adligen Offizierkorps waren hoch und
für den bürgerlichen Unteroffizier selbst im Krieg kaum zu durchbrechen. Lediglich die „technischen" Truppen bildeten eine Ausnahme. Erst im Gefolge der napoleonischen Kriege und der allmählichen Einführung der allgemeinen → *Wehrpflicht* wandelte sich auch
das Bild des Unteroffiziers. Die Prügelstrafe wurde abgeschafft, die
Ausbildung der Unteroffiziere und ihre materielle Lage wurden verbessert. Die Entwicklung der Waffentechnik und die damit verbundene neue Kampfweise in aufgelöster Ordnung brachten vermehrte
Verantwortung und Selbständigkeit. Der 1. Weltkrieg bedeutete die
große Bewährung für den Unteroffizier als *Gruppen- und Zugführer.*
Militärisch leistete er hier in voller Eigenständigkeit Hervorragendes,
trotzdem blieb ihm der Weg nach oben versperrt. Aus den Hundert-
tausenden von Unteroffizieren gingen nur einige wenige „Tapfer-
keitsoffiziere" hervor.
Erst die Wehrmacht brachte einen grundlegenden Wandel. Nicht
wenige der 1,2 Millionen Unteroffiziere des 2. Weltkrieges brachten
es zum Offizier und sogar zum General. Dies beweist die hohe Qualität des Unteroffizierkorps und spricht dafür, daß Adels- und Bil-
dungsprivilegien über Jahrhunderte hinweg verhinderten, daß Unteroffiziere das zeigen konnten, was an Führungsvermögen, Fachwissen
und Bildungsfähigkeit in ihnen steckte.

3. Der Unteroffizier der Bundeswehr. — 3.1. *Personallage.* —
Die Bundeswehr ist seit ihrer Gründung als eine technisch hoch-
moderne Armee konzipiert. Dieses Konzept verlangte eine hohe An-

zahl von Unteroffizieren. In der kaiserlichen Armee war nur jeder 7. Soldat Unteroffizier, in der Wehrmacht jeder 6., in der Bundeswehr sollte es jeder 3. Soldat sein. Dieses Planziel wurde nie erreicht. Seit ihrer Gründung leidet die Bundeswehr im Bereich der Unteroffiziere unter *Nachwuchsmangel*. Die Gründe für diesen Mangel lagen zumindest in der Anfangsphase in erster Linie im *mangelnden Sozialprestige*, was wiederum Folge des Zusammenbruchs von 1945 war. Hinzu kam, daß Presse und Öffentlichkeit im Unteroffizier mehr den „Platzek" aus Kirsts „08/15"-Serie, als den selbstlos seine Pflicht tuenden Soldaten des 2. Weltkrieges sahen. Unzulängliche Besoldung und ein unklares Berufsbild waren weitere Gründe für den Nachwuchsmangel. Bis heute ist es nicht gelungen, den Mangel an Unteroffizieren zu beheben. Dies beruht mit darauf, daß Tätigkeiten und Verantwortungsbereich zu wenig bekannt sind, und daß für den Unteroffizierbewerber die Vorsilbe „Unter" in der Berufsbezeichnung eher abschreckend als anziehend wirkt. Dabei sind die Anforderungen an den heutigen Unteroffizier sowohl quantitativ als auch qualitativ sehr hoch.

3.2. *Anforderungen, Tätigkeiten.* — Unteroffiziere der Bundeswehr sind heute entweder als *Führer, Erzieher* und *Ausbilder* tätig oder sie sind *Spezialisten* in Technik und Verwaltung. Letzteres erfordert ein hohes Maß an Fachwissen und handwerkliche bzw. kaufmännische Fähigkeiten. Vom Unteroffizier als Führer und Erzieher, d. h. von den Gruppen- und Zugführern wird, wie kaum in einem anderen Beruf die Befähigung zur Menschenführung verlangt. Im täglichen Umgang mit Soldaten müssen diese Unteroffiziere neben Einfühlungsvermögen und mitmenschlichem Verständnis ständig pädagogisch-methodische Fähigkeiten, Einfallsreichtum und den Willen zur Selbstverantwortung unter Beweis stellen. Als Erzieher und Ausbilder sind die Unteroffiziere ein Glied in der vom Elternhaus über die Schule bis zum Beruf reichenden → *Sozialisation* des Einzelnen. Sie vermitteln nicht nur militärische Befähigungen, sondern können sowohl Lebenshaltungen als auch Einstellungen und Interessen beeinflussen. Als Mitträger und Mitvermittler von → *politischer Bildung* können sie dem Allgemeinwohl dienen und dazu beitragen, Staatsbewußtsein zu erzeugen bzw. zu erhalten und Verständnis für und Anteilnahme an demokratischen Prozessen zu erwecken.

3.3. *Laufbahnen, Ausbildung.* — In der *Laufbahngruppe* der Unteroffiziere kennt die Bundeswehr zur Zeit 7 Dienstgrade (Unteroffizier, Stabsunteroffizier, Feldwebel, Ober-, Haupt-, Stabs-, Oberstabsfeldwebel). Unteroffiziere und Stabsunteroffiziere werden als

Unteroffiziere ohne, alle Feldwebel als Unteroffiziere mit Portepee bezeichnet. Die Dienstgrade der Stabs- und Oberstabsfeldwebel sind nur noch selten anzutreffen. Durch die Einführung der Laufbahn der Fachoffiziere wurden sie überflüssig. Beförderungen zu diesen Dienstgraden sind nicht mehr möglich. Unteroffiziere sind entweder *Zeitsoldaten* mit einer Verpflichtungszeit zwischen 2 und 15 Jahren oder *Berufssoldaten*. Daneben gibt es auch, insbesondere im Heer den wehrpflichtigen *Reserveunteroffizier*. Um Unteroffizier zu werden, ist in der Regel eine abgeschlossene Hauptschulbildung und ein Berufsabschluß notwendig. Die Ernennung zum Unteroffizier erfolgt frühestens nach einem Dienstjahr, nach Bestehen eines 3-monatigen Unteroffiziergrundlehrganges. Die Beförderung zum Feldwebel ist vom Bestehen eines Unteroffizieraufbaulehrganges abhängig und nach 4 Dienstjahren möglich. Gleichzeitig mit der Feldwebelprüfung erfolgt eine Eignungsfeststellung, in der der weitere mögliche Werdegang festgelegt wird. Je nach Ergebnis der Eignungsfeststellung steht dem Unteroffiziere die Laufbahn des Fach- und Truppenoffiziers offen. Im Zuge der *Ausbildungsreform* hat die Bundeswehr Lehrgänge an Fach- und Truppenschulen geschaffen. Hier werden vor allem Feldwebel für ihre Tätigkeit in der Truppe geschult und zu staatlich anerkannten Berufsabschlüssen geführt, die zumindest dem zivilen ,,Meister`` entsprechen.

Ein Großteil der Feldwebel und alle Unteroffiziere ohne Portepee sind, soweit nicht wehrpflichtig, Zeitsoldaten. Um diesem Personenkreis den Übergang ins Zivilleben zu erleichtern, wird ein umfangreicher Katalog von *Berufsförderungsmaßnahmen* angeboten. Durch sie wird nicht nur der Dienst bei der Bundeswehr für den einzelnen Soldaten attraktiver, die Streitkräfte leisten auch einen Beitrag zur Hebung des beruflichen Niveaus in der Bevölkerung.

4. MÄNGEL, REFORMEN , — 1976 zählte die Bundeswehr insgesamt 138 500 Berufs- und Zeitunteroffiziere. In einigen Bereichen ist der Personalmangel annähernd behoben. So besitzt die Bundeswehr auf der Ebene der Feldwebel z. Z. einen Personalbestand, der quantitativ und meist auch qualitativ den Anforderungen entspricht. Entstehen hier personelle Engpässe, so ist dies häufig der mangelnden Mobilität dieser Gruppe von Unteroffizieren zuzuschreiben.
Nach wie vor ist der Anteil der längerdienenden Unteroffiziere ohne Portepee zu gering. Mangel herrscht vor allem an Gruppenführern in den Kampftruppen des Heeres. Zum Personalmangel kommt hinzu, daß der junge Gruppenführer auf Grund mangelnder Praxis und der

zu kurzen und ungenügenden → *Ausbildung* nicht selten seinen Aufgaben nur teilweise gewachsen ist. Er erscheint besonders auf dem Gebiet der Menschenführung überfordert. Da, wie Untersuchungen zeigen konnten, der Gruppenführer aber eine entscheidende Stelle in der gesamten Ausbildung und Erziehung darstellt, müssen künftige Reformen in erster Linie auf dieser Ebene ansetzen. Um den Personalmangel zu beheben, muß die Tätigkeit des Gruppenführers attraktiver gestaltet werden. Vor allem muß er aber so ausgebildet werden, daß er seinen Aufgaben voll nachkommen kann.

LITERATURHINWEISE

Lahne, W., Unteroffiziere. Gestern — heute — morgen, Bonn/Herford 1975.
Nittner, E., Können — Dienen — Führen. Der deutsche Unteroffizier in Vergangenheit und Gegenwart, in: Wehrkunde, H. 12/1961 und H. 1/1962.
Schulz, S., Unter-Offiziere, in: Kampftruppen, H. 5/1975.

PAUL KLEIN

Verteidigungspolitik/Sicherheitspolitik — Aus der Sicht der CDU/CSU

→ *Abrüstung, Auftrag und Struktur der Bundeswehr, Entspannung, Innere Führung, Kriegsdienst-/Wehrdienstverweigerung, Militärdoktrinen, NATO, Sicherheitspolitik.*

Die Verteidigungspolitik der CDU/CSU wird von den Zielen bestimmt, die Freiheit unseres Volkes zu bewahren und den Frieden zu sichern. Instrumente dieser Politik sind
a) die Strategie der Abschreckung durch militärisches Gleichgewicht und
b) die politische Bemühung um beiderseitige, ausgewogene und kontrollierte → *Abrüstung* zur Stabilisierung der globalen und regionalen Balance.
Die politische Handlungsfreiheit der westeuropäischen Staaten wird bedroht durch eine globale und offensive Strategie der Machtausdehnung der Sowjetunion. Hinter ihrem Konzept der ,,friedlichen Koexistenz" verbirgt sich eine offensive Politik der Einschüchterung und Einflußnahme, die in der militärischen Macht primär ein Instrument politischer Überlegenheit sieht. Dieser Bedrohung kann weder die Bundesrepublik Deutschland noch Westeuropa allein begegnen. Zur

Balance einer Supermacht wie der UdSSR bedarf es einer anderen Supermacht mit globalen Machtmitteln. Aus dieser Erkenntnis heraus hat die CDU/CSU die Bundesrepublik Deutschland gegen heftigen Widerstand der damaligen Opposition, der SPD, in die Atlantische Allianz mit den USA eingegliedert.

Kernstück der Verteidigungspolitik der CDU/CSU bleibt die Festigung dieses wahrhaft historischen Bündnisses zwischen Europa und Nordamerika. Dabei zielt die Politik der CDU/CSU auf eine Allianz, die sich auf zwei selbständige und einigermaßen gleichgewichtige Pfeiler, Nordamerika und Westeuropa, gründet.

Eine solche Partnerschaft setzt die Zusammenfassung der europäischen Kräfte voraus. Politische und militärische Einigung Europas haben daher Hand in Hand zu gehen. Langfristig gilt es, einen europäischen Bundesstaat zu schaffen, der gemeinsame Streitkräfte besitzen muß. Es wäre absurd, einer solchen europäischen Streitmacht die nukleare Komponente vorenthalten zu wollen. Ein europäischer Bundesstaat muß über Nuklearwaffen verfügen, wenn er sich politisch wie militärisch in der Welt der Super- und Großmächte behaupten will. Eine europäische Nuklearmacht setzt allerdings zwingend eine gemeinsame politische wie militärische Führungsspitze voraus und kann daher erst am Ende des europäischen Einigungsprozesses verwirklicht werden. Daher müssen wir uns in unserer kurzfristigen Zielsetzung auf das Machbare beschränken. Dies ist die Gründung einer europäischen Verteidigungszusammenarbeit ohne Souveränitätsverzicht für die beteiligten Staaten, und zwar entweder als Teilbereich der Europäischen Politischen Zusammenarbeit oder neben Europäischer Gemeinschaft und Europäischer Politischer Zusammenarbeit als eigenständiger Integrationsbereich. Die Aufgabe dieser europäischen Verteidigungszusammenarbeit bestünde u. a. in:

– Koordinierung und allmählichem Zusammenschluß der europäischen Rüstungsindustrien,
– Harmonisierung der taktisch-operativen Konzepte,
– Rationalisierung und Standardisierung der Waffensysteme,
– Harmonisierung der Streitkräftestrukturen.

Vordringlich ist für die CDU/CSU:

Die multidimensionale Natur der Bedrohung macht eine Ausweitung unseres Sicherheitsverständnisses notwendig. Sicherheit kann heute weniger denn je nur militärisch gesehen werden.

Der globalen, offensiven Strategie der UdSSR muß eine ebenso umfassende und dynamische Strategie der Freiheit des Westens entgegengesetzt werden, die sich auf die Verwirklichung der Menschenrechte und wechselseitige Machtbegrenzung gründet.

Daraus ergibt sich die Forderung, die Atlantische Allianz aus einer militärischen Verteidigungsorganisation zu einem umfassenden politischen Bündnis der freien Welt weiterzuentwickeln. Seine Aufgaben bestünden, neben der Erhaltung und Stärkung der militärischen Abwehrkraft, in der Entwicklung und Durchsetzung einer gemeinsamen Politik der Bündnisstaaten auf den sicherheitsrelevanten Feldern:

— der Sicherung der Energie- und Rohstoffversorgung,
— der Freiheit des internationalen Handelsaustausches,
— der Funktionsfähigkeit des Weltwährungssystems,
— einer einheitlichen Handelspolitik gegenüber dem Ostblock, die eine politische Instrumentierung der seither unkontrollierten und unkompensierten finanziellen und technologischen Hilfe des Westens an den Osten erlaubt,
— einem einheitlichen Konzept westlicher Entspannungs- und Abrüstungspolitik,
— der Festigung der Flanken durch militärisch-ökonomische Hilfsprogramme,
— des Ausbaus eines Instrumentariums zur vorbeugenden Krisenvorsorge und zur Krisenbewältigung innerhalb der Allianz.

Die *Strategie* des Bündnisses — die der flexible response — ist in letzter Zeit vielfach angezweifelt worden. Ausgangslage ist die konventionelle Unterlegenheit der → *NATO* in Mitteleuropa und das Aufrücken der UdSSR zur strategischen Parität. Eine Rückkehr zur *Strategie* der massiven Vergeltung scheidet damit aus. Eine volle konventionelle Parität wäre die logische Antwort auf diese Lage. Sie ist beim gegenwärtigen politischen und finanziellen Zustand der NATO-Staaten kaum zu erreichen. Die zur Zeit diskutierten Vorschläge einer auf moderne Panzerabwehrwaffen und eine Vielzahl kleiner Kampfeinheiten gestützte Raumverteidigung erscheinen ungeeignet, Angriffe massiver Panzerverbände abzuwehren, zumal sie immobil und zur Konzentration unfähig sind.

Daher gibt es gegenwärtig keinen anderen Ausweg als die Verknüpfung der konventionellen, taktisch-nuklearen und strategisch-nuklearen Ebene zu einer Strategie flexibler Reaktionen. Solange sie die Grundlage westlicher Verteidigungsplanung bleibt, kann der sowjetische Planer nicht mit Sicherheit davon ausgehen, daß ein konventioneller, umfassender Angriff des Warschauer Pakts für Europa nicht im nuklearen Inferno endet. Dieser Lage verdanken wir es zu allererst, daß wir bis heute auch von konventionellen → *Kriegen* in Mitteleuropa verschont geblieben sind. Die Doktrin der flexiblen Reaktion hat also die Abschreckung nicht etwa beseitigt, sie hat sie wiederhergestellt. Dieses Konzept ist bis zum heutigen Tag der plausibelste Ausweg aus dem Dilemma der Abschreckung im Zeitalter nuklearer Parität. Politik der CDU/CSU ist es, dieses Konzept glaubwürdig zu halten. Das bedeutet:

— Stärkung der konventionellen Kampfkraft,
— Modernisierung des taktisch-nuklearen Potentials in Westeuropa,
— höhere Flexibilität im strategischen Bereich.

Bei der Verstärkung der konventionellen Kampfkraft fällt der Bundesrepublik Deutschland eine wichtige Rolle zu. Drei Aufgaben stehen für die CDU/CSU im Vordergrund nationaler Verteidigungspolitik:

1. Das energische, bewußte und dauernde Bemühen um den Freiheitswillen in unserem Volk und um seine Verteidigungsbereitschaft. Das fängt damit an, daß wir die Bürger unseres Volkes offen und wahrheitsgemäß über die drohenden Gefahren aufklären. Weiter gilt es, den Verteidigungsgedanken stärker an den Bildungsanstalten zu verankern. Die Auseinandersetzung um die Freiheit wird vor allem auf den Feldern des Willens, der Idee und der Überzeugung geführt und wird auch dort entschieden werden. Wichtiger als alles andere ist daher der Kampf gegen Pessimismus, Resignation, gegen schwächliche Anpassung und feiges Zurückweichen vor Gewalt, Unrecht und Unterdrückung. Sicherheitspolitik ist nur solange möglich, als die Überzeugung von der Überlegenheit freiheitlicher Ordnung die Menschen eines Volkes beherrscht und sie im Willen eint, für die Erhaltung dieser Ordnung einzustehen.

2. Verbesserung der Kampfkraft der Bundeswehr. Dazu gehören:

— Verbesserung der Aufklärung und der → *Führungssysteme,*
— Beschleunigung der Mobilmachung,
— bessere Nutzung des → *Reservisten*potentials und gegebenenfalls Aufstellung weiterer Reserveverbände,
— praxisnähere Gestaltung der militärischen → *Ausbildung.* Gründlichere und längere Ausbildung der Unteroffizieranwärter. Bildung und Ausbildung müssen sich vorrangig am Auftrag der Streitkräfte orientieren; das gilt besonders auch für das Hochschulstudium der Offiziere, die Fortbildungsstufe C und die Generalstabsausbildung. Die Fähigkeit der Vorgesetzten zum Führen, Ausbilden und Erziehen muß stärker gefördert werden.
— Befreiung der Streitkräfte von überflüssigem, → *bürokratischem* Ballast. Den Truppenvorgesetzten ist mehr Verantwortung einzuräumen. Die Auftragstaktik muß wieder ernstgenommen werden. Die CDU/CSU wird die Mitwirkung der Soldaten bei der Erfüllung

des Auftrags fördern. → *Mitbestimmung* im Truppendienst dagegen lehnt sie ab.

— Befreiung der Personalführung von parteipolitischen Einflüssen.

3. Die durchgreifende Stärkung des Systems der Gesamtverteidigung durch

— Verbesserung der zivil-militärischen Zusammenarbeit,

— Ausbau der → *Zivilverteidigung*,

— Befähigung der Streitkräfte zur Abwehr subversiver Kampfführung.

Die Verteidigung unserer Demokratie ist Sache des ganzen Volkes. Daher hält die CDU/CSU an der allgemeinen → *Wehrpflicht* fest. Sie wird das Prüfungsverfahren für → *Wehrdienstverweigerer* verbessern, vereinfachen und beschleunigen. Eine Abschaffung oder Aussetzung kommt für die CDU/CSU nicht in Frage.

Die für die Verteidigung bereitzustellenden Haushaltsmittel müssen sich an den Aufgaben der Bundeswehr orientieren. Die Union weist den Aufgaben in diesem Bereich höchsten Rang zu. Der Verteidigungsetat ist nicht jene Manövriermasse, mit der Löcher des Gesamthaushalts zu stopfen sind. Um die Bundeswehr auf einem modernen Stand zu halten, bedarf es, auch wegen der laufenden Kostenerhöhungen, einer kontinuierlichen Steigerung des Verteidigungshaushalts. Diese verstärkten finanziellen Anstrengungen bedeuten für unsere Bürger erhebliche Opfer, die nur als Preis für die Bewahrung unserer Freiheit und unserer staatlichen Existenz zu rechtfertigen sind. Insofern sind äußerste Sparsamkeit und Wirtschaftlichkeit bei dem Einsatz dieser Haushaltsmittel zwingendes Gebot.

MANFRED WÖRNER

Verteidigungspolitik/Sicherheitspolitik — Aus der Sicht der SPD

→ *Abrüstung, Auftrag und Struktur der Bundeswehr, Entspannung, Innere Führung, Kriegsdienst-/Wehrdienstverweigerung, Militärdoktrinen, NATO, Sicherheitspolitik.*

Auf dem Außerordentlichen Parteitag der SPD in Dortmund am 12. und 13. Oktober 1972 wurde das Wahlprogramm 1972 verabschiedet, dessen außen- und sicherheitspolitische Aussagen als „Aufgaben

auf dem Gebiet der Außen- und Sicherheitspolitik für die nächsten 4
Jahre" definiert wurden. Auf dem ordentlichen Parteitag der SPD in
Hannover 1973 sind diese „Aufgaben" bestätigt und besonders herausgestellt worden. Der Parteitag der SPD im Jahre 1975 in Mannheim hat diese Aussagen von 1973 wiederum bekräftigt und sie als
„Grundsätze sozialdemokratischer Außenpolitik für die 70er Jahre"
bezeichnet. Als Ziel sozialdemokratischer Außen- und → *Sicherheits-*
politik wird definiert: „Die Aufgabe unserer Epoche bleibt es, den
→ *Krieg* in Europa unmöglich zu machen. Dabei spielt die Bundesrepublik Deutschland eine gewichtige Rolle. Das internationale Ansehen und politische Gewicht, das unter Bundeskanzler Brandt erworben wurde, befähigen uns dazu".
Als Mittel zur Erreichung des oben genannten Zieles wird als erstes
die folgende Basis beschrieben: „Das Atlantische Bündnis und die
europäische Integration bleiben die Grundlage unserer Außenpolitik.
Die Bündnisfähigkeit und letztlich auch die Verhandlungsfähigkeit
der Bundesrepublik Deutschland beruhen auf ihrer Bereitschaft,
einen militärischen Beitrag zur NATO-Verteidigung zu leisten. Das
ist die Aufgabe der Bundeswehr. Deshalb werden wir gemeinsam mit
unseren Bündnispartnern dafür sorgen, daß die eigene Verteidigungsfähigkeit nicht vernachlässigt wird." Auf dieser Basis der Verteidigungsfähigkeit bewegt sich sozialdemokratische Sicherheitspolitik
hin zu einem Abbau der bestehenden Konfrontationen in Europa.
Diese Politik ist unter der Bezeichnung → *Entspannungs*politik bekannt. Nachdem sich Mitte der 60er Jahre zwischen den Supermächten USA und UdSSR erste Schritte zum Abbau des sogenannten
„Kalten Krieges" ergaben, hat auch die → *NATO* im Dezember 1967
im Harmelbericht die „künftigen Aufgaben der Allianz" mit zwei
Hauptfunktionen beschrieben: „Die erste besteht darin, eine ausreichende militärische Stärke und politische Solidarität aufrechtzuerhalten, um gegenüber Aggressionen und anderen Formen von Druck-
anwendung abschreckend zu wirken, und das Gebiet der Mitgliedstaaten zu verteidigen, falls es zu einer Aggression kommt. In diesem
Klima kann die Allianz ihre zweite Funktion erfüllen: Die weitere
Suche nach Fortschritten in Richtung auf dauerhafte Beziehungen,
mit deren Hilfe die grundlegenden politischen Fragen gelöst werden
können. Militärische Sicherheit und eine Politik der Entspannung stellen keinen Widerspruch, sondern eine gegenseitige Ergänzung dar.
Für eine Abkehr von der Konfrontationspolitik, die in Europa in
gespannter Form bis zu Beginn der 70er Jahre herrschte, war es
jedoch notwendig, einen realen Modus vivendi für die Regelung der

Deutschlandfrage zu finden. Diese Aufgabe ist gelöst worden durch die Verträge zwischen der Bundesrepublik Deutschland und der UdSSR, der Volksrepublik Polen, der CSSR, der DDR, sowie dem Viermächteabkommen über Berlin. Angesichts der geschichtlichen Entwicklungen bis zum Abschluß dieser Verträge wird erkennbar, daß ohne deren Abschluß die bisherige Entspannungspolitik nicht möglich gewesen wäre. Diese Verträge sind ein spezifisch sozialdemokratischer Beitrag zur → *Sicherheitspolitik* der Bundesrepublik Deutschland in den 70er Jahren.

Zur Entwicklung der Verteidigungsfähigkeit der Bundesrepublik Deutschland im Rahmen der NATO von 1969—1976. — Nach Amtsantritt des Verteidigungsministers Helmut Schmidt (SPD) am 23. Oktober 1969 wurde durch die Bestandsaufnahme des Weißbuches 1970 für die Bundeswehr ein Reformprozeß in die Wege geleitet, der sich auf dem Gebiet des Personals durch eine Neuordnung des → *Ausbildungs-* und Bildungswesen auszeichnete. Für die Bundeswehr wurde eine neue → *Wehrstruktur* entwickelt. Das Ergebnis der „Neuordnung der Ausbildung und Bildung in der Bundeswehr" ist, daß die → *Unteroffiziere* Bildungsabschlüsse nachweisen müssen, die einem adäquaten zivilberuflichen Abschluß entsprechen. Offiziere durchlaufen eine Hochschulausbildung, die sie für ihre spätere Stellung in der Bundeswehr qualifiziert.

Die Grundsätze für eine neue Struktur der Bundeswehr wurden im November 1973 beschlossen. Durch sie soll erreicht werden, daß sich die Organisation der Truppenverbände den gegebenen Möglichkeiten des Personals und des Materials in jeweils effizienter Weise anpaßt und somit ohne Erhöhung des Friedensumfanges der Bundeswehr gleichzeitig mehr Kampfkraft entsteht.

In die Amtszeit des Verteidigungsministers Georg Leber (SPD) fallen Mitte der 70er Jahre eine Reihe von → *Rüstungs*beschaffungen, die für die Bundeswehr den Übergang von der ersten zur zweiten Waffengeneration bedeuten. Von 1971 bis 1976 stiegen z. B. die Mittel für die Rüstungsbeschaffung um 74 %. Betrachtet man die Entwicklung der Verteidigungsausgaben von 1969 bis 1976, so ergibt sich, daß die Ausgaben um ca 4 % über dem Kaufkraftverlust dieser Jahre lagen. Zieht man zum Vergleich die Jahre 1963 bis 1969 heran, so ergibt sich, daß hier noch nicht einmal der Kaufkraftverlust durch die Steigerung der Verteidigungsausgaben aufgefangen wurde, vielmehr liegt der Aufwand dieser Jahre insgesamt um ca. 10 Mrd. unter dem entsprechenden Kaufkraftverlustansatz. Ein genauer Vergleich der Waffensysteme zum Zeitpunkt 1970 und 1976 zeigt, daß die Bundeswehr nicht nur qualitativ besser geworden ist, sondern auch quantitative Zuwächse zu verzeichnen sind.

Zur Entwicklung der Entspannungsbemühungen der Bundesrepublik Deutschland im Rahmen der NATO − → Entspannungspolitik war und ist angesichts der geschichtlichen Situation, in der wir uns befinden, das Bemühen, Konfrontationen zu beseitigen, Mißtrauen zu mildern, gegenseitiges Bedrohungsempfinden abzubauen, und zwar Schritt für Schritt, in einem langwierigen Prozeß, der natürlich auch Zwischenbelastungen bzw. Rückschläge beinhaltet. Betrachtet man, was der 2. Weltkrieg und die sich daran anschließende Zeit des Kalten Krieges an Mißtrauen, tatsächlicher oder vermeintlicher Bedrohung und Spannung aufgebaut hat, und dies war ein Prozeß von Jahrzehnten, so wird ersichtlich, daß nicht innerhalb weniger Jahre Entspannung erreicht werden kann. Angesichts der vielfältigen Faktoren, die das politische Klima im Sinne einer Spannungs/Entspannungsszene beeinflussen, ist es notwendig, in realistischer Weise Sicherheitspolitik zu betreiben. Dazu gehört die richtige Ausgewogenheit der Elemente Verteidigungsfähigkeit und Entspannungsbereitschaft.

Besonders seit dem Jahr 1976 wird darauf hingewiesen, daß im Warschauer Pakt eine derart verstärkte Aufrüstung betrieben wird, wodurch die Entspannungspolitik insgesamt eine Belastung erfährt. Hinderlich hierbei ist aber, daß Informationsdefizite in bezug auf die vom Warschauer Pakt unternommenen Rüstungstätigkeiten bestehen. Einerseits ist sicher, daß der Warschauer Pakt das Mittel der Desinformation benutzt; andererseits leiden westliche militärpolitische Informationen über den Warschauer Pakt unter Unzulänglichkeiten z. B. des Eigeninteresses. Generell ist festzustellen, daß die Rüstungstendenzen des Warschauer Paktes sich auf stärkere quantitative Disparitäten gegenüber der NATO entwickeln, die NATO aber, vor allem die USA, eine qualitative waffentechnologische Tendenz haben, deren Ergebnisse auf die Zukunft projeziert, zu Gunsten der NATO wirken können, immer aber im Sinne des Prinzips der Hinlänglichkeit der Kräfte militärpolitisch ausreichen und vor allem durch ihre Abschreckungsproduktion den Frieden erhalten.

Die militärische Entwicklung und die bisher angestrengten Entspannungsschritte zeigen, daß es notwendig sein wird, weitere Entspannungsprozesse einzuleiten. Als wichtigstes Feld zukünftiger Entspannungspolitik verbleibt eine Rüstungsbegrenzungs- und -kontrollpolitik, die sich nicht nur auf die Personalstärke von Streitkräften in einem begrenzten Raum bezieht, sondern neue quantitative und qualitative Auswüchse bei Waffensystemen aller Art verhindert. Dazu gehört auch die Einbeziehung anderer Kontinente in die Entspannungspolitik.

LITERATURHINWEISE

Hütter, J., SPD und nationale Sicherheit, internationale und innenpolitische Determinanten des Wandels der sozialdemokratischen Sicherheitspolitik 1959–1961, Meisenheim a. G. 1976.

Löwke, U., SPD und die Wehrfrage 1949 bis 1955. Bonn-Bad Godesberg.

Parteitagsprotokolle und Jahrbücher der SPD, Bonn, jeweiliger Jahrgang.

Regierungsprogramm der SPD 1976 bis 1980.

Vorstand der SPD (Hrsg.), Grundsätze sozialdemokratischer Sicherheitspolitik, H. Y 3, Bonn 1973 (Auszüge wichtiger sicherheitspolitischer Aussagen der SPD von 1964 bis 1973).

Sozialdemokratische Sicherheitspolitik, Fachzeitschrift, hrsg. im Auftrag des SPD-Parteivorstandes von W. Buchstaller.

PAUL NEUMANN

Verteidigungspolitik/Sicherheitspolitik — Aus der Sicht der F.D.P.

→ *Abrüstung, Auftrag und Struktur der Bundeswehr, Entspannung, Innere Führung, Kriegsdienst-/Wehrdienstverweigerung, Militärdoktrinen, NATO, Sicherheitspolitik.*

1. DEFINITION. — Der Begriff Verteidigungspolitik ist nach liberaler Auffassung zwar integraler, aber nicht dominanter Bestandteil des allgemeineren Begriffs → *Sicherheitspolitik*, den die Liberalen in diesem Zusammenhang verwenden. Darunter ist zu verstehen die Summe jener politischen Aktivitäten, die darauf gerichtet sind, die Bedrohung und Gefährdung unserer Mitbürger durch gewaltsame Einflüsse so gering wie möglich zu halten. Die F.D.P. versucht, neben der traditionellen Verteidigungspolitik, die Außenpolitik, die Entwicklungspolitik, aber auch die auf dieses Gebiet zielenden innenpolitischen Maßnahmen, wie Katastrophenschutz oder → *Zivilverteidigung*, in ihr Konzept einzubauen. Sicherheitspolitik ist, soweit sie uns gegen Bedrohung von außen schützen soll, nach liberaler Auffassung der Außenpolitik untergeordnet. Sie steht unter dem Primat — beide müssen eine schlüssige Gesamtkonzeption bilden. Dies geschieht im Grundsatz dadurch, daß eine als Friedens- und Entspannungspolitik sich verstehende Außenpolitik durch eine ausschließlich defensive Verteidigungskonzeption ergänzt wird.

2. VORAUSSETZUNGEN. — Für die Gewährleistung unserer Sicherheit vor Bedrohung von außen gibt es drei wesentliche Voraussetzungen.

a) Eine auf Friedenssicherung und Ausgleich gerichtete Außenpolitik, ergänzt durch eine Entwicklungspolitik, die das Entstehen neuer Konfliktzonen verhindern soll, ergänzt auch durch eine Außenwirtschaftspolitik, die die Zufuhr von Energien und Rohstoffen und die Ausfuhr von Produkten sichert, worauf wir existenziell angewiesen sind.

b) Eine ausreichend starke Notwehrorganisation, die jeden militärischen Angriff eines potentiellen Gegners als unkalkulierbares Risiko erscheinen läßt. Struktur und Organisation dieser Institution „Bundeswehr" müssen, soweit dies unter Berücksichtigung der gestellten Aufgaben möglich ist, mit den Struktur- und Organisationsprinzipien der übrigen demokratischen Gesellschaft in Einklang stehen.

c) Die Überzeugung der breiten Mehrheit der Bevölkerung, daß es lohnend und notwendig ist, ihren Staat zu verteidigen und dafür einen hohen Anteil des Sozialprodukts zu investieren. Insoweit unterstreicht liberale Sicherheitspolitik den ursächlichen Zusammenhang zwischen Verteidigungswürdigkeit und Verteidigungsfähigkeit einer Gesellschaft.

3. GESCHICHTE. — Ein summarischer Rückblick erlaubt folgende Feststellungen:

a) Die Aufstellung von Streitkräften und angemessene →Rüstungsbemühungen zur Gewährleistung der äußeren Sicherheit haben Liberale stets bejaht. Wenn sie Kritik übten oder politisch aufbegehrten, so nicht gegen das Militär als solches, sondern gegen Verletzung demokratischer und freiheitlicher Prinzipien.

b) Militärfragen und Wehrpolitik haben als Fachfragen den politischen Liberalismus, zumal an der Mitgliederbasis, kaum jemals sonderlich bewegt. Erst wenn Militärfragen sich mit Fragen der bürgerlichen Grundrechte und -freiheiten verknüpfen, wenn sie demokratiepolitische oder existenzielle Auswirkungen erlangten, entstand starkes liberales Engagement.

c) Von Anfang ihrer Geschichte an traten Liberale für die allgemeine → Wehrpflicht, zeitweise für allgemeine Volksbewaffnung ein, wie sie von den preußischen Reformern wie Scharnhorst und Gneisenau institutionalisiert worden waren. Die Liberalen bejahten diese Maßnahmen wegen ihres emanzipatorischen Inhalts für den mit Rechten und

Pflichten ausgestatteten freien Bürger. Allerdings traten im Verlauf der Geschichte allgemein wie auch innerhalb des politischen Liberalismus nationalistische an die Stelle freiheitlicher Begründungen für Wehr-, später Verteidigungspolitik. Und erst seit Anfang der 70er Jahre haben die Liberalen begonnen, diese programmatische Einseitigkeit wieder auf den ursprünglichen freiheitlichen Ansatz hin zu korrigieren.

4. GRUNDPRINZIPIEN.—

a) *Sicherheit und Gewalt.* — Der Liberale lehnt Gewaltanwendung und folglich → *Krieg* prinzipiell ab. Gewaltanwendung bedroht und vernichtet Leben, das allein Freiheit verspricht und ohne das keine Freiheit entwickelt werden kann. Dennoch bejaht der Liberale in e i n e m grundsätzlichen Fall Gewaltanwendung, indem er das Recht auf Notwehr anerkennt. Dies gilt für den einzelnen Bürger, wie auch für gesellschaftliche Gruppen und Staaten bzw. Staatengemeinschaften.

b) *Sicherheit und Freiheit.* — Die politischen Grundwerte Freiheit und Sicherheit begreifen die Liberalen weder als ständiges gleichrangiges Nebeneinander noch als den Wechsel verschiedener Handlungsziele mit Vorrang je nach politischer Situation, sondern als Gesamtzusammenhang mit dem alles umgreifenden Vorrang der Freiheit. In der Frage nach der größtmöglichen Freiheit des einzelnen im Verhältnis zur mindestens erforderlichen Sicherheit der anderen gehen Liberale zunächst von der Gleichwertigkeit beider Ziele aus, und fordern die vernunftgemäße Güterabwägung zwischen beiden Eckpositionen. Und erst im Zweifel, d. h. im Zielkonflikt beider Werte geben Liberale der Freiheit des einzelnen den Vorrang vor der Sicherheit der anderen.

c) *Sicherheit und Reform.* — Die Zukunft des westlichen Gesellschaftssystems, der freiheitlichen und rechtsstaatlichen Demokratie beruht auf Reformfähigkeit und Reformkraft. Zur Erhaltung dieser Ordnung erachten Liberale den Schutz und die Abschreckungswirkung durch bewaffnete Kräfte nicht gering. Doch sehen sie die Chance zur Abwehr äußerer und innerer Gefahren vor allem in der Stärkung der Reformfähigkeit dieser Gesellschaft, im Ausbau ihres Instrumentariums zur fairen, vernünftigen innergesellschaftlichen Konfliktregelung. Liberale Reformpolitik will erreichen, daß Streitkräfte und andere Machtorgane nicht nur den Schutz des Bestehenden, die Absicherung des Überkommenen zum Zentralpunkt ihres Selbstverständnisses machen, sondern mehr noch den Schutz des

Entwicklungsprozesses, die Absicherung der Chance zum friedlichen
Wandel und zur schrittweisen Veränderung. Die Bundeswehr und die
anderen Macht- und Sicherheitsorgane ebenso reformfähig zu
machen wie die Gesellschaft als Ganzes, das ist eine der großen Aufgaben liberaler Sicherheitspolitik.

5. PERSPEKTIVEN PRAKTISCHER SICHERHEITSPOLITIK.—

a) *NATO-Strategie.* — Die militärische *Strategie* der → *NATO* muß
neuen politischen Gegebenheiten, den wirtschaftlichen und technologischen Entwicklungen, z. B. den Präzisionswaffen, angepaßt werden, um ihre Abschreckungswirkung zu erhalten. Die Strategie muß
sowohl den berechtigten Sicherheitsbedürfnissen unserer Bündnispartner als auch unseren eigenen vitalen Interessen entsprechen. Sie
muß neben der Vorneverteidigung, deren Realisierungsmöglichkeit
kritisch zu überprüfen ist, auch die Raumverteidigung des Bundes-
gebietes gewährleisten.

b) *Reduzierung von Massenvernichtungsmitteln.* — Aufgrund des
existenziellen Eigeninteresses der Bundesrepublik Deutschland ist es
dringend geboten, durch internationale Abmachungen einen kontrol-
lierten Abbau der Zahl und Einsatzmöglichkeiten nuklearer, che-
mischer und biologischer Massenvernichtungsmittel zu erreichen.

c) *Sicherheitspolitik der Europäischen Gemeinschaft.* — Hohe Priorität hat im Rahmen der Europäischen Gemeinschaft die Schaffung
von gemeinsamen Instrumenten für die Bewältigung innerer und
äußerer Krisen, eine rationale Aufgabenverteilung zwischen den gemeinsamen Streitkräften sowie eine kostensparende Rüstungsstan-
dardisierung. Die Staaten der künftigen Europäischen Union sollten
schrittweise Forschung, Entwicklung und Fertigung ihrer → *Rüstung*
koordinieren und mit dem Ziel einer integrierten Rüstungsplanung
standardisieren. Die atlantische Partnerschaft mit Nordamerika muß
auch nach Schaffung einer Europäischen Union unter Wahrung der
gegenseitigen Ausgewogenheit von Vorteilen und Verpflichtungen im
Bündnis weiterhin Grundlage westeuropäischer Sicherheitspolitik
bleiben.

d) *Wehrpflicht, Dienstpflicht und Dienstgerechtigkeit.* — Die allgemeine Wehrpflicht ist Voraussetzung für eine wirksame Verteidigung
unseres Landes und dient der Verklammerung zwischen Streitkräften
und Bürgern. Freiwillige oder erzwungene Dienstleistung für die Gemeinschaft darf dem einzelnen keine unzumutbaren Nachteile bringen. Wer unter Zurückstellung persönlicher Interessen der Allgemeinheit dient, hat Anspruch auf die besondere Fürsorge des Staates und

die Anerkennung seiner Mitbürger. Staat und Gesellschaft müssen nach liberaler Auffassung dafür Sorge tragen, Benachteiligungen soweit wie möglich auszugleichen und damit positive Anreize für den Dienst an der Allgemeinheit zu schaffen.

JÜRGEN MÖLLEMANN

Wehrbeauftragter

→ *Bundeswehr und Verfassung, Innere Führung, Politische Bildung in der Bundeswehr.*

1. ENTSTEHUNGSGESCHICHTE. — Der Wehrbeauftragte (WB) ist eine neue Institution im deutschen Verfassungsrecht und in der deutschen Wehrgeschichte. Seine Verankerung in der Wehrverfassung der Bundesrepublik Deutschland geht zurück auf den Journalisten Ernst Paul (geb. 1897), der nach seiner Flucht vor dem Nationalsozialismus in Schweden die Verfassungs-Organe „Justitie-Ombudsman" (bestehend seit 1809) und „Militie-Ombudsman" (bestehend seit 1915) kennengelernt hatte. Als Bundestagsabgeordneter schlug er seiner Fraktion (SPD) 1951 vor, für den Fall eines deutschen Wehrbeitrages nach schwedischem Vorbild einen WB als zusätzliches Kontroll-Organ des Parlaments einzurichten, der die Einhaltung von Recht und Gesetz in den neu zu schaffenden deutschen Streitkräften überwachen sollte. Dieser Anregung folgend, studierte eine Parlaments-Kommission unter Beteiligung Ernst Pauls die skandinavischen Beispiele und empfahl 1954 in ihrem Abschlußbericht, „daß die schwedischen Einrichtungen unter allen Umständen als wesentliches Modell benutzt werden" sollten.

2. GESETZLICHE FIXIERUNG. — Im Rahmen der zweiten Wehrergänzung wurden dem Grundgesetz am 19. März 1956 — unter Zustimmung der Opposition — die parlamentarischen Unterorgane Ausschuß für Verteidigung (Art. 45 a GG) und Wehrbeauftragter des Bundestages (Art. 45 b GG) hinzugefügt, letzterer „zum Schutz der Grundrechte und als Hilfsorgan des Bundestages bei der parlamentarischen Kontrolle". Näheres wurde im — bis heute unveränderten — Gesetz über den WB des Bundestages vom 26. Juni 1957 geregelt, das die SPD-Fraktion ablehnte, weil zur — geheimen — Wahl des Amtsinhabers (§ 13 WBeauftrG) die einfache Mehrheit der Mitglieder des

Bundestages ausreicht, womit ihr der Sinn des WB, Repräsentant der gesamten Volksvertretung zu sein, gefährdet und eine unparteiische Amtsführung nicht verbürgt erschien.

Die Amtszeit des WB dauert fünf Jahre, eine Wiederwahl ist zulässig.

3. Bisherige Amtsinhaber und Ausbau der Dienststelle. — Zum ersten WB wurde 1959 Helmuth von Grolman gewählt. Ihm folgten 1961 Hellmuth Heye, 1964 Matthias Hoogen, 1970 Fritz Rudolf Schultz und 1975 der derzeitige WB Karl Wilhelm Berkhan.

Dem Amt des WB — ursprünglich ein kleiner persönlicher Mitarbeiterstab, als Teil der Obersten Bundesbehörde Bundestag — gehören heute 64 Mitarbeiter an, darunter zwölf Beamte mit Befähigung zum Richteramt. Die Zahl der bearbeiteten Eingaben und sonstigen Vorgänge hat sich von 3.368 im Jahre 1959 über 6.017 im Jahre 1968 auf 7.319 im Jahre 1976 gesteigert und erfordert gegenwärtig jährlich etwa 40.000 Schreiben, die in fünf Referaten bearbeitet werden.

4. Funktionen des WB. — Der WB hat als Hilfsorgan des Bundestages sowohl die Individual-Funktion, dem einzelnen Soldaten beim Schutz seiner Grundrechte behilflich zu sein als auch die Global-Funktion, dem Bundestag bei der Ausübung der parlamentarischen Kontrolle behilflich zu sein. Diese Doppelfunktion erfüllt der WB entweder

— ,,nach pflichtgemäßem Ermessen'' — gemäß § 2 (2) WBeauftrG —, wenn ihm Umstände bekannt werden, die auf eine Verletzung der Grundrechte der Soldaten oder der Grundsätze der → *Inneren Führung* schließen lassen, oder

— ,,auf Weisung'' des Parlaments — gemäß § 2 (1) WBeauftrG —, wenn dem Bundestag bzw. seinem Verteidigungsausschuß Vorgänge in den Streitkräften bekannt werden, die eine Untersuchung durch den WB mit abschließendem Einzelbericht verlangen.

Die Schwerpunkte seiner Arbeit werden vom WB mithin nicht selbst bestimmt, sondern ergeben sich aus der Praxis der Menschenführung in der Bundeswehr einerseits und aus den Weisungen des Bundestages andererseits. Von seinem Weisungsrecht machte das Parlament bis zum Ende der VII. Legislaturperiode (1976) relativ selten Gebrauch: Der Verteidigungsausschuß erteilte von sich aus in 20 Fällen eine Weisung, weitere 332 Sammel-Weisungen wurden auf Ersuchen des WB erteilt (im Wesentlichen, um auch Eingaben bearbeiten zu können, für die eine gesetzliche Zuständigkeit nicht gegeben ist, z. B. Eingaben von → *Reservisten*); das Plenum des Bundestages sah sich zu Weisungen an den WB bisher nicht veranlaßt.

4.1. In der *Global-Funktion,* selbständig den gesamten Bereich der Anwendung der Grundrechte und der Grundsätze der Inneren Führung in den Streitkräften zu überwachen, übergreifende Entwicklungen zu beobachten und in Jahres- oder Einzel-Berichten an das Parlament darzustellen und zu bewerten, liegt daher zum einen die praktische Bedeutung der Institution WB. Innere Führung wird hierbei vom amtierenden WB wie von dessen Amtsvorgängern als das Führungs-Konzept verstanden, das „dem Soldaten als Staatsbürger in Uniform unter voller Berücksichtigung der Funktionsfähigkeit der Streitkräfte ein Höchstmaß an staatsbürgerlichen Rechten und Freiheiten sichern soll".

Prüfmaßstab bei Bewertung von Verstößen gegen Grundsätze der Inneren Führung ist heute für den WB im wesentlichen die Zentrale Dienstvorschrift 10/1 der Bundeswehr, „Hilfen für die Innere Führung" vom August 1972. Ihre 28 „Leitsätze für Vorgesetzte" legen fest, auf welche Art und Weise in der Bundeswehr Soldaten als Staatsbürger zu führen sind, und erlauben es dem WB, das Führungsverhalten von Vorgesetzten an einem verbindlichen und jedermann offen zugänglichen Maßstab zu messen. – An der Weiterentwicklung und Anpassung der Inneren Führung mitzuwirken, ist eine Aufgabe, der sich die WB seit Bestehen des Amtes ständig gewidmet haben (vgl. Jahresberichte der WB).

4.2. In der *Individual-Funktion* ist es Hauptaufgabe des Amtes des WB, dem einzelnen Soldaten bei der Wahrung seiner Rechte behilflich zu sein. Hierzu hat der Gesetzgeber jedem Soldaten das Recht zugebilligt, „sich einzeln ohne Einhaltung des Dienstweges unmittelbar an den WB zu wenden. Wegen der Tatsache der Anrufung darf er nicht dienstlich gemaßregelt oder benachteiligt werden" (§ 7 WBeauftrG). Von ihrem Eingaberecht machen heute Soldaten aller Dienstgrade Gebrauch, –in jüngster Zeit, bezogen auf den Umfang ihrer Dienstgradgruppe relativ am häufigsten die Hauptleute (2 %), absolut am häufigsten weiterhin Mannschafts-Dienstgrade. Die Bearbeitung der Eingaben, – häufigste Anliegen: Versetzungen und Kommandierungen, Laufbahnfragen, Urlaub und Dienstbefreiung – kann in etwa einem Drittel aller Fälle erfolgreich oder teilweise erfolgreich abgeschlossen werden.

5. KOMPETENZEN DES WB. — Wichtigste Befugnis des WB ist das Inspektionsrecht: „Er kann alle Truppen, Stäbe, Verwaltungsstellen der Bw und ihre Einrichtungen jederzeit und ohne vorherige Anmeldung besuchen" (§ 3 (4) WBeauftrG). Darüber hinaus hat der WB das Recht,

— jeden Kommandeur oder Einheitsführer um Unterstützung seiner Arbeit zu bitten, die dieser dann auch gewähren muß;
— in Abwesenheit von Vorgesetzten Gespräche mit Soldaten zu führen und sich ungefiltert deren Sorgen vortragen zu lassen;
— von jedem Urteil eines Disziplinar- oder Strafgerichtes eine Abschrift anzufordern;
— vom Bundesminister der Verteidigung und allen seinen Dienststellen Auskunft und Akteneinsicht zu verlangen;
— an Verhandlungen der Straf- und Disziplinargerichte teilzunehmen, auch wenn die Öffentlichkeit ausgeschlossen ist.

Nicht zugebilligt ist dem WB eine Entscheidungskompetenz. Als Gehilfe der Legislative kann er die Exekutive lediglich anregen, eine Entscheidung in seinem Sinne zu treffen bzw. zu korrigieren. Strittig bleibende Fälle können dem Parlament vorgetragen werden.

6. BEDEUTUNG DER INSTITUTION WB. — Vielen Soldaten konnte und kann bei berechtigten und begründeten Anliegen durch Einschaltung des WB schnell und unbürokratisch geholfen werden, ohne Rechte und Interessen Dritter zu schmälern. Die Bedeutung des Amtes liegt ebenso in den Jahresberichten des WB, die nicht nur Mängelberichte sind, sondern auch legislative und administrative Anregungen enthalten, die sich aus kontinuierlicher Beobachtung der Entwicklung der Streitkräfte ergeben. Nicht meßbar, aber deshalb nicht gering zu veranschlagen ist das Gewicht der Institution WB, die durch ihre Existenz — insbesondere durch Inspektionsrecht und Berichtspflicht — positiv stilbildend auf Vorgesetzten-Verhalten und „Betriebsklima" in der Bw einwirkt. Letztlich jedoch bestimmt der Amtsinhaber mit seinem Rollenverständnis Gewicht und Bedeutung des Amtes. Er entscheidet innerhalb seiner gesetzlichen Grenzen,
— ob und wie weit das Hilfsorgan des Bundestages bei der parlamentarischen Kontrolle sich zugleich als „Sachwalter der Streitkräfte im parlamentarischen Raum" betrachten darf,
— ob der Umgang mit parlamentarischen Gremien und einzelnen Abgeordneten „Holschuld" der Legislative oder „Bringschuld" ihres Hilfsorgans ist,
— ob Innere Führung als „unbestimmter Gesetzesbegriff" oder als verbindlicher Normenkatalog zu verstehen ist,
— ob Eindrücke vom Alltag des Soldaten durch angemeldete oder unangemeldete Truppenbesuche gewonnen werden,
— ob Jahresberichte für Unterrichtszwecke der Truppe, für eine interessierte Öffentlichkeit oder als Arbeitshilfe für Parlamentarier konzipiert werden.

Diese und andere Kriterien bestätigen die Abhängigkeit des Amtes von der „Politik" des Amtsinhabers, sie machen zugleich deutlich, warum der WB für die Dauer seines Amtes weder einer legislativen oder exekutiven Körperschaft angehören noch ein anderes besoldetes Amt oder Gewerbe ausüben darf.

LITERATURHINWEISE

Jahresberichte des WB, beginnend mit JB 1959, Bundestags-Drs. 3 /1796 vom 8.4.1960.
Busch, E., Das Amt des WB des Deutschen Bundestages, (Ämter und Organisationen der Bundesrepublik Deutschland, Bd. 23), Bonn 1969.
Maunz, Th., *Dürig*, G., *Herzog*, R., Grundgesetz. Kommentar (Anmerkungen zu Art. 45 b GG, Dürig), München 1976 (4. Aufl.).
Vogt, W. R., Militär und Demokratie. Funktionen und Konflikte der Institution des Wehrbeauftragten, Hamburg 1972.

PETER VON SCHUBERT

Wehrdevianz

→ *Freizeit, Führung/Führungsstil, Fürsorge/Betreuung, Militärseelsorge, Wehrpsychologie*.

1. DEFINITION. — Deviantes (abweichendes) Verhalten ist im Sprachgebrauch der Sozialwissenschaften ein Verstoß gegen Gruppenregeln (-normen). Wehrdevianz ist der Verstoß von Soldaten gegen die Regeln in militärischen Streitkräften. In der Bundeswehr relevante Formen von Wehrdevianz sind größtenteils im Wehrstrafgesetz definiert: „Straftaten gegen die Pflicht zur militärischen Dienstleistung" (Eigenmächtige Abwesenheit, Fahnenflucht, Selbstverstümmlung, Dienstentziehung durch Täuschung), „Straftaten gegen die Pflichten der Untergebenen" (z. B. Befehlsverweigerung), „Straftaten gegen die Pflichten der Vorgesetzten" (z. B. Mißhandlung), „Straftaten gegen andere militärische Pflichten" (z. B. Wachvergehen); weiterhin: Sach- und Kameradendiebstähle, schuldhaft verursachte Verkehrsunfälle, Sachbeschädigung von Wehrmaterial. Andere Problemfelder — nicht zwangsläufig Wehrstraftaten oder sog. Dienstvergehen — sind Suizide und Suizidversuche und der Mißbrauch bzw. die Abhängigkeit von Drogen.

2. EINORDNUNGS- UND ERKLÄRUNGSKONZEPTE. — Eine alle Erscheinungsformen von abweichendem Verhalten umfassende Theorie gibt es genausowenig, wie eine übergreifende Theorie der Wehrdevianz. Eine allgemeine Einordnungsmöglichkeit der Wehrdevianz in der Bundeswehr geben Feser et. al. (1973), die das Verhältnis von Militär und Gesellschaft als einen Gegenstand empirischer Sozialforschung modellhaft vereinfachend in vier mögliche Problembereiche gliedern; einer dieser Problembereiche ist die → *Sozialisations*funktion der Bundeswehr. Diese Funktion besteht als „sekundäre Sozialisation" darin, dem Rekruten bei dem Erwerb von Kenntnissen, Fertigkeiten, Fähigkeiten, Einstellungen und Wertvorstellungen, die für die Ausführung der Rolle eines Soldaten erforderlich sind, zu helfen. Wehrdevianz wird in diesem Konzept dann folgerichtig als nicht gelungene sekundäre Sozialisation durch die Bundeswehr verstanden. Eine solche Einordnung strukturiert Problembereiche, gibt aber keine Hinweise auf eine Erklärung.

Steinert (1973) versucht für einige Aspekte von Wehrdevianz eine Erklärung durch eine spezifische Anwendung der Merton'schen (1938, 1957) Anomietheorie unter Zuhilfenahme des Konzeptes der sog. totalen Institution (Goffman, 1961) und des Treiber'schen (1973) Begriffs der „Normenfalle": Die Anomietheorie geht davon aus, daß die anerkannten Leitmotive („Ziele") durch die ungleich verteilten Chancen („Mittel") auf Benachteiligte einen Druck zur Abweichung ausüben. Beim Militär, einer sog. totalen Institution (deren Mitglieder in weitgehender Isolation von der Gesamtgesellschaft gehalten werden) kann man einen Mechanismus der „unscharfen Formulierung von Normen, bzw. das Aufstellen von Normen, die sich aus praktischen Gründen nicht einhalten lassen" (S. 231) finden. Die Ziel-Mittel-Diskrepanz der Anomietheorie wird hier also unter dem Aspekt der zu hoch gesteckten Normen betrachtet. Eine Verhaltenskonsequenz für in dieser „Normenfalle" gefangene Rekruten ist — nach Steinert — „Distanzierung", sprich: Wehrdevianz in Form von Desertion bzw. Krankheit. In einem sog. prozessualen Ansatz, inzwischen bei der empirisch-sozialpsychologischen Analyse einiger Problemfelder von Wehrdevianz in der Bundeswehr erfolgreich angewandt, geht man „davon aus, daß abweichendes Verhalten nur als komplexer Interaktionsprozeß betrachtet werden kann" (Flach, 1976, S. 13). Nicht mehr die „Persönlichkeit" des von der Norm abweichenden Individuums steht im Mittelpunkt der theoretischen Überlegungen, sondern die Wechselwirkungen von Situationen, Verhalten und sozialen Reaktionen, denen ein Individuum ein Leben lang ausgesetzt ist. Vertreter dieser Konzeption sind der Ansicht, „daß gesellschaftliche Gruppen abweichendes Verhalten dadurch schaffen, daß sie Regeln aufstellen, deren Verletzung abweichendes Verhalten konstituiert, und daß sie diese Regeln auf bestimmte Menschen anwenden, die sie zu Außenseitern stempeln" (Becker, 1973, S. 8). Die Annahme eines sich in strukturierter Sequenz entwickelnden, abweichenden Verhaltensmusters wird als „Abweichungskarriere" bezeichnet.

3. WEHRDEVIANZ IN DER BUNDESWEHR. — Abweichendes Verhalten von Soldaten der Bundeswehr wird in der Regel als sog. „Besonderes Vorkommnis" gemeldet und registriert. Häufen sich „Besondere Vorkommnisse" einer bestimmten Art, dann werden typischerweise empirisch tätige Sozialwissenschaftler (etwa aus dem Psychologischen Dienst der Bundeswehr) zur Analyse der Problematik herangezogen. Neuere Untersuchungen liegen vor bzw. sind in Arbeit zu Fällen von Suizidversuchen von Soldaten, zu Drogengebrauch in der Bundeswehr, zu Eigenmächtiger Abwesenheit/Fahnenflucht.

Der Anteil der Suizidenten an den Verstorbenen der Bundeswehr betrug für den Zeitraum von 1957 bis 1975 9,8 Prozent. Die jährlichen *Suizidziffern* (Suizide pro 100.000 Soldaten) lassen den Schluß zu, daß die Suizidsterblichkeit bisher relativ konstant geblieben ist. Die Häufigkeit der Suizidversuche ist dagegen erheblich angestiegen. Die Suizidversuchziffern haben sich fast vervierfacht (1957: 46,4; 1975: 182,1). Das Verhältnis der Suizide zu den Suizidversuchen in der Bundeswehr (1:7,4) entspricht in bemerkenswerter Weise den Schätzungen, die für das Zivilleben vorliegen. Zur Beurteilung der Größenordnung des Problems sind vergleichende Betrachtungen erforderlich. Im Vergleich mit Suizidziffern früherer deutscher Streitkräfte liegt die Bundeswehr deutlich am niedrigsten (Dubitscher, 1965). Dieser Sachverhalt läßt sich nicht nur auf temporäre und streitkräftespezifische Einflüsse zurückführen, sondern auch auf die Wirksamkeit der derzeitigen Musterungs- und Einstellungsuntersuchungen. Soweit überhaupt ein Vergleich der Suizidhäufigkeiten von Soldaten und Zivilpersonen möglich ist, muß dieser über korrespondierende Altersgruppen erfolgen. Dabei zeigt sich in der zivilen Gruppe eine deutlich höhere Suizidhäufigkeit (Altersgruppe 20—25 Jahre). Für „zivile" Suizidversuche gibt es deutliche Hinweise auf ständig steigende Zuwachsraten in den letzten Jahren. Es kann angenommen werden, daß nur bei einem geringen Anteil der als Suizidversuche registrierten Fälle das suizidale Verhalten auf eine Beendigung des Lebens abzielt. In den meisten Fällen werden vorzeitige Entdeckung und Rettung durch Umweltpersonen eingeplant bzw. suizidale Handlungen nur soweit durchgeführt, daß keine echte Lebensbedrohung eintritt. Hier muß im Grunde von Selbstbeschädigungen gesprochen werden, denen demonstrativer oder appellativer Charakter zugeschrieben werden kann.

Suizidales Verhalten muß vor dem Hintergrund besonderer individueller Entwicklungsumstände und spezieller Persönlichkeitsstrukturen analysiert werden. Es kann nicht als bloße Reaktion auf situative Faktoren erklärt werden. Als fruchtbare Ansätze haben sich das Konzept der sozialen Desintegration sowie das Aggressionskonzept erwiesen. In den Ansatz der sozialen Desintegration lassen sich auch suizidale Handlungen mit appellativem Charakter einbringen. Sie sind als Versuche zu werten, durch Einsatz des Körpers die Aufmerksamkeit der Umwelt auf diese Krisensituation zu lenken. Suizidales Verhalten kommt einem „Hilferuf" gleich und kann als Aufforderung zur Kommunikation interpretiert werden. Nach dem Aggressionskonzept ergibt sich dieses Verhalten als Wendung von Aggressionen gegen die eigene Person, wenn starke aggressive Impulse nicht nach außen gerichtet werden können. Aggressiven oder autoaggressiven Handlungen werden hier spannungsreduzierende Funktionen zugeschrieben. Bei suizidalen Handlungen mit demonstrativem Charakter kommt der Verminderung von Spannungszuständen eine zentrale Bedeutung zu.

Die soldatische Gesamtsituation stellt ein spezielles Interaktionsfeld dar, das für bestimmte Reaktionstypen spezifische und/oder unspezifische Bedingungen zu suizidalem Verhalten liefert. Die Einschränkungen der zivilen Gewohnheiten, die militärischen Gegebenheiten und Anforderungen bringen unbestreitbar für jeden Soldaten Belastungen mit sich. Bei psychisch minder belastbaren Soldaten kann der Wehrdienst suizidale Stimmungen bewirken oder verstärken. Diese Annahme wird durch Befunde gestützt, wonach der größte Anteil suizidaler Handlungen (ca. 30 Prozent) in den ersten 3 Monaten nach Dienstantritt erfolgt.

In den Jahren 1970–1972 „blühte" in der Bundesrepublik Deutschland die sog. *Drogenwelle*. Immer mehr Jugendliche hatten Erfahrungen mit sog. Modedrogen, immer mehr mußten als regelmäßige Konsumenten („User") eingestuft werden. Die Prozentanteile drogenerfahrener junger Menschen lagen damals – je nach Untersuchung, Bundesland und Erhebungsjahr – zwischen 10 und 34 Prozent, der Anteil der User zwischen einem und 13 Prozent der Jahrgangsstärken. Auch wenn die Bundeswehr bis dahin von den Auswirkungen dieser Entwicklung noch relativ verschont geblieben war, konnte man doch für die Zukunft ähnliche Tendenzen befürchten, zumal andere westliche Armeen (der USA, der Niederlande, Schwedens) schon erhebliche Probleme mit drogenabhängigen Soldaten hatten. Bereits 1972 hat der Bundesminister der Verteidigung (P II 4) das Psychologische Institut II der Universität Würzburg mit einer Bestandsaufnahme und Trendanalyse des Drogenkonsums in der Bundeswehr beauftragt, wobei ausdrücklich Nikotin- und Alkoholkonsum mit untersucht werden sollten. Zwar liegen noch keine Abschlußberichte zu diesem Forschungsauftrag vor, trotzdem scheint es sinnvoll, einige Zwischenergebnisse vorzulegen (Schenk, 1974). Hier die ersten Ergebnisse: 20 Prozent der Wehrpflichtigen beginnen ihren Wehrdienst mit Erfahrungen im Konsum von Cannabis (Haschisch). Die Erfahrungssätze für die anderen Modedrogen: Halluzinogene: 6 Prozent; Opium: 2 Prozent; Schlafmittel: 13 Prozent; Beruhigungsmittel: 17 Prozent; Weckamine: 9 Prozent. Die Zahlen für die traditionellen Drogen liegen erheblich höher: 89 Prozent der Wehrpflichtigen haben Tabak-Erfahrungen; 59 Prozent waren zur Zeit der Befragung Raucher, 41 Prozent mit mehr als 10 Zigaretten pro Tag. Fast alle Soldaten haben Erfahrungen mit Alkohol. 71 Prozent der Wehrpflichtigen trinken Bier häufiger als einmal pro Woche; nur 15 Prozent waren noch nie betrunken. Im Gegensatz zu den Modedrogen werden Nikotin und Alkohol nicht als Droge erkannt (nur 37 Prozent der Wehrpflichtigen halten Alkohol für eine Droge, aber 96 Prozent sprechen bei Cannabis oder Opium von Drogen).

Militärische Vorgesetzte der Bundeswehr, Wehrpsychiater und Wehrpsychologen in der Bundeswehr haben bis heute relativ selten Probleme mit modedrogenabhängigen Soldaten. 173 im Jahr 1976 registrierte Fälle von Vergehen von Soldaten gegen das Betäubungsmittelgesetz (d. h. illegaler Besitz bzw. Handel mit Betäubungsmitteln) sind eine gering einzuschätzende Zahl im Vergleich etwa zu den „Besonderen Vorkommnissen" der Eigenmächtigen Abwesenheit bzw. Fahnenflucht. Für die militärische Traditionsdroge Alkohol dagegen kann man auch in der Bundeswehr eine steigende Tendenz prognostizieren; der sich in der Bundesrepublik ausbreitende Jugendlichen-Alkoholismus kann nicht ohne Auswirkungen auf den Alkoholkonsum der Soldaten bleiben. Ob die — verglichen zur zivilen Gesellschaft — außerordentlich geringen Zahlen von tödlichen Kfz-Unfällen bei Soldaten unter Alkohol (1976 im Dienst: zwei; außerhalb des Dienstes: 15) in den nächsten Jahren ähnlich niedrig bleiben werden, muß angezweifelt werden.

Fälle von *Eigenmächtiger Abwesenheit* (EA) und *Fahnenflucht* (FF)
bilden seit Aufstellung der Bundeswehr den größten Teil der „Besonderen
Vorkommnisse" (1973: 77 Prozent). Das rasche Ansteigen
dieser Fälle zu Beginn der Siebziger Jahre (Höhepunkt 1972:
12.643) war der Hintergrund zu wehrpsychologischen Untersuchungen
dieses Problems (Feser u. Puzicha, 1971; Flach, 1976). Seit 1974
ist eine Abnahme des jährlichen EA/FF-Aufkommens zu verzeichnen.
Im Rahmen der letzten EA/FF-Untersuchung wurde der „prozessuale
Ansatz" als theoretische Ausgangsposition in den Mittelpunkt
gestellt. Die Ergebnisse stützen die Annahme, daß EA/FF-Soldaten
sich schon bei Eintritt in die Bundeswehr in einem mehr oder
weniger fortgeschrittenen Stadium einer „Abweichungskarriere" befinden.
Bei EA/FF-Soldaten waren dem entsprechend folgende Sachverhalte
signifikant häufiger auffindbar als bei unbelasteten Kontrollsoldaten:
Weglaufen von zu Hause als Kind oder Jugendlicher, Verhaltensschwierigkeiten
in der Schule, mangelhafte Arbeitsbindungen
im Zivilleben, zivile Vorstrafen, Suizidversuche und Drogengebrauch.
Die EA/FF-Bedingungen sind lebensgeschichtlich verankert und in
einem defizitären und/oder unangemessenen Verhaltensrepertoire
begründet. Ihre Entstehung kann auf negative Sozialisationsbedingungen
und spezielle Persönlichkeitsstrukturen zurückgeführt werden.
Beide schaffen Einbruchstellen für abweichende Verhaltensdeterminanten
oder verhindern die Aneignung und Anwendung angemessener
Bewältigungsstrategien in Konflikt- und Krisensituationen.
Dabei ist anzumerken, daß Sozialisationsvorgang und Persönlichkeitsstrukturen
im Rahmen der psychosozialen Entwicklung Einfluß
aufeinander nehmen und den jeweiligen Reaktionstyp hervorbringen.
Bei EA/FF-Soldaten gab es signifikant häufiger Anhaltspunkte
für negative Sozialisationsbedingungen als bei unbelasteten
Soldaten. Im einzelnen können angeführt werden: Verlust eines oder
beider Elternteile, Einschaltung des Jugendamtes in die Erziehung,
negative Wahrnehmung der Familiensituation, Ablehnung des Vaters
als Vorbild, Berufstätigkeit der Mutter. Als selektiv wirksame Persönlichkeitsstrukturen
konnten intellektuelle Minderbegabung, geringe
emotionale Anpassung, schwache sozialnormative Verhaltensregulation
und ein hohes Ausmaß an Intoleranz gegen Ambiguität aufgefunden
werden.
Die soldatische Gesamtsituation ist weniger Ursache als vielmehr
spezifischer Auslöser zu abweichendem Verhalten. Die EA/FF-Bedingungen
müssen als Faktoren gesehen werden, die gleichermaßen
eine Integration in die zivile wie auch in die soldatische Gesamtsitua-

tion beeinträchtigen. In diesem Zusammenhang ist anzumerken, daß im Militärbereich zur Aufrechterhaltung der soldatischen Ordnung die Verhaltensforderungen und -regeln wesentlich stärker überwacht und nachdrücklicher durchgesetzt werden als im Zivilbereich. Hier werden viele Verhaltensweisen toleriert oder in Kauf genommen, die bei Realisierung in den Streitkräften eine disziplinare oder wehrstrafrechtliche Ahndung nach sich ziehen. Im Zivilbereich gelernte und praktizierte Verhaltensmuster konfrontieren sich u. U. mit den Verhaltensforderungen im Militärbereich. Im Sinne der sog. „zivilmilitärischen Konfrontationsthese" (Fleckenstein, Schössler, 1973) wird abweichendes Verhalten in den Streitkräften daher auch maßgeblich durch gesellschaftliche Bedingungen bestimmt.

Die spezifischen Auslöser des EA/FF-Verhaltens sind in der soldatischen Gesamtsituation und/oder im privaten Lebensbereich zu suchen. Sie entsprechen den von EA/FF-Soldaten vorgebrachten Motiven. Dabei ist zu beachten, daß Motive als im Bewußtsein der Personen auftretende Gründe gesehen werden müssen. Sie reichen für sich genommen zu einer Erklärung des EA/FF-Verhaltens nicht aus. Sie sind als situationsspezifische Merkmale zu werten, die mit dem Bruch des soldatenkonformen Verhaltens verbunden sind. Art und Anzahl der EA/FF-Auslöser sind interindividuell sehr verschieden. 82 Prozent der EA/FF-Soldaten bekannten sich zu einem Motivbündel. Es kann angenommen werden, daß sich einzelne Auslöser in ihrer Wirkungsweise ergänzen, summieren oder wechselseitig beeinflussen. EA/FF-Auslöser sind keineswegs objektiv zwingende EA/FF-Determinanten für jeden beliebigen Soldaten. Sie müssen in ihrer Wirkungsweise vor dem Hintergrund einer besonderen Lebensgeschichte und spezieller Persönlichkeitsstrukturen betrachtet werden. Aus dem Reservoir aller erfaßten Motive wurden fünf prägnante Auslöserbündel gewonnen: Psychophysische Überforderung durch den Wehrdienst, finanzieller Druck, sozioemotionaler Streß, triebmäßige Bedürfnislage, Vorgesetztenverhalten.

Literaturhinweise

Feser, H. und *Puzicha*, K., Eigenmächtige Abwesenheit und Fahnenflucht von Wehrpflichtigen, in: Wehrpsychologische Untersuchungen, H. 4/1971.
Feser, H., *Fiebig*, G. und *Puzicha*, K., Sozialpsychologische Beurteilung der jetzigen und künftigen Lage der Bundeswehr, in: Wehrkunde, H. 2/1973.
Flach, H., Bedingungsanalyse der eigenmächtigen Abwesenheit und Fahnenflucht, in: Wehrpsychologische Untersuchungen, H. 1/1976.

Schenk, J., Drogenkonsum und die Beurteilung von Drogen und Drogenkonsumenten bei frisch eingezogenen Bundeswehr-Rekruten, in: Wehrpsychologische Untersuchungen, H. 5/1974.

Stengel, E., Selbstmord und Selbstmordversuch. Psychiatrie der Gegenwart, Band III, Heidelberg 1961.

KLAUS PUZICHA UND HERMANN FLACH

Wehrpflicht

→ *Aufbau und Struktur der Bundeswehr, Bundeswehr und Verfassung, Innere Führung, Kriegsdienst-/Wehrdienstverweigerung, Personalstruktur, Politische Bildung in der Bundeswehr, Sozialisation, Verteidigungspolitik, Wehrdevianz, Wehrrecht.*

1. BEGRIFFE. — Wehrpflicht (W.) ist die aufgrund der *Wehrhoheit* eines Staates gesetzlich geregelte Verpflichtung der Staatsangehörigen zum *Wehrdienst*.

Allgemeine W. besteht, wenn diese Verpflichtung grundsätzlich für alle (männlichen) Staatsangehörigen best. Altersklassen gilt. *Auswahl*-W. meinte früher die Heranziehung best. Gruppen unter ausdrücklicher Zurückweisung anderer („W. aller Freien"). Neuerdings wird darunter die „selektive" Handhabung der allg. W. verstanden: nicht alle verfügbaren Wehrpflichtigen werden einberufen, da ihre Zahl den milit. Bedarf übersteigt. Gelegentlich erfolgt die Auswahl nach Lossystem. Die (wachsende) Diskrepanz zw. Aufkommen und Bedarf verursacht Probleme der *Wehrgerechtigkeit*.

Die W. bestimmt zugleich die *Wehrform* eines Staates („Wehrpflicht-Streitmacht", „Freiwilligen-Streitmacht", „Miliz"). Die *Miliz* ist die „militantere Verwirklichung des Wehrpflichtgedankens" (von Manteuffel 1956).

Einberufung zum Wehrdienst aufgrund der W. setzt Wehrdienstfähigkeit voraus, über die im *Musterungsverfahren* befunden wird. Erfassung, Musterung, Einberufung oder Zurückstellung, sowie die Wehrüberwachung sind die wichtigsten Aufgaben des *Wehrersatzwesens*. Sie werden (mit Ausnahme der Erfassung, die Aufgabe der Länder ist) von zivilen *Wehrersatzbehörden* in bundeseigener Verwaltung durchgeführt („Kreiswehrersatzämter", „Wehrbereichsverwaltungen", „Bundeswehrverwaltungsamt").

Wehrpflichtigen wird nach dem Wehrsoldgesetz ein *Wehrsold* gezahlt, der kein Leistungsentgelt darstellt und sich von den Dienstbezügen der Zeit- und Berufssoldaten unterscheidet. Zur Sicherung einer angemessenen Lebenshaltung können zudem Leistungen nach dem Unterhaltssicherungsgesetz gewährt werden. Die Erhaltung des Arbeitsplatzes für die Dauer des Wehrdienstes regelt das Arbeitsplatzschutzgesetz.

2. GESCHICHTE. — Die Geburtsstunde der allg. W. wird gemeinhin auf die Französische Revolution datiert, genauer auf das von L. N. *Carnot* ausgearbeitete Wehrpflichtgesetz von 1793. In der Tat waren die franz. Revolutionsheere die ersten modernen Massenarmeen, die nach dem Prinzip der allg. W. aus dem ganzen Volk rekrutiert waren („levée en masse"). Das hat zu der gängigen These geführt, daß Demokratie und W. wesensmäßig zusammengehören: „Die allgemeine Wehrpflicht ist das legitime Kind der Demokratie, seine Wiege stand in Frankreich" (Theodor Heuss 1949).

Die Anfänge der allg. W. reichen jedoch weiter zurück als die Durchsetzung der Demokratie (ganz abgesehen davon, daß gerade die Diktaturen an der W. und langen Aktiv-Dienstzeiten festhalten, während die Demokratien die W. abgeschafft oder die Heranziehungsquoten gesenkt und die Dauer des Grundwehrdienstes reduziert haben). Bereits Mitte des 18. Jh. wurde die allg. Dienstpflicht von Graf Wilhelm *von Schaumburg-Lippe*, dem Lehrmeister *Scharnhorsts*, in Lippe eingeführt („Lippische Schützen"). Andere Vorläufer der W. im Absolutismus gab es in Bayern und Österreich. Auch das preußische Kantonreglement von 1733 („Kantonsystem") war eine Art allg. W. mit best. Wehrdienstausnahmen.

In Deutschland wird die allg. W. in ihrer modernen Form zuerst in Preußen durch das *Boyen*sche Wehrgesetz vom 3.9.1814 eingeführt. Sie wird später Bestandteil der preußischen Verfassung von 1850 (Art. 34) und der Reichsverfassung von 1871 (Art. 57). Auf Verlangen der Siegermächte wird die allg. W. in Erfüllung des Art. 173 des Versailler Friedensvertrages am 21.8.1920 gesetzlich abgeschafft, dann nach dem Ende der Weimarer Republik von den Nationalsozialisten am 21.5.1935 wieder eingeführt.

Zehn Jahre später, nach Ende des 2. Weltkrieges, wird die W. erneut abgeschafft. Die Bundesrep. Dtl. stellt sie nach Wiedererlangung der staatlichen Souveränität durch das Wehrpflichtgesetz vom 21.7.1956 wieder her. Am 1.4.1957 rücken die ersten 8.000 Wehrpflichtigen in die Kasernen der Bundeswehr ein. Seither haben mehr als 3,5 Mio. Bundesbürger Wehrdienst geleistet, d. h. etwa jeder 10. männliche

Staatsbürger hat die Bundeswehr aufgrund der W. von innen kennengelernt. In der DDR wird die allg. W. am 24.1.1962 gesetzlich eingeführt.

3. BESTIMMUNGEN. — Verfassungsrechtliche Grundlage der W. ist Art. 12a GG, gesetzliche Grundlage das inzw. mehrfach geänderte Wehrpflichtgesetz vom 21.7.1956. Die W. dauert vom 18. bis zum 45. Lebensjahr, für Offz und Uffz sowie allg. im Verteidigungsfall endet sie mit Ablauf des 60. Lebensjahres.

Der aufgrund der W. zu leistende Wehrdienst umfaßt den *Grundwehrdienst* (§ 5 WPflG), den Wehrdienst in der *Verfügungsbereitschaft* (§ 5a WPflG), *Wehrübungen* (§ 6 WPflG) und den *unbefristeten Wehrdienst* im Verteidigungsfall (§ 3 WPflG). Der Grundwehrdienst dauerte zunächst 12 Monate, wurde dann auf 18 Monate heraufgesetzt und 1973 wieder verkürzt auf derzeit 15 Monate. An den Grundwehrdienst schließt sich eine Verfügungsbereitschaft von 3 Monaten an, innerhalb derer die Wehrpflichtigen kurzfristig zum Wehrdienst herangezogen werden können und sich dafür bereitzuhalten haben.

Der W. unterliegen nur Männer. Frauen können im Verteidigungsfall unter best. Voraussetzungen zur ziv. Dienstleistung verpflichtet werden, dürfen aber auf keinen Fall Dienst mit der Waffe leisten (Art. 12a GG). Ausländer können der W. unterworfen werden, wenn deren Heimatstaat Deutsche zum Wehrdienst verpflichtet (§ 2 WPflG).

Nicht herangezogen wird, wer nicht wehrdienstfähig oder entmündigt ist (§ 9 WPflG). Vom Wehrdienst *ausgeschlossen* ist, wer in best. Weise vorbestraft ist, die Fähigkeit zur Bekleidung öffentl. Ämter nicht besitzt oder Maßregeln der Besserung und Sicherung unterworfen ist (§ 10 WPflG). Geistliche sind vom Wehrdienst *befreit* (§ 11 WPflG). Vom Wehrdienst *zurückgestellt* wird, wer vorübergehend nicht wehrdienstfähig ist, eine Freiheitsstrafe verbüßt oder in einer Heil- und Pflegeanstalt untergebracht ist; daneben sollen Wehrpflichtige auf eigenen Antrag zurückgestellt werden, wenn der Wehrdienst für sie aus persönlichen, wirtschaftlichen oder beruflichen Gründen eine bes. Härte bedeuten würde (§ 12 WPflG). Wer für eine ausgeübte Tätigkeit unentbehrlich ist, kann im öffentl. Interesse für den Wehrdienst *unabkömmlich* gestellt werden (§ 13 WPflG).

Der W. kann auch im Zivilschutz oder Katastrophenschutz (§ 13a WPflG sowie im Entwicklungsdienst (§ 13b WPflG) genügt werden. Wehrpflichtige im Bundesgrenzschutz und Polizeivollzugsdienst brauchen nach zwei- bzw. dreijähriger Dienstzeit keinen Grundwehrdienst mehr zu leisten (§§ 42, 42a WPflG).

Wer aus Gewissensgründen den Wehrdienst *verweigert*, hat statt des Wehrdienstes einen → *Zivildienst* außerhalb der Bundeswehr zu leisten.

Im Unterschied zu früher gewährt das heutige Wehrpflichtgesetz weitreichenden *Rechtsschutz*: justitiable Verwaltungsentscheidungen anstelle einseitigen staatl. Hoheitsaktes („Einberufungsbescheid" statt „Gestellungsbefehl"), vielfältige Wehrdienstausnahmen zur Vermeidung von Härten, ziv. Wehrersatzbehörden anstelle milit. Kommandostellen als „Mittler zwischen militärischem und zivilem Bereich" (Theodor *Blank* 1956).

Der 15-monatige Grundwehrdienst in der Bundeswehr ist kürzer als der → *NATO*-Durchschnitt (20 Monate) und erheblich kürzer als die durchschnittl. Dienstdauer im Warschauer Pakt (26 Monate). Hinsichtlich der finanziellen Leistungen und sozialen Sicherungen ist der wehrpflichtige Soldat der Bundeswehr so gut gestellt wie kein anderer, auch wenn er in der Höhe des Wehrsoldes vom niederländischen, dänischen und norwegischen Wehrpflichtigen übertroffen wird.

4. EINSTELLUNGEN UND VERHALTEN. — Die W. wurde 1956 von den bürgerlichen Parteien gegen den Willen der Bevölkerungsmehrheit wiedereingeführt. Die Bundeswehr entstand auf der Grundlage der allg. W.. Wie die Meinungsumfragen belegen, söhnte sich die Mehrheit der Bürger in der Folgezeit schon bald mit der W. aus. Ihre Abschaffung steht in der Bundesrepublik im Unterschied zu anderen westl. Staaten nicht ernstlich zur Diskussion. Doch ist die Kritik an der W. über die Jahre hinweg offenbar gewachsen. In der arbeitsteiligen Industriegesellschaft wird sie vielfach als ein *systemfremdes Element* empfunden.

Die W. ist nicht populär, unter wehrpflichtigen jungen Männern schon gar nicht. Diese Einstellung wird offenkundig vor allem von der persönlichen „Nutzen-/Kosten-Rechnung" des einzelnen bestimmt. Je höher die „sozialen Folgekosten" des Wehrdienstes ausfallen und je geringer der Nutzen veranschlagt wird, desto größer ist die Abneigung und desto schärfer artikuliert sich die Kritik. Politisch-ideologische Motive kommen hinzu, spielen aber nicht jene dominierende Rolle, die man ihnen aufgrund der Selbstdarstellung der Wehrdienstgegner beizumessen geneigt ist. Was von den Jugendlichen an der W. als nachteilig und störend empfunden wird, „ist weniger die vorgefundene Bundeswehr-Realität als vielmehr die Tatsache, daß sie der Bundeswehr wegen auf bestimmte Dinge verzichten müssen. Hierzu zählen vor allem der gute Verdienst und das Leben in der vertrauten heimatlichen Atmosphäre" (System-Forschung 1973). Die große Mehrheit der Wehrpflichtigen wird den an sie herangetragenen Anforderungen gerecht, auch wenn die Fälle *abweichenden Verhaltens* nicht unbeträchtlich sind.

5. PERSPEKTIVEN. — Die Bundeswehr wird üblicherweise als „Wehrpflicht-Streitmacht" bezeichnet, obwohl sie zum größeren Teil aus Zeit- und Berufssoldaten besteht. Für 1978 lautet das Zahlenverhältnis 53 % Längerdienende zu 47 % Wehrpflichtige. Nach den *Soll-Vorstellungen* (beim Heer 52 : 48, bei der Luftwaffe 72 : 28 und bei der Marine 85 : 15) ist der Wehrpflichtigen-Anteil noch kleiner. Das begriffliche Problem, wie groß der Hundertsatz an Wehrpflichtigen sein muß, um die Bezeichnung „Wehrpflicht-Streitmacht" noch zu rechtfertigen, verweist auf eine Entwicklung, die als das „Ende der Massenarmee" derzeit international diskutiert wird.
Fast alle NATO-Mitglieder haben die Personalstärke ihrer Militärorganisationen in den 70er Jahren z. T. drastisch vermindert. Die USA sind 1973 wie vorher schon Großbritannien zum Freiwilligensystem übergegangen. Belgien, Dänemark und die Niederlande haben die allg. W. bereits de facto außer Kraft gesetzt, und selbst in Frankreich, wo die W. lange Zeit geradezu sakrosankt war, werden neuerdings Zweifel an ihrer Beibehaltung laut.
Vieles deutet darauf hin, daß die Epoche der auf der allg. W. beruhenden Massenarmeen, die mit der Französischen Revolution und der industriellen Revolution des 19. Jh. ihren Ausgang nahm, nunmehr zu Ende geht. Die Gründe sind vielfältig: Wachsende Betriebsausgaben, vor allem die *Personalkosten*, zehren an den verteidigungsinvestiven Aufwendungen. Dieser Konflikt drängt auf eine Verringerung der Personalstärken. Eine „massenhafte Personalverwendung" (van Doorn) kann es in modernen Streitkräften ebensowenig geben wie im modernen Großbetrieb. Die Einsamkeit des modernen Gefechtsfeldes, auf die R. *Bigler* hingewiesen hat, findet ihre Parallele in der Leere des modernen Industriebetriebs.
Die Herabsetzung der Personalstärken hat zur Folge, daß die allg. W. nur noch „selektiv" gehandhabt werden kann. Das trägt dazu bei, ihre gesellschaftliche Basis weiter zu schwächen. Vorschläge zur Erhebung einer *Ausgleichsabgabe* als einer Art Lastenausgleich zw. dienenden und nicht-dienenden Wehrpflichtigen haben bislang wenig Gegenliebe gefunden.

Das „Ende der Massenarmee" muß nicht notwendigerweise zur Aufgabe der W. führen, wohl aber zu Modifizierungen. Die *Freiwilligenarmee* ist offenbar nicht das erhoffte Allheilmittel. Ihre Probleme sind nicht geringer, wie neuerdings die amerik. Erfahrungen wieder beweisen.

LITERATURHINWEISE

Doorn, J. v., Der Niedergang der Massenarmee — Allgemeine Überlegungen, in: Beiträge zur Konfliktforschung, H. 1/1976.
Seidler, F. W. und *Reindl*, H., Die Wehrpflicht (Reihe Geschichte und Staat, Bd. 154/155), München/Wien 1971.
Seidler, F. W. und *Reindl*, H., Wehrpflicht, Kriegsdienstverweigerung, Zivildienst, Wehrgerechtigkeit, Bonn 1973.
Wehrstruktur-Kommission der Bundesregierung, Wehrgerechtigkeit in der Bundesrepublik Deutschland, Bonn 1971.
Wehrstruktur-Kommission der Bundesregierung, Die Wehrstruktur in der Bundesrepublik Deutschland. Analyse und Optionen, Bonn 1973.
Weißbuch 1975/1976, Zur Sicherheit der Bundesrepublik Deutschland und zur Entwicklung der Bundeswehr, Bonn 1976.

BERNHARD FLECKENSTEIN

Wehrpsychologie

→ *Beruf „Soldat", Militärsoziologie, Sozialpsychologie des Militärs, Wehrdevianz, Wehrpflicht.*

1. BEGRIFF.— Wehrpsychologie (WPs.) beinhaltet die Anwendung aller Teilgebiete der Angewandten Psychologie in Streitkräften. Aufgabe und Standort der WPs. in militärischen Organisationen liegen in einem dynamischen Spannungsfeld mit den Koordinaten: → *Auftrag* der Streitkräfte/Soldat als Individuum.

Im Gegensatz zur militärischen, entscheidungsorientierten → *Führung* (Wust) ist Inhalt und Arbeitsweise der WPs. problemorientiert. Die Integration von Forschungsergebnissen der militärwissenschaftlichen Institute, aber auch der Hochschulen, bilden Grundlage und Vorgehen der wehrpsychologischen Arbeit.

2. Die GESCHICHTE DER WPs. ist in ihrem Übergang vom ausschließlich philosophischen Wissenschaftsbezug zu einer naturwissenschaftlich-empirischen Methodik nach der Jahrhundertwende ganz

entscheidend durch konkrete, militärische Erfordernisse beeinflußt worden. Nahezu zeitparallel sind in Frankreich und Italien, vor allem aber in Amerika und auch in Deutschland auf breiter Grundlage psychotechnisch-testpsychologische (USA) und charakterologische (Deutschland) Verfahren entwickelt worden.

Das bekannteste testpsychologische Datum ist mit den Namen Yerkes, Goddard und Terman in den USA verknüpft, deren Army-Alpha-Test ab 1915 bei ca. 1,75 Mio. Wehrpflichtigen eingesetzt wurde.

Der erste Leiter der deutschen Heerespsychologie, J.B. Rieffert (1925−30), entwickelte erstmals ein geschlossenes Auswahlsystem für Offiziere und Spezialpersonal (Kraftfahrer, Piloten, Tastfunker etc.), das „psychotechnische" (Reaktionstests) und „charakterologische" (Persönlichkeitstests) enthielt.

Sein Nachfolger Simoneit vertiefte insbesondere den individual-psychologischen Ansatz (Lebenslauf, Analyse von Mimik, Gestik, Handlung). Als Leiter des Psychologischen Laboratoriums beim Reichskriegsministerium waren ihm 150 Psychologen bei den Prüfstellen von Heer, Kriegsmarine und Luftwaffe unterstellt. Aus diesem immer zugleich wissenschaftlich tätigen Psychologenkreis rekrutierten sich nach dem 2. Weltkrieg nahezu ausschließlich die Ordinarien der Psychologielehrstühle (z. B. Lersch, Hofstätter, Heiß, Rudert). Die Tatsache, daß mitten im 2. Weltkrieg die Wehrmachtspsychologie von der NS-Führung aufgelöst wurde, hat nicht verhindern können, daß ein breiter empirischer Fundus in den wissenschaftlichen Ansatz der psychologischen Nachkriegsforschung eingebracht wurde. Schon im Zuge des geplanten Aufbaus der Bundeswehr waren es wiederum die inzwischen als Hochschullehrer anerkannten Psychologen, die beim Konzept für die Auswahl für kriegsgediente Soldaten/Offiziere beratend tätig wurden.

G. Flik wurde ab 1956 mit Aufbau und Ausbau des Psychologischen Dienstes in der Bundeswehr beauftragt. Ihm gelang im Zusammenhang mit der Ablösung des Losverfahrens für Wehrpflichtige die Einführung der Eignungs- und Verwendungsprüfung (EVP), die bei ca. 250 000 Wehrpflichtigen jährlich durchgeführt wird.

W. Mitze, Leiter des Psychologischen Dienstes von 1966−74 konnte bei einem Personalumfang von 130 Psychologen die nachstehende Aufgabenstruktur konsolidieren.

3. AUFGABEN DER WPs. — Organisatorisch eingeordnet in Dienststellen der Streitkräfte und der → *Bundeswehrverwaltung,* bildet der

Psychologische Dienst eine fachliche Einheit, mit folgenden Schwerpunkten:

— *Personalpsychologie:* Eignungs- und Verwendungsprüfung bei Wehrpflichtigen; Annahmeprüfung bei Freiwilligen, Offizieranwärtern einschließlich der Feststellung der Studienbefähigung; Berufseignungsuntersuchungen in Zusammenarbeit mit dem → *Berufsförderungs*dienst Bw; Auswahlprüfungen bei Beamtenanwärtern und für Spezialverwendungen.

— *Flieger- und Flugpsychologie:* Selektion von Piloten, Kampfbeobachtern, Flugsicherungspersonal; psychologische Mitwirkung bei der Entwicklung fliegerischer Trainingstechnologien; psychophysiologische Experimentalpsychologie in Verbindung mit fliegerischer Beanspruchung; klinische Flugpsychologie bei Flugausfällen/ -ängsten/ -phobien etc.; Flugunfallforschung; Begutachtung im Zusammenhang mit der Ablösung von Piloten.

— *Psychologische Ergonomie:* Im Verbund mit der medizinischen und technischen Ergonomie sind Grundlagen und Richtlinien für Entwicklung und Erprobung von wehrtechnischem Gerät hinsichtlich der Mensch-Maschine-Beziehung zu erarbeiten. Ergonomische Prüf- und Bewertungsverfahren setzen eine adäquate Meßmethodik, Simulationstechniken sowie Belastungs- und Beanspruchungsanalysen voraus, die als Grundlage für ergonomische Normen bei entsprechenden Systemen (z. B. Schiffe, Panzer, Luftfahrtgerät) Verwendung finden.

— *Klinische Psychologie:* Entwicklung und Einsatz anamnestischer, psychodiagnostischer und therapeutischer Verfahren im Rahmen der klinisch-psychologischen Aufgaben in Bw-Krankenhäusern. Neben Kasuistik und Begutachtung, Therapie und nachgehender Fürsorge gewinnen Aktivitäten besondere Bedeutung, die der klinisch-psychologischen Prophylaxe dienen (z. B. Drogen/Alkoholkonsum, Selbstverstümmelung/-tötung, Disziplinarfälle, Risikoverhalten). Schwierigste Aufgabe ist die Früherkennung gefährdeter und gefährdender Persönlichkeitsstrukturen.

— *Sozialpsychologie:* Bekommt im Rahmen der WPs. ihren besonderen Stellenwert nicht nur auf dem Hintergrund des verfügbaren Datenumfanges der oben genannten Teilgebiete, sondern auch hinsichtlich der engen Kommunikation mit dem methodischen Ansatz der Empirischen Sozialforschung. Ergebnisse der → *Sozialisations-*, Einstellungs- und Meinungsforschung bilden im Sinne der WPs. das Datenmaterial, das, einer sozialpsychologischen Bewertung unterzogen, geeignet ist, um fachlich begründete Vorschläge

zu aktuellen Fragen der Menschenführung, der Berufszufrieden-
heit, der Gruppenkohäsion, -dynamik und -interaktion geben zu
können. Im Spannungsfeld von Gesellschaft und Militär ist es insbesondere Aufgabe der → *Sozialpsychologie* in Streitkräften, dia-
gnostisch und prognostisch aktuell verfügbares und belegtes Wissen präsent zu machen.

- *Arbeits- und Organisationspsychologie:* Technische Entwicklungen, militärische Forderungen und nicht zuletzt begrenzte Haushaltsmittel erfordern eine systematische Zuordnung von festgelegten Anforderungen zu verfügbarem Personal und zum Ausbil-
  dungsumfang. Die Durchführung von psychologischen Arbeits-
  platz- und Tätigkeitsanalysen zur Ermittlung von Anforderungs-
  und Eignungsprofilen ist Teil des Gesamtauftrages zur Analyse
  und Organisation des militärischen Personalwesens. Dabei kommen der Entwicklung von Beurteilungs- und Bewertungsverfahren
  bis hin zur Auswahlmethodik für Führungskräfte zentrale Bedeutung zu.
- *Ausbildungspsychologie:* Die psychologische Analyse von militärischen → *Ausbildungs-* und Unterrichtsmethoden führt in der Regel bei der Überprüfung des Ausbildungserfolges zur Entwicklung
  psychologisch geeigneter Ausbildungsschritte, vor allem bei besonders kostenintensiven Ausbildungsgängen (Piloten, FlaRak-Per-
  sonal).

Angesichts der Vielfalt der wehrpsychologischen Aufgaben ist es für
diesen Dienst unerläßlich, im engen Kontakt mit den entsprechenden
Diensten der → *NATO*-Partner zu stehen. Vertraglich geregelter Da-
tenaustausch, Mitarbeit in den entsprechenden NATO-Ausschüssen
(Science Committee, AGARD), in bilateralen und multinationalen
Arbeitsgruppen erweitern Problemsicht und -verständnis. Unerläßlich
für die Angehörigen des Psychologischen Dienstes ist es, sich in jeder
Hinsicht hinsichtlich der militärischen Einsatzbedingungen kundig zu
machen. Auswahl-, Ausbildungs- und Führungsgrundsätze gehören
ebenso zum erforderlichen Kenntnisstand wie die tätigkeitsspezi-
fischen Problemfelder. Zur wissenschaftlichen Vertiefung dieses
Sach- und Fachwissens reicht in der Regel der verfügbare Personalumfang an Psychologen nicht aus, so daß in Fragen aktuellen, fach-
spezifischen Interesses die Vergabe von Forschungsaufträgen an
psychologische Institute der Hochschulen unerläßlich ist. Fortbil-
dungsveranstaltungen auf allen oben genannten Gebieten dienen der
Vermittlung von Fachwissen an ziviles und militärisches Personal.
Zum gegenwärtigen Zeitpunkt stellt sich der WPs. die drängende Auf-

gabe, ein leistungsfähiges, der WPs. zugeordnetes EDV-Informations-
system aufzubauen. Der jährlich auf den oben genannten Arbeits-
gebieten anfallende Datenumfang kann nur noch mit DV-Hilfe zeitgerecht verarbeitet und ausgewertet werden. D. h. Ergebnisse und
Aussagen der WPs., die als Entscheidungshilfe der militärischen und
der politischen Führung dienen sollen, müssen ständig präsent sein
oder aktualisiert werden können.

Auskunft über Arbeiten und Ergebnisse der WPs. geben die beiden
Publikationsorgane „Wehrpsychologische Mitteilungen" und „Wehr-
psychologische Untersuchungen", herausgegeben von BMVg —
P II 4.

LITERATURHINWEISE

Ansbacher, H., Bleibendes und Vergängliches aus der deutschen Wehrmachts-
psychologie. Mitt. Berufsverb. Dtsch. Psychologen, H. 3/1949.
Flik, G., Die Wehrpsychologie in der Bundeswehr, in: Wehrkunde, H. 1/1969.
Mitze, W., Psychologen in der Bundeswehr, in: *Benesch,* H. und *Dorsch,* F.
(Hrsg.), Berufsaufgaben und Praxis des Psychologen, München/Basel 1971.
Rieffert, J. B., Psychotechnik im Heer. Bericht über den VII. Kongreß f. expe-
rimentelle Psychologie in Marburg vom 20.—23. April 1921, Jena 1922.
Simoneit, M., Wehrpsychologie. Ein Abriß ihrer Probleme und politischen Fol-
gerungen, Berlin 1933.

MARTIN RAUCH

Wehrrecht

→ *Bundeswehr und Verfassung, Bundeswehrverwaltung, Innere Führung, Kriegsdienst-/Wehrdienstverweigerung, Wehrbeauftragter,
   Wehrpflicht.*

1. BEGRIFF. — Das innerstaatliche Wehrrecht umfaßt die Gesamtheit der sich auf die mil. Verteidigung der Bundesrepublik durch die
Bundeswehr (Streitkräfte und → *Bundeswehrverwaltung*) beziehen-
den Rechtsnormen. Das internationale Wehrrecht besteht aus dem
kriegsvölkerrechtlichen Gewohnheitsrecht, dem Vertragsrecht und
den allgemeinen Rechtsgrundsätzen. Von den multilateralen Konventionen sind von besonderer Bedeutung das Kriegsführungsrecht
(Haager Recht) und das Humanitätsrecht (Genfer Recht).

2. DAS INNERSTAATLICHE WEHRRECHT. — 2.1. *Grundgesetz und
Wehrverfassung.* — Die Urfassung des GG vom 23.5.1949 enthielt be-

reits eine Reihe wehrrechtlicher Bestimmungen, so das Recht zur
→ *Kriegsdienstverweigerung* (Art. 4 (3)), der Beitritt der Bundesre-
publik zu kollektiven Sicherheitssystemen (Art. 24 (1,2)), das Ver-
bot des Angriffskrieges (Art. 26 (1)) und das Kriegswaffenverbot
(Art. 26 (2)). Durch das 7. G zur Ergänzung des GG vom 19.3.1956
(BGBl. I 111) wurden die verfassungsrechtlichen Bestimmungen zur
Aufstellung deutscher Streitkräfte geschaffen. Mit dem 17. G zur
Ergänzung des GG vom 24.6.1968 (BGBl. I 709) wurde durch die
sog. Notstandsverfassung der Auftrag der Bw spezifiziert.

2.2. Die Bw ist *Teil der Exekutive* (Art. 1 (3), 20 (3)) und hat einen
engumgrenzten, ausschließlich aus dem GG hergeleiteten Auftrag:
Abwehr bewaffneter Angriffe von außen (Art. 87a (1)), erweiterter
Auftrag im Spannungs- und Verteidigungsfall (Art. 80a, 87a (3)), Einsatz im Inneren Notstand (Art. 87a (4), 91 (2)), Einsatz bei Katastro-
phenfällen (Art. 35 (2, 3)).

2.3. *Grundrecht und Wehrverfassung.* — Für Männer vom vollendeten
18. Lebensjahr an, besteht die allgemeine → *Wehrpflicht* (Art. 12a (1)),
wobei das Grundrecht auf Kriegsdienstverweigerung (Art. 4 (3)) garantiert wird. Gem. Art. 17a sind für die Angehörigen der Streitkräfte die Grundrechte der freien Meinungsäußerung (Art. 5 (1),
1. Halbsatz), der Versammlungsfreiheit (Art. 8) und das Petitions-
recht (Art. 17) eingeschränkt. Gesetze, die der Verteidigung dienen,
können die Grundrechte der Freizügigkeit (Art. 11) und der Unver-
letzlichkeit der Wohnung (Art. 13) einschränken. Da weitere Grundrechte nicht eingeschränkt und die eingeschränkten Grundrechte in
ihrem Wesensgehalt nicht angetastet werden dürfen (Art. 19 (2)), wird
den Soldaten eine Grundrechtsgarantie gewährt, wie sie im bisherigen deutschen Wehrrecht nicht vorhanden war. Zum Schutz der
Grundrechte wurde die Institution des → *Wehrbeauftragten* (Art.
45b) geschaffen.

2.4. *Verfassungsorgane mit wehrrechtlichen Kompetenzen.* — Der
Bundestag hat die ausschließliche Gesetzgebungskompetenz (Art. 73
Nr. 1) für die Errichtung der Armee und die Regelung der Stellung
und Befugnisse ihrer Angehörigen. Über das Budgetrecht (Haushaltsplan) hat er eine Kontrollmöglichkeit. Der Bundesminister der Verteidigung ist im Frieden höchster Vorgesetzter der Soldaten und
alleiniger Inhaber der Befehls- und Kommandogewalt (Art. 65a). Als
Fachminister und Kabinettsmitglied unterliegt er der parlamentarischen Kontrolle. Im Verteidigungsfalle geht die Befehls- und Kommandogewalt über die Streitkräfte auf den Bundeskanzler über (Art.
115 b). Der Bundespräsident hat das Recht zur Ernennung und Ent-

lassung der Offiziere und Unteroffiziere und das Begnadigungsrecht (Art. 60).

2.5. *Wehrrechtliche Grundlagengesetze.* — Das WehrpflichtG (Fassung v. 8.12.1972, BGBl. I 227) bestimmt Inhalt und Dauer der Wehrpflicht. Diese wird durch Leistung von Wehrdienst erfüllt und umfaßt auch die Pflicht, sich zu melden, vorzustellen, Auskünfte zu erteilen, auf Tauglichkeit untersuchen zu lassen, sowie bei der Entlassung bestimmte Bekleidungs- und Ausrüstungsstücke zu übernehmen und aufzubewahren. Der aufgrund der Wehrpflicht zu leistende Wehrdienst umfaßt den Grundwehrdienst (15 Monate), den Wehrdienst in der Verfügungsbereitschaft, die Verpflichtung, Wehrübungen zu leisten und den unbefristeten Wehrdienst im Verteidigungsfall. Im WehrpflichtG ist auch das Wehrersatzwesen geregelt, mit Bestimmungen über die Wehrersatzbehörden (als bundeseigene Verwaltung), die Erfassung, die Musterung (die Durchführung regelt die MusterungsVO), die Wehrüberwachung, Vorschriften für Kriegsdienstverweigerer und die Beendigung des Wehrdienstes. Das SoldatenG (Fassung v. 19.8.1975 BGBl. I 2273) bestimmt den Pflichtenkatalog und die Rechte aller Soldaten und enthält das Statusrecht für Zeit- und Berufssoldaten (Begründung und Beendigung des Dienstverhältnisses). Zu den Grundlagenbestimmungen zählen ferner die VorgesetztenVO, die SoldatenlaufbahnVO und die SoldatenurlaubsVO.

2.6. *Wehrrechtliche Regelungen für die Innere Ordnung der Truppe.* — Die WehrbeschwerdeO (Fassung v. 11.9.1972 BGBl. I 1737) eröffnet dem Soldaten ein rechtsstaatlich abgesichertes Beschwerderecht und Beschwerdeverfahren. Die WehrdisziplinarO (Fassung v. 4.9.1972 BGBl. I 1665) regelt die Würdigung besonderer Leistungen durch förmliche Anerkennung, die Ahndung von Dienstvergehen durch Disziplinarmaßnahmen, die Disziplinargewalt der Disziplinarvorgesetzten und ihre Ausübung, sowie das disziplinargerichtliche Verfahren. Das WehrstrafG (Fassung v. 1.9.1969 BGBl. I 1502) normiert die Straftaten gegen die Pflicht zur mil. Dienstleistung (z. B. eigenmächtige Abwesenheit, Fahnenflucht), Straftaten gegen die Pflichten der Untergebenen (z. B. Gehorsamsverweigerung, Meuterei), Straftaten gegen die Pflichten der Vorgesetzten (z. B. Mißhandlung, entwürdigende Behandlung) und Straftaten gegen andere mil. Pflichten (z. B. Wachverfehlung).

2.7. *Gesetze für den wirtschaftlichen Status der Soldaten und seiner Angehörigen.* — Hierzu zählen das WehrsoldG (für Wehrpflichtige), das BundesbesoldungsG (für Berufs- und Zeitsoldaten), das ReisekostenG, das UmzugskostenG, das SoldatenversorgungsG, das Unterhaltssicherungs G und das Arbeitsplatzschutz G.

2.8. *Gesetze für den materiellen Aufbau der Bw und den Einsatz der Bw im Spannungs- und Verteidigungsfall.* — Bundesleistungs G, Landbeschaffungs G, Schutzbereichs G, sowie die sog. einfachen NotstandsG (VorsorgeG), wie Arbeitssicherstellungs G, Wirtschaftssicherstellungs G, Verkehrssicherstellungs G, Ernährungssicherstellungs G, Wassersicherstellungs G.

2.9. Das *Gesetz über die Anwendung unmittelbaren Zwanges* durch die Bw gibt Organen der Bw Eingriffsermächtigungen und Rechtsgrundlagen für die Art und Weise der Zwangsanwendung als hoheitliches Selbsthilferecht der Bw (Streitkräftepolizeirecht).

2.10. Die *Gesetze zur Errichtung von Wehrstrafgerichten* für die Streitkräfte und zur Ausübung der Strafgerichtsbarkeit im Verteidigungsfall gem. Art. 96 (2)), sind noch nicht erlassen.

3. DAS INTERNATIONALE WEHRRECHT. —   3.1. *Bündnisrecht.* — Die Zugehörigkeit der Bundesrepublik zum Atlantischen Bündnis (→ *NATO*) und zur Westeuropäischen Union (WEU) schuf weitgehende rechtliche Bestimmungen zu den anderen Vertragsstaaten, einschließlich der Festlegung der Rechte und Rechtsstellung der Stationierungsstreitkräfte.

3.2. *Kriegsvölkerrecht.* — a) Kriegsführungsrecht: Haager Landkriegsordnung v. 18.10.1907, Abkommen über den Beginn von Feindseligkeiten v. 18.10.1907, Konvention zum Schutz von Kulturgut bei bewaffneten Konflikten v. 14.5.1954. b) Kriegsmittel: Petersburger Erklärung (Verbot von Wurfgeschossen) v. 11.8.1868, Verbot von Dum-Dum-Geschossen v. 28.7.1899, Abkommen über die Verwendung von bakteriologischen und chemischen Mitteln im Kriege. c) Abkommen über die Seekriegsführung. d) Abkommen über die Neutralität. e) Schutz der Kriegsopfer (Humanitätsrecht): Die Genfer Abkommen zur Verbesserung des Loses der Verwundeten und Kranken der Streitkräfte im Felde, zur Verbesserung des Loses von Schiffbrüchigen der Streitkräfte zur See, über die Behandlung von Kriegsgefangenen und zum Schutze von Zivilpersonen in Kriegszeiten.

LITERATURHINWEISE

Die Literatur zum Wehrrecht ist so umfangreich, daß sie auch nicht annähernd
hier aufgeführt werden kann. Rechtsprechung und Literaturangaben finden
sich u. a. in:
Brandstetter, E., Handbuch des Wehrrechts (Loseblattsammlg.), Köln/Berlin,
seit 1956.
Hahnenfeld, G., Kommentar zum Wehrpflichtgesetz, München 1976.
Scherer, W., Kommentar zum Soldatengesetz, Berlin 1976.
Generelle Hinweise finden sich in: Neue Zeitschrift für Wehrrecht.

HELMUT REINDL

Wehrstruktur

→ *Auftrag und Struktur der Bundeswehr, Führungssysteme, Kriegs-
dienst-/Wehrdienstverweigerung, Personalstruktur, Sicherheitspolitik, Wehrpflicht, Zivile Verteidigung.*

1. BEGRIFF. — Wissenschaft und Militärliteratur haben den Begriff
Wehrstruktur bislang nicht eindeutig bestimmt. Die → *Weißbücher*
der Bundesregierung Zur Sicherheit der Bundesrepublik Deutschland
und zur Entwicklung der Bundeswehr 1971/1972 und 1973/1974
haben den Begriff der von 1970 bis 1972 tätigen Wehrstruktur-Kommission übernommen. Nach deren Beschreibung (Zweiter Bericht der
Wehrstruktur-Kommission, S. 86 f.) bilden *Wehrverfassung* und
Wehrsystem die Wehrstruktur.
Wehrverfassung ist erläutert als die Gesamtheit der verfassungsrechtlichen Bestimmungen über Aufstellung, Führung und Verwendung
der Streitkräfte. Die verfassungsrechtlichen Bestimmungen sind zu
ergänzen durch das Soldatengesetz und andere Gesetze, wie die
Wehrdisziplinarordnung, die Wehrbeschwerdeordnung und das Ver-
trauensmännerwahlgesetz. Sie bilden den rechtlichen Rahmen für die
innere Ordnung der Streitkräfte und gehören daher zur Wehrverfassung (→ *Wehrrecht*).
Zum *Wehrsystem* gehören die Art der Gewinnung und Ergänzung des
Personals, die → *Personalstruktur*, das → *Ausbildung*system, die Organisation, dazu das quantitative Verhältnis der Teilstreitkräfte zueinander und das Verhältnis zwischen Präsenz und Mobilmachungs-
anteil, die Dauer und zeitliche Aufteilung des Grundwehrdienstes
und die Bewaffnung.
Die wesentlichen Merkmale des Wehrsystems sind: Die Streitkräfte
enthalten eine Wehrpflichtigen- und Freiwilligen-Komponente

(„Mischsystem"); sie sind gegliedert in Teilstreitkräfte; der Generalinspekteur als ranghöchster Soldat und höchster militärischer Repräsentant der Bundeswehr übt keine truppendienstlichen Befugnisse
aus; der größte Teil der Streitkräfte ist der → *NATO* assigniert; die
Bundeswehr verfügt über sofort einsatzfähige Kräfte und solche
Kräfte, die in unterschiedlichem Ausmaß mobilmachungsabhängig
sind („abgestufte Präsenz").

2. DIE ENTWICKLUNG DER WEHRSTRUKTUR.— Unveränderte sicherheitspolitische Grundfaktoren haben der Wehrstruktur der Bundesrepublik Deutschland über 20 Jahre hinweg einen beständigen
Rahmen gegeben. Das hat abrupte und einschneidende Änderungen
verhindert; gleichwohl waren stetige Anpassungen notwendig. Beispiele dafür sind die Verlängerung des Grundwehrdienstes von 12 auf
18 Monate im Jahre 1962, die Fusion zwischen Heer und Territorialer Verteidigung von 1968 an und die Entwicklung einer Laufbahn
der Offiziere des militärfachlichen Dienstes, ferner Modifizierungen
der Truppen- und Kommandostruktur bei den Teilstreitkräften.
Eine umfassende Überprüfung der Struktur der Bundeswehr wurde
im Jahre 1970 eingeleitet. Die wichtigsten bisherigen Ergebnisse sind
die Verkürzung der Dauer des Grundwehrdienstes von 18 auf 15
Monate, eine neue Ordnung der → *Ausbildung und Bildung* in der
Bundeswehr mit der Einrichtung eines Hochschulstudiums für Offiziere an Bundeswehr-Hochschulen und die Einführung einer Verfügungsbereitschaft, zu der alle aus dem aktiven Dienst ausscheiden-
den Soldaten für ein Jahr herangezogen werden können. Geplant
sind zudem die Zentralisierung bundeswehrgemeinsamer Aufgaben in
einem Zentralen Unterstützungs-Bereich, ein neues Heeresmodell,
mit dem die Zahl der Brigaden von 33 auf 36 vermehrt wird, und ein
raumdeckendes Netz des Sanitätsdienstes; (bei Redaktionsschluß war
die endgültige Entscheidung über diese Planungen noch nicht getroffen).

3. FAKTOREN DER WEHRSTRUKTUR.— Die Entwicklung der Wehrstruktur vollzieht sich unter innenpolitischen, wirtschaftlichen und
gesellschaftlichen Einflüssen. Die Streitkräfte müssen sich diesen Bedingungen anpassen und gleichzeitig ihren spezifischen → *Auftrag*
erfüllen. An den Beispielen Wehrpflicht, Präsenz, Ausbildung und
innere Organisation soll das Spannungsfeld aufgezeigt werden, in
dem die Wehrstruktur sich entwickelt.

Die allgemeine → *Wehrpflicht* ist im Grundgesetz verankert. Innerhalb der Streitkräfte dient sie dazu, den Personalbedarf zu decken. Eine Freiwilligen-Armee würde zusätzliche Verteidigungsausgaben hervorrufen und — bei entsprechender Reduzierung der Personalstärke — mit den im → *Bündnis* eingegangenen Verpflichtungen kollidieren. Bislang sind aufgrund der Altersstruktur der Bevölkerung mehr Wehrpflichtige verfügbar, als die Streitkräfte benötigen. So entstand das Problem der Wehrgerechtigkeit: Denn Wehrpflicht gilt als Zeichen der allgemeinen und gleichen Verpflichtung der Bürger, zur Verteidigung des Landes beizutragen. Mit Jahresbeginn 1973 wurde der Grundwehrdienst verkürzt, um dieses Problem lösen zu helfen. Damit wurden den Streitkräften allerdings neue Probleme — Ausbildungszeit; qualitative Aspekte präsenter Kampfkraft — aufgebürdet.

Mit der Wehrpflicht eng verknüpft ist das Problem der *Präsenz.* Die militär-strategische Lage in Mitteleuropa, insbesondere eine kurze Warn- und Vorbereitungszeit, zwingt die → *NATO* und damit auch die deutschen Streitkräfte, ihre Truppen in hohem Maße präsent zu halten. Der große Anteil kampfbereiter Verbände verursacht aber so hohe Kosten, daß — innerhalb gegebener finanzieller Grenzen — der Verwendung moderner → *Rüstungstechnologie* enge Grenzen gesetzt werden. Es entsteht das Entscheidungsproblem, wieviel Mittel einerseits für den Betrieb präsenter Verbände und andererseits für eine angemessene Modernisierung von Waffen und Gerät bereitzustellen sind. (Dieses Entscheidungsproblem lag dem zweiten Bericht der Wehrstruktur-Kommission zugrunde). Hohe Präsenz nimmt darüber hinaus in Kauf, daß Kampfkraft im Spannungs- und Kriegsfall langsamer und im geringeren Umfang aufwächst, vor allem aufgrund der Begrenzung der Personalkader.

Das *Ausbildungssystem* in den Streitkräften zeigt am deutlichsten die Verknüpfung militärischer und gesellschaftlicher Bedingungen. Hochtechnisierte Streitkräfte sind auf eine systematische, verwendungsbezogene → *Ausbildung* sowie eine ausgewogene → *Personalstruktur* angewiesen.

Andererseits ist eine Verwendung in den Streitkräften, die der zivilen Vorbildung entspricht und auf den späteren Zivilberuf ausgerichtet ist, sowohl wirtschaftlich geboten, als auch der Motivation für den Dienst in den Streitkräften förderlich. Sie wirkt schließlich zurück auf die Bereitschaft, sich als Zeitsoldat zu verpflichten. So dient die Einführung des Hochschulstudiums für Offiziere der besseren Qualifikation für Führungsaufgaben in den Streitkräften ebenso wie den Berufschancen der Zeitoffiziere in der zivilen Umwelt.

Die *innere Organisation* der Streitkräfte schließlich zielt auf eine
möglichst rationelle → *Führung* des komplexen Systems Bundeswehr.
Dabei steht häufig die Frage der Zentralisierung oder Dezentralisierung im Vordergrund des Interesses. Die interne Rationalisierung von
Aufbau- und Ablauforganisation hat zum Beispiel auf technische
Entwicklungen zu reagieren. Oft wird die technische Entwicklung
zum Anlaß genommen, die Zentralisation zu verstärken. Dabei wird
nicht immer bedacht, daß Dezentralisation die wirksamere Anwendung der Auftragstaktik fördern kann. Auch politische Rahmenbedingungen (Finanzen, Personalumfang) sind in ihrer Wirkung auf
die interne Organisation zu berücksichtigen.

4. ZUKUNFTSPERSPEKTIVEN. — Wichtige Entscheidungen über die
Planungen der Jahre 1970 bis 1977 stehen noch aus. Wie auch immer
sie ausfallen werden: Die Wehrstruktur wird sich auch danach neuen
Gegebenheiten anpassen müssen. Einiges ist heute schon absehbar.
Vom Jahr 1987 an werden die nachwachsenden Jahrgänge wehr-
dienstfähiger Männer erheblich schrumpfen. Waffentechnik und die
Entwicklung der strategischen Konzeption der NATO können Einsatz und Struktur der Streitkräfte verändern. Es ist daher notwendig,
bei Strukturentscheidungen heute Festlegungen zu vermeiden, die
eine Anpassung an zukünftig veränderte Bedingungen erschweren.
Wehrstrukturplanung ist somit nicht in abgeschlossenen Etappen,
sondern nur als kontinuierliche Prüfung der Wirkung von Umwelt-
bedingungen auf die Streitkräfte denkbar.

LITERATURHINWEISE

Wehrgerechtigkeit in der Bundesrepublik Deutschland. Bericht der Wehrstruk-
    tur-Kommission an die Bundesregierung, Bonn 1971.
Die Wehrstruktur in der Bundesrepublik Deutschland. Analyse und Optionen,
    Herausgegeben von der Wehrstruktur-Kommission, Bonn 1972/1973.
Weißbuch 1970. Zur Sicherheit der Bundesrepublik Deutschland und zur Lage
    der Bundeswehr, Bonn 1970.
Weißbuch 1971/1972; 1973/1974; 1975/1976. Zur Sicherheit der Bundes-
    republik Deutschland und zur Entwicklung der Bundeswehr, Bonn 1971 ff.

WILHELM TOLKSDORF UND HILMAR LINNENKAMP

Wehrtechnik

→ *Ausbildung/Bildung, Bundeswehrverwaltung, Militärhilfe, Militärisch-Industrieller Komplex, Militär und Wissenschaft, Rüstung, Soldat und Technik.*

1. BEGRIFF. — 1.1. Wehrtechnik ist technische Anwendung der Natur- und Ingenieurwissenschaften zur Erhaltung und Verbesserung der Verteidigungsfähigkeit und findet ihren Ausdruck in Forschung, Entwicklung, Erprobung, Fertigung, Produktion, Wartung und Instandsetzung von Wehrmaterial. Dazu ist die ständige Erschließung und Weiterentwicklung neuer Technologien erforderlich. 1.2. Ziel der Wehrtechnik ist die rechtzeitige Bereitstellung von Wehrmaterial in truppenverwendbarer Ausführung, die dem neuesten Stand der Technik entspricht und einem mutmaßlichen Gegner überlegen ist. Die dazu notwendigen Anstrengungen ergeben sich aus den Forderungen, die gemeinsam mit dem militärischen Bereich erarbeitet wurden, und aus der Auswertung technischer Erkenntnisse. Die Wehrtechnik muß die Forderungen der Soldaten mit den Bedürfnissen der Wirtschaftlichkeit, der Produktion, Standardisierung, Ausbildung, Wartung und Instandsetzung in Einklang bringen.

So, wie die Technik in weiten Bereichen des neuzeitlichen, menschlichen Lebens bestimmender Faktor geworden ist, so hat die Wehrtechnik ihren festen Platz in der → *Rüstung*, d. h. die Möglichkeiten zur Verteidigung eines Landes in ihrer modernen Form sind wesentlich durch Ingenieure und Naturwissenschaftler geprägt. 1.3. Durch die ständige Analyse der naturwissenschaftlichen und technischen Möglichkeiten und durch die Fortentwicklung des zur Verfügung gestellten Materials legt die Wehrtechnik nicht nur den Grundstein für zukünftige Strategie und Taktik. Durch ihre extremen Anforderungen an die Qualität der Produkte gehen von ihr auch Impulse aus, die entscheidend zur Hebung des technischen Standards einer Industrienation beitragen.

2. ORGANISATION. — Mit der Wehrtechnik befassen sich Bundeswehrverwaltung und Industrie. Der Bundeswehrverwaltung stehen dabei zur Verfügung
a) die Rüstungsabteilung im Bundesministerium der Verteidigung,
b) das Bundesamt für Wehrtechnik und Beschaffung mit seinen Dienststellen.
2.1. Die Rüstungsabteilung (Rü) berät die Leitung des Bundesmini-

steriums der Verteidigung. Sie ist außerdem verantwortlich für die Bearbeitung von verteidigungsbezogenen Forschungsvorhaben und Vorhaben der Zukunftstechnik sowie für die Vertretung der Bundesrepublik bei internationaler Zusammenarbeit auf technischem und wirtschaftlichem Gebiet. Ihr obliegt weiterhin die Lenkung und Kontrolle des Durchführungsbereiches. 2.2. Das Bundesamt für Wehrtechnik und Beschaffung (BWB) mit seinem Geschäftsbereich ist der Durchführungsbereich und als solcher verantwortlich für die Entwicklung und Beschaffung des gesamten Wehrmaterials, von der persönlichen Ausrüstung des einzelnen Soldaten bis zu großen Waffensystemen. Es ist alleiniger Ansprechpartner der Industrie und arbeitet nach den Weisungen des BMVg und den Anforderungen der Teilstreitkräfte als den Bedarfsträgern.

Als Hauptaufgaben sind dem BWB übertragen:

— die technische Entwicklung einschließlich der Erprobung allen Wehrmaterials,

— Bereitstellung der technischen Unterlagen für Wehrmaterial,

— zentrale Beschaffung von Wehrmaterial,

— Güteprüfung und Gütesicherung von Lieferungen und Leistungen für die Bundeswehr,

— Maßnahmen zur Materialerhaltung einschl. der Bereitstellung von Instandsetzungskapazitäten der Industrie,

— die technische Betreuung des Materials in der Nutzungsphase.

Hieraus resultiert eine Fülle von Nebenaufgaben, die der Vorbereitung dienen — wie die Planung von Haushaltsmitteln — oder begleitend auszuführen sind — wie die Durchführung von Musterprüfungen —. 2.3. Die Dienststellen im Geschäftsbereich des BWB sind mit Ausnahme des Marinearsenals für die Erprobung von Wehrmaterial eingerichtet. Bei den Erprobungsstellen und wehrwissenschaftlichen Dienststellen werden technische und wissenschaftliche Untersuchungen im Labor, auf Prüfständen usw. vorgenommen mit dem Ziel, das Wehrmaterial im praktischen Betrieb im Gelände, zu Wasser und in der Luft zu prüfen oder die Nutzbarkeit neuer technischer und naturwissenschaftlicher Erkenntnisse und Methoden festzustellen.

Das Marinearsenal verfügt über große eigene Waffen- und Elektronikwerkstätten mit den entsprechenden Prüffeldern und ist für die Instandsetzung verantwortlich. Dabei hat es neben der Durchführung der Instandsetzung im eigenen Bereich auch Aufträge an die Industrie zu erteilen und deren Abwicklung zu überwachen. 2.4. Der Industrie obliegt es, im Rahmen der Entstehung von Wehrmaterial auf der Grundlage entsprechender Aufträge des BWB die nötigen Konstruktions- und Fertigungsarbeiten auszuführen. Für wissenschaftliche Untersuchungen stehen neben der Industrie Forschungseinrichtungen und wissenschaftliche Institute zur Verfügung.

3. VERFAHREN. – Die Entstehung des Wehrmaterials vollzieht sich in logisch aufeinander folgenden Schritten, Phasen genannt. Diese sind:

— Phasenvorlauf,
— Konzeptphase,
— Definitionsphase,
— Entwicklungsphase,
— Beschaffungsphase,
— Nutzungsphase.

Am Ende jeder Phase steht eine neue Bewertung und Vorausschau auf der Grundlage des bisher Erreichten (Phasenentscheidung). In enger Zusammenarbeit sollen dabei der militärische Bedarfsträger, der Rüstungsbereich und der Auftragnehmer die jeweiligen Ziele nur soweit stecken, daß der Auftrag in der vorgesehenen Zeit mit technisch überschaubaren Lösungen und vertretbaren Kosten erfüllt werden kann.

Auch wenn die Aufgaben der Wehrtechnik in der Konzept-, Definitions-, Entwicklungs- und Beschaffungsphase den breitesten Raum einnehmen, sind die Tätigkeiten in der davor liegenden und in der sich anschließenden Phase durch ihren richtungsweisenden Charakter von erheblicher Bedeutung.

Durch zweckgerichtete Forschung und Untersuchung künftiger technischer Möglichkeiten wird bereits vor und im Phasenvorlauf ein umfassender Kenntnisstand erreicht. Die Aufgabe, Rüstungsvorhaben in der geplanten Zeit und mit den geplanten Kosten durchzuführen, wird dadurch erheblich erleichtert.

In der Nutzungsphase hat der Rüstungsbereich die Aufgaben der technischen Betreuung des eingeführten Wehrmaterials und der Mitwirkung bei der Materialerhaltung.

Nur durch die Anwendung moderner Organisations- und Verfahrenstechniken (Managementmethoden) wird die Führung der Entwicklungs- und Beschaffungsvorhaben, die sowohl in technischer Hinsicht als auch bezüglich des wirtschaftlichen Aufwandes Großvorhaben der privaten Wirtschaft häufig übertreffen, ermöglicht.

Sie stellen sicher, daß der Dialog zwischen dem Soldaten und dem Wehrtechniker alle wesentlichen Gesichtspunkte erfaßt:

— militärische Aufgabe,
— technische Lösung,
— wirtschaftliche Verwirklichung,
— infrastrukturelle und personelle Folgen,
— haushaltsmäßige Sicherung,
— Beteiligung aller Betroffenen.

Dabei kommt es auf die reibungslose Zusammenarbeit folgender Funktionsträger an:

— Systembeauftragter der Streitkräfte mit seiner Arbeitsgruppe, die für die Integration aller Anlagen, Dienste und Personen nach militärischen Erfordernissen zu sorgen hat.
— Projektreferent der Rüstungsabteilung des BMVg, der in ausschließlicher Verantwortung für den technisch-wirtschaftlichen Teil die Mitarbeit aller technischen Spezialbereiche und des für wirtschaftliche Folgen zuständigen Referenten zu sichern hat.
— Projektbeauftragter im BWB mit seiner Projektgruppe, der auch ein Vertreter des Teilstreitkraftamtes angehört. Der Projektbeauftragte ist für die Durchführung des Projektes verantwortlich und faßt die technisch-wirtschaftlichen Erkenntnisse vor den jeweiligen Phasenentscheidungen zusammen. Er ist unmittelbarer und ausschließlicher Partner der Industrie.

LITERATURHINWEISE

Benecke, Schöner, Wahl (Hrsg.), Jahrbuch der Wehrtechnik, Bonn (jährlich).
Wehrtechnik, (Fachzeitschrift), Bonn.

HEINZ BARLET

Weißbuch

→ *Auftrag und Struktur der Bundeswehr, Bundeswehr und Öffentlichkeit, Militärdoktrinen, NATO, Öffentlichkeitsarbeit, Sicherheitspolitik.*

Sogenannte Farb- oder Buntbücher als offizielle Dokumentationen einer Regierung wurden Öffentlichkeit und Parlament erstmals in England in Form sogenannter Blaubücher (Blue Books) vorgelegt. Von 1884 an veröffentlichte man sie auch in Deutschland und zwar oft mit einem weißen Umschlag. Das erste Weißbuch (W.) zur Verteidigungspolitik der Bundesregierung präsentierte am 11. Februar 1969 der damalige Verteidigungsminister Gerhard Schröder. Es sollte in Ergänzung zu Regierungserklärungen „die → *Öffentlichkeit* im In- und Ausland mit dem Stand und den Aufgaben unserer militärischen Verteidigungsanstrengungen sowie mit den auf die Wahrung des Friedens gerichteten Zielen unserer → *Verteidigungspolitik* bekannt machen". Das zweite W. vom Mai 1970 fiel mit der sogenannten Bestandsaufnahme durch den damaligen Verteidigungsminister Schmidt zusammen und trug entsprechend den Titel W. zur „Sicherheit der Bundesrepublik Deutschland und zur Lage der Bundeswehr". Erst das dritte W. in dieser Zählweise, das der Jahre 1971/1972, erhielt dann wie seine Nachfolger der Jahre 1973/1974 und 1975/1976 den mittlerweile üblichen Titel: „Zur Sicherheit der Bundesrepublik Deutschland und zur Entwicklung der Bundeswehr". War das erste W. noch 88 Seiten stark, so hatten seine Nachfolger bereits einen Umfang zwischen 211 und 255 Seiten. Der Inhalt der W.er galt jeweils — wenn auch unter verschiedenen Rubriken und mit unterschiedlicher Akzentsetzung — den Schwerpunkten: Analyse der „Bedrohung", → *Bündnis*, Politik der Bundesregierung, Lage und → *Auftrag* der Bundeswehr sowie Situation des Soldaten samt Reformvorhaben. Dabei konnten gelegentlich Randthemen wie die → *Bundeswehrverwaltung* oder eine Bilanz der → *Kriegsdienstverweigerung* stärker in den Vordergrund rücken oder auch Dokumentationen über inzwischen verwirklichte W.-Ankündigungen angefügt werden.

In erster Linie blieb das W. eine Art Rechenschaftsbericht gegenüber dem Steuerzahler. Zweitens wurde es mehr und mehr zu dem veröffentlichten sicherheitspolitischen Leitliniendokument der Bundesregierung. Drittens betonte man mit den Jahren seinen Handbuchcharakter; so soll das W. Multiplikatoren verschiedenster Art — Lehrern, Journalisten, Politikern — als Informationsgrundlage für den Bereich der → *Sicherheitspolitik* dienen. Viertens übernahm das W. eine wichtige Rolle zur Binneninformation in der Bundeswehr. Fünftens schließlich wirkt es auch nach außen: Es unterstreicht gegenüber den Partnern den Beitrag der Bundesrepublik in der → *NATO* und es mag sogar durch die Klarstellung der eigenen Position gegenüber dem Osten eine Rolle im Rahmen der Abschreckung spielen. Immerhin erscheint das W. jeweils auch in 10 000 englischen und 3 000 französischen Exemplaren. Die deutsche Anfangsauflage von 150 000 stieg 1974/1975 auf 180 000 und blieb dort auch beim letzten W. stehen.

Der Produktionsprozeß eines W.s dauert meist — das Buch von 1970 bildete eine Ausnahme — von der ersten Anweisung des Ministers bis zur Veröffentlichung knapp ein Jahr. Als Redaktionsteam fungiert dabei der Planungsstab, der freilich noch andere Aufgaben hat. Die Zahl der Autoren aus dem Bundeswehrbereich dürfte deutlich über 100 liegen. Im Planungsstab werden die Beiträge von etwa zehn Personen redigiert, umgeschrieben und, wenn nötig, mit anderen Ministerien abgestimmt. Nach einer Schlußsitzung unter Vorsitz des Ministers und letzten Korrekturen durchläuft das W. den Bundessicherheitsrat und das Kabinett.

Bei der Bewertung des W.s. darf nicht vergessen werden, daß es sich bei ihm um ein Dokument der Selbstdarstellung mit einem, in einzelnen Fragen, erheblichen Kompromißcharakter handelt, das zudem von der jeweiligen politischen Atmosphäre im Lande wie im Bündnis mitbestimmt ist. Es ist demnach verfehlt, an das W. Ansprüche zu stellen, die nicht einmal von sogenannten „Antiweißbüchern" erfüllt werden können.

LITERATURHINWEISE

Weißbuch 1969 — Zur Verteidigungspolitik der Bundesregierung, Bonn 1969.
Weißbuch 1970 — Zur Sicherheit der Bundesrepublik Deutschland und zur Lage der Bundeswehr, Bonn 1970.
Weißbuch 1971/1972 — Zur Sicherheit der Bundesrepublik Deutschland und zur Entwicklung der Bundeswehr, Bonn 1971.
Weißbuch 1973/1974 — Zur Sicherheit der Bundesrepublik Deutschland und zur Entwicklung der Bundeswehr, Bonn 1974.
Weißbuch 1975/1976 — Zur Sicherheit der Bundesrepublik Deutschland und zur Entwicklung der Bundeswehr, Bonn 1976.
Studiengruppe Militärpolitik, Ein Anti-Weißbuch. Materialien für eine alternative Militärpolitik, Reinbek 1974.

CHRISTIAN POTYKA

Werte/Normen

→ *Ausbildung/Bildung, Befehl und Gehorsam, Bundeswehr und Tradition, Bundeswehr und Verfassung, Innere Führung, Militärgeschichte, Militärseelsorge, Sozialisation, Widerstand.*

1. GRUNDSÄTZLICH. —„Die, die in der Unordnung sind, sagen denen, die in der Ordnung sind, sie wären es, die sich vom Weg entfernten, und sie glauben, sie folgten ihm: wie die, die auf einem Schiff fahren, glauben, daß die, die am Ufer stehen, sich entfernen. Auf

jeder Seite sagt man das gleiche. Man müßte einen ruhenden Punkt haben, um urteilen zu können. Der Hafen entscheidet darüber, wer auf dem Schiff ist; woher aber nehmen wir den Hafen in der Sittenlehre? " Diese von B. Pascal (Pensées 383) präzis umrissene Frage zeigt heute weltweit ihre soziale und politische Bedeutung. Historiker und Kulturanthropologen haben nachgewiesen, daß in den uns bekannten Kulturen, Organisationen und Gruppen nicht zu allen Zeiten die gleichen N. und W. in Geltung standen. Ob Männer oder Frauen für den Lebensunterhalt arbeiten sollen, was als Arbeit verstanden, ob und wie sie mit Prestige oder Verachtung ausgestattet wird, liegt nicht zeitlos gültig fest. W. und N. existieren nicht objektiv an sich, sondern stets bezogen auf eine soziale Ordnung, auf ein System politischer Herrschaft, auf wirtschaftliche Lebensformen und religiöse Sinnvermittlung. In den frühen Kulturen (z. B. Ägypten, Israel) sind Herrschaft und soziale Ordnung, Kultus und Moral, Religion und wirtschaftliche Lebenspraxis untrennbar.

Gegenüber dieser historisch-relativierenden Sicht behaupten die Vertreter des Naturrechts die Wirklichkeit einer auffindbaren und auslegbaren W.Ordnung. Griechische Philosophen führten diese auf die Natur, mittelalterliche Theologen (Scholastik) auf Gottes Schöpfungsordnung, moderne Denker (Aufklärung) auf die Vernunft zurück. Obgleich die inhaltliche Fassung des Naturrechts sehr allgemein ausfällt (z. B. Jedem das Seine; Verträge sind einzuhalten), ist der Einfluß der Idee auf die Entwicklung der Menschenrechte beträchtlich. 1776 verkündete die amerikanische Unabhängigkeitserklärung „Folgende Wahrheiten erachten wir als keines Beweises bedürftig: daß alle Menschen gleich geschaffen sind; daß sie von ihrem Schöpfer mit gewissen unveräußerlichen Rechten ausgestattet sind; daß dazu Leben, Freiheit und das Streben nach Glück gehören". Über die französische Revolution haben die Menschenrechte auf die Verfassungen fast aller modernen Staaten, auch der UdSSR und der Volksrepublik China, schließlich auf die Vereinten Nationen (1948 Allgemeine Erklärung) eingewirkt. Erstmalig in der deutschen Verfassungsgeschichte versuchte das Grundgesetz, der staatlichen Rechtsordnung eine objektivere W.grundlage zu geben. Achtung der Menschenwürde, Friedensprinzip und Gebot sozialer Gerechtigkeit binden den verfassungsändernden Gesetzgeber, beanspruchen Achtungs- und Schutzpflicht des Staates und aktivieren die wertbewußte Rechtsprechung des Bundesverfassungsgerichts. Die W.grundlage der Verfassung soll mit den verschiedenen politischen Interessen und Kräften so in Auseinandersetzung treten, daß der Weg in die Zukunft als

ein Prozeß des Erprobens und Irrens erscheint, wie es das höchste
Gericht 1956 im KPD-Urteil formulierte.

2. ANTHROPOLOGISCH. — Ethik als wissenschaftliches Nachdenken
über W. und N. unterscheidet sich von anderen Wissenschaften dadurch, daß ihre Gegenstände keine festen Tatsachen, sondern Gefühle, Einstellungen und Überzeugungen sind. Der Wirklichkeitstyp,
zu dem W. und N. gehören, ist weder rein subjektiv noch objektiv,
sondern ein Mittleres: Verhältnis und Beziehung. Jeder Säugling muß
das Verhältnis zu seinem Körper, zu den Sachen des Alltags, zu den
Personen der Umgebung und zu fremden Gruppen zu ordnen lernen.
Das geschieht mit Hilfe von Regeln. Anthropologisch kann der
Mensch als Regelwesen beschrieben werden. Gesetze und Sitten,
Sprache und Kultur, Religion und Recht stellen komplizierte Regel-
systeme mit z. T. jahrtausendealter Überlieferung dar. Ohne Regel-
system wäre menschliches Verhalten willkürlich, chaotisch und sinn-
los. Die Geschichte kennt keine Zustände von Regellosigkeit (Ano-
mie), abgesehen von kurzen, anarchistischen Episoden. Der soziale
Wandel ersetzt „law and order" nicht durch nichts, sondern durch
ein anderes Ordnungssystem.
Betrachtet man W. und N. formal als Regeln, so stellt sich die Frage
nach dem Ursprung. Ob menschliche Ordnung eher im Naturtrieb,
mehr in sozialen Verhältnissen oder in der freien Idee gründet, bildet
Stoff für endlose Streitgespräche. Vermeidet man einlinige Lösungen, so lassen sich anregende Erklärungen finden. Mit interessanten
Ergebnissen haben Wissenschaftler tierisches Verhalten beobachtet
und sozialähnliche Bildungskontakte festgestellt. Wichtige N. haben
biologische Voraussetzungen, z. B.: Ordnungsbereitschaft, Gruppen-
bindung über Angstgefühle, Rivalität, Rangstreben, Verteidigung des
Territoriums usw. „Wir sind zur Nächstenliebe gewissermaßen vor-
programmiert" (Eibl-Eibesfeldt). Kinderpsychologen haben den Beginn erster moralischer Gefühle im familiären Klima von Sym- und
Antipathie entdeckt. „Die erste Moral des Kindes ist jene des Gehorsams, und das erste Kriterium des Guten ist lange Zeit der Wille der
Eltern" (J. Piaget). Einige Sozialwissenschaftler betrachten W. und
N. als Produkte gesellschaftlicher Verhältnisse und — je nach Einfluß auf die Machtverhältnisse — veränderbar. Im Staatsmarxismus
tragen W. und N. Klassencharakter, gehören zum ideologischen Über-
bau und sind Instrumente des Klassenkampfes. Friedliche Koexistenz dient als dialektische Basis für die Absicht, den feindlichen
Kapitalismus zuerst in den Institutionen zu bekämpfen, die W. und
N. vermitteln.

Es läßt sich behaupten, daß die W.Welten, in denen die verschiedenen Gesellschaften leben, verschiedene Welten und nicht lediglich dieselbe W.Welt mit nur verschiedenen W.Begriffen sind. Anthropologisch ist unübersehbar, wie die widersprüchliche, bipolare (auf entgegengesetzten Positionen beruhende) Steuerung nicht nur die vegetativen Systeme des Menschen (Kreislauf, Muskeln), sondern auch die Gefühle (Liebe-Haß), die Logik (richtig-falsch) und die Bewertung (gut-böse) reguliert. Die Widersprüchlichkeit des menschlichen Handelns liegt also in der Existenz selbst begründet.

Eindeutig sind meist nur die Grundannahmen der Theorien, die in der Praxis zur herrischen Einseitigkeit drängen. Kluge und praktikable Gesetze, Verfassungen, Sitten und Religionen sehen den Widerspruch vor, verarbeiten ihn und bleiben so menschlich.

„Die großen Übel dieser Welt sind nicht die Folgen böser Absichten, sondern die Folgen eines unbegrenzten Willens zum Guten" (G. Szczesny).

3. EMPIRISCH. — Je nach dem Grad der Verbindlichkeit sind Regeln unterscheidbar. Soziologen verdeutlichen am Ausmaß der Sanktionen Muß-, Soll- und Kann-Erwartungen. Diese Teilung entspricht etwa den verschiedenen N. in Recht, Moral und Konvention. Empirisch beobachtet und meßbar ist die menschliche Neigung, W.Denken, W.Gefühl und W.Handeln zur Einheit zu bringen. Die Menschen tendieren dazu, ihre gesellschaftlichen Erfahrungen übereinstimmend mit den Anschauungssystemen ihrer W. und N. zu organisieren. Diese existieren empirisch nicht im leeren Raum, sondern in Tateinheit als Überzeugungssystem, als Gruppenstruktur und als Sozialkontakt. Veränderungen an der einen Stelle wirken sich indirekt auf die anderen aus. So betreffen Schwächen im Sozialkontakt auch die Festigkeit der W.Anschauung. Je anonymer die Gruppenstruktur, desto schwerer das W.Erleben. Das Bewußtsein von W. und N. wird dem einzelnen indirekt, über wichtige Bezugspersonen, Bezugsgruppen und Institutionen vermittelt. Mit Recht spricht der Religionssoziologe G. Schmidtchen neben der religiösen (jenseitigen) von einer sozialen (diesseitigen) Transzendenz, die durch Gruppen (Familie, Beruf) und Institutionen wirkt. Ohne Transzendenz verlieren W. und N. ihre Legitimation und Gruppen ihre Festigkeit (z. B. Krise der Ehe).

4. MILITÄRISCH. — Militärsoziologische Forschungen haben festgestellt, daß Soldaten ihr Leben nicht für abstrakte W. (z. B. Vaterland), sondern für die Achtung und den Zusammenhalt in Gruppen einsetzen. W. und N. motivieren nicht direkt zum Engagement, im Extremfall zu Einsatz des Lebens (vgl. § 7 Soldatengesetz), sondern ihre indirekte Vermittlung geschieht in Gruppen, deren Ziele und Regeln allerdings im größeren Zusammenhang gesehen werden. Mit dem Leitbild vom „Staatsbürger in Uniform" möchte die Bw die Streitkräfte an dieselbe politische W.Ordnung binden wie die zivile Gesellschaft. „Je tödlicher und weitreichender die Waffenwirkung wird, um so notwendiger wird es, daß Menschen hinter den Waffen stehen, die wissen, was sie tun. Ohne die Bindung an die sittlichen Bereiche droht der Soldat zum bloßen Funktionär der Gewalt und Manager zu werden, d. h. zur Gefahr für jeden, der mit ihm zusammenkommt, ob es nun der Untergebene, der Nichtsoldat oder wer auch immer ist. Er wird zum Legionär, d. h. zum Diener jedes Regimes und damit zur Gefahr für die Gemeinschaft". (W. Graf Baudissin). Das Konzept der → *Inneren Führung* ist die logische Folge aus der wertorientierten Verfassung der Bundesrepublik.

LITERATURHINWEISE

Eibl-Eibesfeldt, I., Der vorprogrammierte Mensch, Wien 1973.
Italiander, R., Moral — wozu?, München 1972.
Lemberg, E., Ideologie und Gesellschaft. Eine Theorie der ideologischen Systeme, Stuttgart 1971.
Tenbruck, F., Alltagsnormen und Lebensgefühl in der Bundesrepublik, in: *Löwenthal*, R. und *Schwarz*, H.-P., Die zweite Republik, Stuttgart 1974.

HANS-DIETER BASTIAN

Widerstand

→ *Befehl und Gehorsam, Bundeswehr und Tradition, Bundeswehr und Verfassung, Innere Führung, Militärgeschichte, Werte/Normen.*

1. BEGRIFF. — Im Sinne von Gegenwehr, Abwehr, Sichwidersetzen, Sichentgegenstellen meint der Begriff Widerstand (W) hier einen sozialen Tatbestand, der so alt ist wie die Menschheitsgeschichte selbst. Immer dann, wenn existenziell übergeordnete Überzeugungen, Interessen oder → *Werte* von Individuen, Gruppen oder Völkern in Konflikt gerieten, wurde mit spezifischen Formen des Ws — passiv durch gewaltlose Verweigerung, aktiv durch gewaltsame Ab-

wehr oder Beseitigung der Konfliktverursachung durch Einzelne, Gruppen oder ganze Völker — reagiert. Allen diesen, die Jahrtausende durchziehenden Widerstandsmaßnahmen (-bewegungen) liegt der Versuch zugrunde, Einfluß auf *politisches Geschehen* zu nehmen. Denn dieser Anspruch begründet und legitimiert sich aus naturrechtlicher Sicht aus dem Axiom, daß die Rechte des Einzelnen wie jene der staatlichen Autorität zwar von gleicher Ursprünglichkeit sind, das Individuum jedoch nicht um des Staates willen, sondern der Staat, seine Gesetzgebung, seine Rechtsprechung und Verwaltung um des Menschen willen existieren. *W läßt sich somit bestimmen als das Recht des Eizelnen, einer Gruppe oder eines Volkes, sich unrechtmäßigen Akten der Staatsgewalt oder ihrer Träger gewaltsam oder gewaltlos, aktiv oder passiv, individuell oder kollektiv, spontan oder organisiert zu widersetzen.*

2. GESCHICHTLICHE GRUNDZÜGE DES Ws. — Wie alle Rechtsinstitutionen wird auch das Recht auf W hinsichtlich seiner Formen und Inhalte im Verlauf der Geschichte — weil nicht unabhängig von den gegebenen Herrschaftsverhältnissen und den ihnen zugrunde liegenden Ideen — unterschiedlich interpretiert und begründet. Ethik und Staatsphilosophie, wobei in letzterer aus christlicher Tradition das theologische Denken dominierte, bestimmten weitgehend in geschichtlicher Perspektive die Auffassungen vom W, dieses gilt sowohl für den W in der alttestamentarischen Theokratie (Richter 3, 15 ff), wie auch für die sich mit Anbruch des Christentums entwickelnde Lehre von den „zwei Reichen" (Matthäus 22, 21; Römer 13). Je nach eingenommenem Standpunkt, ob die Machtausübung einem *persönlichen Gottesgnadentum* verpflichtet ist, ob sie unmittelbar einem *souveränen Volke* übertragen ist, welches die Machthaber bestimmt (Translations- und Designationstheorie) oder aber ob von der im Zusammenhang mit der Naturrechtslehre diskutierten Frage ausgegangen wird, ob nicht die *menschliche Ordnung* höher zu bewerten sei als der austauschbare Machtträger, wird das Recht zum W unterschiedlich interpretiert und legitimiert. Die jeweils herrschende Auffassung von Staat und Recht hat somit in Verbindung mit den je konkreten Herrschaftsverhältnissen zu verschiedenen Auffassungen vom Widerstandsrecht geführt. Stets wurde es als ein humanitär oder religiös begründetes, der herrschenden Staatsgewalt übergeordnetes Naturrecht begriffen. Diese Auffassung reicht, wenn auch mit unterschiedlichen Nuancierungen seines individuellen oder sozialen Verpflichtungscharakters bis in die Neuzeit hinein. Vor allem den Mo-

narchomachen (von W. Barclay um 1600 eingeführte Sammelbezeichnung für Gegner des Absolutismus) kommt das Verdienst zu, mit dem Aufkommen des modernen Staates die grundsätzlich politische Frage nach der *Begründung* des Ws gestellt zu haben; besonders wurde von ihnen das Problem der Verpflichtung des Bürgers gegenüber dem Ganzen und der sittlichen Notwendigkeit, den Tyrannen zu bekämpfen durchdacht. Mit dem Erstarken des Rechtspositivismus im 19. Jahrhundert wurde ein Widerstandsrecht − vor allem in Deutschland − wenn nicht absichtlich, so doch faktisch negiert. Der Staat wurde als organisierte souveräne Gesamtheit des Volkes definiert, Freiheitsrechte wurden in der Reichsverfassung von 1871 nicht verankert. Erst der W gegen das Unrecht im nationalsozialistischen Staat, das Erstarken einer Oppositionsbewegung gegen Hitler, untrennbar verbunden mit dem Attentatsversuch am 20. Juli 1944, rückte die Frage nach den sittlichen, ethischen und politischen Grundlagen eines Rechtes *auf* W wie auch die Frage nach der Pflicht *zum* W verstärkt in das Bewußtsein des deutschen Volkes.

3. WIDERSTAND IN DER VERFASSUNG DER BUNDESREPUBLIK DEUTSCHLAND. − Recht auf W und totalitärer Staat schließen sich aus, Recht auf W und Demokratie bedingen sich; es gibt keinen Widerstand ohne demokratisches Bewußtsein und keine demokratische Wirklichkeit ohne Bejahung von Recht und Pflicht zum Widerstand. In der Bundesrepublik haben nach 1945 die Verfassungen von Hessen (Art. 147), Bremen (Art. 19) und Berlin (Art. 23) das Widerstandsrecht ausdrücklich aufgenommen. So erhebt beispielsweise die Hessische Verfassung den „Widerstand gegen verfassungswidrig ausgeübte öffentliche Gewalt . . . (zu) jedermanns Recht und Pflicht". Dieses Widerstandsrecht ist *präventives Verfassungsschutzrecht*, da der Tatbestand des hier gemeinten Widerstandsrechtes der Verfassungsbruch ist.

Sensibilisiert durch die bitteren Erfahrungen mit dem NS-Staat, seiner praktizierten Negation jedweder Menschenwürde und Menschenachtung, der Perversion von Recht und Gerechtigkeit wurde in der rechtsstaatlich begründeten verfassungsmäßigen Ordnung der Bundesrepublik ein differenziertes Abwehrsystem zum Schutze der Grundrechte des Bürgers und der rechtsstaatlichen Grundordnung aufgenommen. Die Rechtsstaatlichkeit sollte in ihrer freiheitlich-demokratischen Substanz gegen eine Gefährdung von „oben" wie von „unten", von „innen" wie von „außen" gesichert werden. Eine *positiv-gesetzliche* „Regelung" des Widerstandsrechts enthält das GG

(Grundgesetz) bis 1968 nicht, sie wurde erst anläßlich der Debatte über die sog. *Notstandsverfassung* mit dem Absatz 4 zum Art. 20 GG eingeführt. Das hierin enthaltene Widerstandsrecht richtet sich „gegen jeden", der es unternimmt, die *Grundordnung* zu beseitigen, das heißt, hier wird von einem *vollendeten* Verfassungsbruch ausgegangen. Aus staats- und verfassungsrechtlicher Sicht ist die im Art. 20, Abs. 4 unternommene Positivierung eines Widerstandsrechts eine der bedenklichsten Bestimmungen des GG. Unter dem Aspekt der Gefahrenabwendung eines möglichen „Staatsstreiches von oben" sollte das im GG geregelte Widerstandsrecht im Gegengewicht auch den „Staatsstreich von unten" verhindern. Die Gefahr, daß mit der vorgenommenen Positivierung des Widerstandsrechtes eine *scheinbare Legalität* für jede *gegen* die Staatsgewalt der Bundesrepublik gerichtete politische Aktivität geschaffen worden ist, also als Widerstandsrecht mißbraucht werden könnte, wurde seinerzeit nicht mitbedacht.

Schließt man sich der Auffassung an, daß das Widerstandsrecht seinem Wesensgehalt nach nur *überpositiv* gelten kann, dann ist eine positiv-gesetzliche Regelung in der Tat die Normierung des schlechthin Unnormierbaren. Denn W ist, wie die Geschichte der Völker gezeigt hat und immer wieder zeigt, zwar ein Wesenselement des natürlichen Rechts, als kritischer Prüfstein für die Grenze zwischen Recht und Unrecht aber *naturgemäß* seiner gesetzlichen Festschreibung entzogen. Es ist ein *Grundrecht* menschlicher Existenz, eine staatsbürgerliche Einstellung, eine Geisteshaltung, die nicht unabhängig vom *moralischen Bewußtsein* des einzelnen dem individuellen oder staatlich sanktionierten Machtmißbrauch in all seinen Schattierungen zu wehren hat. Nur in diesem kritischen Verständnis, als verinnerlichtes Gewissen, das sich dem postulierten *Gemeinwohl* eines demokratischen Rechtsstaates verpflichtet weiß, ist das Recht auf W in der Bundesrepublik subsidiär („wenn andere Abhilfe nicht möglich ist") denkbar, sind Legitimität und Legalität individuellen wie staatlichen Handelns zum Schutz bzw. der Wiederherstellung der Verfassungsgrundsätze nach Art. 20 GG vereinbar.

LITERATURHINWEISE

Bauer, F. (Hrsg.), Widerstand gegen die Staatsgewalt; Dokumente der Jahrtausende, Frankfurt/M. 1965.
Dennert, J. (Hrsg.), Beza, Brutus, Hotman; Calvinistische Monarchomachen, Köln/Opladen 1968.

Gansefort, H., Das Widerstandsrecht des Artikel 20, Abs. 4 Grundgesetz im System des Verfassungsschutzes, Bern/Frankfurt/M. 1971.
Kaufmann, A., *Backmann*, L. (Hrsg.), Widerstandsrecht, Darmstadt 1972.

SIEGFRIED SCHNEIDER

Zivildienst

→ *Kriegsdienst-/Wehrdienstverweigerung, Verteidigungspolitik, Wehrpflicht.*

1. BEGRIFF. — Der Begriff Zivildienst (ZD) hat zwei Inhalte. Zum einen ist es der Dienst, den der Wehrpflichtige, der sich auf das Grundrecht auf „Kriegsdienstverweigerung aus Gewissensgründen" nach Artikel 4 Abs. 3 des Grundgesetzes (GG) berufen hat und als Kriegsdienstverweigerer anerkannt worden ist, anstelle des Wehrdienstes leistet. Zum anderen ist es die staatliche Organisation, in der der junge Bürger seine durch die Wehrpflicht begründete Verpflichtung gegenüber der Gesellschaft durch Ableistung des Zivildienstes nachkommt.

2. RECHTSGRUNDLAGEN. — Da es sich beim Zivildienst um die Wehrpflichterfüllung der *Kriegsdienstverweigerer* handelt, ist die wichtigste Rechtsgrundlage das in Artikel 4 Abs. 3 GG normierte Grundrecht, das jedem Bürger garantiert, nicht gegen sein Gewissen zum Wehrdienst mit der Waffe gezwungen werden zu können. Art. 12a Abs. 2 GG begründet i. V. mit § 25 des Wehrpflichtgesetzes für Kriegsdienstverweigerer die Verpflichtung, als Ersatzdienst, dessen Dauer die des Wehrdienstes nicht übersteigen darf, statt des Wehrdienstes einen Zivildienst oder — auf seinen Antrag — einen waffenlosen Dienst in der Bundeswehr zu leisten. Die §§ 25 bis 27 des → *Wehrpflicht*gesetzes bestimmen darüber hinaus das Verfahren zur Anerkennung als *Kriegsdienstverweigerer* und Näheres über den waffenlosen Dienst.
Einzelheiten hinsichtlich des Zivildienstes sowohl als Dienst des einzelnen als auch als Organisation wird — entsprechend der Ermächtigung in den Artikeln 4 Abs. 3 und 12 a Abs. 2 GG — im Gesetz über den Zivildienst der Kriegsdienstverweigerer (Zivildienstgesetz — ZDG) geregelt.

3. ZIVILDIENST-ORGANISATION. — Auf seiten der Bundesregierung ist der Bundesminister für Arbeit und Sozialordnung für den Zivildienst zuständig. Die ihm auf dem Gebiet des Zivildienstes obliegenden Verwaltungsaufgaben führt der Bundesbeauftragte für den Zivildienst durch, der, nachdem das Bundeskabinett ihn im März 1970 durch Beschluß eingesetzt hatte, aufgrund des 3. Gesetzes zur Änderung des Gesetzes über den zivilen Ersatzdienst vom 25.7.1973 (BGBl. I S. 669 ff) in das Bundesministerium für Arbeit und Sozialordnung und damit in die Zivildienst-Verwaltung eingegliedert worden ist. Beim Bundesminister für Arbeit und Sozialordnung ist ein Beirat für den Zivildienst gebildet worden, um die Zusammenarbeit mit den Interessenverbänden der Kriegsdienstverweigerer und den übrigen an der Durchführung des Zivildienstes beteiligten und interessierten Stellen institutionell sicherzustellen. Der Beirat berät den Bundesminister für Arbeit und Sozialordnung in grundsätzlichen Fragen des Zivildienstes.

Soweit das Zivildienstgesetz in bundeseigener Verwaltung ausgeführt wird, geschieht dies durch das ebenfalls aufgrund des o. g. Änderungsgesetzes am 1. Oktober 1973 als selbständige Bundesoberbehörde errichtete Bundesamt für den Zivildienst (BAZ) — Sitz in Köln —. Das BAZ untersteht dem Bundesministerium für Arbeit und Sozialordnung, der die Dienst-, Rechts- und Fachaufsicht ausübt.

Einige Mitarbeiter des BAZ sind im Bundesgebiet als Regionalbetreuer tätig und haben die Aufgabe, die Dienstleistenden zu betreuen und die Beschäftigungsstellen bei der Durchführung des Zivildienstes zu beraten und zu beaufsichtigen.

Der Zivildienst wird in Dienstgruppen und Beschäftigungsstellen (Dienststellen) geleistet. In den Dienstgruppen werden die mit der Betreuung der Zivildienstleistenden verbundenen Verwaltungsaufgaben durch Bundesbedienstete durchgeführt. Ferner wird der Einsatz der Dienstleistenden für die Tätigkeit bei den der Zivildienstgruppe angeschlossenen Beschäftigungsstellen durch die Gruppenleitung geregelt.

Eine Beschäftigungsstelle (z. B. ein Krankenhaus, Altersheim, Dienststelle eines Wohlfahrtsverbandes) kann auf Antrag als Dienststelle vom Bundesamt für den Zivildienst anerkannt werden, wenn sie Aufgaben des Gemeinwohls erfüllt und die Gewähr bietet, daß Beschäftigung, Leitung und Betreuung der Dienstleistenden dem Wesen des Zivildienstes entsprechen.

Derzeit wird in folgenden Bereichen Zivildienst geleistet: Krankenhäuser; Kurheime; Heime für Süchtige, Blinde sowie für geistig und körperlich Behinderte; Tagesstätten für geistig oder körperlich Behinderte; Rehabilitationseinrichtungen; Pflege- und Altenheime; Familienerholungsheime; Jugendheime; Kinderheime/Kinderdörfer; Jugendherbergen; Kreisverbände und Geschäftsstellen von Einrichtungen der Verbände der Freien Wohlfahrtspflege; Stellen der offenen Sozialarbeit; Kirchengemeinden; Krankentransport/Unfallrettung; Umweltschutz; ambulante Sozialdienste; individuelle Behindertenbetreuung.

4. ENTWICKLUNG. — Nach Einführung der allgemeinen → *Wehrpflicht* im Jahre 1956 wurden bis zum Jahre 1961 rd. 15.000 Anträge registriert. In den Folgejahren bis 1967 stagnierte die Zahl der Anträge. Von 1968 an war ein rapides Ansteigen der Zahl der Antragsteller festzustellen. Schon vor Ende des Jahres 1973 wurden über 30.000 Anträge innerhalb eines Jahreszeitraumes, 1976 sogar über 40.000 Anträge, registriert. Die Entwicklung im 1. Halbjahr 1977 entspricht mit einer Abweichung von weniger als 1 % der des Jahres 1976. Es muß damit gerechnet werden, daß bei einer Änderung des Prüfungsverfahrens zumindest vorübergehend die Zahl der Kriegsdienstverweigerer ansteigen wird.

Der Prozentsatz derer, die einen Antrag auf Kriegsdienstverweigerung gestellt haben, ist von Jahrgang zu Jahrgang unterschiedlich. Er reicht von etwa 5 % des Jahrganges 1950 bis zu rd. 8 % des Jahrganges 1955. Die Bundesregierung geht davon aus, daß bei einem Aussetzen des Prüfungsverfahrens etwa 10 % eines Jahrganges das Recht auf → *Kriegsdienstverweigerung* in Anpruch nehmen werden.

Die Zahl der Zivildienstplätze ist in den vergangenen sechs Jahren ständig gestiegen. Während am 1. Januar 1970 rd. 4.700 Plätze zur Verfügung standen, wurden am 30. Juni 1977 rd. 34.000 Plätze verwaltet. Ende Juni 1977 befanden sich knapp 16.000 Dienstpflichtige im Dienst. Mit mehr als 50 % aller belegten Dienstplätze ist der Pflegehilfs- und Betreuungsdienst der Bereich, in dem mit Abstand der größte Teil der Zivildienstleistenden Dienst verrichtet.

Die Lage im Zivildienst im Frühjahr 1977 wurde dadurch bestimmt, daß das Gesetz zur Änderung des → *Wehrpflicht*gesetzes und des Zivildienstgesetzes, das der Deutsche Bundestag am 8. April 1976 verabschiedet hatte, nicht in Kraft treten konnte. In Vorbereitung auf dieses Gesetz hat die Zivildienstverwaltung die Zahl der Zivildienstplätze erheblich erhöht, aber nicht ausreichend belegen können. Nach Vorstellung der Bundesregierung sollen die Plätze noch im Jahre 1977 belegt werden, nachdem nunmehr das in abgewandelter

Form erneut eingebrachte Gesetz zur Änderung des Wehrpflichtgesetzes und des Zivildienstgesetzes, das bekanntlich die Aussetzung des Prüfungsverfahrens für ungediente Wehrpflichtige sowie ein modifiziertes Verfahren für Soldaten und Reservisten vorsieht, am 16. Juli 1977 verkündet worden ist (BGBl. I S. 1229).

5. DIE BEDEUTUNG DES ZIVILDIENSTES IN STAAT UND GESELLSCHAFT.– Die Position des Zivildienstes in Staat und Gesellschaft ist durch die eigenständige und nicht unwesentliche Bedeutung gekennzeichnet, die er im Bereich der Sozialpolitik gewonnen hat. Diese Bedeutung zeigt sich in der zahlenmäßigen Entwicklung, noch deutlicher aber wohl in der veränderten und erweiterten Qualität. In den ,,traditionellen" Einsatzbereichen, wie z. B. geschlossene Kranken-, Alten- und Behindertenpflege, Unfallrettung und Krankentransport, ist der Zivildienst anspruchsvoller und damit auch verantwortungsvoller geworden. Gegenüber seinen Anfängen deckt er heute Tätigkeiten ab, die in ihrer Bedeutung sowohl für die hilfsbedürftigen Menschen als auch für die Dienstleistenden in ihrem sozialen Engagement wesentlich höherrangig sind. Der Zivildienst hat aber auch neue Felder der Arbeit am und für den Menschen betreten, denen große soziale Bedeutung zukommt. Beispielhaft seien hier nur die Bereiche der ambulanten sozialen Dienste und der individuellen Alten- und Schwerbehindertenbetreuung genannt. In der Altenarbeit leisten die Zivildienstpflichtigen durch ein vielfältiges Hilfsangebot einen wichtigen Beitrag zu den Bemühungen, möglichst langes, selbständiges Verbleiben in vertrauter Umgebung zu ermöglichen und damit Altenheimaufenthalte zu vermeiden. Vielen Schwerbehinderten ist es trotz abgeschlossener medizinischer und beruflicher Rehabilitation nur aufgrund einer ständigen Betreuung durch Zivildienstleistende möglich, wieder einen vollwertigen Platz in Beruf und Gesellschaft einzunehmen.

Die soziale Bedeutung des Zivildienstes als ganzem hat auch den Zivildienstleistenden zu einer anderen Stellung in der Gesellschaft verholfen: Die Öffentlichkeit hat sie — jedenfalls in weiten Bereichen — akzeptiert. Sie bringt ihnen in wachsendem Maße Achtung entgegen und hat sie damit aus der ,,Drückeberger — Ecke" herausgeholt.

6. DIE STAATLICHEN FUNKTIONEN. — An Funktionen der staatlichen Institution ,,Zivildienst" sind im wesentlichen wohl zwei zu nennen, nämlich die *sicherheitspolitische* und die *sozialpolitische Funktion.*

Die *sicherheitspolitische Funktion* ergibt sich aus dem Spannungsverhältnis zwischen dem Grundrecht auf → *Kriegsdienstverweigerung*
einerseits und der Verpflichtung des Bundes, Streitkräfte zur Verteidigung aufzustellen andererseits. Der Zivildienst hat durch Bereitstellung einer ausreichenden Zahl von Dienstplätzen und der notwendigen Verwaltungskapazität sicherzustellen, daß die erforderliche
Zahl von Kriegsdienstverweigerern einberufen und so ein möglicher
Mißbrauch des Kriegsdienstverweigerungsrechts verhindert werden
kann. Diesem Ziel muß auch eine Gestaltung des Dienstes der Zivildienstpflichtigen dienen, die dem Zivildienst „den Makel" der größeren Attraktivität im Vergleich zur Bundeswehr nimmt. Ein Mißbrauch des Grundrechts auf Kriegsdienstverweigerung würde sowohl
jedem Bestreben, eine zumindest relative Wehrgerechtigkeit zu erreichen, zuwiderlaufen, als auch unter Umständen der Bundeswehr
die Erfüllung ihres Verteidigungsauftrages erschweren.
Sozialpolitisch hat der Zivildienst eine Funktion insofern, als er die
Möglichkeit und auch die Verpflichtung hat, das Dienstleistungs-
potential, das die Zivildienstleistenden darstellen, volkswirtschaftlich
sinnvoll und in erster Linie dort einzusetzen, wo die Gesellschaft
besonderer Unterstützung bedarf und diese aus dem Arbeitsmarkt
nicht gewonnen werden kann.

Franz Strube

Zivile Verteidigung

→ *Auftrag und Struktur der Bundeswehr, Krieg, Militärische Landesverteidigung, Sicherheitspolitik, Verteidigungspolitik.*

1. Begriffsbestimmung und Aufgabenkatalog. — Der Wandel des Kriegsbildes im 20. Jahrhundert hat u. a. zur Folge gehabt,
daß bei einem modernen → *Krieg* die Zivilbevölkerung in ungleich
höherem Maße als früher in die Kampfhandlungen verwickelt und
damit Opfer von Zerstörungen wird. Die soziale Dynamik der modernen Gesellschaften und ihre daraus resultierende hochgradige Komplexität lassen diese zusätzlich zerstörungs-anfälliger werden. Die
Fähigkeit der Bundesrepublik Deutschland, in einem kriegerischen
Konflikt entstandene Schäden zu absorbieren, muß als gering angesehen werden.
In diesem Rahmen fällt der Zivilen Verteidigung ein besonderes Gewicht zu. In der gegenwärtigen strategischen Konstellation von

→ *NATO* und Warschauer Pakt — gekennzeichnet durch die gegenseitige Abschreckung — ist die Zivile Verteidigung der am wenigsten forcierte Teil der → *Sicherheitspolitik.* Dennoch gibt es klare Aufgabenbestimmungen und organisatorische Vorkehrungen für den Fall, daß der Ausbruch eines kriegerischen Konflikts in Mitteleuropa Zivile Verteidigung notwendig macht. Es werden in der Bundesrepublik zwei Kategorien von Ziviler Verteidigung unterschieden: 1. Zivile NATO-Verteidigung, 2. Zivile Verteidigung im nationalen Bereich.

1.1. Zur *Zivilen NATO-Verteidigung* rechnen folgende Maßnahmen und Tätigkeiten: Erfahrungsaustausch und Koordinierung der Zivilen Verteidigung der NATO-Staaten; Mitarbeit an Planungen für ein Krisen-Management; die eigenen Beiträge zur Errichtung und Aktivierung der zivilen NATO-Kriegsbehörden; Effektuierung bi- und multilateraler Abkommen der Zivilen Verteidigung. Die Wirksamkeit dieser internationalen Zivilen Verteidigung bleibt eine Funktion der Wirksamkeit auf den jeweiligen nationalen Ebenen.

1.2. Die *Zivile Verteidigung im nationalen Bereich* umfaßt folgende Aufgabenkomplexe: Aufrechterhaltung der Staats- und Regierungsgewalt; Zivilschutz; Versorgung und Bedarfsdeckung; zivile Unterstützung der Streitkräfte.

2. Organisation und Rechtsgrundlagen in der Bundesrepublik. — Die föderale Struktur der Bundesrepublik und der Tatbestand, daß die Zivile Verteidigung praktisch alle Ressorts berührt, erschweren eine übersichtliche Organisation. Oberstes Koordinierungsorgan der Gesamtverteidigung der Bundesrepublik ist der Bundessicherheitsrat unter Vorsitz des Bundeskanzlers. In ihm werden auch Angelegenheiten der Zivilen Verteidigung beraten. Oberste Koordinierungsstelle für die Zivile Verteidigung ist der Bundesminister des Inneren (BMI). Dem BMI ist eine Abteilung Zivile Verteidigung eingegliedert. Ihm unterstehen ferner das Bundesamt für den zivilen Bevölkerungsschutz (mit der Bundesanstalt Technisches Hilfswerk) und die Akademie für zivile Verteidigung. Der Aufsicht des BMI untersteht schließlich auch der Bundesverband für den Selbstschutz, der über eine Bundeshauptstelle und dieser nachgeordnete Landesstellen sowie über knapp 400 auf der Kreis-Ebene angesiedelte Dienststellen verfügt. Die Länderministerien, Regierungspräsidien und Kreis-, sowie Gemeindeverwaltungen unterliegen bereits im Frieden den Weisungen der Bundesregierung (Bundesauftragsverwaltung). Alle Beteiligten sind sich darüber klar, daß die Kreise und Gemeinden das „Rückgrat aller Maßnahmen" bilden müssen.

Die Zivile Verteidigung der Bundesrepublik basiert auf einem wenig überschaubaren Fundament gesetzlicher Regelungen. Ein wichtiger Bestandteil auch der Gesetzgebung zur Zivilen Verteidigung ist das 17. Gesetz zur Ergänzung des GG vom 24.6.1968 (Notstandsverfassung). Ein großer Teil der Sicherstellungs- und Beschaffungsgesetze datieren ebenfalls aus dem Jahr 1968 (Wirtschaftssicherstellungsgesetz, Ernährungssicherstellungsgesetz, Verkehrssicherstellungsgesetz, Wassersicherstellungsgesetz, Bundesleistungsgesetz, Landbeschaffungsgesetz). Der Zivilschutz beruht im wesentlichen auf dem Gesetz über Maßnahmen zum Schutz der Zivilbevölkerung aus dem Jahr 1957 und dem Gesetz über die Erweiterung des Katastrophenschutzes aus dem Jahr 1968. Die Gesetzgebung für den Zivil- und Katastrophenschutz geht vom Grundsatz der freiwilligen Mitwirkung der Bürger aus. Das Arbeitssicherstellungsgesetz von 1968 erlaubt dem Staat nur unter bestimmten Voraussetzungen, von diesem Prinzip abzugehen.

3. FINANZIELLE GRUNDLAGEN. — Die Ausgaben der Bundesrepublik für die Zivile Verteidigung bewegen sich in Größenordnungen, die nur einen Bruchteil des Budgets für die militärische Verteidigung ausmachen.

So betrugen die Ist-Ausgaben für die Zivile Verteidigung:
1956: 29 Mio DM; 1958: 82 Mio DM; 1960: 219 Mio DM; 1962: 396 Mio DM; 1964: 612 Mio DM; 1966: 472 Mio DM; 1968: 372 Mio DM; 1970: 455 Mio DM; 1972: 509 Mio DM; 1974: 596 Mio DM; 1976: 547 Mio DM.

4. AUFRECHTERHALTUNG DER STAATS- UND REGIERUNGS-GEWALT. — Mit dieser der Zivilen Verteidigung übertragenen Aufgabe soll erreicht werden, daß die Gesetzgebungsfunktion, die Regierungs- und Verwaltungsfunktion, die Rechtspflege sowie allgemein Sicherheit und Ordnung und die Informationsfunktion der Kommunikationsmittel aufrechterhalten werden. Kernpunkte dieses Aufgabenpakets sind die in der Notstandsverfassung von 1968 geregelten Kompetenzübertragungen und die damit verbundenen Ausweitungen der Aufgaben von Polizei, Bundesgrenzschutz und Bundeswehr unter gesetzlich definierten Bestimmungen.

5. ZIVILSCHUTZ. — Der Zivilschutz umfaßt alle Maßnahmen, die die Bevölkerung im Falle eines kriegerischen Konflikts auf dem Boden der Bundesrepublik (Verteidigungsfall) vor Gefahren für Leben, Ge-

sundheit und Eigentum bewahren sollen. Es geht also um den Schutz von Menschen, ihren Wohn- und Arbeitsstätten sowie von lebens- und verteidigungswichtigen Betrieben vor Kriegseinwirkungen, wobei zu betonen ist, daß die Struktur der Bundesrepublik eine nachhaltige Ausweitung der hier einzubeziehenden Betriebe, Gebäude, infrastrukturellen Einrichtungen usw. nötig macht. Im einzelnen umfaßt der Zivilschutz folgende Gebiete: Selbstschutz; Warn- und Alarmdienst; erweiterter Katastrophenschutz; Schutzbau; Aufenthaltsregelung; Gesundheitswesen; Schutz von Kulturgut.

Einige dieser Gebiete erscheinen den Experten noch sehr unbefriedigend geregelt (Schutzbau, Schutz von Kulturgut). Andere Experten bezweifeln die Möglichkeit, hier überhaupt befriedigende Regelungen treffen zu können. Von erheblicher Bedeutung ist schon in Friedenszeiten der Katastrophenschutz. Die Sollstärke des (im Verteidigungsfall) erweiterten Katastrophenschutzes beträgt 1 % der Bevölkerung, d. h. ca. 600 000 Helfer. Der Katastrophenschutz gliedert sich in folgende Dienste: Brandschutzdienst; Bergungsdienst; Instandsetzungsdienst; Sanitätsdienst; ABC-Dienst; Betreuungsdienst; Veterinärdienst; Fernmeldedienst; Versorgungsdienst. Die Helfer dieser Dienste rekrutieren sich aus den Feuerwehren der Gemeinden, dem Technischen Hilfswerk, ferner aus privaten Organisationen wie dem Deutschen Roten Kreuz, dem Malteser-Hilfsdienst, dem Arbeiter-Samariterbund und der Johanniter-Unfallhilfe.

Ohne ausreichende *Selbstschutz-Maßnahmen* bleibt der Zivilschutz insgesamt unvollständig und in seinen Wirkungen erheblich beeinträchtigt. Der Selbstschutz umfaßt ein breites Spektrum von teils vorbeugenden, teils nach Eintritt von Schäden zu ergreifenden Maßnahmen, die der einzelne Bürger treffen soll. Die Bundesregierung hat eine Reihe von wenig durchschlagenden Versuchen unternommen, um den Selbstschutz einer breiten Öffentlichkeit verständlich zu machen (vgl. z. B. die vom BMI 1964 herausgegebene „Selbstschutzfibel").

6. VERSORGUNG. — Die Bereitstellung von Gütern und Dienstleistungen im Verteidigungsfall ist durch eine Reihe von Sicherstellungsgesetzen geregelt. Sie umfassen Maßnahmen der Bevorratung und Lagerung, Beförderung und Verteilung von Verbrauchsgütern und Energie sowie des Personalwesens. „Die gesetzlichen Regelungen für die Versorgung im Spannungs- und Verteidigungsfall sind in erheblichem Umfang Rahmenvorschriften, die zur gegebenen Zeit durch Rechtsverordnungen ausgefüllt und konkretisiert werden müssen". (Blum, S. 93).

7. UNTERSTÜTZUNG DER STREITKRÄFTE. — Die im NATO-Rahmen als Civil-Military Co-Operation (CIMIC) institutionalisierte Zusammenarbeit zwischen zivilen Einrichtungen und den Streitkräften ist in der Bundesrepublik über die Verbindungen auf den Ebenen Korps-Wehrbereichskommando-Landesregierungen, Division-Verteidigungsbezirkskommando-Regierungspräsidien sowie Brigade-Verteidigungskreiskommando-Kreis- bzw. Gemeindeverwaltung organisiert. Entsprechend der hier für das Heer genannten Verbindungen gelten solche für die anderen Teilstreitkräfte. Die Zusammenarbeit findet hauptsächlich auf folgenden Gebieten statt: Objekt- und Raumschutz; Bevölkerungsbewegungen; Schadensbekämpfung; Verkehrsführung und -lenkung; Sanitätsdienst.

8. → KRIEGSBILD UND ZIVILE VERTEIDIGUNG.— → *Öffentlichkeit* und teilweise auch die Beteiligten selbst gehen bei der Beurteilung der Notwendigkeit und Wirksamkeit von Maßnahmen der Zivilen Verteidigung oft vom auf die Gegenwart projizierten Kriegsbild des Zweiten Weltkriegs aus. Dies führt häufig zu falschen Schlüssen. Das zweigeteilte Kriegsbild der Gegenwart — nukleare Zerstörungen einerseits, punktuelle Zerstörungen durch verdeckten Kampf andererseits — gibt sowohl den Perfektionisten der Zivilen Verteidigung als auch den Fatalisten Unrecht. Trotz aller Bemühungen scheint die Zivile Verteidigung ihren rechten Platz in der Gesamtverteidigung noch nicht gefunden zu haben, wie auch neuere strategische Analysen nahelegen.

LITERATURHINWEISE

Blum, J., Die Zivile Verteidigung der Bundesrepublik Deutschland. Eine kritische Bestandsaufnahme, München 1975.
Weißbuch zur zivilen Verteidigung der Bundesrepublik Deutschland, hrsg. vom Bundesminister des Innern, Bonn 1972.
Weizsäcker, C.F.v. (Hrsg.), Kriegsfolgen und Kriegsverhütung, München 1971.
Schriftenreihe „Zivilschutz und Zivilverteidigung", Handbücherei für die Praxis, Bad Honnef 1970 ff.

WILFRIED VON BREDOW

Personenregister

Sachregister

Stichwörter sind *kursiv* hervorgehoben

ZUM THEMA:

Thomas Ellwein
Regieren und Verwalten
Eine kritische Einführung
1976. 252 Seiten. 15,5 × 22,6 cm. Folieneinband/Gebunden.

Thomas Ellwein
Das Regierungssystem der Bundesrepublik Deutschland
4., völlig neubearbeitete Auflage 1977. XVI, 772 Seiten.
15,5 × 22,6 cm. Folieneinband.

Gert von Eynern / Carl Böhret (Hrsg.)
Wörterbuch zur politischen Ökonomie
(Studienbücher zur Sozialwissenschaft, Bd. 11) 2., neubearbeitete
und erweiterte Auflage 1977. 584 Seiten. 12 × 19 cm. Folieneinband.

Friedrich Schäfer
Der Bundestag
Eine Darstellung seiner Aufgabe und seiner Arbeitsweise. 3., neubearbeitete
und erweiterte Auflage 1977. 388 Seiten. 15,5 × 22,6 cm.
Folieneinband.

Huber Treiber
Wie man Soldaten macht
Sozialisation in „kasernierter Vergesellschaftung". (Konzepte Sozialwissenschaft, Bd. 8) 1973. 132 Seiten. Folieneinband.

 Westdeutscher Verlag